高等教育安全科学与工程类系列教材

工业特种设备安全

第 2 版

主　编　蒋军成　　王志荣
参　编　朱常龙　　郭品坤

机 械 工 业 出 版 社

工业特种设备与工业安全生产和人们生活安全密切相关,使用广泛而又具有较大的危险性。因此,工业特种设备安全在工业生产和人们生活中占据着非常重要的位置。要保证工业特种设备安全,需要了解和掌握工业特种设备的安全管理和安全技术的相关知识。

本书分为6章,对锅炉、压力容器、压力管道、起重机械和电梯五种工业特种设备做了较全面而系统的介绍。主要内容包括各种特种设备的基础知识、安全管理、安全装置、安全技术、检测检验、常见事故原因及控制措施以及典型事故案例分析。不但总结了国内外成熟而广泛应用的安全技术,而且充分展示了已在相关行业内推广使用的新设备和新技术。

本书可作为高等院校安全工程及相关工程类专业的教材,又可作为特种设备安全工程技术及管理人员的培训教材,还可供安全工程技术及管理人员参考,是进行工业特种设备安全监督管理的实用参考书。

图书在版编目（CIP）数据

工业特种设备安全/蒋军成,王志荣主编. —2 版. —北京:机械工业出版社,2019.2（2024.9 重印）
高等教育安全科学与工程类系列教材
ISBN 978-7-111-61900-0

Ⅰ.①工… Ⅱ.①蒋… ②王… Ⅲ.①工业设备-设备安全-高等学校-教材 Ⅳ.①TB4

中国版本图书馆 CIP 数据核字（2019）第 018742 号

机械工业出版社（北京市百万庄大街 22 号 邮政编码 100037）
策划编辑:冷 彬 责任编辑:冷 彬 舒 宜 任正一
责任校对:郑 婕 封面设计:张 静
责任印制:郜 敏
北京富资园科技发展有限公司印刷
2024 年 9 月第 2 版第 10 次印刷
184mm×260mm · 19.5 印张 · 518 千字
标准书号:ISBN 978-7-111-61900-0
定价:49.80 元

电话服务 网络服务
客服电话:010-88361066 机 工 官 网:www.cmpbook.com
　　　　　010-88379833 机 工 官 博:weibo.com/cmp1952
　　　　　010-68326294 金 书 网:www.golden-book.com
封底无防伪标均为盗版 机工教育服务网:www.cmpedu.com

安全科学与工程类专业教材
编审委员会

序 ⊖

　　"安全工程"本科专业是在 1958 年建立的"工业安全技术""工业卫生技术"和 1983 年建立的"矿山通风与安全"本科专业基础上发展起来的。1984 年，国家教委将"安全工程"专业作为试办专业列入普通高等学校本科专业目录之中。1998 年 7 月 6 日，教育部发文颁布《普通高等学校本科专业目录》，"安全工程"本科专业（代号：081002）属于工学门类的"环境与安全类"（代号：0810）学科下的两个专业之一⊜。1958~1996 年年底，全国各高校累计培养安全工程专业本科生 8130 人。到 2005 年年底，在教育部备案的设有安全工程本科专业的高校已达 75 所，2005 年全国安全工程专业本科招生人数近 3900 名⊜。

　　按照《普通高等学校本科专业目录》的要求，以及院校招生和专业发展的需要，原来已设有与"安全工程"专业相近但专业名称有所差异的高校，现也大都更名为"安全工程"专业。专业名称统一后的"安全工程"专业，专业覆盖面大大拓宽⊜。同时，随着经济社会发展对安全工程专业人才要求的更新，安全工程专业的内涵也发生了很大变化，相应的专业培养目标、培养要求、主干学科、主要课程、主要实践性教学环节等都有了不同程度的变化，学生毕业后的执业身份是注册安全工程师。但是，安全工程专业的教材建设与专业的发展出现了不适应的新情况，无法满足和适应高等教育培养人才的需要。为此，组织编写、出版一套新的安全工程专业系列教材已成为众多院校的翘首之盼。

　　机械工业出版社是有着悠久历史的国家级优秀出版社，在高等学校安全工程学科教学指导委员会的指导和支持下，根据当前安全工程专业教育的发展现状，本着"大安全"的教育思想，进行了大量的调查研究工作，聘请了安全科学与工程领域一批学术造诣深、实践经验丰富的教授、专家，组织成立了教材编审委员会（以下简称"编审委"），决定组织编写"高等教育安全工程系列'十一五'教材"⊛。并先后于 2004 年 8 月（衡阳）、2005 年 8 月（葫芦岛）、2005 年 12 月（北京）、2006 年 4 月（福州）组织召开了一系列安全工程专业本科教材建设研讨会，就安全工程专业本科教育的课程体系、课程教学内

⊖　此序作于 2006 年 5 月，为便于读者了解本套系列教材的产生与延续，该序将一直被保留和使用，并对其中某些的数据变化加以备注，以反映本套系列教材的可持续性，做到传承有序。

⊜　按《普通高等学校本科专业目录》（2012 版），"安全工程"本科专业（专业代码：082901）属于工学学科的"安全科学与工程类"（专业代码：0829）下的专业。

⊜　这是安全工程本科专业发展过程中的一个历史数据，没有变更为当前数据是考虑到该专业每年的全国招生数量是变数，读者欲加了解，可在具有权威性的相关官方网站查得。

⊛　自 2012 年更名为"高等教育安全科学与工程类系列教材"。

容、教材建设等问题反复进行了研讨，在总结以往教学改革、教材编写经验的基础上，以推动安全工程专业教学改革和教材建设为宗旨，进行顶层设计，制订总体规划、出版进度和编写原则，计划分期、分批出版30余门课程的教材，以尽快满足全国众多院校的教学需要，以后再根据专业方向的需要逐步增补。

由安全学原理、安全系统工程、安全人机工程学、安全管理学等课程构成的学科基础平台课程，已被安全科学与工程领域学者认可并达成共识。本套系列教材编写、出版的基本思路是，在学科基础平台上，构建支撑安全工程专业的工程学原理与由关键性的主体技术组成的专业技术平台课程体系，编写、出版系列教材来支撑这个体系。

本套系列教材体系设计的原则是，重基本理论，重学科发展，理论联系实际，结合学生现状，体现人才培养要求。为保证教材的编写质量，本着"主编负责，主审把关"的原则，编审委组织专家分别对各门课程教材的编写大纲进行认真仔细的评审。教材初稿完成后又组织同行专家对书稿进行研讨，编者数易其稿，经反复推敲定稿后才最终进入出版流程。

作为一套全新的安全工程专业系列教材，其"新"主要体现在以下几点：

体系新。本套系列教材从"大安全"的专业要求出发，从整体上考虑、构建支撑安全工程学科专业技术平台的课程体系和各门课程的内容安排，按照教学改革方向要求的学时，统一协调与整合，形成一个完整的、各门课程之间有机联系的系列教材体系。

内容新。本套系列教材的突出特点是内容体系上的创新。它既注重知识的系统性、完整性，又特别注意各门学科基础平台课之间的关联，更注意后续的各门专业技术课与先修的学科基础平台课的衔接，充分考虑了安全工程学科知识体系的连贯性和各门课程教材间知识点的衔接、交叉和融合问题，努力消除相互关联课程中内容重复的现象，突出安全工程学科的工程学原理与关键性的主体技术，有利于学生的知识和技能的发展，有利于教学改革。

知识新。本套系列教材的主编大多由长期从事安全工程专业本科教学的教授担任，他们一直处于教学和科研的第一线，学术造诣深厚，教学经验丰富。在编写教材时，他们十分重视理论联系实际，注重引入新理论、新知识、新技术、新方法、新材料、新装备、新法规等理论研究成果，以及工程技术实践成果和各校教学改革的阶段性成果，充实与更新了知识点，增加了部分学科前沿方面的内容，充分体现了教材的先进性和前瞻性，以适应时代对安全工程高级专业技术人才的培育要求。本套系列教材中凡涉及安全生产的法律法规、技术标准、行业规范，全部采用最新颁布的版本。

安全是人类最重要和最基本的需求，是人民生命与健康的基本保障。一切生活、生产活动都源于生命的存在。如果人们失去了生命，一切都无从谈起。全世界平均每天发生约68.5万起事故，造成约2200人死亡的事实，使我们确认，安全不是别的什么，安全就是生命。安全生产是社会文明和进步的重要标志，是经济社会发展的综合反映，是落实以人为本的科学发展观的重要实践，是构建和谐社会的有力保障，是全面建成小康社会、统筹经济社会全面发展的重要内容，是实施可持续发展战略的组成部分，是各级政府履行市场监管和社会管理职能的基本任务，是企业生存、发展的基本要求。国内外实践证明，安全生产具有全局性、社会性、长期性、复杂性、科学性和规律性的特点，随着社会的不断进步，工业化进程的加快，安全生产工作的内涵发生了重大变化，它突破了时间和空间的限制，存在于人们日常生活和生产活动的全过程中，成为一个复杂多变的社会问题在安全领域的集中反映。安全问题不仅对生命个体非常重要，而且对社会稳定和经济发展产生重要影响。党的十六届五中全会提出"安全发展"的重要战略理念。安全发展是科学发展观理论体系的重要组成部分，安全发展与构建和谐社会有着密切的内在联系，以人为本，首先就是要以人的生命为本。"安全·生命·稳定·发展"是一个良性循环。安全科技工作者在促进、保证这一良性循环中起着重要作用。安全科技人才匮乏是我国安全生产形势严峻的重要原因之一。加快培养安全科技人才也是解开安全难题的钥匙之一。

高等院校安全工程专业是培养现代安全科学技术人才的基地。我深信，本套系列教材的出版，将对我国安全工程本科教育的发展和高级安全工程专业人才的培养起到十分积极的推进作用，同时，也为安全生产领域众多实际工作者提高专业理论水平提供学习资料。当然，由于这是第一套基于专业技术平台课程体系的教材，尽管我们的编审者、出版者夙兴夜寐，尽心竭力，但由于安全工程学科具有在理论上的综合性与应用上的广泛性相交叉的特性，开办安全工程专业的高等院校所依托的行业类型又涉及军工、航空、化工、石油、矿业、土木、交通、能源、环境、经济等诸多领域，安全科学与工程的应用也涉及人类生产、生活和生存的各个方面，因此，本套系列教材依然会存在这样和那样的缺点、不足，难免挂一漏万，诚恳地希望得到有关专家、学者的关心与支持，希望选用本套系列教材的广大师生在使用过程中给我们多提意见和建议。谨祝本套系列教材在编者、出版者、授课教师和学生的共同努力下，通过教学实践，获得进一步的完善和提高。

"嘤其鸣矣，求其友声"，高等院校安全工程专业正面临着前所未有的发展机遇，在此我们祝愿各个高校的安全工程专业越办越好，办出特色，为我国安全生产战线输送更多的优秀人才。让我们共同努力，为我国安全工程教育事业的发展做出贡献。

中国科学技术协会书记处书记[⊖]
中国职业安全健康协会副理事长
中国灾害防御协会副会长
亚洲安全工程学会主席
高等学校安全工程学科教学指导委员会副主任
安全科学与工程类专业教材编审委员会主任
北京理工大学教授、博士生导师

冯长根

⊖ 曾任中国科协副主席。

前　言

　　锅炉、压力容器、压力管道、起重机械和电梯均为广泛使用而又具有较大危险性的工业特种设备，一旦发生事故，便有可能造成严重的后果。因此，工业特种设备安全在工业生产中占有非常重要的地位。

　　工业特种设备在工业生产中应用十分广泛，且大部分在恶劣的工作条件下运行，具有较大的潜在危险性。近些年来，随着国民经济的持续、快速发展，工业特种设备的应用领域逐渐扩大，事故发生频率居高不下，令人忧虑。因此，作为安全管理人员和专业技术人员，需要了解和掌握工业特种设备的安全管理和安全技术的相关知识，提高安全管理水平和技术水平，确保工业特种设备的安全运行，保障工业安全生产。

　　本书以国务院第549号令《特种设备安全监察条例》及其监察规程和标准规范为依据，对锅炉、压力容器、压力管道、起重机械和电梯五种工业特种设备做了较全面而系统的介绍，内容翔实，反映了本领域最新成果及我国现行的标准和法规。

　　本书旨在为高等院校安全工程及相关工程类专业本科生提供系统性较强的教学用书，同时也可作为从事工业特种设备设计、制造、使用、检验、维护保养、改造、安全、监察等专业人员和管理人员的参考资料。

　　本书第2版是在第1版的基础上修订而成的。第2版的具体编写分工为：第1、2章由蒋军成编写，第3、4章由王志荣编写，第5章由郭品坤编写，第6章由朱常龙编写，全书由王志荣统稿。南京工业大学张礼敬教授担任主审。

　　本书在编写过程中得到了南京工业大学、常州大学、江苏大学、中国矿业大学、江苏省安全生产科学研究院、江苏省特种设备安全监督检验研究院等单位有关专家的大力支持，在此一并表示衷心感谢！

　　由于水平有限，时间仓促，错误和不当之处在所难免，恳请读者批评指正。

编　者

目 录

第 1 章

概述

1.1　特种设备概述

　　根据《特种设备安全监察条例》（国务院令第 373 号）和《国务院关于修改〈特种设备安全监察条例〉的决定》（国务院令第 549 号）的规定，特种设备是指涉及生命安全、危险性较大的锅炉、压力容器（含气瓶，下同）、压力管道、电梯、起重机械、客运索道、大型游乐设施和场（厂）内专用机动车辆。

　　特种设备依据其主要工作特点，分为承压类特种设备和机电类特种设备。

　　承压类特种设备是指承载一定压力的密闭设备或管状设备，包括锅炉、压力容器和压力管道。锅炉是提供蒸汽或热水介质及提供热能的特殊设备；压力容器是在一定温度和压力下进行工作且介质复杂的特种设备，其使用领域广泛，危险性高；压力管道是生产、生活中广泛使用的可能引起燃烧、爆炸或中毒等危险性较大的特种设备，其分布极广，已经成为流体输送的重要工具。

　　机电类特种设备是指必须由电力牵引或驱动的设备，包括起重机械、电梯、客运索道和大型游乐设施。起重机械是指用于垂直升降或垂直升降并水平移动重物的机电设备；电梯是服务于规定楼层的固定式提升设备；客运索道是指动力驱动，利用柔性绳索牵引箱体等运载工具运送人员的机电设备，包括客运架空索道、客运缆车、客运拖牵索道等；大型游乐设施是指用于经营目的，在封闭的区域内运行，承载游客游乐的设施。

　　工业特种设备是指在工业生产过程中使用的特种设备，主要包括：锅炉、压力容器、压力管道、起重机械和电梯。

1.2　特种设备安全技术及管理的要求和依据

1.2.1　国家对特种设备安全技术及管理的要求

　　2003 年 6 月 1 日，《特种设备安全监察条例》及其监察规程和标准规范颁布与实施，并于 2009 年 5 月 1 日，依《国务院关于修改〈特种设备安全监察条例〉的决定》进行修订与实施，其明确了特种设备所包括的范围和监管原则，进一步完善了特种设备安全监督管理法律制度，对于加强特种设备安全监察工作，切实防范和减少特种设备事故的发生，保障人民群众生命财产安全和经济运行安全有着十分重要的意义。

　　由于特种设备的特殊性，国家对特种设备的设计、制造、使用、检验、维护保养、改造等都提出了明确的要求，实行统一管理，并定期对特种设备进行质量监督和安全监察。

特种设备的安全管理应以人本思想为基础，重视人的存在和生命，把人的生命安全放在首位，始终坚持"安全第一、预防为主"的安全生产方针，并且把安全管理贯彻到整体、部门和个人，充分调动和发挥集体、部门、班组和个人的安全管理经验和主观能动性。

1.2.2 特种设备安全技术及管理的监察规程和标准规范

1）《特种设备安全监察条例》（国务院令第 373 号）。

2）《国务院关于修改〈特种设备安全监察条例〉的决定》（国务院令第 549 号）。

3）《特种设备使用管理规则》（TSG 08—2017）。

4）《特种设备作业人员安全技术培训考核管理规定》（国家安全生产监督管理总局令第 30 号）。

5）《国家安全监管总局关于废止和修改劳动防护用品和安全培训等领域十部规章的决定》（国家安全生产监督管理总局令第 80 号）。

6）《国家质量监督检验检疫总局关于修改〈特种设备作业人员监督管理办法〉的决定》（国家质量监督检验检疫总局令第 140 号）。

7）《质检总局关于修订〈特种设备目录〉的公告》（2014 年第 114 号）。

8）《锅炉安全技术监察规程》（TSG G0001—2012）。

9）《安全阀安全技术监察规程》（TSG ZF001—2006）。

10）《电力工业锅炉压力容器监察规程》（DL 612—1996）。

11）《特种设备事故报告和调查处理规定》（国家质量监督检验检疫总局令第 115 号）。

12）《锅炉压力容器压力管道特种设备安全监察行政处罚规定》（国家质量监督检验检疫总局令第 14 号）。

13）《固定式压力容器安全技术监察规程》（TSG 21—2016）。

14）《气瓶安全监察规定》（国家质量监督检验检疫总局令第 46 号）。

15）《国家质量监督检验检疫总局关于修改部分规章的决定》（国家质量监督检验检疫总局令第 166 号）。

16）《电梯制造与安装安全规范》（GB 7588—2003）。

17）《电梯安装验收规范》（GB 10060—2011）。

18）《电梯技术条件》（GB/T 10058—2009）。

19）《电梯试验方法》（GB/T 10059—2009）。

20）《电梯工程施工质量验收规范》（GB 50310—2002）。

21）《起重机械安全监察规定》（国家质量监督检验检疫总局令第 92 号）。

22）《起重机械安全规程》（GB 6067—2010）。

23）《起重机械定期检验规则》（TSG Q7015—2016）。

24）《大型设备吊装安全规程》（SY/T 6279—2016）。

25）《起重机械防碰装置安全技术规范》（LD 64—1994）。

26）《起重机械超载保护装置安全技术规范》（GB 12602—2009）。

27）《塔式起重机操作使用规程》（JG/T 100—1999）。

28）《塔式起重机安全规程》（GB 5144—2006）。

29）《起重吊运指挥信号》（GB 5082—1985）。

1.3 特种设备安全技术

1.3.1 特种设备的设计、制造与安装环节的安全技术

首先，设计上必须符合相应的标准和安全技术要求。生产制造特种设备的单位，在人员素质、加工设备、管理水平及质量控制等方面必须达到应有的条件。国家对特种设备实行生产许可或安全认可制度，只有取得相应的资格，才能从事特种设备的生产制造。对生产制造的特种设备，必须出具制造质量合格证明，对其质量和安全负责。此外，对试制特种设备，或者制造标准（或技术规程）有型式试验要求的产品或部件，必须经国家认可的特种设备监督检验机构进行型式试验，试验合格后才可提供给用户使用。

对某些特种设备，如电梯等，安装是制造过程的延续，只有安装、调试完毕，并经过试运行后才能竣工验收，交付使用。因此，安装环节也很重要，从事安装的单位必须具备相应的条件，必须取得安装资格证书，才可从事安装业务。安装单位必须对其安装的特种设备的质量与安全负责。

1.3.2 特种设备的使用和维修安全技术

特种设备多为频繁动作的机电设备，机械部件、电气元件的性能状况及各部件间配合的好坏，直接影响特种设备的安全运行。因此，对处于运营阶段的特种设备进行经常性的维修保养是非常重要的。

如果本单位没有维修保养能力，则应该委托有资质的单位代为维修保养。例如，电梯的使用单位（宾馆、饭店、商业大厦等）一般没有维修保养力量，就可以委托专门从事电梯维修保养业务的单位为其进行维修保养。需要强调的是：一定要委托有维修保养资质的单位；使用单位一定要与维修保养单位签订合同，明确维修保养单位要对特种设备的维修保养质量和安全负责，要保证设备处于良好状况，一旦出现故障，应保证在限定的时间内排除故障，恢复正常运行；使用单位必须和维修保养单位建立技术档案，要有日常运行记录及维修保养记录，以备查证。

1.4 特种设备安全管理

对于特种设备，我国建立和健全了安全管理体制和安全管理机构，起草并完善了相应的法律法规和标准规范。例如，对特种设备的设计、制造、使用、检验、维护保养、改造等实行行政许可制度并强制实施；对特种设备的操作人员、检验人员、维护保养人员实行培训考核和持证上岗制度；对于使用单位要求建立相应的管理机构或设置专职安全管理人员负责本单位安全监督和建立、健全本单位相应的管理制度和安全操作规程，定期或不定期地对特种设备进行检查与监督，并落实责任和考核。本节将介绍特种设备安全管理的基本途径。

1.4.1 加强法规标准建设

近些年来，国家制定了一些规章、规范性文件和标准，如《特种设备使用管理规则》《特种设备作业人员安全技术培训考核管理规定》和《特种设备事故报告和调查处理规定》及一些技术标准等，这些规章和标准，已发挥或正在发挥其应有的作用。但部门的规章和规范性文件，在立法的层次、涉及面、法律效力上仍显不足，国家尚需制定一部综合的有关特种设备安全监察法规，

以更有力地规范和推动特种设备安全管理工作。

此外，应与时俱进，应对新局面、新情况，解决新问题，吸取国际经验，加快法规与标准的建设，以适应特种设备安全管理的需要。

1.4.2　加强特种设备的使用与运营管理

特种设备在使用与运营中，由于管理不善、使用不当，或维修保养不及时、带病运转等造成的事故，占全部特种设备事故的60%以上，因此，加强使用与运营方面的管理显得非常重要。

使用单位必须对特种设备的运营安全负责，必须指定专人负责特种设备的安全管理工作，必须制定安全管理制度，如相关人员岗位责任制、安全操作规程、安全检查与维保制度、技术档案管理制度以及事故应急防范措施等。制定的各项安全管理制度必须认真贯彻执行。

1.4.3　加强特种设备作业人员的培训考核

发生特种设备事故的原因主要是人的不安全行为或者设备的不安全状态。对人的不安全行为，应通过培训教育来纠正。对特种设备的作业人员，包括安装、维修保养、操作等人员，应经过专业的培训和考核，取得特种设备作业人员资格证后，方能从事相应的工作。只有人员的安全意识和操作技能提高了，特种设备安全工作才会有保证。

1.4.4　实行特种设备安全检验制度

国家对特种设备实行安全检验制度，其目的是从第三方（既不是制造者，也不是使用者）的立场，公平、公正地进行检验，以确保特种设备的安全。目前，国家质检总局已颁布了电梯、施工升降机、游乐设施等监督检验规程。文件规定，检验工作由国家授权的监督检验机构承担，检验人员必须经过专门培训、考核后，持证上岗。实践证明，实施安全检验可发现许多设备隐患，避免许多事故。

1.4.5　加强特种设备的监察管理

鉴于特种设备安全的特殊性，国家政府部门对其应加大监察管理力度。我国《安全生产法》界定了综合监管与专项监管的关系。各有关部门应依法履行自己的职责，既各司其职，又相互配合。在综合管理与专项监察相结合的安全工作体制下，我国的特种设备安全工作，一定会稳步向前，开创出新的局面。

第2章

锅炉安全

2.1 锅炉概述

2.1.1 锅炉的概念

锅炉是将燃料的化学能、电能或其他能源转化为热能，又将热能传递给水、汽、导热油等工质，从而产生蒸汽、热气或通过导热工质输出热量的设备。

顾名思义，锅炉包括"锅"和"炉"两个主要部分。同时，为了保证锅炉安全运行，还必须配备必要的安全附件、自动化仪器仪表和附属设备。"锅"是锅炉中盛水和蒸汽的承压部分，它的作用是吸收"炉"中燃料燃烧释放的热量，使水加热到一定的温度和压力，或者转变成蒸汽。构成"锅"的主要部件包括：锅筒、对流管、水冷壁、下降管、集箱、过热器、省煤器、减温器、再热器等。"炉"是指锅炉中用于燃料燃烧的部分，它的作用是尽量地把燃料的热能全部释放，传递给"锅"内介质，即将燃料燃烧产生的热能供"锅"吸收。构成"炉"的主要部件包括：炉膛、炉墙、燃烧设备、锅炉构架等。由此看出，"锅"与"炉"，一个盛水，一个盛火；一个吸热，一个放热。两个既对立又密切相关的部分被科学地组合在一起，构成锅炉本体。

为了保证锅炉安全运行，锅炉还需要配备安全附件和附属设备系统。这个系统主要包括：

1）燃料供给系统。包括煤场、碎煤机、上煤机、煤斗、油罐、油泵、油加热器、过滤器等。

2）燃烧系统。包括各种配风器、燃烧器、炉排等。

3）烟风系统。包括空气预热器，烟风道，送、引风机等。

4）除灰除尘系统。包括各种除灰机、除尘器。

5）给水系统。包括给水泵、给水管道和各种阀门、省煤器等。

6）排污系统。包括连续排污系统和定期排污系统。

7）供汽供水系统。包括主蒸汽管道阀门、供水管道阀门、锅炉出口集箱等。此外，锅炉上装有安全附件和仪表及自动控制装置。安全附件和仪表通常包括：安全阀、压力表、水位计、高低水位报警器等。常用自动控制装置有：给水自动调节器，温度自动调节器，压力自动调节器，燃烧自动调节器，自动点火装置，灭火自动保护装置，送、引风机连锁装置，燃料速断装置及先进的计算机自动控制系统等。

2.1.2 锅炉的分类

按用途可以分为电站锅炉、工业锅炉、机车锅炉、船舶锅炉、生活锅炉等。

按蒸发量（容量）可以分为大型锅炉、中型锅炉、小型锅炉等。习惯上，把蒸发量大于 100t/h 的锅炉称为大型锅炉，把蒸发量为 20~100t/h 的锅炉称为中型锅炉，把蒸发量小于 20t/h 的锅炉称为小型锅炉。

按蒸汽压力可以分为：低压锅炉（压力≤2.45MPa）、中压锅炉（压力为 3.8~5.4MPa）、次高压锅炉（压力为 5.4~9.8MPa）、高压锅炉（压力为 9.8~13.7MPa）、超高压锅炉（压力为 13.7~16.7MPa）、亚临界压力锅炉（压力为 16.7~22.1MPa）、超临界压力锅炉（压力超过 22.1MPa）。

按燃料种类和能源来源可以分为燃煤锅炉、燃油锅炉、燃气锅炉、原子能锅炉、废热（余热）锅炉等。

按锅炉结构可以分为火管锅炉（锅壳式锅炉）、水管锅炉和水火管锅炉。

按燃料在锅炉中的燃烧方式可以分为层燃炉、沸腾炉、室燃炉。

按工质在蒸发系统的流动方式可以分为自然循环锅炉、强制循环锅炉、直流锅炉等。

工业锅炉一般压力较低（<2.45MPa），容量较小（<65t/h），大都采用层燃锅炉，结构形式和燃烧设备种类繁多，主要用于工业生产用汽及采暖供热之中。工业锅炉的分类见表 2-1。

表 2-1　工业锅炉类型

分类方法		锅炉类型
按锅炉结构形式	锅壳式锅炉	立式横水管锅炉、立式弯水管锅炉、立式直水管锅炉、立式横火管锅炉、卧式内燃回火管锅炉等
	水管锅炉	单锅筒纵置式锅炉、单锅筒横置式锅炉、双锅筒纵置式锅炉、双锅筒横置式锅炉、纵横筒式锅炉、强制循环式锅炉等
	水火管锅炉	卧式快装锅炉
按燃烧设备		固定炉排锅炉、活动手摇炉排锅炉、链条炉排锅炉、抛煤机锅炉、振动炉排锅炉、下饲式炉排锅炉、往复推饲炉排锅炉、沸腾炉锅炉、半沸腾炉锅炉、室燃炉锅炉、旋风炉锅炉等
按燃料种类		无烟煤锅炉、贫煤锅炉、烟煤锅炉、劣质烟煤锅炉、褐煤锅炉、油锅炉、气锅炉、甘蔗渣锅炉、稻壳锅炉、煤矸石锅炉、特种燃料锅炉、余热（废热）锅炉等
按出厂形式		快装锅炉、组装锅炉、散装锅炉
按供热工质		蒸汽锅炉、热水及其他工质锅炉

2.1.3　锅炉的结构

锅炉按其个体结构可分为火管锅炉、水管锅炉和水火管锅炉。

1. 火管锅炉

火管锅炉也叫锅壳式锅炉，它在工业上应用最早，结构形式也较多，是产汽量不大的一种小型工业锅炉。火管锅炉按照锅筒（或锅壳）放置方式可分为立式火管锅炉和卧式火管锅炉两类，两者都有一个较大直径的锅筒，内部设有火管或烟管受热面，高温烟气在烟管、火管内流动放热，水在烟管、火管外吸热。立式烟火管锅炉的容量一般都很小，多为 0.2~1.5t/h，卧式烟火管锅炉的容量一般为 2~4t/h。这两种锅炉多用于蒸汽需求量不大的用户。

立式火管锅炉是垂直放置的，炉膛位于锅壳的下部，炉排呈圆形，炉膛四周及顶部都是辐射受热面，对流受热面为烟管，烟气在管内流动，水在管外吸热汽化。立式火管锅炉主要由锅壳、炉胆、烟管、烟箱等几个主要部分组成，如图 2-1 所示。锅炉在运行时，燃烧的火焰先冲刷炉胆，烟气经炉胆顶喉管进入第一组烟管，到前烟箱后折回第二组烟管，汇集到后烟箱经出口，由烟囱排出。锅炉最下部是炉胆，周围是容水空间，也是辐射受热面。炉膛上面既是容水空间也是容气空间。锅炉内的水受热后，生成密度较小的汽水混合物上升，蒸汽与空气在上部空间自然分离，然后从烟出口排出；而密度较大的水，沿锅壳壁向下流动，形成了锅内的水循环。

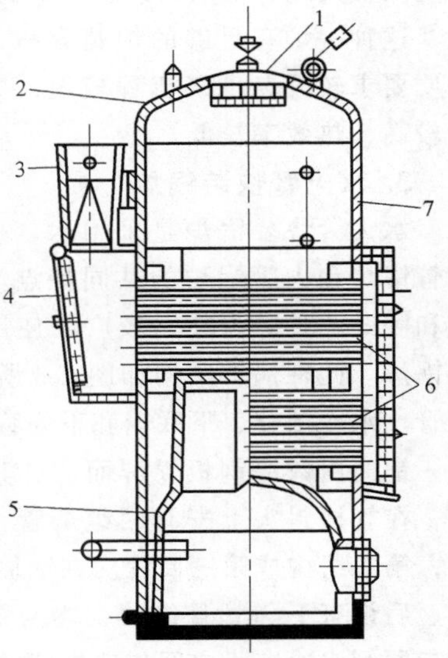

立式火管锅炉的优点：占地面积小；安装、移动和检修方便；水容积大；启动后压力和水位波动小。另外，这种锅炉对水质要求不高，烟风阻力小。缺点：制造工艺较复杂；前烟箱太小，运行中容易堵灰，传热效果不好；热效率低；钢材消耗大。所以，这种锅炉应用得不多。

火管锅炉的特点如下：

1）结构紧凑、安装简便、使用快捷和效率高，用途比较广泛。

2）炉胆为波纹形，热膨胀时具有弹性。

3）运行时火焰不能太长，否则易冲刷烧损二回程烟火管管头，造成炉水泄漏。

4）管与管外壁之间易结上水垢，特别是后管板上的水垢很难清除。

5）一些锅炉设计中无防爆门，对于燃油、燃气锅炉来说这是一个缺点。

图2-1 立式火管锅炉示意图
1—人孔 2—封头 3—烟出口 4—烟箱
5—炉胆 6—烟管 7—锅壳

2. 水管锅炉

火管锅炉的蒸发量一般都在4t/h以下，要增加蒸发量就要加大锅壳直径和壁厚，这不但要增加钢材的消耗量，而且要实现蒸汽压力的提高也是很困难的，这就不能满足日益增长的工业生产的需要，因此出现了水管锅炉。水管锅炉在大多数情况下，烟气可以做横向冲刷流动，这样就大大地改善了传热工况，和火管锅炉相比，在相同的烟速、烟温条件下，水管锅炉金属耗量可以大大下降，蒸发量和锅炉效率可以明显提高，加上水管锅炉受热面布置简便，清洗水垢、除尘等情况均比火管锅炉好，因此水管锅炉在近百年内得到很大的发展。

水管锅炉的汽、水在管内流动，烟气在管外冲刷，这一点是其与火管锅炉最显著的区别。与火管锅炉相比，水管锅炉锅筒直径小、耐高压；锅水容量小，所发生的事故灾害较轻；锅水循环好、蒸发率较大、热效率较高；单位蒸发量的钢材消耗量也较少。因此，压力较高、蒸发量较大的锅炉都用水管锅炉，但水管锅炉也有存汽量较少、锅炉结构较复杂、对水质要求较高、发生设备事故的因素较多等不足之处。下面以双锅筒横置式水管锅炉为例介绍水管锅炉的结构。

SHG2-0.8型双锅筒横置式固定炉排水管锅炉如图2-2所示。在对流管束中设有三道隔烟墙：第一道隔烟墙砌在炉膛后部第一排与第二排主炉管之间的右侧，约占整个炉膛内宽度的三分之二；第一排主炉管暴露在隔烟墙外，吸收炉膛辐射热；第二道隔烟墙与第一道隔烟墙垂直相交；第三道隔烟墙一般为钢板，与锅炉后墙相连。

1）烟气流程。燃烧火焰直接辐射对流管束，高温烟气由炉膛左侧进入对流管束区，顺着三个烟道呈"Z"字形流动，横向冲刷对流管束，最后由烟气出口排出。

2）水循环回路。有两组水循环回路：一组是对流管束，在第一、二烟道的管内，水受热较强向上流至上锅筒，在第三烟道的管内锅水受热较差，向下流至下锅筒，形成循环回路；另一组是水冷壁管受热强，从集箱分配给水冷壁管内，锅水向上流至上锅筒，下降管从上锅筒下部引出锅水送入横集箱，形成一组循环回路。

这种锅炉有足够的炉膛容积，适应多样煤种，对水质要求较严，烟气流程较短，又无省煤器，排烟温度较高，热效率较低。

3. 水火管快装锅炉

水火管快装锅炉是采用水、火管混合结构，兼有水管锅炉和火管锅炉的共同特点。这种锅炉也分为立式和卧式两种。目前比较广泛使用的是卧式水火管快装锅炉。此种锅炉结构如图 2-3 所示。它主要由锅筒、烟管、水冷壁管、下联箱和下降管等主要部件组成。

锅筒由数块钢板卷焊而成，其两端由管板封头封固，在管板封头上安有两组烟管，第一组构成第二回程，第二组构成第三回程。在锅筒两侧装有水冷壁管，前、后设有下降管且绝热，均与下联箱连接。锅筒下部与两侧水冷壁管之间构成燃烧室。

燃料在炉膛燃烧后燃气向后部流动进入二回程烟管，向前流动到前烟箱，返 180° 进入三回程烟管，烟气向后部流动，然后经烟囱排出。

锅炉的水循环是：给水先进入锅筒后，经下降管到达下联箱，再分配给水冷壁管，吸热上升到锅筒，形成了整个锅炉的水循环。

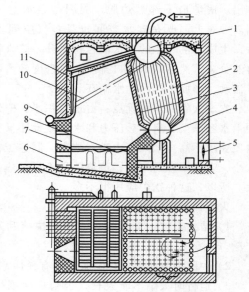

图 2-2　SHG2-0.8型双锅筒横置式固定炉排水管锅炉

1—上锅筒　2—对流管束　3—隔烟墙　4—下锅筒
5—烟气出口　6—出灰门　7—炉门　8—炉排
9—横集箱　10—下降管　11—水冷壁箱

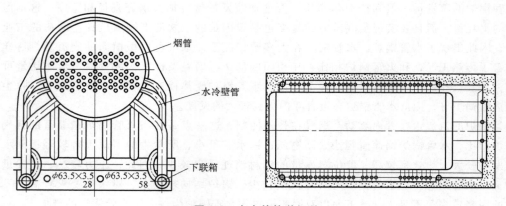

图 2-3　水火管快装锅炉

水火管快装锅炉的优点是：由于水冷壁管采用密排管式，所以炉体散热较少，可以选用轻型炉墙；炉体结构紧凑，便于运输和安装；锅炉尾部可装省煤器，热效率较高，一般可达 75%～80%。缺点是：锅筒角撑板结构易造成应力集中，管板受反复应力作用易损坏；锅筒腹部易沉积杂质，无法排出，造成过热鼓包；水质要求高；烟气阻力大；水容量较小，负载变化时水位升降变化快。

2.1.4　锅炉的主要参数

我国锅炉的参数已形成系列并纳入国家标准《工业蒸汽锅炉参数系列》（GB 1921—2004）。我国工业蒸汽锅炉的参数系列见表 2-2。

表 2-2　我国工业蒸汽锅炉的参数系列

额定蒸发量/(t/h)	额定出口蒸汽压力（表压）/MPa										
	0.4	0.7	1.0	1.25			1.6		2.5		
	额定出口蒸汽温度/℃										
	饱和	饱和	饱和	饱和	250	350	饱和	350	饱和	350	400
0.1	△										
0.2	△										
0.5	△	△									
1	△	△	△								
2		△	△	△			△				
4		△	△	△			△		△		
6			△	△	△	△	△	△			
8			△	△	△	△	△	△			
10			△	△	△	△	△	△	△	△	△
15				△	△	△	△	△	△	△	△
20					△	△	△	△	△	△	△
35			△				△	△			
65										△	△

2.1.5　锅炉的规格和型号

工业锅炉的产品规格型号，按照标准规定的方法编制。产品型号由三部分组成，中间用短线（半字线）相连，其形式如下：

$$△△\ △\ \ ××-××/×××-×$$

- 总体形式代号
- 燃烧设备代号
- 额定蒸发量或额定热功率
- 额定蒸汽压力或允许工作压力
- 过热蒸汽温度或出/进水温度
- 燃料种类代号

型号第一部分表示锅炉形式、燃烧设备、额定蒸发量或额定热功率，共分三段。前两个"△"是两个汉语拼音字母，表示锅炉总体形式，各字母所表示的具体意义见表 2-3 及表 2-4；后一个"△"是一个汉语拼音字母，表示不同的燃烧设备，具体含义见表 2-5；最后的两个"×"是两个阿拉伯数字，表示锅炉的额定蒸发量（以 t/h 计）或额定热功率（以 MW 计）。

表2-3 锅壳式锅炉总体形式代号

锅炉总体形式	代号	锅炉总体形式	代号
立式水管	LS（立水）	卧式外燃	WW（卧外）
立式火管	LH（立火）	卧式内燃	WN（卧内）

表2-4 水管锅炉总体形式代号

锅炉总体形式	代号	锅炉总体形式	代号
单锅筒立式	DL（单立）	双锅筒横置式	SH（双横）
单锅筒纵置式	DZ（单纵）	纵横锅筒式	ZH（纵横）
单锅筒横置式	DH（单横）	强制循环式	QX（强循）
双锅筒纵置式	SZ（双纵）		

表2-5 锅炉燃烧设备代号

燃烧设备	代号	燃烧设备	代号
固定炉排	G（固）	抛煤机	P（抛）
固定双层炉排	C（层）	振动炉排	Z（振）
活动手摇炉排	H（活）	下饲炉排	A（下）
链条炉排	L（链）	沸腾炉	F（沸）
往复炉排	W（往）	室燃炉	S（室）

型号的第二部分表示介质参数，共分两段，中间以斜线相隔。第一段的两个"×"是用阿拉伯数字表示额定蒸汽压力或允许工作压力（以MPa计）；第二段的三个"×"是用阿拉伯数字表示过热蒸汽温度或热水锅炉出水温度/进水温度（以℃计）。蒸汽温度为饱和温度时，型号的第二部分无斜线和第二段，因为饱和温度取决于压力，型号中的介质压力即间接表示了饱和温度。

型号的第三部分表示燃料种类。以汉语拼音字母代表燃料种类，同时以罗马数字代表燃料品种分类与其并列（表2-6）。如同时使用几种燃料，主要燃料放在前面。

表2-6 锅炉燃料种类代号

燃料种类	代号	燃料种类	代号
Ⅰ类劣质煤	LⅠ	木柴	M
Ⅱ类劣质煤	LⅡ	稻糠	D
Ⅰ类无烟煤	WⅠ	甘蔗渣	G
Ⅱ类无烟煤	WⅡ	柴油	YC
Ⅲ类无烟煤	WⅢ	重油	YZ
Ⅰ类烟煤	AⅠ	天然气	QT
Ⅱ类烟煤	AⅡ	焦炉煤气	QJ
Ⅲ类烟煤	AⅢ	液化石油气	QY
褐煤	H	油母页岩	YM
贫煤	P	其他燃料	T
型煤	X		

便于理解和掌握，对上述型号表示方法举例说明如下：

WNG1-0.7-A Ⅲ

表示卧式内燃固定炉排锅壳式锅炉，额定蒸发量为 1t/h，蒸汽压力为 0.7MPa，蒸汽温度为饱和温度，燃料为Ⅲ类烟煤。

DZL4-1.25-W Ⅱ

表示单锅筒纵置式，采用链条炉排，额定蒸发量 4t/h，蒸汽压力为 1.25MPa，蒸汽温度为饱和温度，燃料为Ⅱ类无烟煤。

QXW2.8-1.25/95/70-A Ⅱ

表示强制循环往复炉排热水锅炉，额定热功率 2.8MW，允许工作压力 1.25MPa，出水温度为 95℃，进水温度为 70℃，燃料为Ⅱ类烟煤。

不难看出，锅炉型号给出了锅炉的概貌，在了解锅炉的基本概念和知识的基础上，熟练掌握锅炉型号的表示方法是十分有益的。

2.1.6 锅炉设备特点

锅炉是一种受热、承压、有爆炸危险的特种设备，广泛应用于国民经济各个生产部门和人民生活中，它具有下述特点：

（1）具有爆炸危险而且一旦爆炸破坏性极大。锅炉是一种密闭的容器，在受热、受压的条件下运行，因此具有爆炸的危险性。

（2）恶劣的工作环境使锅炉易损坏。由于锅炉在较高温度和承受一定压力的条件下运行，它的工作条件要比一般机械设备的工作条件恶劣，如受热面内外广泛接触烟、火、灰、水、汽、水垢等；锅炉受压元件内、外压力可能不同，而且承受的载荷和变形可能随时间发生变化等。

（3）使用广泛并要求连续运行。锅炉的用途十分广泛，它是火力发电厂的"心脏"，是化工、纺织、轻工行业中的关键设备，日常生活中的食品加工、医疗消毒、洗澡取暖等都离不开它。锅炉遍及城乡各地及各行各业。而锅炉一般还要求连续运行，突然停炉可能会影响一条生产线、一个工厂，甚至一个地区的生产和生活。

2.2 锅炉的燃烧与安全

2.2.1 锅炉的燃料与燃烧方式

1. 锅炉的燃料及其燃烧

（1）锅炉的燃料。锅炉燃料按其物理形态可分为固态燃料、液态燃料、气态燃料三大类。固态燃料包括煤、页岩、木柴、甘蔗渣及可燃垃圾等。液态燃料包括轻柴油、重油、渣油、液化煤炭、水煤浆等。气态燃料包括天然气、高炉煤气、焦炉煤气、水煤气、混合发生炉煤气等。我国锅炉以煤为主要燃料。

不同的燃料，其燃烧特性各异，由燃烧而引起的锅炉安全问题也不相同。

1）燃煤。锅炉用煤根据煤中挥发分的含量，可分为石煤及煤矸石、褐煤、无烟煤、贫煤和烟煤。

① 煤的组分。煤的成分非常复杂，主要成分有碳（C）、氢（H）、氧（O）、氮（N）、硫（S）、灰分（A）及水分（W）。灰分是多种无机盐的组合，在分析煤的成分时一般对灰分不再细分。

② 煤的性能指标。描述煤的性能指标有发热量、挥发分、灰熔点。

发热量是指1kg煤完全燃烧能够发出的热量，可分为高位发热量和低位发热量两种。燃烧产物中水蒸气全部凝结成水时所得的发热量称为高位发热量，以符号Q_{gr}表示。燃烧产物中水蒸气保持蒸汽状态时所得的发热量，即高位发热量除去燃烧产物中水蒸气的汽化潜热的热量，称为低位发热量，以符号Q_{net}表示。我国以低位发热量计算燃烧发热量。

为便于比较燃料消耗，工程上还采用"标准煤发热量"的概念，规定低位发热量为29300kJ/kg（7000kcal/kg）的煤为标准煤。比较不同煤种的煤耗时，应把各种煤均折算成标准煤，然后进行比较。

挥发分是指在规定的试验条件下，将煤隔绝空气加热至900℃，煤中挥发分解出的气体，除去水蒸气，剩余部分统称为挥发分。挥发分主要由可燃气体C_mH_n、H_2、CO等组成，也含少量的N_2、O_2、CO_2。从燃烧的角度讲，挥发分对煤的燃烧影响较大，挥发分多的煤容易着火且燃烧不稳定。

灰熔点是煤的重要性能指标之一，关系到锅炉运行的安全可靠性。锅炉炉膛温度很高，灰熔点低的煤燃烧后形成的灰渣可能呈熔化或黏结状态，附着在受热面、炉墙或炉排上，造成结渣，影响锅炉的正常运行，严重时导致停炉。为避免锅炉炉膛中结渣，在设计锅炉时，通过调节炉膛中受热面的大小来调节炉膛中的换热量及烟气温度。

煤灰成分复杂，没有明确固定的熔化温度，通常用变形温度、软化温度和流动温度来表示灰熔点。采用角锥法来测定灰熔点，将灰粉制成确定尺寸的角锥，置于半还原性气氛的电炉中加热。角锥尖端开始变圆或弯曲时的温度称为变形温度。角锥尖端弯曲到和底盘接触或呈半球时的温度称为软化温度。角锥熔融到底盘上开始流溢或平铺在底盘上显著熔融时的温度称为流动温度。对中小型锅炉来说，炉膛出口的烟气温度不得超过灰分的变形温度，且不得超过1100℃。

③ 煤质分析。煤质分析通常分为元素分析和工业分析两种。

A. 元素分析。对煤中各种参与燃烧的元素成分及灰分、水分的质量分数进行分析。煤中的水分和灰分常随开采、运输、储存及气候条件变化而变化，因此在确定各元素的质量分数时，必须明确成分组成的计算基准（基数）。

收到基分析又称应用基分析，以用户收到状态的煤（含水分、灰分）为基础进行分析。

$$C_{ar}+H_{ar}+O_{ar}+N_{ar}+S_{ar}+A_{ar}+W_{ar}=100\%$$

空气干燥基分析以试验室条件下自然风干以后的煤为基础进行分析。

$$C_{ad}+H_{ad}+O_{ad}+N_{ad}+S_{ad}+A_{ad}+W_{ad}=100\%$$

干燥基分析以假想去掉全部水分，完全干燥态的煤为基础进行的分析。

$$C_d+H_d+O_d+N_d+S_d+A_d=100\%$$

干燥无灰基分析是对假想除去全部水分和灰分的煤进行分析，即对煤中参与燃烧的元素进行质量分数分析，过去也叫可燃基分析。

$$C_{daf}+H_{daf}+O_{daf}+N_{daf}+S_{daf}=100\%$$

元素分析用于锅炉的设计计算，以此为基础确定锅炉燃烧需要的风量、产生的烟气量及锅炉风机的容量等。

B. 工业分析。用以确定煤中水分、灰分、挥发分质量分数和发热量，以鉴定煤的质量，正确进行锅炉的燃烧调整。工业分析常用于中、大型锅炉，习惯测定收到基水分W_{ar}、收到基灰分A_{ar}、干燥无灰基挥发分V_{daf}的质量分数及收到基发热量$Q_{ar,net}$。

2）燃油。锅炉燃油通常是渣油和重油。渣油是石油炼制时的液体残留物；重油则由渣油掺入一定比例的煤油或柴油调制而成。

① 重油组成成分。重油的成分与煤相似，也由碳（C）、氢（H）、氧（O）、氮（N）、硫（S）等元素及灰分（A）、水分（W）构成，但各组分含量及组合方式与煤大不相同。重油中的碳、氢

以烃的形式存在，是其主要组分及主要发热成分，质量占重油质量的95%以上，因而重油的发热量也很高，可达标准煤发热量的1.5倍。

重油成分中的硫同煤中的硫一样，指可燃硫，含量一般不超过4%。硫燃烧后生成 SO_2 及 SO_3，是环境污染物及腐蚀性介质。特别是因重油中大量氢燃烧后生成大量水蒸气，当重油中硫含量较高时，燃烧形成的 SO_2 及 SO_3 与水蒸气接触，形成 H_2SO_3 及 H_2SO_4 蒸气，使锅炉尾部的低温硫腐蚀较燃煤锅炉突出和严重。一般将含硫量低于0.5%的燃油称为低硫油，将含硫量为0.5%～2.0%的燃油称为中硫油，将含硫量高于2.0%的燃油称为高硫油。对使用中、高硫油的锅炉，必须采用适当措施以防止低温硫腐蚀。重油中氧、氮含量很低，对锅炉安全影响较小。

灰分和水分是燃料油中的有害物质。油中的灰分虽然很少，但对锅炉的影响却很大，灰分会引起受热面积灰，使受热面传热系数降低，并产生高温腐蚀。水分会加速管道和设备腐蚀，增加烟气量，增大排烟热损失；当出现油水分层时，会使炉内火焰脉动，造成锅炉灭火。

② 重油的物理性质指标。重油主要物理性质指标有黏度、闪点、燃点及自燃点、凝固点、静电特性。

流体的黏度反映流体流动时层间摩擦力的大小，燃油的黏度常以恩氏黏度表示。我国以燃油在50℃时的恩氏黏度值表示燃油品牌号码20号、60号、100号、200号（重油）及250号（渣油）。黏度是燃油十分重要的性能指标，其大小与燃油输送及雾化的难易程度有关，对燃油的泵送及燃烧非常重要。燃油的黏度随温度的升高而减小，因而燃油输送与雾化前应适当加热。

闪点是燃油蒸气与空气的混合物遇明火闪燃而后熄灭的最低温度。重油的开口闪点为80～300℃。闪点预示着临近燃烧与燃爆，表示油品燃烧、爆炸危险性的大小，关系到油品储存、输送、使用的安全。

燃点是燃油蒸气与空气的混合物遇明火着火并继续燃烧的最低温度。油品的燃点比闪点一般要高20～30℃。

自燃点是燃油蒸气与空气的混合物在没有外来火焰的情况下自行着火燃烧的温度。重油的自燃点在350～380℃。

凝固点是指燃油丧失流动状态的最高温度。重油的凝固点在15～36℃。

燃料油属于不良导体，用金属管道输送时，由于摩擦而产生静电，电荷在油面上积聚，能产生很高的电压，一旦放电，就会产生火花，使油品发生燃烧或爆炸，所以输油管道和储油设备都必须有良好的接地，一般接地电阻应在5Ω以下。此外，金属管道内的油品流速应控制在4m/s以内，以减少静电的产生。

3）燃气。

① 燃气组分。用于锅炉燃烧的气体燃料主要有天然气、高炉煤气和焦炉煤气等。不同的燃气成分与性能有很大不同。

天然气的主要成分是甲烷（CH_4），甲烷的体积分数约为80%～95%；另含少量硫化氢（H_2S）及其他成分，其低位发热量约为35000～40000kJ/Nm^3。

高炉煤气是炼铁高炉的副产品，其主要可燃成分是一氧化碳（CO），另外还含有大量氮气和二氧化碳，其发热量约为天然气的1/10。

焦炉煤气是炼焦厂的副产品，其主要成分为氢（H_2），其次是甲烷（CH_4）。焦炉煤气发热量较高，约为高炉煤气的4倍。另外，焦炉煤气所含惰性质及杂质远少于高炉煤气。

根据发热量的高低常把燃气分为两类，发热量 $Q_{ar,net}$ 在6000～10000kJ/Nm^3 的燃气称为低热值煤气，发热量 $Q_{ar,net}$ 在16000～45000kJ/Nm^3 的燃气称为高热值煤气。

② 锅炉燃气性能指标。在燃气的性能指标中，除了发热量之外，值得注意的还有燃点、爆炸

极限等反映燃烧性能的指标。天然气的燃点约为 650℃，爆炸极限为 5%～16%；人造煤气的燃点为 650～750℃，爆炸极限为 5.6%～30.4%。

（2）燃料的燃烧。

1）燃料的燃烧过程。

① 煤的燃烧过程。煤在锅炉中的燃烧过程包括以下四个阶段：

A. 预热干燥和干馏阶段，也叫准备阶段。该阶段煤被加热，当温度在 100℃ 以上时，煤中水分即汽化析出；当升温至 130～400℃ 时，分解析出可燃性挥发分，并形成焦炭。

B. 挥发分着火和燃烧阶段。可燃挥发分被加热至一定温度时，着火燃烧并放出大量的热量，通常把该温度看作煤的着火温度，但此阶段焦炭并未燃烧。

C. 焦炭燃烧阶段。挥发分燃烧并引燃焦炭。焦炭燃烧放出大量热量。但焦炭的燃烧是气、固两相反应，在焦炭表面进行，反应速度较慢、时间较长，且内层焦炭的燃烧还受外层灰壳的阻碍，需要及时拨火及合理送风。

D. 燃尽阶段。气体及固体可燃物完全燃烧。

② 燃油的燃烧过程。燃油的沸点低于其燃点，因而燃油总是先汽化，后着火燃烧。良好的雾化是燃油完全燃烧的首要条件。燃油锅炉先把油雾化成细小的油滴（粒径约 0.1～0.3mm），以增大其蒸发表面积。油滴受热后，汽化为油蒸气，随即与一定数量的空气混合，然后着火燃烧。良好的油气、空气混合是燃油完全燃烧的又一条件。重油燃烧之前必须预先加热以降低黏度，燃烧过程是雾化、蒸发、适当配风、油气混合、燃烧并继续配风。综上，重油燃烧的两个关键问题是雾化与配风。

值得注意的是，燃油的燃烧属于扩散燃烧，燃油的蒸发、油蒸气与空气的扩散混合及油气燃烧几乎是同时进行的。由于油蒸气与氧之间的扩散速度远远低于燃烧的化学反应速度，因而扩散速度决定了燃烧过程的快慢。如果配风不及时且不充分，燃油的大分子碳氢化合物就会在高温缺氧条件下热裂解，生成炭黑微粒，使锅炉冒黑烟。

③ 燃气的燃烧过程。燃气燃烧过程大体上包括燃气与空气混合、着火、燃烧三个阶段。燃气燃烧反应速度很快，配风是其关键问题，配风要求迅速、充分、均匀，否则构成燃气的碳氢化合物或含碳化合物在高温缺氧状态下将热解或还原出炭黑微粒，降低效率，污染环境。燃气燃烧方式通常分为预混燃烧、扩散燃烧两类。

A. 预混燃烧。在着火之前，使燃气和空气均匀混合。由于把燃气与空气预混并把混合气体分股向炉膛喷出，炉膛内火焰较短甚至无焰，因而炉膛较小，燃气燃烧较充分。但燃烧组织不当时会产生回火、脱火等问题。

B. 扩散燃烧。在燃烧进行过程中使燃气与空气相互扩散混合。扩散燃烧要求相互扩散的气流速度高、扰动大，具有较长的火焰，要求较大的炉膛，组织不当时在炉膛内可能燃烧不完全，但不存在回火、脱火问题。

目前燃用天然气的锅炉多采用部分预混燃烧的方式，首先使燃烧需要的部分空气与燃气预混，燃烧过程中再补入另一部分空气，使之与燃气扩散混合，保证燃尽。

2）燃烧所需的空气。

① 理论空气量。燃料燃烧所需要的空气量主要决定于燃料中可燃元素的含量。1kg 应用基固体或液体燃料，或标准状态下 1m³ 燃料完全燃烧所需的干空气量称为理论空气量，以 V_k^0 表示。计算公式可由燃料中各可燃元素的完全燃烧方程式导出。理论空气量用标准状态下空气的体积来表示。1kg 固体燃料或液体燃料的理论空气量（Nm³/kg）为

$$V_k^0 = 0.899(C_{ar} + 0.375S_{ar}) + 0.265H_{ar} - 0.0333O_{ar}$$

式中　C_{ar}、H_{ar}、S_{ar} 和 O_{ar}——燃料收到基元素分析各成分的质量分数。

② 过剩空气系数。在燃烧过程中，由于操作和锅炉结构等原因，供给的空气不能与燃料百分之百地发生反应。为保证燃料完全燃烧，送风量必须有一定的裕量。实际供给的空气量大于理论空气量，多出的空气量称作过剩空气量。理论空气量与过剩空气量之和，就是实际空气量，以 V_k 表示。实际空气量与理论空气量之比，称作过剩空气系数或过量空气系数，以 α 表示，即

$$\alpha = V_k / V_k^0$$

过剩空气系数 α 的大小与锅炉结构、燃料品种、燃烧方法及锅炉负荷大小有关。过剩空气系数过小，燃料在锅炉中燃烧不完全，锅炉效率降低。反之，过剩空气系数过大，炉膛温度降低，烟气量增多，排烟热损失和引风机电耗都增加。因此，在锅炉运行过程中，在保证燃料完全燃烧的前提下，应尽量减小过剩空气系数。通常，控制炉膛出口的过剩空气系数在 1.10~1.50。沸腾炉和室燃炉的过量空气系数小于层燃炉的过量空气系数。煤质越差，过剩空气系数应越大。

多数锅炉炉膛及烟道中烟气压力小于大气压力（负压状态），在烟气经由炉膛、烟道流向烟囱的过程中，周围空气会不断漏入炉膛和烟道中，使过剩空气不断增加。烟道内的漏风量完全无助燃烧，只能降低烟道内烟气温度，减少尾部受热面传热量，增大锅炉的烟气损失。因此，要改善炉墙结构并保证其质量。

③ 空气预热。足够高的炉温和适量的空气是燃料在锅炉中燃烧的条件。环境条件下的空气供入炉膛会降低炉温，不利于燃料着火燃烧。当燃用挥发分低的煤和劣质煤时，这个问题更加突出。空气进入炉膛前，首先经过尾部烟道的空气预热器进行加热。这样既有利于燃烧，又降低排烟温度。

容量大于 6t/h 的锅炉，燃用无烟煤、劣质烟煤的层燃炉及各种室燃炉，都可以设置空气预热器。层燃炉的热风温度一般不超过 150℃。

2. 锅炉的典型燃烧设备

锅炉按照组织燃烧的原理和特点可以分为层燃炉、室燃炉和沸腾炉三类。

（1）层燃炉。层燃炉主要应用在中小型燃煤锅炉中，只燃用固态燃料。其特点是煤粒及煤块铺放在炉排上，形成一定的燃烧层而进行燃烧。空气从炉排下部通入，流经燃料层并与其反应。燃烧中煤粒及煤块之间没有或很少相对运动。大部分燃料在炉排上燃烧，小部分细粒和可燃气体在炉膛的空间内燃烧。

层燃炉所烧的煤块较大，粒径在 10mm 以上，不易烧透。层燃炉通常要烧较好的煤，煤矸石等劣质燃料无法在层燃炉中燃烧。

层燃炉燃烧设备按操作方式可分为手烧炉排和机械炉排两类。

1）手烧炉排。手烧炉排的加煤、拨火和除渣操作全部由人工完成，结构简单，但难以合理组织炉内的燃烧过程，热效率低。我国规定手烧炉排只能配置于额定蒸发量（或额定供热量）≤1t/h（或 0.7MW）的锅炉。手烧炉排有固定式及手摇活动式两种，其结构如图 2-4 所示。

手烧炉的煤从炉门间断地添加至炉排上，风从炉排下部连续送入燃料层，风与燃料进入的方向相反。手烧炉排的燃烧优点是燃料着火条件优越。煤添加在正燃烧的燃料层上部，新煤层下面受到炽热燃烧层的加热，上面受到高

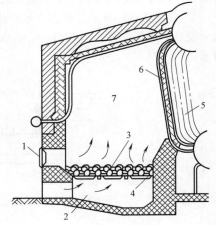

图 2-4　手烧炉结构简图
1—炉门　2—灰坑　3—燃烧层　4—炉排
5—对流管束　6—水冷壁　7—炉膛

温烟气炉墙的辐射，燃料着火条件优越，能迅速完成预热、干燥、挥发分析出和着火燃烧过程。

手烧炉排的燃烧缺点是风、煤供应不协调，燃烧过程具有周期性。由于着火条件好，当燃料加入时，水分迅速蒸发，挥发分很快析出，立即需要大量空气以使燃料充分燃烧，但此时新加煤不久，燃料层较厚，从炉排下部进入的风量因煤层阻力增加反而减少，挥发分在高温缺氧状态下还原出炭黑微粒，造成冒黑烟的现象。此后，随着燃烧的进行，焦炭逐渐燃尽，燃料层逐渐变薄，燃烧需要的空气量减小，但由于燃料层进风阻力降低，进风量反而加大，空气供应量过剩，排烟损失增加。这种间断加煤、周期燃烧、风、煤不协调的现象，在燃用高挥发分烟煤时更为突出。

手烧炉需要的劳动强度大，污染环境，热效率低。为了改进燃烧，近年出现了双层炉排、明火反烧等改进型手烧炉，取得了明显的效果。

2）机械炉排。机械炉排的加煤、拨火和除渣三项操作中有两项操作或全部操作由机械完成。机械炉排又分为链条炉排、往复推动炉排、振动炉排、下饲炉排等。

链条炉排是最常见的一种机械炉排，依靠移动的链条实现连续给煤和出渣燃烧，其结构如图2-5所示。燃煤经煤斗添加到炉排上，随着炉排不停移动，实现预热、干燥、燃烧、燃尽等阶段，形成的炉渣被炉排后部的除渣板铲除，落入灰渣斗。链条炉排适用于额定蒸发量为2~65t/h的锅炉。

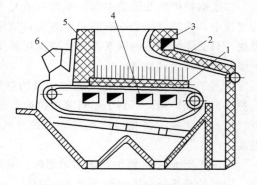

图2-5　链条炉排示意图
1—链条炉排　2—后拱　3—二次风
4—分段送风室　5—点火拱　6—煤斗

链条炉排的风箱、风室也在炉排下部，经炉排向上送入炉膛的风与水平送入的燃料相互垂直相交。

煤的燃烧过程是在连续移动中完成的，所以链条炉排避免了手烧炉燃烧周期性的弱点，其燃烧特点如下：

① 链条炉排的着火条件较差。新添加的煤落在刚由下部转入炉膛的冷炉排上，下面没有燃烧的燃料层。从炉排下送入的空气温度不高，新煤层只能依靠上部高温烟气及炉墙等的辐射，实现预热、干燥、着火等过程，燃料着火困难。特别是燃用无烟煤或劣质煤时，必须依靠相应的结构和运行措施，才能保证燃料及时着火燃烧。另外，链条炉排对煤质的要求也较高。

② 燃烧具有区域性。燃料在沿炉排移动方向的不同位置上，形成不同的燃烧层，从前到后依次为预热干燥区，挥发分析出区、燃烧区，焦炭燃烧氧化区、焦炭燃烧还原区与燃尽区，如图2-6所示。

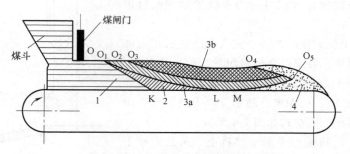

图2-6　链条炉排上燃料的燃烧过程
1—预热干燥区　2—挥发分析出区、燃烧区
3a—焦炭燃烧氧化区　3b—焦炭燃烧还原区　4—燃尽区

为了改善炉内着火条件差的燃烧特点，链条炉排采取了合理设置炉拱、炉排下部分区送风和增设二次风的措施。

③ 合理设置炉拱。炉拱的作用是向炉排新加的煤层辐射热量及促进炉膛内烟气的混合。炉拱是炉墙向炉膛内凸出的部分，分为前拱和后拱。燃用不同的煤种，需要不同形状的炉拱。

④ 合理送风。链条炉排燃烧具有区域性，采取分段向炉膛内送风。沿炉排移动方向，前端及后端少送，中间多送，使送风量与燃烧需要量较好地适应。炉排下的风箱一般分成 5~6 级。

⑤ 向炉膛供入二次风。如图 2-5 所示，二次风在层燃炉中是从炉排上方送入炉膛的，从炉排下供入的气流（空气或蒸气）为一次风。二次风常和炉拱配合使用，加强炉膛中气流的扰动和混合，破坏燃烧区域性造成的烟气温度和成分的不均匀性，强化燃烧，提高烟气在炉膛中的充满度。二次风的风量约占总风量的 5%~12%，二次风的风速比较高，可达 40~70m/s。二次风的风口一般布置在前墙，燃烧无烟煤的锅炉可布置在后墙，配合后拱，使烟气向炉前流动。当燃料挥发分较高时，可以在前、后墙或炉膛四角都布置二次风。

（2）室燃炉。燃料与空气一起由燃烧器送入炉膛，在炉膛空间呈悬浮状态，边运动边燃烧。室燃炉可以燃烧固态、气态、液态燃料，通常分别称为煤粉炉、燃气炉、燃油炉。

1）煤粉炉。首先将燃煤磨制成煤粉，大部分煤粉的粒径小于 0.1mm，煤粉与空气由燃烧器喷入炉膛，在炉膛中悬浮燃烧，因而燃煤的室燃炉也叫煤粉炉。燃烧器布置方式有前墙布置、侧墙布置、炉顶布置和四角布置四种，如图 2-7 所示。

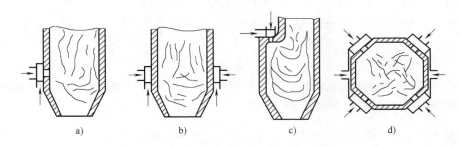

a)　　　　　　b)　　　　　　c)　　　　　　d)

图 2-7　煤粉炉燃烧器布置方式

a）前墙布置　b）侧墙布置　c）炉顶布置　d）四角布置

煤被磨成细粉后，表面积大大增加，便于和空气充分接触，有利于燃料燃烧。煤粉炉能燃烧无烟煤、贫煤、劣质烟煤、褐煤等，但有时燃烧不稳定，对运行操作要求很高，难于间断运行。煤矸石等劣质燃料也无法在煤粉炉中燃烧。煤粉炉属于大型、现代化燃煤锅炉（如蒸发量 $D \geqslant 35t/h$）。

2）燃油炉。燃油需要加热、雾化再配风送入炉中。雾化与配风都通过燃油燃烧器完成。燃油雾化的装置叫油喷嘴，可分为机械雾化喷嘴和介质雾化喷嘴。前者依靠喷嘴内的油压使油高速喷出雾化，或通过转杯旋转使油旋转雾化；后者通过带压蒸气或空气引射带动燃油雾化。配风装置称作配风器，分为直流式配风器和旋流式配风器两大类。

（3）燃气炉。气体燃料在送入炉前不需要进行处理，燃烧不产生灰渣，烟气中 SO_2、NO_x 的含量较其他类型的燃烧设备产生的含量都少，受热面的磨损和环境污染小。但燃气与空气混合，易发生爆炸，应注意采取防爆措施。

燃气炉的重要组成部件是燃烧器。燃用不同的气体燃料，燃烧器的结构不相同。

（4）流化床锅炉（沸腾炉）。流化床锅炉（沸腾炉）的燃烧方式介于层燃与室燃两种方式之间。将破碎成一定大小的煤粒送入炉膛，同时由高压风机产生的一次风通过布风板吹入炉膛，当风速达到一定时，能够将煤粒吹起，煤粒分布在炉排（布风板）上方，但并不固定在炉排上，也不随空气流动，而是随着炉排下的鼓风翻腾跳跃着燃烧，好像液面一样沸腾。沸腾炉所烧的煤粒比一般层燃炉的煤粒要小，比煤粉炉的粒径要大，其颗粒度大部分在 0.2~3mm。流态化的各种状态如图 2-8 所示。

循环流化床锅炉是近年来在国际上发展起来的新一代高效、低污染的洁净煤燃烧技术。循环流化床锅炉的流化层内流化速度很高，一般为 3~10m/s，最高可达 10m/s，被高速气流大量携带出炉膛的细小颗粒经设置在炉内或炉外的气、固分离器分离后，由回料装置重新返回流化层进行燃烧。其循环倍率高达 50 以上，因此循环流化床的燃烧效率可达 99% 或更高。在炉内能达到 90% 的脱硫效率，低温燃烧抑制了 NO_x 的生成。典型的循环流化床锅炉燃烧系统如图 2-9 所示。

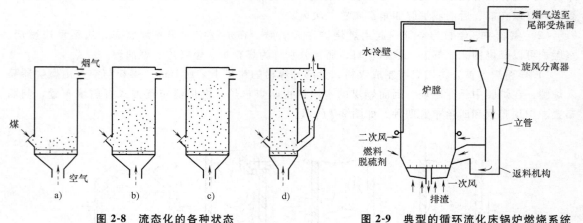

图 2-8 流态化的各种状态
a）固定床 b）鼓泡床 c）湍流床 d）循环床

图 2-9 典型的循环流化床锅炉燃烧系统

从安全的角度分析，燃油炉、燃气炉、煤粉炉均存在炉膛爆炸的危险。

2.2.2 锅炉的燃烧与安全

锅炉的燃烧若缺乏有效的调节与控制对锅炉的安全运行影响主要表现在两个方面：一是直接导致燃烧系统的事故，如炉膛爆炸、尾部烟道二次燃烧、锅炉结渣、积灰等；二是导致汽水系统事故，如锅炉受热面爆管、磨损、腐蚀、冲刷，水循环故障，锅炉超压或出力不足等。因此，锅炉能否正常燃烧直接关系到锅炉的安全。

1. 发电锅炉炉膛安全监控系统（FSSS）与锅炉主燃料跳闸（MFT）

锅炉炉膛安全监控系统（FSSS），又称燃烧器管理系统（BMS），或称燃烧器控制系统、燃料燃烧安全系统，是现代大型火力发电机组锅炉必须具备的一种监控系统。它能够在锅炉正常工作和启动、停止等各种运行方式下，连续地密切监视燃烧系统的大量参数与状态，不断地进行逻辑判断和运算，必要时发出动作指令，通过各种联锁装置使燃烧设备中的有关部件（如磨煤机、点火器、燃烧器等）严格按照既定的合理程序完成必要操作，或对异常工况或未遂事故做出快速反应和处理。防止炉膛的任何部位积聚燃料与空气混合物，防止锅炉内发生爆燃而损坏设备，以保证操作人员与锅炉燃烧系统的安全。

当锅炉出现汽包水位过高或过低、两台一次风机全停且有磨煤机在运行、炉膛压力过高或过低、两台引风机或送风机全停等情况时，会引发锅炉主燃料跳闸（MFT）动作，切断所有磨煤机、给粉机、一次风机、电除尘器，关减温水，关燃油跳闸阀等。

2. 点火程序控制器与灭火保护装置

燃油锅炉、燃气锅炉装设点火程序控制器与灭火保护装置。点火程序控制器作用是控制锅炉启动，使其按照既定程序进行：先通风，后点火，再供燃料。灭火保护装置作用是当锅炉熄火时，或在锅炉启动时未点燃的情况下，启动吹扫程序，排除燃烧室和烟道内可燃气体。

2.3 锅炉的安全装置及附件

锅炉的安全装置是指安装在锅炉受压部件上用来控制锅炉安全和经济运行的一些阀件和仪表装置。锅炉的安全装置，按其使用性能或用途可以分为四大类：联锁装置、警报装置、计量装置、泄压装置。联锁装置是指为了防止操作失误而装设的控制机构，如联锁开关、联动阀等。锅炉中的缺水联锁保护装置、熄火联锁保护装置、超压联锁保护装置等均属此类。警报装置是指设备在运行过程中出现不安全因素致使其处于危险状态时，能自动发出声光或其他明显报警信号的仪器，如高低水位报警器、压力报警器、超温报警器等。计量装置是指能自动显示设备运行中与安全有关的参数或信息的仪表、装置，如压力表、温度计等。泄压装置是指设备超压时能自动排放介质，降低压力的装置。安全装置主要有安全阀、压力表、水位计、温度测量装置、保护装置、排污阀或放水装置、防爆门、锅炉自动控制装置以及常用阀门等。

2.3.1 安全阀

安全阀的主要作用是将锅炉内的压力控制在允许的范围内。当压力超过规定值时，安全阀自动开启，排出炉内介质，使锅炉内压力下降，同时发出声响，提醒司炉人员及时采取措施。当压力降到允许范围时，安全阀又自行关闭，使锅炉始终在正常工作压力下安全运行。

1. 安全阀的形式及工作原理

工业锅炉常用的安全阀有弹簧式和杠杆式两种。

（1）弹簧式安全阀。弹簧式安全阀主要由阀座、阀芯、阀杆、弹簧、调整螺母和手柄等部件组成，如图 2-10 所示。

弹簧式安全阀的工作原理是，利用弹簧作用于阀芯的反作用力来平衡作用在阀芯上的蒸汽压力。当蒸汽压力超过弹簧的反作用力时，弹簧被压缩，阀芯抬起离开阀座，排出蒸汽。当蒸汽压力小于弹簧的反作用力时，弹簧伸长，将阀芯往下压，使阀芯和阀座紧密结合，停止排汽。

弹簧式安全阀的主要参数是开启压力和排汽能力，而排汽能力取决于阀座的口径和阀芯的提升高度。

（2）杠杆式安全阀。杠杆式安全阀主要由阀体、阀芯、阀座、阀杆、重锤等构件组成，如图 2-11 所示。它是利用杠杆原理制成的，通过杠杆和阀杆将重锤的重力矩（重锤的质量与重锤到支点距离的乘积）作用到阀芯上，将阀芯压在阀座上，使锅炉介质压力保持在允许范围之内。

2. 安全阀的参数

蒸汽锅炉安全阀的主要参数是开启压力和排汽能力，排汽能力又取决于安全阀喉径和阀芯的

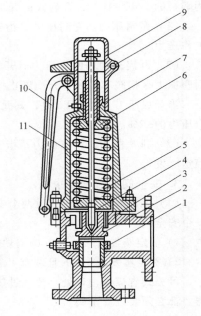

图 2-10 弹簧式安全阀

1—阀座 2—阀芯 3—阀盖 4—阀杆
5—弹簧 6—弹簧压盖 7—调整螺母
8—销子 9—阀帽 10—手柄 11—阀体

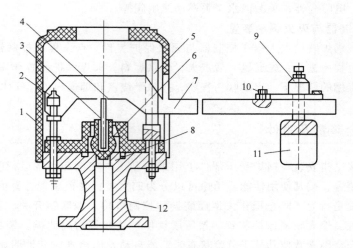

图 2-11 杠杆式安全阀

1—阀罩 2—支点 3—阀杆 4—力点 5—导架 6—阀芯 7—杠杆
8—阀座 9—固定螺钉 10—调整螺钉 11—重锤 12—阀体

开启高度。由于开启高度的不同，弹簧式安全阀可分为微启式和全启式两种，微启式的开启高度为喉径的 1/40~1/20，全启式的开启高度为喉径的 1/4。

（1）密封压力。密封压力是指安全阀阀芯处于关闭状态，并保持密封时的进口压力（通常称工作压力）。

（2）开启压力和回座压力。开启压力是指阀芯开始升起，介质连续排出的瞬间的进口压力；回座压力是指阀芯关闭，介质停止排出时的进口压力。

当开启压力≤1.0MPa 时，其允许偏差为±0.02MPa；当开启压力>1.0MPa 时，允许偏差为开启压力的±2%。

（3）排汽能力。排汽能力是指安全阀阀芯安全开启时的介质排出量。排汽能力必须大于锅炉额定蒸发量。

3. 安全阀的技术要求

（1）每台锅炉至少应装设两个安全阀（不包括省煤器安全阀）。符合下列规定之一的，可只装一个安全阀：

1）额定蒸发量≤0.5t/h 的锅炉，额定热功率≤1.4MW 的锅炉。

2）额定蒸发量<4t/h 且装有可靠的超压联锁保护装置的锅炉。

可分式省煤器出口处、蒸汽过热器出口处、再热器入口处和出口处以及直流锅炉的启动分离器，都必须装设安全阀。

（2）安全阀应垂直地安装在锅筒、集箱的最高位置。为了不影响安全阀的准确性和避免发生事故，在安全阀与锅筒或集箱之间，不允许装有取用蒸汽的出汽管和阀门。

（3）安全阀装置。主要包括：

1）杠杆式安全阀：必须有防止重锤自行移动的装置，以及限制杠杆越出导架的装置。

2）弹簧式安全阀：必须有提升手柄和防止随意拧动调整螺钉的装置。

（4）几个安全阀如果共同装置在一个与锅筒直接相连的短管上，则短管的通路截面面积应不小于所有安全阀流通面积之和。

（5）安全阀应装设排汽管，排汽管应直通安全地点，并有足够的流通截面积，保证排汽畅通，同时将排汽管固定。

当排汽管露天布置而影响安全阀的正常动作时，应加装防护罩。防护罩的安装应不妨碍安全阀的正常动作与维修。

安全阀排汽管底部应装有与安全地点相连接的疏水管。在排汽管和疏水管上都不允许装设阀门。

省煤器的安全阀应装排水管，并通至安全地点。在排水管上不允许装设阀门。

为防止安全阀的阀座与阀芯粘连，应定期对安全阀做手动排放试验。

2.3.2 压力表

压力表是一种测量压力大小的仪表，可用来测量锅炉内实际的压力值。压力表指针的变化可以反映燃烧及负荷的变化，司炉人员根据压力表指示的数值来调节燃烧，使之适应负荷的变化，将锅炉压力控制在允许的范围内，达到安全运行的目的。因此，压力表常被司炉人员比喻为"眼睛"。

1. 压力表的形式及工作原理

锅炉上常用的压力表有弹簧管式压力表、液柱式压力表、电接点式压力表及远传式压力表等。工业锅炉上最常用的是弹簧管式压力表，它由弹簧弯管、连杆、扇形齿轮、小齿轮、指针、表盘、支座等组成。液柱式压力表主要是 U 形管压力表，它主要用于测量气体微压、炉膛负压。远传式压力表，是将弹簧管感受到压力变化时的自由端的位移通过霍尔元件转换成电压信号输出的压力计。显示仪表可以采用一般的电压计或电位差计，或将其电信号输送到控制台，用以显示锅炉的压力或控制锅炉在允许工作压力范围内安全运行。同时，在弹簧管自由端装有指针等，同样可以在压力表上直接显示出压力的大小。电接点式压力表，是在弹簧管式压力表基础上增加了一套电子控制装置制成的。在弹簧管式压力表上，除原有的工作指针外，又增设两根可调的给定指针，分别用于给定压力表的工作上限、下限值，在三根指针的后面都有电触头，当锅炉的工作压力达到给定指针所规定压力的上限、下限值时，工作指针带动的电触头与给定指针的电触头相接触，使报警电路接通而指示信号（灯或电铃）发出警报。

2. 压力表的安全技术要求

（1）每台锅炉除必须装有与锅筒蒸汽空间直接连接的压力表外，还应在下列部位装设压力表：

1）给水调节阀前。

2）可分式省煤器出口。

3）过热器出口与主汽阀之间。

4）强制循环锅炉锅水循环泵出、入口。

5）燃油锅炉油泵进、出口。

6）燃气锅炉的气源入口。

（2）压力表的精度应符合：对于工作压力 <2.5MPa 的锅炉，压力表精确度不应低于 2.5 级；对于工作压力 ≥2.5MPa 的锅炉，压力表的精确度不应低于 1.5 级。

弹簧式压力表的精度等级是以允许误差的百分率来表示的。一般分为 0.5、1.0、1.5、2.0、2.5、3.0、4.0 七个等级。

（3）压力表应根据工作压力选用，压力表表盘刻度极限值应为工作压力的 1.5 ~ 3.0 倍，最好选用 2.0 倍。

（4）压力表表盘大小应保证司炉人员能清楚地看到压力指示值，表盘直径不应小于 100mm。

（5）选用的压力表应符合有关技术标准的要求，其校验和维护应符合国家计量部门的规定。

压力表装用前应进行校验并注明下次的校验日期。压力表校验后应封印。压力表的刻度盘上应划红线指示出工作压力。

（6）压力表与存水弯管之间应装设三通旋塞。压力表与锅筒之间应装设存水弯管。

（7）压力表有下列情况之一的，应停止使用：

1）有限止钉的压力表在无压力时，指针转动后不能回到限止钉处；没有限止钉的压力表在无压力时，指针离零位的数值超过压力表规定允许误差。

2）表面玻璃破碎或表盘刻度模糊不清。

3）封印损坏或超过检验有效期限。

4）表内泄漏或指针跳动。

5）其他影响压力表准确指示的缺陷。

2.3.3 水位表

水位表是蒸汽锅炉的安全附件之一，用于指示锅炉水位的高低，有助于司炉人员监视锅炉水位动态，以便控制锅炉水位在正常幅度之内。

1. 水位表的形式及工作原理

常见的水位表有玻璃管式水位表、平板式水位表及双色水位表。玻璃管式水位表主要由汽旋塞、水旋塞和放水旋塞、玻璃管等部分组成。锅炉内的水位高低，透过玻璃管显示出来。玻璃管式水位表结构简单，制造安装容易，拆换方便，在工作压力为 1.3MPa 以下的小型锅炉上广泛使用。平板式水位表主要由汽旋塞、玻璃板、金属框架、水旋塞和放水旋塞等部分组成。平板式水位表在工业锅炉中应用较广，有单面玻璃板和双面玻璃板两种。双色水位表是利用光学原理，直接显示液面位置的一次性仪表。将双色水位表接到锅炉上，即可清晰地显示锅炉内液面的位置，特别是在判断满水和缺水时，更显示出其突出的优越性。

2. 安全技术要求

（1）每台锅炉至少应装两个彼此独立的水位表。但符合下列条件之一的锅炉可只装一个直读式水位表：

1）额定蒸发量≤0.5t/h 的锅炉。

2）电加热锅炉。

3）额定蒸发量≤2t/h，且装有一套可靠的水位显示控制装置的锅炉。

4）装有两套各自独立的远程水位显示装置的锅炉。

（2）水位表应装在便于观察的地方。水位表高出操作地面超过 6000mm 时，应加装远程水位显示装置。远程水位显示装置的信号不能取自一次仪表。

（3）水位表应有下列标志和防护装置，主要包括：

1）水位表应有指示最高水位、最低安全水位和正常水位的明显标志。水位表的下部可见边缘应比最高水位至少高 50mm，且应比最低安全水位至少低 25mm，水位表的上部可见边缘应比最高安全水位至少高 25mm。

2）为防止水位表损坏时伤人，玻璃管式水位表应有防护装置（如保护罩、快关阀、自动闭锁珠等），但不得妨碍观察真实水位。

3）水位表应有放水阀并有与安全地点相连接的放水管。

（4）水位表的结构和装置应符合下列要求：

1）锅炉运行中能够吹洗和更换玻璃板（管）、云母片。

2）用两个及两个以上玻璃板或云母片组成一组的水位表，能够保证连续指示水位。

3）水位表或水表柱和锅筒之间的汽水连接管内径不得小于 18mm，连接管长度大于 500mm 或有弯曲时，内径应适当放大，以保证水位表灵敏准确。

4）连接管应尽可能短，当连接管不是水平布置时，汽连管中的凝结水应能自行流向水位表，水连管中的水应能自行流向锅筒，以防止形成假水位。

5）阀门的流通直径及玻璃管的内径都不得小于 8mm。

（5）水位表和锅筒之间的汽水连接管上应装有阀门，锅炉运行时阀门必须处于全开位置。

2.3.4　温度仪表

温度测量仪表是用来测量介质温度的一种仪表。它是锅炉工作过程中必不可少的测试仪表。

1. 温度仪表的形式及工作原理

目前常用的温度测量仪表有液体膨胀式温度计、热电偶温度计、热电阻温度计等。在工业锅炉上常见的液体膨胀式温度计有水银玻璃温度计、有机液体玻璃温度计和电接点水银玻璃温度计。它们是利用液体随温度升高（降低）而膨胀（收缩）的原理制成的。热电偶温度计是目前应用极为广泛的测量仪表。它能测量较高的温度，常用的热电偶能长期地用来测量 300~1300℃ 的温度；能够把温度信号转换成电压信号，因而便于信号的远传和记录，也有利于集中检测和控制；性能稳定，准确可靠；结构简单、信号测量方便，经济耐用，维护方便。热电阻温度计在测温中得到广泛应用，尤其是工业生产中，在 -100~+500℃ 范围内的温度常常使用热电阻温度计。热电阻是测量温度的敏感元件，它之所以能用来测量温度，是因为导体或半导体的电阻具有随温度变化而变化的性质。因此，只要知道导体或半导体的电阻值，就可以知道所处的环境或介质的温度，这就是热电阻测温的基本原理。

2. 安全技术要求

（1）在锅炉的下列相应部位应装设测温仪表：

1）过热器出口，再热器进、出口的汽温。

2）由几段平行管组组成的过热器的每组出口的汽温。

3）减温器前、后的汽温。

4）铸铁省煤器出口的水温。

5）燃煤粉锅炉炉膛出口的烟温。

6）再热器和过热器入口的烟温。

7）空气预热器空气出口的气温。

8）排烟处的烟温。

9）燃油锅炉燃烧器的燃油入口油温或燃油锅炉空气预热器出口烟温。

10）额定蒸汽压力 ≥9.8MPa 的锅炉的锅筒上、下壁温或额定蒸汽压力 >9.8MPa 的锅炉的过热器、再热器蛇形管金属壁温。

（2）在热水锅炉进出口均应装置温度计。温度计应正确反映介质温度，并应便于观察。额定热功率 ≥14MW 的热水锅炉，安装在锅炉出水口的温度测量仪表，应是记录式的。在燃油热水锅炉中，也应该装设温度测量仪表，以测量燃油温度和空气预热器烟气出口的烟温。

（3）有表盘的温度测量仪表的量程，应为所测正常温度的 1.5~2 倍。

（4）温度测量仪表的校验和维护，应符合国家计量部门的规定。装用后每年至少应校验一次。

2.3.5　保护装置

（1）超温报警装置和联锁保护装置。超温报警装置安装在热水锅炉的出口处，当锅的水温超过规定的水温时,将自动报警,提醒司炉人员采取措施减弱燃烧。超温报警装置和联锁保护装置联锁后,还能在超温报警的同时,自动切断燃料的供应和停止鼓风、引风,以防止热水锅炉发生超温而导致锅炉损坏或爆炸。

(2)高低水位报警装置和低水位联锁保护装置。当锅炉内的水位高于最高安全水位或低于最低安全水位时,水位报警器就会自动发出警报,提醒司炉人员采取措施防止事故发生。

(3)蒸汽超压报警器。在锅炉出现超压时,蒸汽超压报警器能发出声、光警报信号,促使运行人员及时采取措施,并能通过联锁装置减弱或中断燃烧,从而避免超压爆炸事故。

(4)锅炉熄火保护装置。当锅炉炉膛熄火时,锅炉熄火保护装置作用,切断燃料供应,并发出相应信号。

2.3.6 排污阀或放水装置

排污阀或放水装置的作用是排放锅水蒸发后残留的水垢、泥渣及其他有害物质,将锅水的水质控制在允许的范围内,使受热面保持清洁,以确保锅炉的安全、经济运行。锅炉排污是锅炉水质监控的三个基本环节之一。在锅炉运行过程中,由于锅水不断蒸发浓缩,以及向锅水中投放防垢、防腐药剂,锅水中的浮垢、沉渣含量会不断增加,锅水中盐、碱的浓度增大。为保证锅水的质量,连续或定期从锅炉中排放一部分含高浓度盐碱的锅炉水、水渣和其他杂质,这就是排污。锅炉中的排污分定期排污和连续排污两种,相应的排污装置分别是定期排污装置和连续排污装置。各种蒸汽锅炉及热水锅炉,都应装设定期排污装置。有过热器的蒸汽锅炉,除应装设定期排污装置外还应装设连续排污装置。

2.3.7 防爆门

为防止炉膛和尾部烟道再次燃烧造成破坏,在炉膛和烟道易爆处应装设防爆门。防爆门的原理是当门的强度大于炉膛正常压力作用在其上的总有效压力时,防爆门处于关闭状态,当炉膛压力超过防爆门的强度时,防爆门会被推开或冲破,快速泄压。

2.3.8 锅炉自动控制装置

通过工业自动化仪表对温度、压力、流量、物位、成分等参数进行测量和调节,达到监视、控制、调节生产的目的,使锅炉在最安全、经济的条件下运行。

2.3.9 常用阀门

阀门是锅炉设备上不可缺少的配件。锅炉在运行中,司炉人员通过对各种阀门的操作,实现对锅炉各工作系统的控制和调节。锅炉系统中常用的阀门种类很多,按阀门的形式可分为闸板阀、截止阀、止回阀(逆止阀、单向阀)、针型阀、旋塞(考克)等;按其用途可分为主汽阀、给水调节阀、给水止回阀、排污阀、减压阀等;按汽水流向分为直流式、角式和三通阀;按与管路连接方法分为法兰式、螺纹式;按阀芯与阀座的材料可分为铜阀门、合金钢阀门及特殊材料阀门等。总之,阀门的型号复杂,种类繁多。常用阀门的作用如下:

(1)闸阀在锅炉中使用很广泛,其作用是截断汽、水通道,而不是调节流量。在锅炉运行中,闸阀最好是全开或全关,因为如果将闸板开启一半,容易使未提起部分(闸板下半部)长期受介质磨损与腐蚀,以致在关闭后接触不严密,失去截断作用。这种阀门经常用于直径大于100mm的管道中。

(2)蒸汽截止阀结构简单,密闭性能好,制造和修理方便,是目前应用较广泛的一种阀门。

这种阀门多用作调整水流量，在小型锅炉上广为使用。

（3）给水调节阀的作用是控制和调节锅炉给水的流量；给水止回阀的作用是防止水倒流。

（4）减压阀是通过节流作用使流体压力下降的一种阀门。其工作原理是，依靠两种力量对阀芯的平衡作用，改变阀芯与阀座之间的间隙，使流体通过时产生节流，从而使压力下降，达到减压的目的。

（5）燃油电磁速断阀的作用是，当锅炉发生故障需要紧急停炉时，可以操作电开关，使速断阀立即关闭切断油路；也可以将速断阀投入联动；如与风机联动，即风机跳闸后速断阀也跟着跳闸；还可以同灭火保护装置连接，灭火时切断油路。

2.4　锅炉安全技术

2.4.1　运行准备

在锅炉投入运行前，必须认真仔细地对锅炉进行内、外部检查，尤其是新安装或受压元件经过重大修理的锅炉，必须经有关部门验收合格。在用锅炉经年检、整修合格后，方可进行启动的准备。

1. 点火前的检查工作

新装、移装、改装或检修后的锅炉，以及长期停用的锅炉，必须经过检查合格后才准许点火使用。检查内容主要有以下几方面：

（1）内部检查。检查锅筒（火管锅炉的锅壳、炉胆和封头等）、集箱及受热面管子内的污垢是否清除干净，有无严重腐蚀或损坏；锅筒内部装置，如汽水分离装置、连续排污管、锅筒底部定期排污管、锅内加药管、进水管及隔板、水位表汽水连接管等部件是否齐全完好。

检查锅筒、集箱内部有无遗留的工具杂物，并用通球法检查炉管是否畅通。

经检查认为合格后，关闭人孔、手孔。

（2）外部检查。检查炉膛、烟道、风管中有无杂物、灰渣及遗留的工具；炉墙（包括隔火墙）、炉拱、吹灰设备等是否完好；炉门、灰门、风门、看火门等是否完整齐全，是否能严密关闭；烟道闸门是否操作灵活。

检查各焊口、胀口处有无松动、变形等现象；水冷壁管、后棚管和烟道等外形是否正常，有无结焦、胀粗等缺陷；下降管绝热是否完好。

检查各路管道是否装妥、接通，是否正确地加以支撑；汽水管路系统是否畅通，排污疏水系统是否完好，开关位置是否正确。

对于燃油锅炉，应检查炉膛有无积油，供油管道有无漏油现象。

（3）安全附件及各种仪表检查。检查安全阀、压力表、水位表是否符合安全技术要求；高、低水位报警装置，超压保护，联锁保护，各种热工测量仪表和控制装置是否灵敏、可靠。

（4）转动机械检查。对于风机、水泵等转动设备，要检查它们的保护罩是否装好，基础螺钉是否旋紧，轴承是否已清洗过并加润滑油。用工具盘动靠背轮，使风机转动，检查有无撞击或摩擦现象。进行试运转，检查转动方向。

对于链条炉排，应检查传动部分润滑是否良好，是否可启动试运转，检查转动是否平稳，有无卡住、跳动、啮合不良、跑偏及异常声响等情况。

2. 点火前的准备

在锅炉点火前的检查工作完毕之后，即可进行锅炉的上水工作。此时应开启锅筒上的空气旋塞，以便在锅炉上水时排除锅炉内的空气。上水时，速度要缓慢，水温不宜过高，以防锅炉受热不均匀而产生热应力，致使管子胀口处出现缝隙而泄漏。进水温度：夏季不超过90℃；冬季不超过50℃。在上水的同时，应注意检查人孔盖、手孔盖、法兰接合面及排污阀等有无漏水现象。当发现泄漏时，应拧紧螺钉；若仍然泄漏，则应停止上水，待消除泄漏问题后再重新上水。

锅炉上水时水位不宜太高。对蒸汽锅炉，当锅内水位上升至水位表的最低水位线时，即可停止上水；对热水锅炉，当锅炉顶部集气罐上的放气阀有水冒出时，上水完毕。进水前，应先将给水管道、省煤器内的空气排除，以免产生水击。

上水期间，应加强检查锅筒、集箱的人孔和手孔盖及各部位的阀门、法兰等是否有泄漏现象；停止上水后，注意观察水位是否保持不变。若发现漏水，应立即停止上水并进行处理。

2.4.2 烘炉与煮炉

新装、移装及大修或长期停放准备重新投入运行的锅炉，在投入运行前应进行烘炉和煮炉。

1. 烘炉

（1）烘炉的目的。新装、移装及大修或长期停运的锅炉，炉墙内含有较多的水分，若不经烘炉处理，水分一旦与高温烟气接触，会受热急剧蒸发，损坏墙砖和灰缝，造成炉墙裂纹甚至倒塌。烘炉能妥善地去除掉炉墙内的水分，是提高炉墙强度和保温能力的有效方法。烘炉是一项很重要的工作，若操作不当，同样会引起炉墙裂缝、变形甚至倒塌。

（2）烘炉前的准备。

1）锅炉本体及其附属装置全部组装完毕经校验和水压试验合格，并得到当地劳动部门认可。

2）安全附件、热工仪表和电气仪表的安装经检验合格。

3）炉墙砌筑与保温工作已经完成，耐火混凝土构件已超过其养护期。

4）燃烧设备、鼓风和引风机等燃烧系统在冷态下试运行合格。

5）将各处的膨胀指示器调整至零位。

6）用燃烧火焰或热风烘炉时，关闭各烟道门孔和炉门，只打开烟道闸门。用蒸汽烘炉时，开启所有烟道门孔及炉门。

7）用灰浆试验法控制烘炉情况时，应在炉墙上设灰浆取样点；用测温法控制烘炉情况时，应装设温度计。

8）应将锅筒上的空气阀和过热器的疏水阀开启，向锅筒内注入经处理的软化水，热水炉应注水到空气阀冒水为止，蒸汽炉应注水到最低安全水位为止，并将水位计冲洗干净。

9）省煤器也应充满软化水。对于非沸腾式省煤器，应开启旁路烟道挡板，关闭主烟道挡板。当无旁路烟道时，必须将省煤器再循环管接通。

10）做好烘炉的组织工作，制定烘炉操作程序，绘制烘炉计划温升曲线图。纵坐标为烘炉温度，横坐标为烘炉时间。在整个烘炉期间必须有专人负责。

（3）烘炉操作。根据热源情况可采用燃烧火焰、热风和蒸汽三种方法烘炉。燃烧火焰烘炉在工业锅炉上应用最广泛；轻型炉墙锅炉在有热风条件下可采用热风烘炉；有水冷壁的锅炉，方便易行的方法是在有蒸汽来源的情况下采用蒸汽烘炉。

烘炉时间的长短与锅炉形式、容量、炉墙结构及所用材料、砌筑季节以及自然干燥时间有关。一般轻型炉墙为4~7d；重型炉墙为7~15d。若炉墙潮湿、气候寒冷，烘炉时间还应适当延长。

完全用火焰烘炉时，把火焰点在炉墙中央。先用小火烘烤，稍微开启烟道挡板。重型炉墙第一天温升不超过50℃；轻型炉墙第一天温升不超过80℃。3d后，可逐渐加少量的燃料，随着燃烧的加强、烟道挡板可适当开大，对于蒸汽锅炉，炉水可以加热到沸腾，而热水锅炉，锅水温度不应超过 95℃。烘炉后期，应启动引风机、鼓风机进行强制通风。在进行机械炉排锅炉的烘炉时，应将燃料分散均匀，并不得堆积在前、后拱处，炉排应定期转动，以防烧坏。

烘炉后期可以与煮炉工作同时进行。

（4）烘炉合格标准。在烘炉时炉墙不应出现裂纹和变形，有以下两种方法确定烘炉已经合格：

1）灰浆试样法。在燃烧室两侧墙中部的炉排上方 1.5～2.0m 处和过热器（或相当位置）两侧墙中部，取耐火砖。红砖的丁字交叉缝处的灰浆样（各 50g）的含水率应低于 2.5%。

2）测温法。在燃烧室两侧中部炉排 1.5～2m 处的红砖墙外表面向内 100mm 处温度应达 50℃，并持续烘炉 48h；或在过热器（或相当位置）的侧墙耐火砖与隔热层结合处的温度达到 100℃，并持续 48h。

烘炉结束后，应用耐火泥将炉墙上所有的排气孔堵塞。

2. 煮炉

（1）煮炉的目的。新装锅炉或受压部件经过大修、改造的锅炉必须进行煮炉。煮炉是除去锅炉受压元件及其水循环系统内积聚的污物、铁锈及安装过程中残留的油脂，以确保锅炉内部清洁，保证锅炉的安全运行和获得优良品质的蒸汽，保证锅炉能发挥应有的热效率。

（2）煮炉的操作。煮炉操作在炉墙灰浆含水率降低到 10% 时可进行，或在烘炉后期即可与烘炉同时进行，以缩短烘炉和煮炉时间，并节约能源。

煮炉是在锅水中加入碱类药剂，使锅内的油脂和碱发生皂化反应而生成沉淀，并通过排污法将沉淀物排出。药剂一般常用氢氧化钠和磷酸三钠，也可用无水碳酸钠代替。药剂用量一般采用每吨锅水中的加入量表示，见表 2-7。

表 2-7　煮炉加药量　　　　　　　　　　　　　　　　　　（单位：kg）

药品名称	铁锈较少的新锅炉	铁锈较多的锅炉	有铁锈和水垢的锅炉
氢氧化钠（NaOH）	2～3	4～5	5～6
磷酸三钠（$Na_3PO_4 \cdot 12H_2O$）	2～3	3～4	5～6

注：1. 煮炉时，表内两种药品同时使用。

　　2. 表内药品按 100% 纯度计算。

　　3. 当用无水碳酸钠代替时，用量为磷酸三钠的 1.5 倍。

这些药品应事先配成溶液（浓度一般为 20%），再将药液从锅筒上部人孔或安全阀座法兰孔投入，或与锅炉给水同时注入锅内。

对于蒸汽锅炉，先使锅炉保持低水位，待锅炉点火升温后保持较高水位。在蒸汽阀排出蒸汽时，关闭空气阀开始升压，升压时要冲洗水位计和压力表存水弯管。煮炉后期应使蒸汽压力保持在工作压力的 75% 左右，煮炉一般为 24～72h，煮炉时间的长短与炉型、容量和锈蚀及油污程度有关。若在较低压力下煮炉，则应适当延长煮炉时间。

煮炉完毕后，应使锅炉锅筒内的水自然冷却到 70℃ 后开启锅筒上的空气阀，并开启排污阀将锅炉水排出，再用清水将锅炉内部冲洗干净。

热水锅炉运行时，锅水与系统网路是整体循环的，但在煮炉时一般只在热水锅炉中单独进行，待煮炉结束后再对热水锅炉连同系统网路进行很好的冲洗和清洗。煮炉时，锅水温度应控制在 95℃ 以下而不致产生蒸汽。放汽阀自始至终应开启。注意在煮炉过程中，当有蒸汽排出时，应及时向锅炉补水至放汽阀出水为止，其他操作与蒸汽锅炉相同。

（3）煮炉的合格标准。锅筒、集箱内壁应无油垢；擦去附着物后，金属表面应无锈斑；管路与阀门（包括排污阀）应清洁无堵塞，即为煮炉合格。当煮炉不符合要求时，应进行第二次煮炉，此时只按铁锈较少的新锅炉加药即可。

（4）煮炉注意事项。主要包括以下几方面：

1）煮炉过程中要保持水位。蒸汽锅炉保持高水位，热水锅炉应始终保持满水位。

2）不得使锅水进入过热器。

3）锅水应保持一定的碱度（OH^-，CO_3^{2-}，HCO_3^-）。

4）煮炉后注意清洗与药液接触的疏水阀、放水阀等。

2.4.3 锅炉运行安全操作

1. 点火与升压

（1）点火。一般锅炉上水后即可点火，进行烘炉和煮炉的锅炉，待煮炉完毕，清洗排水后，再重新上水，然后点火升压。

点火前将各阀门调整到点火要求的位置。打开炉膛门孔和烟道挡板及灰门，并启动引风机进行炉内通风，通风时间不得少于5min。点火应按不同的燃烧设备所规定的操作方法进行。链条炉排可用木柴引火，严禁用挥发性强烈的油类或易燃物引火。点燃引燃物后，间断地启动引风机；待引燃物烧旺后，调整煤层厚度；当煤燃烧后，启动引风机，开动炉排，增加给煤量，并启动送风机，调整好风量。燃油炉和煤粉炉在点火时要注意防爆。点火前必须按规定彻底地通风，燃烧器点火必须用火把。一次点火没成功，不得立即再次点火，应在充分通风换气后，再重新点火。

点火后，应密切注意锅炉水位。若水位不断上升，可适当放水，以维持正常水位。

（2）升压。锅炉点火后，随着燃烧加强，开始升温、升压。升温期间可适当在下锅筒排水，并相应补充给水，促使上、下锅筒水循环，减小温差，使锅水均匀地热起来。

随着压力的升高，操作人员应在不同的压力下进行有关的操作和检查工作。当蒸汽从空气阀或提升的安全阀排汽管内冒出时，即可关闭空气阀或安全阀。当压力升至0.05~0.1MPa时，应首次冲洗水位表；冲洗后，应校对水位。当压力升至0.1~0.2MPa时，应冲洗压力表的存水弯管，检查压力表的可靠性。当压力升至0.3MPa时，检查各连接处有无渗漏现象，检查人孔、手孔和法兰的连接螺栓是否松动，松动的应重新拧紧。操作时应侧身，用力不宜过猛，当压力继续升高时，禁止再次紧固螺栓。当压力升高到0.4MPa时，应试用给水设备和排污装置。排污前应先给锅炉上水；排污时注意监视水位；排污后要严密关闭各排污阀，检查有无漏水现象。当压力升到接近工作压力时，再次冲洗水位表，对安全阀进行手动排汽试验，并减弱燃烧，准备进行暖管与并汽。

对于热水锅炉，在点火前，应根据整个采暖系统的特点，全部开启出口阀门和各处的放空阀，使全系统充满水，然后启动循环水泵，待锅水开始循环即可点火升温。循环水泵应在其出口阀门关闭的情况下启动，而后先开启旁通阀，再逐渐开启水泵出口阀门。待锅炉运行正常后，再关闭旁通阀或开大进、出口阀门。

（3）点火升压阶段的安全注意事项。从锅炉点火到锅炉蒸汽压力升至工作压力，这是锅炉启动中的关键环节，其间需要注意以下安全问题：

1）防止炉膛爆炸。锅炉点火前，炉膛、烟道中可能残留可燃气体或其他可燃物，与空气混合达到一定浓度时，遇明火即猛烈爆燃，形成爆炸。因此，点火前，必须开动引风机对炉膛和烟道至少通风5min。点燃燃油炉、燃气炉、煤粉炉前，应先送风，之后投入点燃火把，最后送入燃料，而不能先输入燃料再点火。一次点火未成功，必须首先停止向炉内供给燃料，然后进行充分通风换气后，再进行点火，严禁利用炉膛余热进行二次点火。

2）控制升温、升压速度。控制升温、升压速度的目的是，防止锅炉受热面产生过大的热应力。对于锅筒，由于它壁厚较大，在升温、升压过程中，存在着沿壁厚的温差及上、下壁面间的温差，因而会产生热应力。对于受热面的管子，由于长度很长而壁厚较小，在升温过程中的主要问题是整体热膨胀。另外，当管子沿轴向的膨胀受到限制时，也会产生很高的热应力。为了防止产生过大的热应力，升温速度一定要缓慢，一般要求介质温升不超过 55℃/h；要求锅筒内、外壁及上、下壁间的温差不超过 50℃。全部点火升压所需的时间因炉型而异，水管锅炉一般为 3~4h，快装锅炉为 1~2h，立式锅壳锅炉为 1~2h，有砖砌烟道的卧式锅壳锅炉为 5~6h。

在点火升压过程中，应对各受热承压部件的膨胀情况进行监督，发现膨胀不均匀或受热承压部件被卡住现象时，应及时采取措施消除。当发现水冷壁管膨胀不均时，可在水冷壁下集箱膨胀较小的一端放水，增强水冷壁管中水的流动，促使其膨胀均匀。

3) 注意过热器和省煤器的冷却。在点火初期，由于没有汽化和供热，锅炉不需要进水，所以过热器和省煤器得不到流动的冷水使之冷却，若不采取有效保护措施，很容易发生锅炉损坏事故。因此，点火时，要注意打开过热器上全部疏水阀和排汽阀，直到汽压升到高于大气压，蒸汽从排汽阀和疏水阀大量冒出时，才可将这些阀门关闭。

4) 严密监视和调整指示仪表。在点火升压过程中，锅炉的蒸汽压力、水位及各部件的工作状况在不断变化，为了防止异常情况及事故的出现，必须严密监视各种指示仪表，控制锅炉压力、温度、水位在合理的范围之内。同时，各种指示仪表本身也要经历从冷态到热态，从不承压到承压的过程，也要产生热膨胀，会出现卡住、堵塞或转动不灵等现象。因此，在点火升压过程中，应按规定的程序冲洗水位表，冲洗压力表的存水弯管，试用排污装置，校验安全阀，确保这些装置准确可靠。

2. 暖管与并汽

(1) 暖管。所谓暖管，就是用蒸汽将常温下的蒸汽管道、阀门、法兰等缓慢加热，使其温度均匀升高，同时将管道中的冷凝水驱出，以防送汽时发生水击而损坏管道、阀门和法兰。暖管一般在锅炉汽压升至额定工作压力的三分之二时进行，其时间的长短应根据管道长度及直径、蒸汽温度、季节气温等情况而定。工作压力在 0.8MPa 以下的锅炉，暖管时间一般不应少于 30min。

1) 暖管的操作程序。对单台运行的锅炉，暖管的范围是主汽阀出口至用汽设备之前的蒸汽管道。可以在升压前就开启锅炉的主汽阀和分汽缸上的隔绝阀，同时打开分汽缸上的疏水阀，利用锅炉升压过程中产生的蒸汽来缓慢预热。管道随着锅炉的升压升温而同时升压升温，这样既节省了暖管时间，又安全方便。

几台锅炉同时运行共用一条蒸汽母管时，暖管的范围是新启动锅炉主汽阀之后到蒸汽母管之前的这段管道及管道附件。暖管前，先开启蒸汽管道上的疏水阀，排除冷凝水，直至正式供汽时再关闭；然后缓慢开启锅炉主汽阀或主汽阀上的旁通阀约半圈，待管道充分预热后再全开；缓慢开启分汽缸进汽阀，使管道汽压与分汽缸汽压相等。

2) 暖管时的注意事项。暖管时，若发现管道膨胀、吊支架有不正常的现象，或管道发生振动、水击时，应立即关闭主汽阀停止暖管，待查明原因和消除故障后继续暖管。若检查无异常现象，则表明暖管升温速度过快，必须放慢通汽速度，即关小主汽阀，减小通汽量。

各汽阀全开后应回转半圈，防止汽阀因受热膨胀后卡住。暖管结束后，关闭蒸汽管道上的疏水阀和旁通阀。

(2) 并汽。并汽也叫并炉，即新投入运行的锅炉向共用的蒸汽母管供汽。当新投入运行的锅炉已完成通往分汽缸隔绝阀前蒸汽管道暖管后，锅炉设备及管道等一切正常，即可准备供汽。

并汽前，操作人员必须与其他运行中的锅炉操作人员联系，然后适当减弱燃烧，打开蒸汽母管和主汽管上的疏水阀；冲洗水位表，并使锅炉水位略低于正常水位，以防止开启主汽阀时大量蒸汽输出而引起汽水共腾。并汽应在启动锅炉的蒸汽压力稍低于蒸汽母管内汽压（相差 0.05~0.1MPa）时进行。先缓慢打开主汽阀及隔绝阀（有旁通阀的应先开旁通阀），等管道中听不到汽流声时，才能开大主汽阀。主汽阀全开后，应回转一圈，然后关闭旁通阀及蒸汽母管和主汽管上的疏水阀。并汽时需注意监视水位、汽压的变动情况，若管道内有水击现象，应加强疏水后再并汽。

并汽后，打开省煤器烟道，关闭旁通烟道；打开连续排污阀，进行表面排污；对所有测量和控制仪表再次进行检查。

对于有蒸汽过热器的锅炉，在升压过程中还应开启过热器出口集箱上的疏水阀，使蒸汽通过过热器的蛇形管来冷却过热器。随着锅炉压力的升高，可将过热器出口集箱的疏水阀慢慢关闭。在并汽工作全部进行完毕时，蒸汽过热器出口集箱上的流水阀也应完全关闭。

3. 监督和调整

锅炉在运行时，其负荷是经常变化的，锅炉的蒸发量必须随着负荷的变化而变化，以适应负荷的要求。因此，在锅炉运行期间，必须进行一系列的调节，如对燃料量、空气量、给水量等做相应的改变，才能使锅炉的蒸发量与外界负荷相适应。否则，就不能保持锅炉的运行参数（汽压、汽温、水位等）在规定的范围内。与此同时，锅炉设备的完好程度，对锅炉运行的安全性和经济性影响很大。因此，对运行中的锅炉进行及时、准确的调节以及进行严格、科学的管理，是保证锅炉安全、经济运行的必要手段。

（1）锅炉运行监督调整的任务。为使锅炉设备安全、经济地运行，必须经常监视其运行情况的变化，并根据负荷的改变及时对运行工况进行适当的调整。否则，不仅会造成经济上的损失，而且可能导致事故的发生。在锅炉运行中对锅炉进行监督和调整的主要任务是：

1）维持锅炉蒸发量为额定值，或使蒸发量与外界负荷相适应。

2）使汽压、汽温稳定在规定的范围内。

3）均衡给水并保持锅炉的正常水位。

4）保证燃烧及传热良好，尽量减少热损失，提高锅炉的热效率。

5）定期检查锅炉设备（包括给水设备、其他辅助设备等），使之保持良好的工作状态。

（2）水位的调节。锅炉的水位是保证正常供汽和安全运行的重要指标，因此，在锅炉运行期间，操作人员应不间断地通过水位表监督锅内的水位。

1）水位变化的范围。锅炉正常运行时，水位应保持在水位表正常水位线处有轻微波动。负荷低时，水位稍高；负荷高时，水位稍低。在任何情况下，锅炉的水位不应降低到最低水位线以下或上升到最高水位线以上。通常，水位允许的变动范围，一般不超过正常水位线上、下50mm。水位过高会降低蒸汽品质，严重时甚至造成蒸汽管道内发生水击；水位过低会使受热面过热，金属强度降低，导致被迫紧急停炉，甚至引起锅炉爆炸。

2）水位与负荷变化的关系。锅炉水位的变化，实际上反映的是给水量与蒸发量之间的关系。当锅炉负荷稳定时，如果给水量与锅炉的蒸发量（及排污量）相等，则锅炉水位就会比较稳定；如果给水量与锅炉的蒸发量不相等，水位就要变化。间断上水的小型锅炉，由于给水与蒸发量不相适应，水位总在变化，最容易造成各种水位事故，更需要加强运行监督和调节。

对负荷变动的锅炉来说，水位的变化主要是由负荷变化引起的。负荷变动引起蒸发量的变动，要维持锅炉的正常水位，就必须及时调节给水量以适应蒸发量的变化。例如，负荷增加，蒸发量相应增大，如果给水量不随蒸发量相应地增加，水位就会下降。因此，水位的变化在很大程度上取决于给水量、蒸发量、负荷三者之间的关系。

另外，锅炉负荷的突然变化，会造成虚假水位的出现，其原因是：当负荷突然大幅度变化时，由于蒸发量一时难以跟上负荷的变化，蒸汽压力就会突然变化，这种压力的突然变化也会引起水位的变化。例如，当负荷突然增大时，蒸汽压力会突然下降，饱和温度随之下降并导致部分饱水的突然汽化，水面以下气体容积会突然增加而造成水位的瞬时上升，形成虚假水位。待大量气泡逸出水面后，水位又下降。反之，当负荷突然降低时，水位会出现先下降再上升的现象。所以，在运行调整中，应考虑到虚假水位出现的可能，不应被一时的假象所迷惑。

3）水位的控制和调节。水位的调节一般是通过改变给水调节阀的开度来实现的。目前，很多锅炉已采用给水自动调节器，这对稳定水位有明显的作用。但若发现水位过高或过低时，应操作手动给水调节阀调整给水量，然后对自动给水调节器进行检查，及时消除存在的故障。

为了使水位保持正常，锅炉在低负荷运行时，水位应稍高于正常水位，以防负荷增加时水位降得过低；锅炉在高负荷运行时，水位应稍低于正常水位，以免负荷降低时水位升得过高。

为对水位进行可靠的监督，在锅炉运行中要定时冲洗水位表，一般每班（司炉工班次）冲洗2~3次，冲洗时应注意阀门的开关次序，不要同时关闭进水阀和进汽阀，否则会使水位表玻璃的温度和压力升降过于剧烈，造成破裂事故。另外，冲洗水位表之前，要注意检查水位表是否存在泄漏的情况，可用手电筒检查旋塞和各连接部位。如果玻璃面上有水汽凝结，就说明有泄漏，应及时排除。当看不见水位表内的水位时，应立即检查水位表，或采用"叫水"的方法，查明锅内实际水位，在未判明锅内实际水位的情况下，严禁上水。

（3）汽压的调节。

1）汽压与负荷变化的关系。蒸汽压力是锅炉运行中必须监视和调节的另一个主要参数，汽压的波动对锅炉的安全运行影响很大，超压则更危险。蒸汽压力的变动通常是由负荷变动引起的。当外界负荷骤减，小于锅炉蒸发量，而燃料燃烧还未来得及减弱时，汽压就上升；当外界负荷突增，大于锅炉蒸发量，而燃烧尚未加强时，汽压就下降。因此，对汽压的调节就是对蒸发量的调节，而蒸发量的调节是通过燃烧调节和给水调节来实现的。

2）汽压的调节。在锅炉运行过程中，锅炉操作人员应根据负荷的变化，相应地增减燃料量、风量、给水量，来改变锅炉的蒸发量，使汽压相对保持稳定。当锅炉负荷降低使汽压升高时，如果此时水位较低，可适当加大进水，使汽压不再上升，然后酌情减少燃料量和风量，减弱燃烧，降低蒸发量，使汽压保持正常；如果汽压升高时水位也高，应先减少燃料量和风量，减弱燃烧，同时适当减少给水量，待汽压、水位恢复正常后，再根据负荷调节燃烧和给水。当锅炉负荷增加使汽压降低时，若此时水位较高，可适当控制给水量。如果燃烧正常而蒸发量未达到规定值，则需增加燃料量和风量，强化燃烧，加大蒸发量，使汽压恢复正常。若汽压低时水位也低，则可调节燃烧，同时相应调节给水，使汽压、水位恢复正常。

可以看出，汽压调节主要是对燃烧工况的调整，而燃烧调整的关键是合理控制燃料量和风量。不同的燃烧设备对燃烧的调整方法是不同的，操作人员应熟练掌握调整方法，在锅炉负荷发生变动时，尽快使汽压恢复正常。

（4）汽温的调节。

1）汽温变化的原因。汽温是锅炉蒸汽的又一主要参数。若蒸汽温度偏低，蒸汽做功能力就会降低，汽耗量增加，不经济，甚至会损坏锅炉和用汽设备。若过热蒸汽温度过高，则会使过热器管壁过热，从而降低其使用寿命。严重超温甚至会使管子过热而爆炸。因此，在锅炉运行过程中，应将蒸汽温度控制在一定的范围内。

对无过热器的锅炉来说，其饱和蒸汽温度的变化是随着锅炉蒸汽压力的变化而变化的，因此，调节了汽压也就调节了汽温。对于有过热器的锅炉，过热蒸汽温度的变化，主要取决于过热器烟气侧的放热情况和蒸汽侧的吸热情况，以及饱和蒸汽的湿度。当流过过热器的烟温升高、流速增大时，会导致汽温升高。例如，在外界负荷增大时，需要强化燃烧，增大风量和燃料量来维持额定汽压，这样流经过热器的烟气的温度、流速都会增高，使过热蒸汽的温度上升。反之，负荷降低，燃烧减弱，烟温下降、流量、流速减小，则蒸汽温度也会随之降低。

当进入过热器的饱和蒸汽湿度发生变化，汽温也会随之变化。例如，当水位过高时，饱和蒸汽带水后湿度增加。由于饱和蒸汽增加的水分在过热器内要吸收汽化热，在燃烧工况不变的情况下，用于使干饱和蒸汽过热的热量相应减少，从而使汽温降低。蒸汽若大量带水，将会引起汽温急剧降低。

2）汽温的调节。汽温变化是由蒸汽侧和烟气侧两方面的因素引起的，因而对汽温的调节也就应从这两方面进行。

从蒸汽侧调节汽温，即通过改变蒸汽侧的吸热量来维持额定的汽温。目前多采用减温器来调节汽温。减温器一般置于高温段过热器与低温段过热器之间。常用的减温器有两种：表面式和混合式。表面式减温器采用给水来冷却过热器，当通过减温器的给水量增大，则进入高温段过热器的蒸汽温度就会下降；反之，当减少给水量时，蒸汽温度就会上升。混合式减温器是将给水或冷凝水直接喷入蒸汽，使过热器中过热蒸汽的热量一部分用于加热、蒸发喷入的水分，使蒸汽的温度降低，但水质要求较高。无论采用哪一种减温器来调节汽温，其操作调节方法都比较简单，只要根据汽温高低，适当开大或关小相应的减温水调节阀，改变进入减温器的减温水量，即可达到调节过热汽温的目的。在锅炉运行过程中，操作人员应随时监视汽温的变化，平稳、均匀地调节阀门的开度，切不可大开大关，使汽温波动过大。

从烟气侧调节过热汽温，就是改变过热器受热面的吸热量，通常是通过改变流经过热器的烟气量和排烟温度来实现的。在操作上，一般有两种方法：一种方法是，通过调节燃料量和送风量、引风量，改变燃烧强度来进行调节。例如，当外界负荷减小时，汽压、汽温会同时升高，这时可减弱燃烧，使汽压、汽温同时下降。另一种方法是，当外界负荷不变，汽压较稳定而汽温偏低时，可采用加大引风量、调整二次风等措施来增加烟气流量，提高炉膛出口的烟温来提高蒸汽汽温。

（5）燃烧的监督调节。燃烧是锅炉工作过程的关键。对燃烧进行调节就是使燃料燃烧工况适应负荷的要求，以维持汽压稳定；使燃烧正常，保持适量的过剩空气系数，降低排烟热损失和不完全燃烧损失；调节送风量和引风量，保持一定的炉膛负压，以保证设备安全运行。

正常的燃烧工况，是指锅炉达到额定参数，不产生结焦和燃烧设备的烧损；着火正常、燃烧稳定；炉内温度场和热负荷分布均匀。当外界负荷变动时，应对燃烧工况进行调整，使之适应负荷的要求。调整时，应注意风与燃料增减的先后次序，风与燃料的协调及引风与送风的协调。

不同燃烧方式，不同燃烧设备，燃烧调节的具体内容、次序及要求各不相同。对层燃炉，燃料量的调节应主要通过变更加煤间隔时间、改变链条炉排转速、改变炉排振动频率等手段，而不要轻易改变煤层的厚度。在增加风量的时候，应先增加引风量，后增加送风量；在减小风量的时候，应先减小送风量，后减小引风量，以便炉膛内保持负压。对室燃炉，当负荷增加时，应先增加引风量，后增加送风量，最后增加燃料；当负荷减小时，应先减少燃料，再减小送风量，最后降低引风量，这样可防止在炉膛及烟道中积存燃料，避免浪费和爆炸事故，同时也保证负压运行。

4. 维护与管理

（1）锅炉运行中的维护。在锅炉运行过程中，保持锅水的质量、保持受热面的清洁，是保证锅炉安全、经济运行的重要措施。因此，在锅炉运行过程中，操作人员必须做好日常维护工作。

1）排污。主要包括以下内容：

① 排污的目的及方式。锅炉运行时排污的目的有三个：一是排除锅水中过剩的盐量和碱量，防止因锅水中的盐量、碱量过高而降低蒸汽品质，导致锅水发生汽水共腾及过热器结垢；二是排除锅筒内泥垢（水渣），防止水渣在受热面某部位聚集形成二次水垢；三是排除锅水表面的油质和泡沫，提高蒸汽的品质。为保证锅水的质量，锅炉使用单位除了对给水进行必要且有效的处理外，

还必须坚持排污。

根据锅炉的结构特点和水质情况，锅炉排污可分为连续排污和定期排污两种。连续排污也叫表面排污，多用于大中型蒸汽锅炉。连续排污装置装设在上锅筒蒸发面以下 100～200mm 处，由于靠近蒸发面处锅水含盐浓度最大，由此处连续排出一部分锅水可降低锅水的含盐量。排污量应根据对锅水的化验结果来确定，并通过调节排污阀的开度来控制。定期排污是指每隔一定时间集中地从锅筒及每组水冷壁下集箱的底部、立式锅炉的下脚圈放出锅水，排除沉积的泥沙、污垢。排污量的多少和间隔，应根据炉型、给水质量和锅炉负荷的大小而定。

② 排污的操作方法。对于具有底部定期排污和表面连续排污两种装置的锅炉：定期排污每班至少一次；连续排污阀保持一定的开度。每隔 1～2h，取锅水样一次，分析总碱度、pH 值、溶解固形物（或氯离子），与标准相对照，若某项超标，则适当加大连续排污阀的开度或加强定期排污，再取样、分析，直至各项合格。

定期排污最好是在锅炉低负荷或停止用汽时进行，因为这时锅水中的泥渣、污垢易沉积在锅筒的底部，排污效果好。排污前应调整锅内水位，使其比正常水位高 30～50mm，并检查水位表的指示，在确定无差错后方可进行排污。排污时，炉膛燃烧应减弱，并由两人进行操作，其中一人监视水位，另一人操作排污阀。当排污管上装有两个串联的排污阀时，排污时要先开启快开式排污阀，后开启慢开式排污阀；排污结束后，应先关慢开式排污阀，后关快开式排污阀。这样依顺序开关的目的是保护快开阀。

锅炉排污量应根据水质要求通过计算确定，通常锅炉排污量不超过蒸发量的 5%～10%。当排污阀全开时，每一循环回路的排污持续时间不宜超过 30s，以防排污过分干扰水循环而导致事故。排污后，应进行全面检查，确保各排污阀关闭严密。

③ 排污的注意事项。排污的注意事项有：

A. 排污应缓慢进行，防止水冲击。如果管道发生严重振动，应停止排污，在消除故障之后再进行排污。

B. 在开启排污阀时，若排污阀开关不动（锈蚀、失灵），不得用加长扳手的方法或用锤击的方法强制排污。排污后，过一段时间，用手触摸排污阀后的管子是否发热，如果发热，表示排污阀有泄漏，应查明原因，及时消除。

C. 当一台锅炉有多处排污点时，不得使两个或更多排污点同时排污，而应对所有排污点轮流排污；不得只对某一部分排污，而长期不对另一部分排污，因为这种操作可造成锅水品质恶化或部分排污管堵塞。

D. 如果两台以上的锅炉使用同一根排污总管，而锅炉排污管上又无逆止阀时，禁止两台锅炉同时排污，以防止排污水倒流入相邻锅炉内。

2）吹灰。锅炉运行时，受热面被火焰或烟气加热的一侧，特别是在对流烟道里的对流受热面上，容易积存灰垢。由于烟灰的导热能力很差，因此受热面积灰会严重影响锅炉传热，降低锅炉热效率，对锅炉安全也会造成不利的影响。

清除受热面积灰最常用的方法就是吹灰，即用具有一定压力的蒸汽或压缩空气，定期吹扫受热面，以清除和减少受热面上的灰尘。对小型火管锅炉也可采取向炉膛投加清灰剂的方法，清灰剂燃烧后，其烟雾与受热面上的烟灰起化学反应，使烟灰疏松变脆后脱落。

① 吹灰操作。吹灰应在锅炉低负荷运行时进行。吹灰前应增加引风，使炉膛负压适当增大，以防吹灰时炉内火焰喷出伤人。吹灰应按烟气流动的方向依次进行，即先吹水冷壁管、对流管束，再吹过热器，然后顺着省煤器、空气预热器吹灰，使积灰随烟气流经烟道，进入锅炉尾部的除尘器。

采用蒸汽吹灰时，蒸汽压力为 0.3～0.5MPa，吹灰前应首先对吹灰器进行疏水和暖管，防止产生水击及将水分吹入炉膛或烟道，避免使积灰粘结在受热面上。吹灰完毕后，应关闭蒸汽阀并打开疏水阀，防止凝结水漏入而腐蚀受热面管道，同时恢复炉膛正常负压。用空气吹灰时，空气压力通常不低于 0.7MPa。

吹灰的间隔时间根据炉型和煤质来确定，通常每班吹灰 1~2 次。锅炉停炉之前一定要吹灰，燃烧不稳定时不要吹灰。

② 吹灰的注意事项。包括以下几方面：

A. 吹灰时要注意安全，操作者站在吹灰装置的侧面操作，操作时应戴好手套、防护眼镜。

B. 吹灰应在低负荷下顺烟道中的烟气流向逐个进行，不得两个或几个吹灰器同时进行，以免汽压下降过多。

C. 燃煤锅炉，如果煤的含硫量大，不宜采用蒸汽吹灰，以免加剧尾部受热面的腐蚀。

D. 带有铸铁省煤器而且有旁路烟道的锅炉，在对省煤器前的受热面吹灰时，应关闭省煤器烟道，开启旁路烟道。

E. 采用蒸汽吹灰的锅炉，应注意经常检查蒸汽吹管截止阀是否有泄漏或损坏现象。若不能及时发现泄漏或损坏现象而长期漏汽漏水，会使靠近吹灰器蒸汽喷嘴处的锅筒和受热面管子受潮、腐蚀。

3）预防锅炉结焦。

① 结焦的危害及原因。锅炉结焦也叫结渣，指灰渣在高温下粘结于受热面、炉墙、炉排之上并越积越多的现象。煤粉炉的炉膛温度较高，煤粉燃烧后的细粉呈飞腾状态，因而煤粉炉更容易在受热面上结焦。

结焦使受热面吸收热量减少，降低锅炉的效率；局部水冷壁管结焦会影响和破坏水循环，结焦还会造成过热蒸汽温度的变化，使过热器金属超温；严重的结焦会妨碍燃烧设备的正常运行，甚至造成被迫停炉。总之，结焦对锅炉运行的经济性和安全性都有不利的影响。

不同燃烧设备，结焦的原因和结焦的位置各不相同。层燃炉结焦一般发生在炉排及其附近，因为炉排面附近燃烧旺盛，温度很高，如果得不到适当冷却，就会在靠近炉排的炉墙上结焦，并蔓延到炉排上；炉排通风冷却不够时，会直接在炉排上结焦。

对煤粉炉来说，如果炉膛燃烧热负荷较高，炉膛内水冷壁未布满炉墙或水冷壁管间隔过大，在没有水冷壁遮蔽的炉墙部位就会首先结焦，并蔓延到受热面上。由于炉膛水冷程度较低，炉膛出口烟温较高，使炉膛出口的对流受热面上也会结焦。如果炉膛出口受热面布置得较密，则各管上的结焦块可相互连接搭桥，影响烟气的流通和传热。如果炉膛过小，煤粉在炉膛中来不及燃尽，或者燃烧器结构不合理，使煤粉着火延迟而来不及在炉膛中燃尽，都可能造成在炉膛出口的受热面上结焦。

另外，如果煤粉炉的燃烧器布置得不合理或燃烧器射程太远时，造成火焰偏斜或火焰冲墙等，使灰渣来不及冷却凝固就可能结在炉墙上。

② 预防结焦的措施。预防锅炉结焦，除在设计上保证炉膛形状满足燃烧要求，燃烧器设置正确，受热面布置合理以外，还应在锅炉运行中加强对设备的维护和对燃烧工况的监督。可以采取的措施有：

A. 在运行管理上，注意监视和调节火焰中心位置，使各燃烧器的负荷均衡，避免火焰偏斜和火焰冲墙。

B. 合理控制炉膛过剩空气系数。若过剩空气系数过低，锅炉超负荷运行、各燃烧器喷口配风不均匀等都容易引起结焦。但为了避免结焦，将风量加得很大，使过剩空气系数远远超过最佳值，也是不合理的。因为这不但会降低锅炉的经济性，而且增大飞灰量，也会增加烟道灰堵。

C. 对层燃炉和沸腾炉，要控制送煤量，均匀送煤，及时调整燃料层和煤层厚度。

D. 保证水、汽品质，使受热面内壁不结垢。

E. 定时吹灰，这对减轻结焦有一定效果。发现锅炉结焦要及时清除，防止灰渣结成大块。"打焦"应在负荷较低、燃烧稳定时进行。当发现炉膛内结有不易消除的大块焦渣且有坠落、损坏水冷壁的可能时，应立即停炉清除。

（2）运行安全管理。

1）建立规章制度。锅炉运行力求燃烧、汽压、水位稳定，并能平稳地适应负荷变化，不发生超压、超温、超负荷、水位过高或过低等异常情况，并防止脱火和结焦等现象的发生，以保证正常供汽。因此，要使锅炉在运行过程中安全、经济，实现各项运行指标，锅炉的使用单位必须制定各项规章制度，做到有章可循、有据可查、职责分明。

锅炉运行中的主要管理制度有：操作人员岗位责任制、安全操作技术规程、交接班制度、巡回检查制度、维护保养制度、水质化验制度、事故报告制度等。各规章制度的具体条文，应当是实际经验的总结。内容必须言简意明、切实可行，防止烦琐空洞、生搬硬套。

为了搞好运行管理，必须建立台账制度，内容包括：煤耗量、用水量、供汽量、运行工况、出渣和排污次数、水质化验及故障处理等记录。

2）对操作人员要求。锅炉能否安全经济地运行，在很大程度上取决于操作人员的工作责任心和技术熟练程度。操作人员除了认真贯彻执行各项规章制度外，还应刻苦钻研业务，从技术上了解和掌握锅炉的有关知识、性能和处理紧急情况的方法，并能根据燃料变化、用汽多少、设备运转和燃烧工况等情况，做好分析、判断及调整等工作。另外，还必须做好设备的维护保养和管理工作、密切监视锅炉各种测量仪表，特别是安全附件，不断巡回检查承压部件、转动机械、燃烧系统及其他环节的运行情况，使锅炉本体、附属设备、安全附件、仪器仪表处于完好、准确、灵敏、可靠的状态。除对锅炉按规定进行定期检修、定期检验外，还要做好堵漏、保温、清灰、除垢等日常维护保养工作。当运行中遇到异常情况时，操作人员能迅速做出判断，并依据有关规程、制度进行处理。总之，操作人员必须把责任心、业务知识和规章制度有机地结合起来，才能管好、用好锅炉。

3）搞好运行检验。锅炉使用单位除了坚持停炉内、外部检验外，还应开展运行状态检验。锅炉运行状态检验是指在停炉内、外部检验的基础上，按一定的周期，对运行状态下的锅炉安全状况所进行的检验。运行状态检验一般在两次停炉内、外部检验之间进行，以便及时发现、解决、处理锅炉在运行方面、管理方面存在的问题。

为保证检验质量，运行状态检验必须由取得省级以上锅炉压力容器安全监察机构颁发的检验证书的检验员承担，承担此项工作的检验员还必须在安全附件、自控仪表方面经过培训并通过考核。检验员持证类别应与所检验锅炉相匹配。

在运行状态检验前，使用单位应做好锅炉房及锅炉外部的清洁工作及其他准备工作。检验人员进行运行状态检验时，锅炉房管理人员和司炉班长必须在场配合，协助工作。

锅炉运行状态检验包括以下几个方面：

① 管理方面。管理方面的检查内容包括：a. 在岗司炉工是否持证操作，其类别是否与所操作锅炉相匹配；当班司炉是否都在岗位上；b. 《蒸汽锅炉安全技术监察规程》中规定的八项管理制度是否齐全并切实执行；六项记录是否齐全，记录内容是否符合要求，记录是否认真；c. 锅炉周围的安全通道是否畅通。

② 锅炉本体。锅炉本体检验的内容包括：a. 从窥视孔、门孔等观察受压元件可见部分有无变形、泄漏、结焦、积灰。b. 从窥视孔、门孔等观察锅炉内耐火砌筑有无破损、脱落；c. 管接头可见部位、阀门、法兰及人孔、手孔、检查孔周围有无腐蚀、渗漏；d. 装有膨胀指示器的锅炉，膨胀指示器的指示值是否在规定的范围之内；e. 省煤器的保护装置（再循环管或旁通烟道）是否可靠。

③ 安全附件、自控仪表及附属设备。安全附件、自控仪表及附属设备检验的内容包括：

A. 安全阀：安全阀是否经过校验（查看校验记录）与铅封，观察安全阀有无泄漏。有无泄放管，在泄放管上是否装有阀门。蒸汽锅炉安全泄放管底部是否装有疏水管，疏水管上有无阀门。额定蒸汽压力不超过 2.45MPa 的锅炉，在不低于 75% 的工作压力下进行手动泄放试验或进行超压自动泄放试验；额定蒸汽压力大于 2.45MPa 的锅炉及热水锅炉，应进行手动泄放试验。检查安全阀阀芯是否锈死。当进行自动泄放试验时，应观察安全阀的启座、回座是否灵敏可靠，安全阀的显示值是否准确。

B. 压力表：是否经过法定计量单位校验合格并铅封，且是否在有效期内，压力表与锅筒或集箱之间是否有存水弯管；存水弯管与压力表之间有无三通旋塞；拧动三通旋塞吹洗压力表的连接管，检查压力表的连接管是否畅通。

C. 水位表：水位是否清晰可见，在水位表上是否标有最低、最高安全水位红线；玻璃管水位表有无防护装置；两只水位表的水位是否一致，同一水位检测系统中，一次仪表与二次仪表显示的水位是否一致；一次仪表的旋塞是否灵敏，水位表是否泄漏；水位表有无放水管，是否接到安全地点。

D. 水位示控装置：蒸发量 ≥2t/h 的锅炉，水位示控装置功能（高、低水位报警、自动进水、极限低水位自动停炉）是否齐全、灵敏、可靠。司炉工应在检验员直接监督观察下进行功能试验。

E. 超压报警装置：蒸发量 ≥6t/h 的锅炉，有无超压报警和联锁装置，并由司炉工在检验员直接观察下进行功能试验，检查报警和联锁压力值是否正确。

F. 点火程序及熄火保护装置：燃油、燃气、燃煤粉锅炉有无点火程序以及熄火保护装置，并由司炉工在检验员直接观察下进行功能试验，检查其是否灵敏可靠。

G. 超温报警装置：额定出口水温 ≥120℃，以及额定出口水温低于 120℃，但额定功率 ≥4.2MW 的热水锅炉有无超温报警装置，司炉工应在检验员直接观察下进行功能试验或查询有关超温报警记录。

H. 排污装置：排污阀与排污管有无渗漏。对于蒸汽锅炉及自然循环热水锅炉，由司炉工进行排污试验，以检查排污管是否畅通，观察其排污时有无振动。

I. 给水系统：给水设备、阀门能否可靠地向锅炉供水。

J. 锅炉附属设备：炉排、输煤机、除渣机、鼓风机、引风机运转是否正常。热水锅炉指示出口水温的温度计的指示值是否正确；集气装置、除污器、恒压措施、膨胀水箱是否符合规程的要求。

④ 水质管理。主要包括：a. 有无水处理设备，设备运转或实施情况是否正常，上次定期检验意见书中关于结垢、腐蚀等意见的整改情况；b. 水质化验人员是否经过培训（或持证）；c. 水质化验记录、水质化验项目是否符合标准要求，化验数据是否准确，是否达到规定值。

检验员根据检验情况做出检验结论。检验结论分为可以运行、监督运行、限期整改和停止运行。检验后，检验员应填写《锅炉运行状态检验记录》和《锅炉运行状态检验意见书》。《锅炉运行状态检验记录》作为检验技术档案由检验单位保存；《锅炉运行状态检验意见书》送使用单位。对检验结论为"监督运行，限期整改"或"停止运行"的，锅炉使用单位应根据存在的问题采取措施整改，锅炉安全监察机构对其整改进行监督。

2.4.4　停炉与保养

停炉有三种情况，即压火停炉（热备用停炉）、正常停炉（冷备用停炉）和紧急停炉（事故停炉）。前两种是按企业生产、生活调度在中断燃烧之前缓慢地降低负荷，直至使锅炉的负荷降到零为止；后一种是锅炉正常运行中突然发生事故，紧急中断燃烧，使锅炉的负荷急剧地降低到零。

1. 停炉

（1）压火停炉。压火停炉又称临时停炉，当锅炉短时间减小负荷或向用汽单位和用汽设备短时间停止供汽时，根据负荷减小量及暂时停用时间的长短，炉排燃烧的锅炉可采用压火（又称"闷火"）的方法，暂停锅炉运行；煤粉炉和沸腾炉用保持炉膛温度的方法，暂停锅炉运行。当负荷增加或用汽单位及用汽设备恢复用汽时，停止运行的锅炉能以最快的速度恢复正常运行。压火停炉的锅炉重新投入运行时，可以免去升火的准备工作和缩短升压时间。压火的时间一般不超过12h。

1）固定炉排锅炉的压火操作。压火前，首先减少给煤量和风量，逐渐降低负荷，然后进行排污。此时要注意保持锅炉水位高于正常水位线，并将锅内汽压尽量降低。锅炉停止供汽后，将给水由自动改为手动，并关闭风机和主汽阀。

压火分压满炉和压半炉两种。压满炉时，用湿煤将炉排上的燃煤完全压严；压半炉时，将煤扒到炉排前部或后部，使其聚集在一起，然后用湿煤压严。压火后，关闭风道挡板和灰门，打开炉门保持自然通风。如果能保证压火期间炉火不复燃、不熄灭，也可以关闭炉门。

2）链条炉的压火操作。压火前，先适当地降低锅炉负荷，然后根据压火时间的长短，把煤层加厚（一般不超过200mm），适当地加快炉排运转速度，当加厚的煤层至距离挡渣器一半左右时，停止炉排运转。压火前，还应向锅炉进水和排污，将锅炉水位保持在最高允许水位。停止供汽后，关闭主汽阀，关闭送风机、引风机，适当地关小分段送风的调节挡板和烟道挡板，依靠自然通风维持煤微弱燃烧。如果炉火靠近煤闸，可再次开动炉排，将燃煤往后移动一段距离。压火完毕要冲洗水位表一次。

压火后的锅炉仍有汽压，操作人员要严密监视汽压、水位的变化情况，必要时可进行适当排污和进水；要经常检查风挡灰门是否关严，防止燃煤的熄灭或复燃。

当锅炉需要恢复运行时，就将压住的火复燃，这种操作称为锅炉扬火。扬火前，先进行锅炉排污，并将锅炉水位上升至正常水位；然后启动引风机、送风机，调整烟道挡板、风挡板和分段风室调节挡板的开度，待燃烧正常后，调整煤层厚度，开动炉排，恢复燃烧。

煤粉炉和沸腾炉不能采用压火停炉，只能采取保持炉膛密闭的方式，炉膛冷却缓慢。

3）热水锅炉的压火停炉。当热水锅炉的用户暂时不需要供热时，可将炉膛压火。压火分压满炉和压半炉两种。压火时，应关严烟道挡板，然后停止循环水泵。压火期间，一旦发现水温升高，应立即开启循环水泵，防止锅水超温汽化。天气寒冷时，停炉、停泵时间不宜过长，要防止管网系统特别是末端或保温不良处结冰。

当需要恢复向系统供热时，应先开启循环水泵，使水在系统中循环流动后，才可扬火。

（2）正常停炉。正常停炉是有计划的停炉。锅炉定期检修、节假日期间或供暖季节已过，即可按计划安排停炉。锅炉在下列情况下，也应按正常停炉操作步骤停止锅炉运行：

1）当可分式省煤器没有旁通烟道，且给水不能通过省煤器时。

2）在锅炉运行中发现受压元件泄漏，炉膛严重结焦，尾部烟道内严重堵灰，受热面金属超温又无法恢复正常时。

停炉过程中应注意防止降压降温过快，以免锅炉部件因降温收缩不均匀而产生过大的热应力。

1）蒸汽锅炉正常停炉的操作步骤。正常停炉应按照锅炉安全操作规程所规定的停炉操作步骤，按顺序进行。

① 停止向炉膛供给燃料，随之停止送风，降低引风，最后停止引风。对燃油、燃气锅炉和煤粉炉，炉膛停火后，引风机至少要继续引风5min以上才能关机。

② 逐渐降低锅炉的负荷，向锅内进水，使水位高于正常水位。

③ 当火势减小到微弱状态，汽压已下降时，停止供汽，关闭主汽阀，并隔绝与蒸汽母管的连接。

有过热器的锅炉，应打开过热器出口集箱疏水阀适当放汽，以冷却过热器，同时关闭连续排污阀。

④ 停炉后的锅炉应缓慢冷却，汽压不可以下降太快。待汽压降低到 0.02MPa 时，可开启空气阀，以免锅内因降温形成真空。

⑤ 停炉时，关闭锅炉出口烟道挡板、炉排下的通风调节门和炉门。装有铸铁省煤器的锅炉，应打开省煤器旁通烟道挡板，但锅炉上水仍需经过省煤器。对于钢管省煤器，锅炉停止进水后，应开启省煤器再循环管路阀；对无旁通烟道的可分式省煤器，应密切监视省煤器出口水温，保证省煤器出口水温比锅炉汽压下相应的饱和温度低 20℃。若水温高于这一温度时，可适当放水、上水来降温。

⑥ 停炉 4~6h 后，逐渐开启烟道挡板，缓慢加强通风。停炉 8~10h 后，若需加速冷却，可采用放水和上水的措施来降温，并可启动引风机冷却炉膛。停炉 18~24h 后，锅水温度低于 70℃ 时，方可全部放水。

停炉放水后，应及时清洗和铲除锅内水垢泥渣，以免水垢冷却后变干发硬，清除困难；停炉冷却后，还应及时清除各受热面上的积灰。进入锅炉前，应将蒸汽、给水、排污等管路与其他并汽运行的锅炉用隔板全部隔绝。

2）热水锅炉正常停炉的操作步骤。热水锅炉正常停炉的操作顺序是：

① 逐渐降低锅炉供热量，停止供给燃料，停止送风，减弱引风。

② 当炉内原有燃料基本燃尽之后，停止引风，并关闭烟道挡板、炉门和灰门，防止锅炉急剧冷却。

③ 停止燃烧设备运行的同时，不得停止循环水泵的运行，只有当锅炉出口水温降到 50℃ 以下时，才可停泵。停泵时，为防止产生水击，应先逐渐关闭水泵的出口阀，待出口阀完全关闭再停泵。

④ 停炉 6h 后，开启烟道挡板进行通风。同时应关闭热水锅炉的回水阀与出水阀，将锅炉与系统隔开，然后放尽锅水。

锅炉停炉后，应在回水、出水、排污等管路中装设隔板。

（3）紧急停炉。紧急停炉一般是在锅炉运行中发生了重大事故或有事故预兆时，为了避免事故的扩大而采取的紧急措施。

1）紧急停炉情况。蒸汽锅炉在运行中，遇有下列情况之一时，应立即停炉：

① 锅炉水位低于水位表的下部最低可见边缘。

② 不断加大给水及采取其他措施，但水位仍继续下降。

③ 锅内水位超过最高可见水位（满水），经放水仍不能见到水位线。

④ 给水泵全部失效或给水系统故障，不能向锅内进水。

⑤ 水位表或安全阀全部失效。

⑥ 设置在汽空间的压力表全部失效。

⑦ 锅炉元件损坏且危及运行人员安全。

⑧ 燃烧设备损坏，炉墙倒塌或锅炉构架被烧红等，严重威胁锅炉安全运行。

⑨ 其他异常情况危及锅炉安全运行。

热水锅炉在运行中遇有下列情况之一时，应立即停炉：

① 循环不良造成锅水汽化，或锅炉出口热水温度上升到与出口压力下相应饱和温度的差小于 20℃（铸铁锅炉 40℃）。

② 锅水温度急剧上升，失去控制。

③ 循环泵或补给水泵全部失效。

④ 压力表或安全阀全部失效。

⑤ 锅炉元件损坏，危及运行人员安全。

⑥ 补给水泵不断补水，锅炉压力仍然继续下降。

⑦ 燃烧设备损坏，炉墙倒塌或锅炉构架被烧红等，严重威胁锅炉的安全运行。

⑧ 其他异常运行情况，且超过安全运行允许范围。

2）紧急停炉操作。针对锅炉运行中所遇到的紧急情况的性质不同，紧急停炉的操作也有所不同，如锅炉发生严重缺水事故，需要很快地熄火；发生过热器爆管事故，需要很快地冷却。一般紧急停炉的操作原则是：迅速熄灭炉火。

紧急停炉的操作次序是：

① 立即停止添加燃煤和送风，减弱引风，与此同时，设法熄灭炉膛内的火焰，对于固定炉排，可用砂土或湿灰渣压在燃煤上进行灭火，或将炉渣拨出炉膛，但不得向炉膛内浇水；对于链条炉，可以开快挡使炉排快速运转，将燃煤迅速送入漏灰斗。

② 灭火后，关闭主汽阀，将锅炉与总汽管隔断。将炉门、灰门及烟道挡板打开。以加强通风冷却，并停止引风。

③ 打开空气阀或安全阀排汽降压，并采用进水、排污交替的方法更换锅水，当锅水冷却至70℃左右时允许排水。

④ 因缺水紧急停炉时，严禁向锅炉内上水，且不得开启空气阀或提升安全阀快速降压。

⑤ 因满水事故紧急停炉时，应立即停止给水，减弱燃烧并打开排污阀放水，同时开启蒸汽管道、过热器、分汽缸等处的疏水阀，防止发生水冲击。

⑥ 因爆管事故紧急停炉时，除了不能停止引风机，以尽快排出炉膛内烟、汽外，若水位能维持，还应保持进水或采用进水、排污方法迅速冷却降压。

⑦ 因炉膛爆炸事故紧急停炉时，引风机不能停，以尽快排出炉膛内的烟、水汽，防止其喷出伤人。

热水锅炉紧急停炉过程中，不得停止循环水泵的运行。因循环水泵失效而紧急停炉时，应对锅水采取降温措施，如打开上水阀，依靠自来水的压力（或水箱压力）将冷水压入锅内，同时打开锅炉顶部泄放管上的放水阀放水。

2. 停炉保养

锅炉停炉后的保养，主要是为了防止锅炉腐蚀，锅炉停炉后的腐蚀往往比锅炉运行中的腐蚀更为严重。做好停炉保养工作，对防止和减缓锅炉的腐蚀，延长锅炉使用寿命具有重要意义。锅炉维护保养的好坏，直接反映出锅炉使用单位的使用管理水平。

锅炉停炉期间，造成腐蚀的主要原因是金属面的潮湿及空气的存在，因此，只要保持金属面干燥或金属面与空气（氧气）隔离，就能有效地防腐。常用的停炉保养方法有压力保养、干法保养、湿法保养和充气保养等。

（1）压力保养。压力保养适用于停炉不超过一周、热备用的锅炉，主要是防止空气进入，使锅内不含氧。具体方法是在锅炉停炉过程终止之前使汽水系统灌满水，将锅内余压维持在 0.05~0.1MPa，使锅水温度稍高于100℃。维持锅内压力和温度的措施是通入其他锅炉的蒸汽加热锅炉，或将本炉间断升火加热。

（2）干法保养。干法保养是指在锅内及炉膛内放置干燥剂进行防护的方法。此方法适用于长期停用的锅炉或季节性使用的采暖锅炉。

采用干法保养时，停炉后应把锅水放净，清除受热面上的水垢和烟灰，关闭蒸汽管道（热水锅炉应关闭进、出口循环水管）、给水管道上的阀门及排污管道上的阀门，打开人孔、手孔，使锅筒、集箱自然干燥，并利用炉内余热或用木柴维持微火将锅炉本体烘干。待锅炉烘干并冷却后，即可将准备好的干燥剂放至锅筒、集箱内及炉排上，然后将人孔、手孔和与锅筒相连的阀门关闭严密。

常用的干燥剂是吸湿能力很强的无水氯化钙、氧化钙（生石灰）和硅胶（硅胶应先在120~

140℃下进行干燥）。放入干燥剂的数量，可按锅炉的容积来计算，一般情况下，无水氯化钙按每立方米1.5~2kg放置；生石灰按每立方米2~3kg放置；硅胶按每立方米1.5kg放置。由于干燥剂吸潮后体积要膨胀，因此干燥剂装入托盘内的高度，不宜超过托盘高度的1/2。装入干燥剂的数量和位置应做好记录。

锅内放入干燥剂约一周后，应进行第一次检查。打开锅筒，检查干燥剂是否已经因吸湿而失效。若发现氯化钙或生石灰由块状变成粉状、硅胶的颜色发生改变，说明氯化钙或生石灰已潮解失效，应更换（生石灰）或烘干（无水氯化钙和硅胶加热到105~110℃进行烘干）后继续使用。以后每隔1~2个月检查一次。

对于用干法保养的锅炉，应十分注意与锅筒相通的各门、孔的严密性。在投入运行前，必须将锅炉内盛装的干燥剂取出。

（3）湿法保养。湿法保养是在汽水系统中灌注碱性溶液，利用碱液和金属反应生成的氧化物保护膜来防止锅炉金属的腐蚀。湿法保养适用于停炉时间不超过一个月的锅炉。

若停炉后采用湿法保养锅炉，应放净锅水，清除锅内各处的水垢、水渣，清扫受热面外侧的灰垢。然后关闭各处人孔、手孔、阀门，加入软化水至最低水位（热水锅炉应充满锅筒），用泵把配制好的碱性防腐液注入锅内。开启给水闸，向锅炉进水，直至汽水系统（包括省煤器、过热器）全部进满为止。关闭给水阀，用水泵使锅水循环，使碱液与锅水混合均匀并在各受热面系统内均匀分布。之后定期用微火烘炉，保持受热面外部干燥，定期开泵使锅水循环，并定期化验水的碱度，若碱度降低应适当补加碱液。

在锅炉点火运行前，应将锅内所有溶液放出，备有储液池的，可将锅内液体放入储液池，以便再次利用。将防腐液放出后，应用洁净的水冲洗。如果需紧急升炉，可放掉一半锅内溶液再补充软水，但应在运行中增加排污次数，以防止汽水共腾。

采用湿法保养，冬季要注意防冻问题，特别应注意省煤器和管道部分的防冻。

碱性防腐液配制的方法有多种，常用的有以下三种：

1）碱液法。所用的碱为工业用氢氧化钠（NaOH）或磷酸三钠（$Na_3PO_4 \cdot 12H_2O$）或二者混合使用。在软化合格的水中按每吨锅水加氢氧化钠5kg或磷酸三钠10kg，或将6kg的氢氧化钠与1.5kg的磷酸三钠的混合液用泵送入锅内，并确认锅内无空气，保持锅水的pH>10。此法可用于停炉时间相对较长的情况。

2）混合液保护法。混合液由氢氧化钠、磷酸盐（PO_4^{3-}）与亚硫酸钠三种化学药品混合而成，其配比是每吨锅水中加氢氧化钠1kg、磷酸盐0.1kg、亚硫酸钠0.25kg。此法适用于容易排净积水的锅炉。

3）氨液法。将氨水（NH_4OH）配制成浓度为0.8~1.0g/L的稀氨液倒入锅内，并定期（每隔10d左右）循环氨液，使氨液浓度维持稳定，以利于钝化膜的形成。由于氨对铜有腐蚀作用，所以应用此法时必须把与氨液有可能接触的铜件拆除或用盲板加以隔离。

（4）充气保养。在清除锅炉内的水垢和烟灰并使受热面干燥后，从锅炉最高部位将氮气或氨气充入锅内，迫使密度较大的空气从锅炉低处排出，同时维持锅内一定压力（一般为0.05~0.1MPa）。氮气无腐蚀性且性质稳定，可以防止锅炉受热面金属腐蚀；氨气既可驱除氧气，又因其呈碱性反应，有利于防止锅炉腐蚀。因此，此种方法保养效果较好。充气保养要求锅炉汽水系统具有好的严密性，保养中需要加强监督。

目前，有一种新的锅炉保养方法被大力推广和采用，这就是气相缓蚀法保养。它采用TH—901保护剂（缓蚀剂），将此保护剂放入需要长期停用的锅炉内，保护剂挥发的气体在锅内金属表面形成一层保护膜，达到防腐的目的。

TH—901保护剂的使用方法是：将要长期停用的锅炉趁热排净锅水，打开人孔、手孔，将

TH—901 保护剂按 $1kg/m^3$ 的比例放入托盘，并将托盘放入锅筒、集箱，也可将此保护剂直接撒入锅内，然后关闭人孔、手孔，使锅炉完全封闭。在锅炉排水后，如果锅内积水过多，则保护剂的用量可适当加大。当锅炉重新启动时，不必清除保锅内的护剂，只需取出托盘即可。

2.4.5　检修与维修

1. 锅筒的检修

（1）锅筒常见缺陷。锅筒是锅炉的主要部件，由筒壳和封头组成。由于筒壳上有较多管孔，因此附加应力较大；同时，锅筒壁较厚，在运行状态下会产生温差，引起热应力。锅筒容易产生的缺陷有腐蚀、裂纹、鼓包和弯曲等。

1）腐蚀。上锅筒和下锅筒的内部都会因为水质不良、锅水含盐量高以及锅体没有进行除氧处理而产生氧腐蚀和电化学腐蚀。没有省煤器的锅炉，锅内氧腐蚀的现象更为突出。电化学腐蚀一般发生在封头板边处和应力集中的部位，腐蚀部位呈不规则形状的深坑，此种腐蚀为溃疡性腐蚀。

锅筒外表面与炉墙接触处也会发生腐蚀，尤其在下锅筒支承处。由于支座处没有烟气通过，地面及空气潮湿，会引起支承面腐蚀。如果长期停炉而又保养不善，在烟灰和潮气的侵蚀下，锅筒外表面也会发生腐蚀。

2）裂纹。裂纹主要发生在两个部位：一是锅筒封头板边内、外表面，这主要是由于制造时挠度过大，使钢材性能变坏，或者加工时温度过低及封头板边圆弧半径过小，使板边处存在较大应力所造成的。二是锅筒孔带处，这是由于胀接不当，如膨胀过度使管孔应力过大，或者胀接次数过多，产生硬化；或由于胀口长期渗漏，在管子和孔壁之间形成高碱度的渗漏痕迹，而产生苛性脆化裂纹。

3）变形。上锅筒暴露在炉膛顶部的部分，直接受辐射热，会因结生水垢或缺水而造成过热面出现鼓包。在对锅炉的下锅筒点火升压时，上、下锅筒分温差大，造成两部分伸缩不同而发生弯曲变形。

（2）缺陷的检查。锅筒内空间窄小，部件拥挤，是抢修最困难的地方。检修前要准备好工具，包括锤子、钢丝刷、扫帚、刮刀、活扳手、手电筒、放大镜、棉纱及吹灰用的橡胶管等。

打开锅筒后，根据情况用钢丝刷或机械清除水渣，但要注意不能把内壁黑红色的保护膜擦掉。管子焊缝处、胀接处要清理干净，用肉眼或放大镜查看焊缝、胀口处有无裂纹及其他缺陷，孔带区有无裂纹等，若怀疑某部位有裂纹等，需进行表面无损探伤检查。如果大部分锅筒内部装置已被拆除，则可用放大镜检查内壁有无裂纹、焊缝有无缺陷。对监视运行的部位或修补过的部位，应重点检查。发现腐蚀缺陷，要测量缺陷部位深度。此外，还要检查汽、水分离器孔板上的小孔是否畅通；检查水位表管、安全阀接管、给水管、排污管、下降管口有无裂纹、堵塞现象，如有锈泥要加以清除。

经上述检查后，还要对锅筒的水平度、弯曲度进行检查，锅筒的纵向与横向的误差均不应大于 2mm，超过容许误差时应和前次的检验记录对照，分析原因。

（3）缺陷的修理。对于锅筒内、外表面的斑点状的腐蚀，可进行焊补；对于严重的大片的腐蚀，应进行挖补。

当锅筒封头板边内、外表面裂纹长度不超过它所在圆周长度的 20% 时，可采用焊补的修理方法，开裂严重时应进行挖补或更换封头；对于锅筒管孔间的裂纹，应根据裂纹的数量和位置分别采取焊补、挖补和更换的处理方式。若裂纹穿过两个以上管孔，则应挖补。

一般的变形可不做修理；当鼓包高度超过筒体直径的 1.5%，但鼓包处钢板减薄量小于原板厚的 20%，或鼓包处无裂纹、过烧等严重缺陷时，可采用将鼓包顶回的方法修复，其他情况则需要挖补修复。由于鼓包部位在锅筒的底部，所以挖补时可使用合板对补板和主板进行装配焊接。

2. 水冷壁管和对流管束的检修

（1）常见缺陷。

1）腐蚀与磨损。造成管子腐蚀的原因是：由于水质不良，管内产生水垢，形成垢下腐蚀，严重时可能导致管子穿孔。这种情况以左、右两侧水冷壁管较为多发；水冷壁管的下部接触到灰渣，使管子外部腐蚀；胀口渗漏或产生裂纹，容易引起管头腐蚀；在锅炉给水没有除氧的情况下，尾部对流管束最容易产生氧腐蚀，严重时管子可腐烂穿孔。

管子的磨损主要是由飞灰冲刷造成的，尤其是在烟气流速大的地方，管壁的磨损更为严重。另外，若吹灰不当，如吹灰器正对管子吹，也会使管壁磨损。

2）胀口渗漏或产生裂纹。由于胀管工艺不良，如膨胀过度、胀偏、多次胀管、胀管率不够等，或由于运行中经常轻微缺水或结生水垢，而使管子过热。

3）鼓包或变形。这种缺陷主要发生在水冷壁管上。由于管内结垢，水循环不良而产生鼓包。如果管内水垢由于热负荷变化而脱落，就可能造成管子堵塞，产生水循环故障而引起鼓包。弯水管锅炉后面几排对流管束的上半段常因水循环不良而过热进而产生鼓包。

4）管子弯曲。管子由于缺水、结生水垢或不能自由膨胀而发生弯曲变形。尤其是位于炉膛顶部的锅炉顶棚管，锅炉缺水首先使它处于干烧状态，最易引起过热变形，甚至塌陷。

（2）缺陷的检查。在检查水冷壁管时，用强平行光照射，通过手摸、眼看和用检查样板测量等方法，找出胀粗和鼓包，并确定其部位。对以前出现过爆管、胀粗和鼓包的管段及邻近区域，更要仔细检查。应重点检查煤粉喷口、吹灰孔等四周的水冷壁管的磨损情况。

（3）缺陷的修理。水冷壁管产生腐蚀或磨损时，对于便于修理的管子，可以局部割换或换新；对于严重腐蚀、穿孔而又无法抽割的管子，可以将其闷死以便暂时维持使用，等抢修时再更换。具体做法是：较细的管子可用塞头从管子的端头堵死，但应注意在将管子闷死之前，应在严重腐蚀的管壁上凿一个小孔，以防爆炸；对于较大的管子，可将闷头做成两部分，一部分是圆柱形的连接管，另一部分是球形封头，将圆柱胀好，再将封头焊上。对于对流管束中的管子，在决定换管前要研究其换管的可能性，可否先割取靠管束边上的几根，更换内束，再恢复边上的几根。割取旧管时，可在离开锅筒壁80~150mm的地方，用气割的方法将两头割断，剩余的管头可用锤子、凿子砸扁后取出。

对于管子胀口渗漏，一般可用补胀的方法修理，缺陷严重的需换管。

对于管子的鼓包变形，如果鼓包较小，可用氧气或酒精喷灯将鼓包处加热，再用锤子将它敲打至与管子平齐。若不能达到平齐，可以在损伤处堆焊一层厚度为2~3mm的金属层。在进行修理之前，应用木塞将管子的一头堵住，以免冷空气进入管子而使管子迅速冷却。如果鼓包较大，则应将鼓包的一段管子切除，另接一段新管子。

对于顶棚管的弯曲变形，如果变形不大，覆盖在顶棚管上的砖墙没有产生严重的裂缝，可以暂时不修理；如果顶棚上的砖块脱落，说明顶棚管已经发生严重变形，此时应拆开炉顶砖拱，检查顶棚管的损坏程度。顶棚管烧坏塌陷时，若与锅筒连接端有一段没有弯曲，管端也没有松动渗漏现象，即使弯曲变形达到300mm，也可将其校正；若管子外表面有严重烧伤，出现氧化脱皮的现象，且管头严重渗漏，则应更换损坏的管子。

3. 集箱的检修

（1）常见缺陷。

1）腐蚀。长期停用的锅炉，下集箱与砖墙接触处易受潮气作用而腐蚀，集箱端部经常因手孔盖渗漏而腐蚀。

2）裂纹、变形或鼓包。作为防焦箱的下集箱，处在炉膛内温度很高的地方，常因水循环不良或内部结生水垢引起过热而产生裂纹、鼓包或弯曲变形。如上升管和下降管装在下集箱中间，两端的死水不参加循环，水受热后蒸发，产生的蒸汽不能及时排出，使集箱端部过热而产生鼓包或裂纹，如图 2-12 所示。下降管接在下锅筒底部，下锅筒内聚集的水垢、泥渣等都吸入防焦箱内，使防焦箱结垢，过热而产生鼓包或裂纹。

（2）缺陷的修理。对于下集箱轻微的腐蚀，可以采用堆焊修理；腐蚀严重时，则应挖补或更换。

若下集箱由于过热而产生裂纹，可以补焊。如果补焊次数很多，焊疤密布，可以将左、右两个下集箱互换使用，使没有裂纹的一面朝向炉膛。

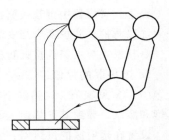

图 2-12　锅筒弯水管、锅炉防焦箱两侧死水区

若下集箱产生了鼓包，或者某一段变形严重，可以将此段更换。如果影响炉排运转，则应更换新的下集箱。更换集箱时需要把与集箱连接的所有管道和受热面管排在管座焊口处割开，割开后的管道和管排要进行坡口加工，准备与新集箱焊接。在拆除旧集箱前要在支撑钢架上做好原始位置的标记，尤其应标注好标高和中心。然后，即可拆开其支持托架或吊架，把旧集箱拆除、运走。将画好线的新集箱吊运至现场，按原始标高和中心就位、找正、固定好后，进行与其连接的管道和管排的焊接工作。

4. 省煤器的检修

（1）常见缺陷。

1）铸铁省煤器管裂纹。出现此缺陷的原因是省煤器铸造质量不好，如存在砂眼等；锅炉间断上水，使省煤器管壁温度在很大的范围内频繁波动；排烟温度偏高，使省煤器内的水汽化，产生水击，使管子产生裂纹或发生破裂；管子受飞灰的磨损，管壁减薄，承压能力下降。

2）钢管式省煤器磨损和腐蚀。钢管式省煤器的耐磨损和耐腐蚀性能较铸铁省煤器差，因此省煤器的外壁容易被飞灰磨损，特别是在加大引风和送风时，或是沸腾燃烧时，磨损就更严重。另外，若排烟温度过低，烟气中的二氧化硫、三氧化硫与水汽作用，可在管外壁生成亚硫酸和硫酸，腐蚀钢管。省煤器管内壁的腐蚀是由于给水未进行除氧或除氧不良，使水中的氧气在省煤器内受热后析出而造成氧腐蚀。

（2）缺陷的检查。对省煤器的检查可分为以下几个步骤：

1）清扫积灰。锅炉停止运行后，省煤器的外壁积有大量煤灰，需用压缩空气吹扫。在吹扫时，应启动引风机，使炉内保持负压。

2）检查飞灰磨损情况。检查飞灰磨损时，必须从上层到下层（尤其是上边一至四层）进行全面检查。经验表明，一般飞灰磨损较为严重的部位是：每个管圈的前三层和集箱连接的管段，如图 2-13 所示。因为该处的烟气通道较大，流动阻力很小，飞灰磨损集中；再有就是管卡子附近和后墙部位。

3）检查结垢和腐蚀。根据化学监督的要求，选择省煤器有代表性的局部管段进行割管检查，以判断管子内部是否有结垢或腐蚀现象。割管部位一般为省煤器的高温段出口，因为这部分管子中的给水已接近沸腾状态，给水中含有的盐和氧很容易在此处析出，而造成结垢和腐蚀。

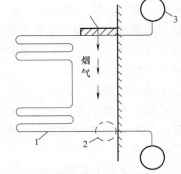

图 2-13　集箱连接处的易磨损部位
1—蛇形管　2—磨损部位　3—集箱

（3）缺陷的修理。对于轻微的腐蚀或磨损，可继续使用；对于严重的腐蚀或磨损，应更换管子。因烟灰磨损发生在烟气流入的一面，所以为了节省修理费用，可将钢管式省煤器拆开，把管子翻转180°，即把原来迎着烟气并已磨损的一面改成背着烟气流向，以延长钢管式省煤器的使用寿命。对于腐蚀或磨损严重的铸铁省煤器，为了缩短修理时间，可在损坏的管子中穿入一根钢管，在两头焊上法兰，填上垫料与弯头法兰连接，维持临时运行，待锅炉检修时更换。

钢管式省煤器中钢管被磨损最厉害的部位是顺着烟气的前三排管子，可在这些管子上安装防护罩加以防护。防护罩应当安装在钢管转弯处的内侧或外侧，从烟气流动的一面保护弯头。

一旦发现与集箱连接处管段的飞灰集中磨损，就应加装挡灰板。

5. 过热器的检修

（1）常见缺陷。过热器一般布置在辐射区内或第一烟道处，运行温度在1000℃以上，管子内是饱和蒸汽，导致其导热情况不如水管，容易过热而产生鼓包变形，甚至会爆管。

设置在辐射区的过热器，大都在1000～1300℃的高温区。如果锅水碱度过高，含盐量大，或者锅筒内汽水分离不好，蒸汽大量带水，都会造成过热器管内结垢，使过热器过热；在锅炉运行中，若火位长期调整不好，使火焰延长到过热器处，或由于炉膛内结焦，造成热偏差，也会使过热器发生高温蠕变，产生变形。

设置在烟道内的对流过热器，工作在发生800～900℃的高温烟气里，过热、蠕胀、爆管是对流过热器损坏的常见情况。另外，对于固态排渣锅炉，由于烟气的高速流动并含有大量灰粒，会对过热器管子造成严重磨损。

（2）缺陷的检查。辐射过热器一般布置在炉膛后墙折焰角以上部位，检查时先搭好安全、可靠的脚手架。为了能更准确地查明过热器管的缺陷状况，必须先清除过热器表面的积灰和焦渣，然后重点检查容易磨损的部位，如过热器下端和紧贴折焰角的部分。发现蠕胀的管子，可用游标卡尺测量其蠕胀的程度。测量时选择有代表性的管段（加热负荷大的向火侧），从而判断管材的过热变形程度。

应重点检查对流过热器的飞灰磨损情况。一般情况下，容易磨损的部位如图2-14所示。对发生蠕胀的部位应进行测量。

需要指出的是，应根据每台锅炉过热器的高温部位的具体特点，规定固定的检查点，每次检修都要对这些检查点进行重点测量，对其他部位则做普通检查。一些摸不到的地方，需要用照明查看。检查时要从下到上、从左到右，墙角和堵灰的地方、弯头和直管段都要看到。一般容易磨损的部位是在弯头和烟气流速大的地方。凡是堵灰现象严重的，一定要检查未堵灰的那部分烟道中过热器的胀粗情况。

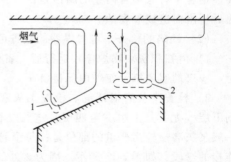

图 2-14　对流过热器飞灰磨损的部位
1—烟道转弯处下部　2—水平烟道下部
3—水平烟道流通面积缩小后第一排垂直管段

（3）缺陷的修理。过热器轻微变形可不做修理，当管子（碳钢）胀粗程度大于管径的3.5%时，应切换损坏的管段。对磨损严重（磨损深度为管子壁厚的1/4）的管子应更换。

对于出口集箱上管孔之间的个别裂纹，可以焊补；若裂纹较多，就应该将集箱部分更换或整个更换。

为了防止过热器蛇形管的个别管子弯头排列不整齐，常装一种由耐热生铁铸造的梳子形卡子，其安装部位是在管子的下弯头处。由于加了梳子形卡子的地方挡住了一部分烟道，烟气流速在卡子间隙急剧提高，使飞灰对管子的磨损加快，因此对这些地方应特别注意检查。

6. 空气预热器的检修

（1）常见缺陷。

1）飞灰磨损致使管子穿孔。对于煤粉炉，特别是多灰分的固态排渣锅炉，飞灰对空气预热器管子常常造成严重磨损，并可能导致 1.5mm 厚的管子穿孔，穿孔的部位大都集中在离管口 20～30mm 处。从圆周方向看，所有管子的穿孔都集中在几个方向，比较有规律。

2）管孔堵塞。运行中的空气预热器常常发生大片管子堵死的情况，从而减少了热交换面积，增加了烟气流动的阻力。引起堵塞的原因主要是省煤器漏水，省煤器漏水使预热器烟气侧附着一层水膜，灰粒和水膜混为泥糊状，极易把管孔堵死。

3）腐蚀穿孔。锅炉运行中送风、引风调节不当，使烟气温度低于露点，从而在管壁积灰处产生酸性腐蚀。这种腐蚀在管子四周是均匀分布的，不但会造成穿孔，甚至会造成管子破裂。

（2）缺陷的修理。防止飞灰磨损，可采用加装防磨套管的方法。如果大量管子磨损穿孔，则必须在大修中更换整组的空气预热器管箱。

由于管孔堵塞，使管内造成积灰，甚至整个管段都堵满积灰，此时只能用很长的钢筋棍从预热器下部朝上疏通管子，使灰粒掉落。如果堵灰不是很严重，可采用 0.6～0.8MPa 的干燥压缩空气来吹灰。当一组管箱的管孔有 2/3 以上被堵时，应更换新管箱。

少数管子腐蚀破裂，可以用堵板将上、下管板的相应管孔焊死，防止漏风即可；若管子损坏的根数在 5% 以上，则应更换。

2.5　锅炉检验

2.5.1　锅炉检测检验目的

在使用中，锅炉内表面会生成水垢、泥渣，外表会附着燃烧生成物。这些会腐蚀锅炉本体，降低传热效率，危及锅炉的安全运行。为此，应严格遵守相关规定，及时对锅炉进行检测检验，及早发现和消除事故隐患。锅炉的检测检验主要有以下几个目的：

1）消除隐患，防患于未然。

2）消除缺陷，延长锅炉的使用寿命。

3）实现连续、安全、经济运行。

4）堵塞漏洞，节约能源。

2.5.2　锅炉检测检验内容

锅炉检验包括内部检验、外部检验和水压试验。

1. 内部检验

内部检验适用于工业锅炉（一般是指额定工作压力 ≤2.5MPa 的锅炉）、电站锅炉（一般是指额定工作压力 ≥3.8MPa 的蒸汽锅炉）以及额定工作压力为 2.5～3.8MPa 非标准系列的锅炉的检验。

锅炉的内部检验一般每两年进行一次。除常规的检验外，若遇到下列特殊情况，应立即进行检验：

1）新安装的锅炉在运行一年后。

2）移装锅炉投入运行前。

3）锅炉停止运行一年以上恢复运行前。

4）受压元件经重大修理或改造后及重新运行一年后。

5）根据上次内部检验结果和锅炉运行情况，对设备安全可靠性有怀疑时。

6）根据外部检验结果和锅炉运行情况，对设备安全可靠性有怀疑时。

工业锅炉和电站锅炉内部检验的范围有所不同。

工业锅炉内部检验的范围为：锅炉承压部件、锅炉范围内管道、分汽（水）缸、燃烧设备、炉墙（拱）及保温、安全附件及主要阀门等。

电站锅炉内部检验的范围为：锅炉承压及承重部件（包括锅筒、集箱、受热面管、承力柱、梁及大板梁、吊挂装置等）、锅炉范围内管道、外置式分离器、集中下降管、炉墙及保温、密封装置、膨胀及指示装置、安全附件及主要阀门等。

2. 外部检验

锅炉的外部检验一般每年进行一次。除常规的检验外，若遇到下列特殊情况，应立即进行检验：

1）移装锅炉开始投入运行时。

2）锅炉停止运行一年以上恢复运行时。

3）锅炉的燃烧方式和安全自控系统有改动后。

外部检验的检验范围为：锅炉管理检查、锅炉本体检验、安全附件、自控调护装置检验、辅机和附件检验、分汽（水）缸和锅炉管道及支吊架、水质管理和水处理设备的检验等方面。

外部检验项目包括：a. 锅炉管理检查；b. 锅炉本体检验；c. 安全附件、自控及保护装置的检验；d. 辅机和附件的检验；e. 分汽（水）缸、锅炉范围内的管道、支吊架的检验；f. 水质管理和水处理设备的检验。

而对锅炉本体的检验则包括以下几个方面：

1）锅筒的检验。

2）"四管"的检验，即水冷壁管、省煤器管、过热器管和再热器管的检验。

3）与"四管"分别相连的集箱和减温器的检验。

4）锅炉范围内管道的检验。

5）外置式分离器、集中下降管及分配管的检验。

6）炉墙、保温、密封结构的检验。

7）膨胀及指示装置、主要承重部件的检验。

8）安全附件、阀门（阀体）的检验。

9）高温承压部件的金属监督。

10）其他项目检查。

3. 水压试验

水压试验一般每六年进行一次。对于无法进行内部检验的锅炉，应每两年进行一次水压试验。除常规的检验外，当遇到下列特殊情况时，应立即进行检验：

1）移装锅炉投入运行前。

2）受压元件经重大修理或改造后。

电站锅炉的内部检验和水压试验周期可按照电厂大修周期进行适当调整。只有当内部检验、外部检验和水压试验均在合格有效期内，锅炉才能投入运行。

在工业生产中，锅炉一般采用焊接连接，因此需对焊缝进行检验检测。

焊接质量的好坏，直接影响着锅炉的使用性能与安全性。通过焊接检验发现焊缝中的缺陷，分析缺陷产生的原因，采取有效措施，避免不合格产品出厂。

产品检验前需检验下列项目：

1）焊工资格：焊工应有与焊接项目相对应的合格证，并在合格项目范围内按焊接工艺指导书或焊接工艺卡进行焊接工作。

2）焊接工艺评定及焊接工艺指导书。

3）焊接设备的仪器仪表以及规范参数、调节装置（应在检定期内）。

2.5.3   锅炉检测检验技术

1. 锅炉检验的程序

（1）内部检验。

1）工业锅炉内部检验的程序。包括：

① 检验前的准备：在锅炉定期检验前，应对锅炉使用单位、检验人员应该做的准备工作进行明确规定。

② 技术资料的审查：对达到规定要求的，还应制定检验方案。

③ 外观检查：应用目视、锤击、灯光（如手电筒）、拉线检查、钢板尺、样板（尺）等方法。

④ 锅筒上部检查：从上部人孔进入锅筒内检查。

⑤ 锅筒下部检查：从管板人孔进入锅筒内检查。

⑥ 炉膛内部检查：从炉门孔进入炉膛内检查。

⑦ 联（集）箱内部检查：打开联箱手孔检查。

⑧ 管板及烟管管端检查：打开前、后烟箱门进行检查。

⑨ 其他项目检查：必要时进行无损检测、工业内窥镜检查、测厚、金相分析、材质化学成分分析、力学性能试验等。

⑩ 签发检验报告：检验后，将检验情况与使用单位座谈、交流，及时签发检验报告。

2）电站锅炉的内部检验的准备工作。检验前的准备工作主要有：

① 锅炉的使用单位应向检验单位提供受检锅炉定期检验计划、大修计划，并与检验单位协商有关检验的准备工作、辅助工作、检验条件、检验期限、安全保护措施等。

② 锅炉使用单位应向检验单位提供受检锅炉相关的资料。其主要包括：a. 锅炉设计、制造质量资料（包括设计图、强度计算书、设计及使用说明书、热力计算书、安全阀排量计算书、锅炉质量证明书等）；b. 锅炉产品安全性能监督检验证书；c. 锅炉安装、调试资料；d. 锅炉修理、改造及变更的设计图和资料（修理、改造及变更方案及审批文件、设计图、计算资料、质量检验及验收报告等）；e. 锅炉运行记录及档案资料（使用登记证、历次检验报告、运行记录、锅炉设备缺陷及检修处理记录、金属监督及化学监督资料、安全附件及保护装置的整定和校验记录等）；f. 检验人员需要的其他资料。

③ 锅炉使用单位应做好相应的准备工作。主要包括：a. 可靠隔断受检锅炉的风、烟、水、汽、电、燃料系统；b. 搭设必要的脚手架；c. 打开受检部位的人孔门、手孔盖，并经过通风、换气、冷却；d. 炉膛及后部受热面应清理干净；e. 拆除受检部位的保温材料和妨碍检验的锅筒内部装置；f. 安全照明、工作电源；g. 进入锅炉进行内部检验时，应有可靠的通风并指派专人监护。

3）锅炉本体的检验方法。目视、锤击、灯光（如：手电筒）、拉线检查、钢板尺、钢卷尺、样板（尺）、无损检测、工业内窥镜检查、测厚、金相分析、光谱分析、材质化学成分分析、力学性能试验等。

（2）外部检验。外部检验以宏观检验为主，检验程序为：

1）检验前的准备工作。

2）查阅技术资料、了解锅炉情况、检查锅炉的管理情况。

3）检查锅炉本体。

4）检查安全附件和自控保护装置。

5）检查辅机、附件、分汽（水）缸、支吊架、管道和设备。

6）将检验情况与使用单位交流，签发检验报告。

（3）水压试验的程序。

1）检验前的准备工作。

2）水压缓慢上升，升至工作压力时停止升压，检查锅炉各部位有无漏水或异常现象。

3）如果没有任何缺陷，可以继续升压到试验压力。焊接锅炉应在试验压力下保持5min，铆接锅炉应保持20min。

4）在上述时间内试验压力应保持稳定，不能下降，如果压力下降，要查明原因。

2. 焊缝及锅炉质量的检验检测

对于焊缝的检测检验主要包括外观检验、无损探伤、力学性能试验、金相检验和断口检验以及水压试验。

（1）外观检验。锅炉受压元件上的全部焊缝都应做外观检验。目视检验焊缝及热影响区是否有可见缺陷，如表面气孔、裂纹、咬边、未焊透、夹渣和弧坑等情况。表面质量应符合如下要求：

1）焊缝外形尺寸应符合设计图和工艺文件的规定，焊缝高度不低于母材表面，焊缝与母材应平滑过渡。

2）焊缝及其热影响区表面无裂纹、夹渣、弧坑和气孔。

3）锅筒和集箱的纵焊缝、环焊缝及封头（管板）的拼接焊缝无咬边，其余焊缝咬边深度不超过0.5mm。蒸气锅炉中管子焊缝两侧咬边的总长度不超过管子周长的20%，且不超过40mm。

（2）无损探伤。无损探伤是利用射线、超声波、磁性渗透等物理现象，在不破坏焊件的情况下检查焊缝缺陷的方法。

1）X射线及γ射线探伤（RT）。射线检测是检查焊接接头内部缺陷的一种准确而可靠的方法，它可以显示缺陷的形状、平面位置、性质和大小，底片可以长期保留。目前常见的射线检测手段有X射线及γ射线检验两种，其中X射线检验应用较为普遍。

对于如气孔、夹渣、缩孔等体积性缺陷，在X射线透照方向有较明显的厚度差，即使很小的缺陷也可较容易地检查出来。而对于如裂纹那样的面状缺陷，只有与裂纹方向平行的X射线照射时，才能够检查出来，而用同裂纹面几乎垂直的射线照射时，就很难查出，这是因为其在照射方向几乎没有厚度差的缘故。

2）超声波探伤（UT）。超声波探伤是重要的无损检测手段之一，尤其对于由于某种原因不能进行射线探伤的焊缝，如厚焊缝和不能拆下的内件，这种方法更为有效。下面以锅炉上常见的中板对接焊缝的超声波检测为例，简单介绍超声波探测工艺条件的确定。

对锅炉的对接焊缝，采用横波倾斜入射探伤，而不采用纵波垂直入射探伤，其原因主要有：a. 焊缝中存在的缺陷，如裂纹、未熔合和未焊透，都近似垂直板面，横波倾斜入射和纵波垂直入射比，可以得到较大的声压反射；b. 焊缝余高不利于纵探头的接触耦合。

3）磁粉探伤（MT）。磁粉探伤适用于磁性材料的表面和近表面缺陷检测，不适用于非磁性材料和工件内部缺陷的检测。磁粉探伤广泛应用于各个工业领域，在铸件、锻件的制造过程中，以及在焊接件、机械零件的加工过程中，特别是在锅炉、压力容器、管道等的定期维修过程中，磁粉检测都是最重要的常用无损检测手段。

磁粉探伤具有操作简便、检查迅速、灵敏度高等优点。根据磁粉聚集的形状、宽窄和位置可判断缺陷的形状、大小和位置，但不能确定缺陷的深度。

4）着色探伤（PT）。着色探伤是利用某些渗透性强的渗透液，涂在被检查工件的表面上，使之渗透入工件表面的微小缺陷中，然后除去工件表面的渗透液，再在工件表面涂一薄层吸附性强的吸附剂（显示剂），隔一定时间后，渗入表层缺陷中的渗透液就会被吸附液吸附，在工件的表面显示出缺陷来。

（3）力学性能试验。为检验产品焊接接头的力学性能，在产品上直接切取检查试件（若确有困难，可焊接模拟试件）。

蒸汽锅炉产品检查试件数量的要求为：

1）锅筒：每个锅筒的纵环缝应各做一块检查试板，对批量生产的额定蒸汽压力≤1.6MPa的锅炉，在质量稳定的情况下，允许同批生产（同钢号、同焊接材料和工艺）的每10个锅筒（锅壳）做纵环缝检查试板各一块（不足10个也应做一块）。

2）对于封头、管板、炉胆、回燃室的拼接焊缝，当其母材与锅筒（锅壳）材质，相同时，可免做检查试板，材质不同时检查试板的数量应与锅筒（锅壳）相同。

3）对于集箱和管道的对接接头，当材料为碳素钢时，可免做检查试板，当材料为合金钢时，在同钢号、同焊接材料、同焊接工艺、同热处理设备和规范的情况下，每批做焊接接头数1%的模拟检查试件，但至少要1个。

4）对于受热面管子的对接接头，当材料为碳素钢时（接触焊对接接头除外），可免做检查试件；当材料为合金钢时，在同钢号、同焊接材料、同焊接工艺、同热处理设备和规范的情况下，从每批产品上切取接头数的0.5%作为检查试件，但不得少于1套试样所需的头数。

5）额定蒸气压力小于0.1%的锅炉免做产品检查试件。

（4）金相检验和断口检验。

1）焊件的材料为合金钢时，下列焊缝应进行金相检验：a. 工作压力≥3.8MPa的锅筒的对接焊缝，工作压力≥9.8MPa或壁温>450℃的集箱、受热面管子和管道的对接焊缝；b. 工作压力≥3.8MPa的锅筒、集箱上管接头的角焊缝。

2）金相检验的试样，应按下列规定切取：a. 锅筒和集箱，从每个检查试件上切取一个试样；b. 锅炉范围内管道、受热面管子，从每个（套）检查试件上切取一个试件；c. 锅筒和集箱管接头的角焊缝，应将管接头分为壁厚>6mm和≤6mm两种，对每种管接头，每焊200个管接头，应焊1个检查试件，不足200个也应焊1个检查试件，并沿检查试件中心线切开做金相试样。

3）金相检验的合格标准为：a. 没有裂纹、疏松；b. 没有过烧组织；c. 没有淬硬性马氏体组织。

（5）水压试验。受压焊件的水压试验应在无损探伤和热处理后进行。

1）对于单个锅筒和整装出厂的焊制锅炉，应在制造单位进行水压试验。

2）对于散件出厂锅炉的集箱及其类似元件，应在制造单位进行水压试验，并在试验压力下保持5min。额定蒸汽压力≤2.5MPa锅炉无管接头的集箱，可单独进行水压试验。

3）对接焊接的受热面管子及其他受压管件，应在制造单位逐根逐件进行水压试验。试验压力应为元件工作压力的2倍（对于额定蒸汽压力≥13.7MPa的锅炉，此试验的压力可为5倍），并在此试验压力下保持10~20s。若对接焊缝经氢弧焊打底并经无损探伤检查合格、能够确保焊接质量，则在制造单位内可不做此项水压试验。

2.6 锅炉的运行与安全

2.6.1 锅炉设备、设施与锅炉房安全

1. 锅炉设计资料审批

我国对锅炉设计实行设计资格许可或设计文件审批制度。设计者必须取得设计资格许可或设计文件经过锅炉压力容器安全监察机构设计审查批准，设计图样上应有设计许可标记。

2. 锅炉制造许可

锅炉制造质量的优劣，直接影响锅炉在运行中的安全与否。国家对锅炉制造实行制造许可制度。锅炉设备及其相关材料、安全附件、保护装置等的制造者，必须取得相应制造许可后，才能制造。锅炉制造许可分为：A级、B级、C级、D级。A级要求最高，D级要求最低。

使用单位所购买的锅炉必须是具有国家相应制造资质的厂家生产的合格产品，锅炉出厂时，必须附有齐全的技术资料。

3. 锅炉安装许可

为了确保锅炉的安装质量，安装锅炉的施工单位必须持有国家授权的锅炉检验机构颁发的与锅炉级别安装类型相符合的锅炉安装许可证。

4. 使用许可

根据《特种设备安全监察条例》的规定，应履行使用登记手续，获得锅炉使用登记证书。

5. 锅炉房安全要求

锅炉房选址和布局要求应符合工艺、安全、环境和远期规划的要求。

锅炉房的位置应靠近热负荷比较集中的地区，应便于引出管道、燃料储运、灰渣排运和烟气排放。设有全年运行的锅炉的锅炉房，宜位于居住区和主要环境保护区的全年最小频率风向的上风侧，设有季节性运行的锅炉的锅炉房，宜位于该季节盛行风向的下风侧。设有沸腾炉或煤粉炉的锅炉房，不应设置在居住区、名胜风景区和其他环境保护区内。

锅炉房宜为独立建筑物，当需要和其他建筑物相连或设置在其内时，严禁设置在人员密集场所和重要部门的紧邻通道和主要通道的两旁。

锅炉房和其他建筑相连或设在其内时，必须符合《锅炉安全技术监察规程》（TSG G001—2012）《建筑设计防火规范》（GB 50016—2014）的规定。

锅炉房不得与甲、乙类危险性生产用房及使用可燃液体的丙类火灾危险性房间相连。若与其他生产厂房相连时，应用防火墙隔开。余热锅炉不受此限制。

锅炉房建筑的耐火等级和防火要求应符合《建筑设计防火规范》（GB 50016—2014）的要求。

锅炉房的外墙或屋顶至少应有相当于锅炉房占地面积10%的泄压面积（如玻璃窗、天窗、薄弱墙等）。泄压处不得与聚集多人的房间和通道相邻。

锅炉房应符合下列要求：锅炉房内的设备布置应便于操作、通行和检修；应有足够的光线和良好的通风以及必要的降温和防冻措施；地面应平整无台阶，且应防止积水；锅炉房承重梁柱等构件与锅炉应有一定距离或采取其他措施，以防止构件受高温损坏。

锅炉房每层至少应有两个出口，分别设在两侧。锅炉前端的总宽度（包括锅炉之间的过道在内）不超过12m，且面积不超过200m²的单层锅炉房，可以只开一个出口。锅炉房通向室外的门应向外开，在锅炉运行期间不准锁住或闩住，锅炉房的出入口和通道应畅通无阻。

在锅炉房内的操作地点以及水位表、压力表、温度计、流量计等处，应有足够的照明。锅炉

房应有备用的照明设备或工具。

露天布置的锅炉应有操作间，并应有可靠的防雨、防风、防冻、防腐的措施。

2.6.2 锅炉安全运行与维护

锅炉的运行过程包括启动前的检查、烘炉、煮炉、点火升压、暖管并炉、正常运行、停炉和维护保养。

1. 启动前的检查

（1）锅内检查。检查锅筒各受压件内部有无杂物遗留，有无堵塞现象，检查合格后才可关闭人孔和手孔。

（2）锅外检查。检查炉膛、烟道内有无杂物及堵塞，炉墙有无裂缝，烟道管外积灰有无堵塞，管外有无腐蚀、磨损，管子有无胀粗外凸现象，膨胀指示器的指示是否准确，炉顶保温层是否完好，各门孔是否关闭严密等。

（3）燃烧设备检查。炉排冷态运行正常，无起拱及卡死现象，传动装置润滑正常，保险装置正常等。煤粉燃烧器调风门关闭调节正常，摆动式燃烧器正常灵活，位置正确。

（4）风机检查。对于风机，先盘动联轴器，检查有无摩擦、卡死现象，风机入口挡板开关应灵活严密，油位正常，冷却水管畅通。正常时可合闸试车，叶轮应转动平稳，轴承无发热，电流电压指示正常。

（5）锅炉附件检查。检查各仪表及安全附件齐全、灵敏、指示正确。保护报警装置正常。

（6）其他检查。检查所有管道阀门，检查锅炉排污系统阀门。上煤、出渣系统所有传动机械都需要空载试车，检查结果应无异常现象，安全保护装置完整良好。供汽管道阀门位置正确，保温良好。

2. 锅炉上水

上水前应开启锅炉上的空气阀排气，上水速度要缓慢，水温不宜过高，以免锅筒等金属部分产生过大的热应力，冬季上水时，水温应在50℃以下。上水时应检查锅炉各人孔、手孔和法兰以及排污阀有无泄漏。上水至锅炉最低水位线，检查水位有无下降。

3. 烘炉

对新砌炉墙、炉拱以及长期停用的锅炉，必须进行烘炉，以便将炉墙内水分烘干并保持干燥。烘炉要缓慢进行，火势不能偏斜及急速变化，以免砖墙出现变形外凸和裂纹等不良情况。用火焰法烘炉一般宜用木柴做燃料。链条炉排应定期转动，以防烧坏。

烘炉的另一种的方法为蒸汽烘炉，蒸汽烘炉加热均匀，温度平稳。

4. 煮炉

煮炉的目的为提高蒸汽品质和防止锅内因铁锈、焊渣、淤垢和油脂等污物损害锅筒和受热面管子内部。煮炉可在烘炉后单独进行或连续进行。锅内加药为氢氧化钠（NaOH）和磷酸三钠（$Na_3PO_4 \cdot 12H_2O$）。药品溶化后，通过加药装置注入锅筒内，压力逐步升高到工作压力的75%，在该工况下煮炉10h以上时，蒸汽排空。煮炉时间在48h以上。煮炉时各排污点轮流排污，及时排除铁锈等污物。煮炉时应防止锅水进入过热器。煮炉结束后，放掉冷却的锅水，用清水冲洗干净。

5. 锅炉启动安全

（1）控制升温升压速度。锅炉升压过程，也是锅水饱和温度不断升高的过程。由于锅水温度升高，锅炉蒸发受热面的金属壁温也随之升高，若升温速度过快，则受压元件由于温差过大造成过高的热应力，尤其是锅筒、主蒸汽管道和阀门等厚壁元件。为了防止产生过大的热应力而损坏设备，锅炉升压过程一定要缓慢，应采用文火加热。一般锅筒内工质温度升高的平均速度不超过

2℃/min（约100℃/h）。一般电厂应根据试验或经验决定每台锅炉的升压曲线，作为每次启动的依据。

（2）严密监视和调整仪表。在锅炉启动过程中，锅炉蒸汽参数、水位及各部件的工作状态在不断变化，为了防止异常情况及事故出现，必须严密监视各种指示仪表，将锅炉压力温度和水位控制在合理范围内。另外，各种指示仪表要经历从冷态到热态、从常压到承压的过程，产生热膨胀，在某种情况下甚至会发生卡住、堵塞、指针移动不灵、示值不准等问题，造成安全隐患，因而必须严加监控，认真调整。

（3）保证省煤器、过热器启动过程中可靠冷却。锅炉在启动过程中不向用户提供蒸汽，不需要连续供水，受热面内工质流动尚不正常，例如水冷壁会产生循环停滞，省煤器、过热器等内部没有连续流动的给水和蒸汽吸热冷却，因而可能有超温的危险，造成省煤器、过热器被外部连续流动的烟气烧坏。在锅炉启动过程中，采取措施保护这些部件。

（4）防止熄火和炉膛爆炸。启动时投入的燃料少，炉内温度低，控制不当容易熄火。

燃油锅炉、燃气锅炉和燃煤粉的锅炉存在炉膛爆炸的危险，往往发生在启炉和熄火环节。在锅炉点火前，锅炉炉膛空间可能存在燃料（燃气、雾化的燃油或煤粉），燃料与空气形成的爆炸混合物，在点火时发生爆炸。

在锅炉点火时需防止锅炉炉膛爆炸。锅炉点火前应通风5~10min，点火时应先点火再送入燃料。燃油锅炉、燃气锅炉和燃煤粉的锅炉应有可靠的程控点火装置及熄火保护装置。

6. 锅炉正常运行安全

在锅炉运行中，操作人员应对锅炉的水位、压力、气温、燃烧进行认真的监督调节，控制参数指标在正常范围之内，同时应及时正确处理运行过程出现的故障。

（1）水位调节。锅筒水位一般在中心线以下75~150mm范围内。运行水位的波动范围一般限制在±50mm。锅炉容量较大，锅筒水容积相对较小，若给水中断，可能10~30s就会出现危险水位；若给水量与产汽量不相适应，可能几分钟就会发生缺水或满水事故。因此，锅炉运行中必须严格监视和核对各个水位表的指示，以防出现堵塞等故障。锅炉运行时必须保持水位计指示清晰，一般应每班冲洗一次就地玻璃水位计。当看不见水位计所指示的水位时要立即检查原因是缺水还是满水，之后采取相应措施，不允许未查明原因就盲目上水或排水。在投入给水自动时要经常监视水位指示是否正确，注意给水量与蒸发量保持平稳。锅炉一般装有高低水位报警器，要经常核实安装位置是否与实际高低水位一致。

（2）过热汽温调节。过热汽温要求运行时偏差为±（5~10℃）。汽温调节的手段有蒸汽侧调节（如喷水减温、面式减温等）及烟气侧调节（如摆动燃烧器和烟气再循环、烟气挡板等）两类。汽温变化惯性很大，给调节带来一定困难。即使末级过热器前的喷水点，在调节器动作后，出口汽温变化的延迟时间也只有10~20s。因此，为把汽温控制在较小的变化范围内，除了将汽温作为主调节信号外，还用减温器后（过热器前）的汽温变化率来及时反映调节的作用，该汽温对喷水量变化反应很快。出口汽温变化的延迟时间仅为5~7s，可有效地改善喷水调温效果。为进一步提高调节质量，还加入能提前反映汽温变化的信号，如锅炉负荷、汽机功率等。

（3）燃烧调节。燃烧室锅炉燃烧充分稳定是锅炉安全、经济运行的基本条件。燃料的燃烧情况与燃烧量、送风量供料均匀性有直接的关系。燃烧调节包括：保证燃烧良好，尽量减少未燃尽损失；使燃料供应适应负荷需要，维持一定汽压，对燃料量的调节称为压力调节；维持炉膛内一定的压力。燃烧系统调节的三个量有：燃料、送风量和引风量。

（4）锅炉排污。锅炉排污分为连续排污和定期排污两种。连续排污是从含盐浓度高的上锅筒蒸发面下连续放出锅水，又称表面排污。定期排污是指隔一定时间集中地在水冷壁下集箱或锅筒底部放出锅水中的杂物。排污时应选在锅炉高水位、低负荷的情况下进行，水冷壁排污时应监视锅筒水位，排污时间不宜过长，一般不超过15s，以免破坏水循环。定期排污是锅炉运行人员的一项基本操作，各排污点应逐个进行，切忌多点同时开启。

（5）吹灰与打渣。锅炉吹灰的目的是将受热面上的积灰吹净，提高锅炉效率，提高锅炉出力，降低排烟温度。锅炉运行时，要经常通过观察孔监察炉膛水冷壁、对流受热面、过热器等尾部受热面上的积灰情况，若发现锅炉排烟温度过高或出力下降，则应进行吹灰，目前应用最多的是蒸汽吹灰。在蒸汽吹灰器吹灰前应先暖管疏水，吹灰时宜在锅炉低负荷时进行，炉膛负压控制在4~6mmH$_2$O，防止喷火。

炉膛及受热面结渣不但影响锅炉出力和效率，更会造成大块结渣脱落，导致受热面被破坏而发生炉膛爆炸的重大事故。燃用灰熔点较低的煤时，运行人员要经常观察燃烧器附近及炉膛出口处的水冷壁结渣情况，少量结渣可通过调节炉膛燃烧器送风量来消除。若存在大块的结渣必须停炉清理，以免结渣脱落造成重大事故。

7. 锅炉停炉中安全

锅炉停炉可分为压火停炉、正常停炉和紧急停炉三种情况。前两种是有计划停炉，停炉时应缓慢地中断燃烧，降低负荷，直到锅炉负荷降低为零。紧急停炉是锅炉运行中发生事故时，紧急中断燃烧，使锅炉的负荷急剧降低为零。

（1）压火停炉。当外界负荷减小时，可以用压火的方法暂停一台或数台锅炉运行，当负荷增加时，暂停运行的锅炉能以最快的速度恢复正常运行，免去点火的准备工作，缩短升压时间。

压火停炉期间锅内仍有气压，故需注意监视。若压火停炉时间超过6h，应在压火一段时间后关闭锅炉主汽阀，开启过热器出口集箱的疏水阀，以冷却过热器。压火停炉期间应适当排污，排出锅内沉淀物。对于装有铸铁省煤器的锅炉，锅炉停止给水后，应关闭省煤器烟道挡板。

（2）正常停炉。在正常停炉过程中要缓慢降低载荷，控制锅炉降温的速度，避免急剧降温造成过大热应力，损坏设备。正常停炉放水温度控制在70℃以下。燃油锅炉、燃气锅炉和煤粉炉正常停炉过程中也需防止炉膛爆炸，燃油锅炉、煤粉炉正常停炉时还要防止锅炉尾部二次燃烧。

（3）紧急停炉。在锅炉发生事故或存在事故隐患时，为了避免事故或减轻事故损失，应紧急停炉。在下列情况之一时，应紧急停炉：

1）锅炉严重缺水，即水位已经低于锅炉水位表下部可见边缘。

2）锅炉水位连续下降，虽然不断给水，但水位仍然下降。

3）锅炉满水，水位已经是最高水位，经放水仍不见水位指示。

4）给水泵失效或给水系统故障，不能向锅炉供水。

5）水位表或安全阀全部失效。

6）锅炉受压元件失效。

7）燃烧设备损坏、炉墙坍塌或锅炉构件烧红等，严重威胁锅炉安全运行。

8）尾部烟道发生二次燃烧，锅炉房发生火灾等。

9）其他异常情况危及锅炉安全运行。

紧急停炉的操作：停止添加燃料和送风，减弱引风；熄灭炉膛内的火焰；打开炉门、灰门和烟道挡板；放汽降压并更换锅水，水温降至70℃以下时可放水。因缺水紧急停炉时，禁止给锅炉上水，并不得开启安全阀快速降压。因爆管事故停炉时，要增大给水，尽量维持水位，并增大引风，不得直接向炉膛浇水灭火。

8. 锅炉维护保养

（1）锅炉日常维护。在锅炉日常使用中，必须有计划地、周期地进行检查、试验、测量和记录，以掌握设备的状态，对发现的问题，应及时处理或制定检修计划给予解决。

（2）停炉保养。锅炉停炉放水后，锅内湿度较大，在空气中的氧和酸性气体的作用下，金属壁面会腐蚀生锈。受热面烟气侧沾附烟灰，在潮湿的空气中也会发生腐蚀。停炉保养是指汽水系统内部为避免或减轻腐蚀而进行的防护保养。锅炉停炉保养的方法主要有压力保养，湿法保养、干燥剂法保养、充气保养等。

2.6.3 锅炉安全管理

1. 登记建档

锅炉在正式使用前必须到当地特种设备监察部门登记建档后，才可启用。使用单位应建立锅炉设备档案，包括锅炉设备的设计、制造、安装、使用、修理、检验，改造等环节资料。

2. 专责管理

锅炉使用单位应对设备实行专责管理，即责成专门的负责人和技术人员管理设备。

3. 执证上岗

锅炉司炉人员及水质化验人员应接受相应专业的技术培训，考试合格后才可上岗。

4. 照章运行

必须制定锅炉操作规程，操作人员应严格执行制定的操作规程，不得违章操作。

5. 水质监控

锅炉给水和锅炉锅水依照相关标准进行监控，水质监控的环节有水质化验、水质处理、锅炉排污和给水除氧。

6. 定期检验

锅炉使用过程中必须进行定期检验，其目的是及时发现缺陷，消除隐患，保证设备安全运行。锅炉定期检验分为外部检验、内外部检验和水压试验三种。锅炉内外部定期检验的期限一般为两年进行一次，六年进行一次水压试验。

7. 事故报告

锅炉在运行中发生事故，使用单位除紧急妥善处理外，还应按规定及时、如实上报主管部门及当地特种设备安全监察部门。

2.7 锅炉常见事故与预防

2.7.1 锅炉事故类型及特点

工业锅炉运行中常见的事故主要有：

1）超压事故。

2）缺水事故。

3）满水事故。

4）汽水共腾事故。

5）炉管爆破事故。

6）省煤器损坏。

7）过热器损坏。

8）水击事故。

9）空气预热器损坏。

10）水循环故障。

锅炉事故的特点有：

1）锅炉在运行中受高温、压力和腐蚀等的影响，容易发生事故，且事故种类呈现出多种多样的形式。

2）锅炉一旦发生故障，将造成停电、停产、设备损坏等后果，损失非常严重。

3）锅炉是一种密闭的压力容器，在高温和高压下工作，一旦发生事故，将摧毁设备和建筑物，造成人员伤亡。

2.7.2　锅炉事故原因分析

（1）超压运行。如安全阀、压力表等安全装置失灵，或者水循环系统发生故障，造成锅炉压力超过许用压力，严重时会发生锅炉爆炸。

（2）超温运行。由于烟气流差或燃烧工况不稳定等原因，使锅炉出口汽温过高、受热面温度过高，造成金属烧损或发生爆管事故。

（3）锅炉水位过低会引起严重的缺水事故。锅炉水位过高会引起满水事故，长时间高水位运行，还容易使压力表管口结垢而堵塞，使压力表失灵而导致锅炉超压事故。

（4）水质管理不善。锅炉水垢太厚，又未定期排污，会使受热面有水的一侧积存泥垢和水垢，热阻增大，而使受热面金属烧坏；给水中带有油质或给水呈酸性，会使金属壁过热或腐蚀；给水碱性过高，会使钢板产生苛性脆化。

（5）水循环被破坏。结垢会造成水循环被破坏；锅炉碱度过高，锅筒水面起泡沫、汽水共腾，易使水循环遭到破坏。水循环被破坏，锅内的水循环紊乱，有的受热面管将发生倒流或停滞，或者造成"汽塞"，在水流停滞的管内产生泥垢和水垢，堵塞管子，从而烧坏受热面管或发生爆炸事故。

（6）锅炉工的误操作。错误的检修方法和不对锅炉进行定期检查等都可能导致事故的发生。

2.7.3　锅炉事故应急措施

（1）锅炉一旦发生事故，司炉人员一定要保持头脑清醒，不要惊慌失措，应立即判断和查明事故原因，并及时进行事故处理。发生重大事故和爆炸事故时，应启动应急预案，保护现场，并及时向有关领导和监察机构报告。

（2）发生锅炉爆炸事故时，必须设法躲避爆炸物和高温水、汽，在可能的情况下尽快将人员撤离现场；爆炸停止后立即查看是否有伤亡人员，并对受伤人员及时进行救助。

（3）发生锅炉重大事故时，要停止供给燃料和送风，减弱引风；熄灭和消除炉膛内的燃料，注意不能用向炉膛浇水的方法灭火，而用黄沙或湿煤灰将红火压灭；打开炉门、灰门、烟风道闸门等，以冷却炉子；切断锅炉同蒸汽总管的联系，打开锅筒上放空阀或安全阀以及过热器出口集箱和疏水阀；向锅炉内进水、放水，以加速锅炉的冷却；发生严重缺水事故时，切勿向锅炉进水。

2.7.4　锅炉事故预防处理措施

1. 超压事故

锅炉超压事故是指锅炉在运行中，锅内的压力超过最高许可工作压力而危及锅炉安全运行的事故。最高许可工作压力可以是锅炉的设计压力，也可以是锅炉经检验发现缺陷后，强度降低而定的允许工作压力。超压事故是危险性比较大的事故之一，常常是锅炉爆炸的直接原因。

（1）锅炉超压事故的表现。

1）锅炉超压时，汽压急剧上升，超过许可工作压力，压力表指针越过"红线"，安全阀动作后压力仍继续上升。

2）超压报警器动作，发出警告信号，超压联锁保护装置动作，使锅炉停止送风、给煤和引风。

3）蒸汽流量减小，蒸汽温度升高。

（2）锅炉超压的常见原因。

1）用汽单位突然停止用汽，使汽压急剧升高。

2）司炉人员没有监视压力表，当负荷降低时没有相应地减弱燃烧。

3）安全阀失灵或失调，不能开启，或者锅炉因有缺陷降压使用后，安全阀排汽截面积没有重新计算，造成排汽能力不足，汽压上升时不能及时泄压。

4）压力表指示不准确，没有反映锅炉的真实压力。

5）超压报警仪表失灵，超压联锁保护装置失效。

（3）超压事故的处理。

1）迅速减弱燃烧；如果安全阀失灵而不能自动排汽，可以手动开起安全阀排汽，或打开锅炉上的放空阀，使锅炉逐渐降压（严禁降压速度过快）。

2）保持水位正常，同时加大给水量和排污量，以降低锅水温度。

3）若全部压力表损坏，必须紧急停炉。

4）检查锅炉超压原因和本体有无损坏后，再决定停炉或恢复运行。

5）锅炉严重超压消除后，应停炉对锅炉进行内、外部检验，消除超压造成的变形、渗漏等问题。

2. 缺水事故

在锅炉运行中，当水位低于水位表最低安全水位刻度线时，即形成缺水事故。锅炉缺水是锅炉运行中最常见的事故之一。据不完全统计，工业锅炉发生的事故中，由缺水引起的占一半。锅炉缺水，会使锅炉受热面管子过热变形甚至爆破；胀口渗漏或脱落，炉墙损坏。处理不当时，甚至会导致锅炉爆炸，造成严重的损失。

（1）锅炉缺水的表现。

1）水位低于最低安全水位线，或水位表内看不到水位；双色水位计呈全部气相指示颜色。

2）高低水位报警器发出低水位警报。

3）过热蒸汽温度急剧升高。

4）给水量不正常地小于蒸汽流量。当炉管或省煤器管因破裂造成缺水时，给水量不正常地大于蒸汽流量。

5）锅炉缺水严重时，可闻到焦味，从炉门可见到烧红的水冷壁管。若炉管破裂，可听到爆破声，蒸汽和烟气将从炉门、看火门处喷出。

（2）常见的缺水原因。

1）操作人员对水位监视不严，当锅炉负荷增大时，未能及时补充进水量。

2）操作人员冲洗水位表后，误将汽、水旋塞关闭，造成假水位。

3）水位表缺陷，如旋塞或玻璃板（管）泄漏、水连管堵塞等，造成假水位。

4）给水设备或给水管路故障，如锅炉的给水自动调节器失灵，未能及时改用手动。

5）排污后忘记关排污阀，或未及时发现排污阀泄漏。

6）锅炉受热面或省煤器管子破裂漏水。

（3）缺水事故的处理。

1）首先校对各水位表所指示的水位，判断是否为缺水事故。在无法确定是缺水还是满水时，可开启水位表的放水旋塞，若无锅水流出，表明是缺水事故，否则便是满水事故。

2）如果是缺水事故。先要判明是轻微缺水还是严重缺水，然后针对不同的情况进行处理。判断缺水程度的方法是"叫水"。"叫水"的操作方法是：打开水位表的放水旋塞，冲洗汽连管及水连管，关闭水位表的汽连管旋塞，关闭放水旋塞。如果此时水位表中有水位指示出现，则为轻微缺水；如果经过"叫水"操作后水位表内仍无水位出现，说明水位已降到水连管以下甚至更低，属于严重缺水。

3）当锅炉轻微缺水时，应减少燃料和送风量，并且缓慢向锅炉上水，使水位恢复正常，同时要迅速查明缺水的原因。待水位恢复到最低安全水位线以上后，再增加燃料和送风量，恢复正常燃烧。如果上水后水位仍不能恢复正常，则应立即停炉检查。当锅炉严重缺水时，必须紧急停炉。必须注意的是，在未判定锅炉的缺水程度或者已判定属于严重缺水的情况下，严禁给锅炉上水，以免造成锅炉爆炸事故。

需要指出，"叫水"操作只适用于水位表的水连管孔高于最高火界和水容量较大的锅炉，对于水位表的水连管低于最高火界或水容量小的锅炉，一旦发现缺水，应立即紧急停炉。

3. 满水事故

锅炉水位高于水位表最高安全水位刻度线，称为锅炉满水。锅炉满水会造成蒸汽大量带水，从而会使蒸汽管道发生水击现象，锅炉满水还会降低蒸汽品质，影响正常供汽，在装有过热器的锅炉中，还会造成过热器结垢或损坏。

（1）锅炉满水的表现。

1）水位高于最高安全水位线，或者看不到水位，但水位表玻璃管（板）内颜色发暗。

2）双色水位计呈全部水相指示颜色。

3）高低水位报警器发出高水位警报信号。

4）过热蒸汽温度明显降低。

5）给水量不正常地大于蒸汽量。

6）严重满水时，蒸汽管道内发生水击现象，引起管道剧烈振动。

（2）常见的满水原因。

1）司炉人员对水位监控不严，当锅炉负荷降低时没有减小给水量。

2）水位表由于旋塞不严密或汽水连管堵塞等造成假水位，而司炉人员未及时发现此问题。

3）给水自动调节器失灵，且未及时改为手动操作。

（3）锅炉满水的处理。

1）对各水位表进行对照和冲洗，检查水位表有无故障和假水位，正确判断是否满水。

2）确认满水后，通过"叫水"来判断满水的程度。操作程序是：先关闭水位表水连管旋塞，再开启放水旋塞，观察水位表内是否有水位出现。如果看到水位在玻璃管（板）的上边且逐渐下降，表明锅炉轻微满水；如果只看到水向下流，而水位没有下降，则表明锅炉严重满水。

3）如果锅炉轻微满水，应将给水自动调节器改为手动操作，部分或全部关闭给水阀，减少或停止向锅炉上水，并减弱燃烧；对于有省煤器的锅炉，应开启省煤器的再循环管阀门，必要时开启排污阀、蒸汽管道及过热器上的疏水阀。在进行上述操作时，应严密注意水位表的指示，当水位表内出现水位并降到正常水位线时，要立即关闭排污阀和各疏水阀，并使锅炉恢复正常运行。如果满水时出现水击现象，则在恢复水位后，还应检查蒸汽管道、附件、支架等有无异常情况。

如果锅炉严重满水，应采取紧急停炉措施，停止给水，迅速放水。

4. 汽水共腾事故

在锅炉运行中，锅筒内蒸汽和锅水共同升起，产生大量泡沫并上下波动翻腾的现象，叫汽水共腾。汽水共腾会使蒸汽带水，降低蒸汽品质、造成过热器结垢，严重时，可导致蒸汽管道发生水击现象，损坏过热器或影响用汽设备的安全。

（1）汽水共腾的表现。

1）水位表内水位急剧波动，表内出现泡沫，汽水界限模糊，难以分清。

2）过热蒸汽温度急剧下降。

3）蒸汽大量带水，严重时，蒸汽管道内发生水击现象。

（2）汽水共腾的原因。

1）给水不符合水质标准，锅水中含有大量油污和悬浮物，造成锅水品质严重恶化。

2）排污不当，连续排污阀开度过小或关闭，定期排污的时间间隔过长，使锅水表面黏度增大，汽泡上升阻力增大。

3）负荷增加和压力降低过快，使水面汽化急剧。

（3）汽水共腾的处理。

1）减弱燃烧，减小锅炉蒸发量，关小主汽阀，降低负荷。

2）开大连续排污阀，并打开定期排污阀，同时加强给水，以改善锅水品质。

3）开启蒸汽管道、过热器和分汽缸等处的疏水阀。

4）采用锅内投药的锅炉，应停止投药。

5）在锅炉水质未改善前，不得增大锅炉负荷；事故消除后，应及时冲洗水位表。

5. 炉管爆破事故

在锅炉运行中，炉管（包括水冷壁管、对流管束管及烟管等）突然破裂，汽水大量喷出，造成锅炉炉管爆破（爆管）事故。爆管事故是仅次于锅炉爆炸的严重事故，是危险性较大的事故之一。锅炉爆管时可以直接冲毁炉墙，可将邻近的管壁喷射穿孔，在极短时间内造成锅炉严重缺水。

（1）炉管爆破的表现。

1）爆管不严重时，可以听到汽水喷射的响声；爆管严重时，有明显的爆破声。

2）锅炉水位迅速下降，在加大给水的情况下，水位仍继续下降。

3）蒸汽及给水的压力下降，给水量不正常地大于蒸汽量。

4）炉膛由负压变成正压，严重时从炉墙的门孔及漏风处向外喷出炉烟和蒸汽。

5）排烟温度降低，燃烧不稳定，甚至灭火。

6）引风机负荷增大，电流增高。

（2）炉管爆破的原因。

1）锅水水质不良，使管内结垢，造成管壁过热，或由于腐蚀而使炉管壁厚减薄、强度降低。

2）设计不合理，或由于管子外部结渣，导致受热不均匀，造成水循环不良，使部分管子内水的流速过低、停滞或倒流。

3）严重缺水时，炉管过热变形而导致破裂。

4）烟气磨损导致管壁减薄，如受热面管子处于烟气转弯处或正向冲刷处，特别是沸腾锅炉的沸腾段炉管，磨损尤为严重，或锅炉隔烟墙不严密，造成烟气短路，以致管子破裂。

5）吹灰器安装不正确，吹灰管长期对准管子的某一部分，造成管壁减薄。

6）管子膨胀受到限制，致使胀口、焊口破裂。

7）管材缺陷，如夹渣、分层等，或焊接质量低劣，缺陷在运行中发展导致爆破。

（3）炉管爆破的处理。

1）炉管破裂泄漏不严重，尚能维持锅炉水位，故障不会迅速扩大时，可以短时间地降低运行负荷，等备用炉启动后再停炉。但是，当备用锅炉长时间不能投入运行，而故障锅炉的事故仍在继续恶化时，应紧急停炉。

2）如果几台锅炉并列运行，将故障锅炉的主蒸汽管与蒸汽母管隔断；如果几台锅炉共用一根给水母管，故障锅炉加大给水维持运行，会对其他锅炉的正常运行带来影响，故要对故障锅炉实行紧急停炉。

3）当发生严重爆管事故，水位不能维持时，必须紧急停炉，此时引风机不能停止运行，并继续给锅炉上水，降低管壁温度；但如果由于爆管造成严重缺水，而炉膛温度又很高，则不可上水，以免发生更大的事故。

6. 省煤器损坏

省煤器损坏是指由于省煤器管子破裂或省煤器其他零件损坏（接头法兰泄漏）所造成的事故。省煤器损坏会造成锅炉缺水而被迫停炉。

（1）省煤器损坏的表现。

1）给水流量不正常地大于蒸汽流量，严重时可造成锅炉水位下降。

2）省煤器烟道内有异常声响，烟道潮湿或漏水，省煤器下部的灰斗内有湿灰。

3）排烟温度下降；烟气阻力增大，引风机电流增大。

（2）省煤器损坏的原因。

1）给水质量不符合要求，特别是未进行除氧，管子有水的一侧被严重腐蚀，尤其是钢管省煤器，由于其耐腐蚀性能差，更易被腐蚀穿孔。

2）管子外壁受飞灰的冲刷而磨损，导致管壁减薄。

3）给水温度偏低，省煤器出口烟气温度低于酸露点，在省煤器出口段有烟气的一侧产生酸性腐蚀。

4）设计不当或运行不当，非沸腾式省煤器内产生蒸汽，引起水击现象，造成省煤器剧烈振动而损坏。

5）给水温度和流量变化频繁或运行操作不当，使省煤器管忽冷忽热，产生裂纹。

6）对于有旁通烟道的省煤器启动锅炉时，未开启旁通烟道；无旁通烟道的省煤器，未开启再循环管或再循环管发生故障，使管壁过热损坏。

（3）省煤器损坏的处理。

1）对于可分式省煤器，开启省煤器旁通水管阀门向锅炉上水，同时开启旁通烟道挡板，使烟气经旁通烟道流出，暂停使用省煤器。此时将省煤器内的存水放掉，开启主气阀或抬起安全阀，在不停炉的状态下对省煤器进行修理。修理时要注意安全，主烟道挡板要严密，省煤器进出口阀门也要严密，以确保人身安全。若烟道挡板、阀门等不严密，则应停炉进行修理。在隔绝故障省煤器的情况下，锅炉运行时应密切注意进入引风机的烟温，烟温不应超过引风机铭牌所示的规定，倘若超过应降低锅炉负荷。

2）对于不可分式省煤器，若能维持锅炉的正常水位，可加大给水量，并且关闭所有的放水阀，以维持短时间运行，待备用锅炉投入运行后再停炉检修。如果事故扩大，不能维持正常水位时，应紧急停炉。

7. 过热器损坏

过热器损坏主要指过热器管破裂。

（1）过热器损坏的表现。

1）蒸汽流量明显下降，且不正常地小于给水量。

2）过热蒸汽温度发生变化，压力下降。

3）过热器附近有蒸汽喷出的响声或爆破声。

4）炉膛负压减小，严重时从炉门、看火孔处向外喷出烟气和蒸汽。

5）过热器后的烟气温度降低，烟气颜色变白。

6）引风机负荷加大，电流增高。

（2）过热器损坏的原因。

1）锅炉给水不符合水质标准，水位经常过高，发生汽水共腾，汽水分离装置效果差，造成蒸汽大量带水，使过热器管内结垢，导致过热器过热而发生爆管事故。

2）由于风量不当，造成火焰偏斜或延长到过热器处，过热器长期超温运行，管壁强度降低。

3）过热器结构设计不合理，蒸汽分配不均匀，造成流量偏差或蒸汽流速过低，使个别过热器管子超温而爆管。

4）水冷壁管外部积灰或结焦，使水冷壁与烟气进行热交换的能力降低，致使过热器处的烟温增高。

5）过热器选材不合理或制造、安装存在质量问题。

6）飞灰严重磨损或蒸汽吹灰器安装位置不当，使吹灰孔长期正对管子冲刷。

7）过热器长期在高温下运行，管子发生蠕变，导致爆管。

8）停炉或水压试验后，未放尽管内的存水，特别是垂直布置的过热器管弯头处容易积水，造成管壁腐蚀减薄。

（3）过热器损坏的处理。

1）过热器管破裂不严重时，可适当降低锅炉蒸发量，在短时间内继续运行，直到备用锅炉投入使用或用汽高峰期过后再停炉检修，但必须密切注意事故的发展情况。

2）过热器管损坏严重时必须及时停炉，防止从损坏的过热器管中喷出蒸汽损坏邻近的过热器管，使事故扩大。停炉后应关闭主汽阀和给水阀，保持引风机继续运转，以排除炉内的烟气和蒸汽。

8. 水击事故

水击是由于蒸汽或水突然产生的冲击力，使锅筒或管道发生冲击或振动的现象。如蒸汽与管道中的积水相遇时，部分热能被迅速吸收，使得少量的蒸汽凝结成水。蒸汽体积突然地缩小，造成管道局部真空，引起周围介质高速冲击发生强烈的振动和巨大的响声。当给水管道被空气或蒸汽阻塞时，也会发生水击事故。水击事故多发生于锅筒、蒸汽管道、给水管道、省煤器等部位。发生水击时，管道承受的压力骤然升高，若不及时处理，会造成管道、法兰、阀门等的损坏。

（1）水击事故的表现。

1）管道和设备发出冲击响声，压力表指针来回摆动。

2）水击严重时，管道及设备都会发生强烈振动，使保温层脱落，螺栓断裂，法兰、焊口开裂，阀门破损，甚至使管路系统受损。

（2）水击事故的原因。

1）锅筒内水击的原因主要有：

① 锅筒内水位低于给水分配管出口且给水温度较低，造成蒸汽凝结，使压力降低而导致水击。

② 给水分配管上的法兰有较严重的泄漏。

③ 采用蒸汽加热下锅筒时，进汽速度太快，蒸汽迅速冷凝形成低压区，造成水击；或由于蒸汽加热管的连接法兰松动、安装位置不当等，使锅水进入蒸汽管内。

2）给水管道水击的原因主要有：

① 给水管道内存有蒸汽或空气。

② 给水泵运行不正常，或给水止回阀失灵，引起给水压力波动和惯性冲击。

③ 给水温度发生急剧变化，或给水流量太大。

④ 给水管道阀门关闭或开启的速度过快。

3）省煤器内水击的原因主要有：

① 在对锅炉进行点火时，没有排尽省煤器内的空气。

② 非沸腾式省煤器内的给水发生汽化。

③ 省煤器入口给水管道上的止回阀动作不正常。

4）蒸汽管道水击的原因主要有：

① 送汽前未进行暖管和疏水工作；送汽时主汽阀开启过快或送汽速度过大。

② 锅炉高水位运行，增加负荷过急，或者发生满水、汽水共腾等事故，使蒸汽大量带水进入管道。

③ 蒸汽管道上疏水阀安装不合理。

（3）水击事故的处理。

1）锅筒内水击的处理。具体如下：

① 检查锅筒内水位，如果水位过低应适当提高；提高进水温度，适当降低进水压力，使进水均匀平稳；对于有蒸汽加热装置的下锅筒，点火时应迅速关闭蒸汽阀。

② 采取上述措施后故障仍未消除时，应立即停炉检修。检修时，应注意上锅筒内给水分配管、水槽和下锅筒内蒸汽加热设备存在的缺陷。

2）给水管道内水击的处理。具体如下：

① 适当关小给水阀，若还不能消除水击，则改用备用给水管道给锅炉供水。如果无备用管道，则应对故障管道进行处理。

② 关闭给水阀、开启省煤器与锅炉的再循环阀门，然后缓慢开启给水阀，消除给水管道内的水击。

③ 开启给水管道上的放汽阀，排除管道内的空气或蒸汽；保持给水压力和温度的稳定。

④ 检查给水泵和给水逆止阀是否能正常工作。

3）省煤器内水击的处理。具体如下：

① 开启省煤器出口角箱上的空气阀，排净内部的空气或蒸汽。

② 检查省煤器进水口管道上的止回阀是否能正常工作。

③ 严格控制省煤器出口水温，出口水温过高，应开启旁路烟道，关闭省煤器烟道挡板，若没有旁路烟道，则可使用再循环管路，或者开启回水管阀门，将省煤器出水送向水箱。

4）蒸汽管道水击的处理。具体如下：

① 开启过热器集箱和蒸汽管道上的疏水阀进行疏水。

② 由于蒸汽大量带水而造成蒸汽管道内水击的，除加强管道疏水外，还应检查锅炉水位是否过高，若水位过高，应适当加强排污；检查锅炉是否有汽水共腾或满水现象；检查锅筒内汽水分离装置是否有故障等。

③ 消除水击后，应对蒸汽管道的固定支架、法兰、焊缝及管道上所有的阀门进行检查，若有严重损坏，应进行修理或更换。

④ 加强水处理，保证锅炉给水和锅水质量，避免发生汽水共腾现象。

9. 空气预热器损坏

空气预热器发生泄漏，烟气中混入大量空气的现象，称为空气预热器损坏事故。

（1）空气预热器损坏的表现。

1）烟气中混入大量冷空气，使锅炉负荷显著降低。

2）送风机的风压、风量不足，燃烧工况突变，甚至不能维持燃烧。

3）空气预热器出口的空气温度不正常地变化，引风机负荷增大，排烟温度下降。

（2）空气预热器损坏的原因。

1）空气预热器外壁温度低于排烟露点（特别是含有二氧化硫的烟气结露）温度，造成空气预热器外侧表面的酸性腐蚀。

2）长期受烟气中的飞灰磨损，使管壁减薄。

3）尾部烟道内可燃气体或积炭在空气预热器处发生二次燃烧，造成局部过热、损坏。

4）管子材质不良，如耐腐蚀性能和耐磨性能差。

（3）空气预热器损坏的处理。

1）如果预热器管子破裂不十分严重，可维持短时间运行，应立即启用旁通烟道，关闭主烟道挡板，待备用炉投入运行后停炉检修。与此同时，严密监测排烟温度，不得超过引风机规定的温度值，若排烟温度过高，则应降低负荷或停炉检修。

2）如果管子损坏严重，炉膛温度过低，无法维持锅炉正常燃烧时，应紧急停炉。

10. 水循环故障

水循环常见的故障有汽水停滞、下降管带汽及汽水分层。

（1）汽水停滞。在同一循环回路中，如果各水冷壁受热不均匀，受热弱的水冷壁管内汽水混合物的流速较慢，甚至停止流动的现象叫作汽水停滞。出现汽水停滞时，水冷壁管内进水很少，特别是出口段含水量更少，这时，水冷壁虽然受热较弱，但冷却条件很差，常导致管壁超温爆破。特别是水冷壁的弯管段，因易积存蒸汽，更易发生爆管事故。

导致水冷壁受热不均匀的原因大致有结构设计和运行管理两方面。结构设计方面，由于炉膛中火焰的温度分布是不均匀的，因而不同位置的水冷壁与火焰的辐射换热强度是不均匀的。如果在设计中没有充分考虑到这一点，把靠近炉膛四角的水冷壁与炉膛中部的水冷壁放在同一循环回路中，则靠近炉膛四角的水冷壁可能产生汽水停滞。运行管理方面，水冷壁管外结焦、积灰或炉墙脱落、开裂，往往会减弱水冷壁的吸热能力。

（2）下降管带汽。下降管带汽是由于锅筒内的水位距离下降管入口过近，在入口处形成旋涡漏斗，将蒸汽空间的蒸汽一起带入下降管。当下降管距离上升管过近时，会把上升管送入锅筒的汽水混合物再抽入下降管内。另外，当锅筒内蒸汽上浮速度小于水的下降速度时，进入下降管的水中也会带汽。下降管带汽，增加了流动阻力，并且使上升管与下降管中工质的重度差减小，影响正常的水循环，导致管子过热烧坏。

为避免发生下降管带汽，应使下降管与最低水位之间有一定的高度差。对于一般管径的下降管，这一高度差为300~500mm；对于大管径的下降管，可在下降管入口处装设格栅或十字板，防止产生大旋涡。下降管口与上升管口之间的距离应大于3倍下降管的直径。此外，应避免下降管受热，尽量将锅炉给水布置在下降管进口处，以降低下降管进口水温。

（3）汽水分层。当锅炉水冷壁管水平布置或倾斜角度过小时，管中流动的汽水混合物流速过低，就会出现汽水分层流动的现象，即蒸汽在管子上部流动，水在管子下部流动。这时，管子下部有水冷却不致超温，而蒸汽的传热性能差，因此管子上部很可能由于壁温过高而发生过热损坏。

实践证明，只要不使水冷壁管与水平面的倾角足够小或工质流速足够低，就可以避免汽水分层现象。设计时，一般要求水冷壁管经过炉膛顶部的倾斜角不小于15°，以保证汽水混合物有一定的循环流速。

2.8　锅炉典型事故案例分析

2.8.1　吉林省通化振国药业有限公司常压锅炉炉膛爆炸事故

1. 事故概况

2004年12月29日17时30分，吉林省通化振国药业有限公司发生了一起常压锅炉炉膛爆炸事故，造成1人死亡，1人重伤，直接经济损失20万元。

发生炉膛爆炸事故的锅炉型号为CLSG0.12—95/70Ⅱ，额定热功率0.12MW，额定供水量为450kg/h，额定出口/进口水温为95℃/70℃，排烟温度为200℃，适用燃料AⅡ，外形尺寸为960mm×1165mm×1660mm。

该锅炉是河北石域锅炉制造有限公司生产的常压热水环保锅炉，2004年9月出厂，2004年10月末由吉林省通化振国药业有限公司安装使用。使用过程中锅炉运行正常，截至锅炉出现事故时，该炉共运行15d。

由于锅炉系统管道出现质量问题，负责安装该系统的北京市某公司私自雇用通化某公司的4名维修人员对管道进行更换。在更换管道前，维修工将锅炉压火。当维修工在锅炉房施工时，锅炉炉膛发生爆炸，锅炉左侧外包皮飞向锅炉房东北角，击中维修人员上半身，致使该人死亡。另一维修人员在锅炉房门口处被断裂的锅炉管道内喷出的热水烫伤。锅炉本体倒向锅炉房休息室，如图2-15所示。烟箱板左、右、上三边角焊缝撕裂，烟箱板卷起，拉筋撕裂。锅炉房门窗全部被冲击波损坏，一扇门飞出近20m。

图 2-15　倾倒的锅炉

2. 事故原因分析

维修工在更换系统管道之前，将锅炉给回水阀门关闭并用新煤将炉膛压火，关闭烟道挡板和炉门。由于火没有压住，致使煤中大量可燃性挥发分析出并聚集在炉膛中。由于炉温逐渐升高，导致挥发分着火并放出大量热能，导致炉膛爆炸，烟箱角焊缝撕裂，锅炉外包皮飞出，击中现场施工人员，造成该人死亡。由于炉膛爆炸产生冲击波，使锅炉倾倒，导致锅炉连接水管断开，管中热水喷出，致使位于锅炉房门口的锅炉维修工被烫伤。综合分析，此事故是由于维修工操作不当造成的。

3. 预防同类事故的措施

（1）检修管道时，应当采取旁路等措施，使锅炉水正常循环。有效冷却锅炉受热部件；必要时，应当停炉后再进行管道检修。

（2）建议采用适合本地气候条件的煤种及常规炉型。

（3）对于小型锅炉，宜设置适当的防爆装置。

2.8.2 吉林省长春市农安县合隆镇天海木业制品厂锅炉爆炸事故

1. 事故概况

2002年3月25日8时50分左右，位于长春市长农公路20km处的长春市农安县合隆镇天海木业制品厂院内的一台卧式2t蒸汽锅炉在生产使用过程中发生爆炸事故，事故造成2人死亡，3人重伤，1人轻伤，直接经济损失40万元，间接经济损失80万元。爆炸造成锅炉房全部倒塌，相邻的厂房倒塌或者损坏。锅炉本体解体，锅筒全部开裂，烟管飞离锅筒。左联箱炸毁，左水冷壁炸毁，右联箱与水冷壁损坏，如图2-16所示。

设备主要技术参数：锅炉结构形式为单锅筒纵置式，固定炉排，设计工作压力为0.7MPa，许可使用压力为0.7MPa，额定蒸发量为2t/h，介质出口温度为170℃，加热方式为燃煤，燃料种类为烟煤。

该锅炉由吉林省安装公司锅炉受压容器制造厂于1986年制造，由使用单位于2002年1月自行安装，未经相关有资质单位检验，并于2002年2月19日投入使用。该设备未进行注册登记。

图2-16 锅炉爆炸现场

2. 事故原因分析

（1）锅炉发生爆炸时，车间处于正常生产状态，从分汽缸通往车间的两根主蒸汽管道阀门处于打开状态，从分汽缸至车间用汽终端的所有阀门都处于全开的状态，因此锅炉不存在超压爆炸的可能。

（2）通过对锅炉残骸进行检查，未发现腐蚀减薄处，锅炉水垢很少，同时未发现其他损伤。断口金相组织没有变化，是典型的20g锅炉钢板。未发现锅炉本体局部过热处，所以不存在锅炉不能承受正常工作压力而导致爆炸的可能。不存在锅炉长时间缺水过烧强度下降而发生爆炸的可能性。

（3）现场发现锅炉右侧集箱排污阀处于开启状态。据此推断，发生爆炸的原因可能是司炉工排污时将锅炉水排干，发现锅炉缺水后又突然大量加水，水在炽热的锅炉钢板上急剧汽化，造成锅炉内压力骤然增加而锅炉无法承受最终发生爆炸。同时在左侧的集箱中存有的高温水在压力突然降至大气压力时，再次汽化后造成伴随爆炸。这也是左侧集箱比右侧集箱爆炸能量大的原因，也验证了现场人员听见两个爆炸声音的说法。

因此，司炉工误操作导致锅炉缺水，又违反操作规程突然加水是导致锅炉发生爆炸事故的主要原因。

3. 预防同类事故的措施

（1）加强对锅炉使用的安全管理，依法采购、安装、使用锅炉。

（2）加强对司炉人员的安全教育，建立健全锅炉安全管理的各项规章制度并教育司炉工严格遵照执行。锅炉未进行登记注册前不得投入使用。

（3）蒸汽锅炉应装设水位控制联锁保护装置等安全附件，且保持灵敏有效。

第3章

压力容器安全

3.1 压力容器概述

3.1.1 压力容器的概念

压力容器,泛指在工业生产中用于完成反应、传质、传热、分离和储存等生产工艺过程,并能承受压力的密闭容器。它被广泛用于石油、化工、能源、冶金、机械、轻工、纺织、医药、国防等领域。它不仅是近代工业生产和民用生活设施中的常用设备,同时又是有潜在爆炸危险的特种设备。和其他生产装置不同,压力容器发生事故时不仅本身遭到破坏,往往还会破坏周围设备和建筑物,甚至诱发一连串的恶性事故,造成人员伤亡,给国民经济造成重大损失。因此,压力容器的安全问题,一直受到社会各界的广泛重视。

3.1.2 压力容器的分类

1. 按压力分类

按设计压力的高低,压力容器可分为低压、中压、高压、超高压四个等级,具体划分如下(压力以 p 表示,单位为 MPa,按 $1kgf/cm^2 = 0.1MPa$ 换算):

1)低压容器:$0.1MPa \leqslant p < 1.6MPa$。

2)中压容器:$1.6MPa \leqslant p < 10MPa$。

3)高压容器:$10MPa \leqslant p < 100MPa$。

4)超高压容器:$p \geqslant 100MPa$。

2. 按壳体承压方式分类

按壳体承压方式不同,压力容器可分为内压容器(壳体内部承受介质压力)和外压容器(壳体外部承受介质压力)两大类。

3. 按设计温度分类

按设计温度 t 的高低,压力容器可分低温容器($t \leqslant -20℃$)、常温容器($-20℃ < t < 450℃$)和高温容器($t \geqslant 450℃$)。

4. 按安全技术管理分类

按安全技术管理分类,压力容器可分为固定式容器和移动式容器两大类。

(1)固定式容器是指有固定的安装和使用地点,工艺条件和使用操作人员也比较固定,一般不是单独装设,而是用管道与其他设备相连接的容器。如合成塔、蒸球、管壳式余热锅炉、换热器、分离器等。

（2）移动式容器是指一种储装容器，如气瓶、汽车槽车等。其主要用途是装运有压力的气体或液化气体。这类容器无固定使用地点，一般也没有专职的使用操作人员，使用环境经常变迁，管理比较复杂，较易发生事故。

5. 按在生产工艺过程中的作用原理分类

按在生产工艺过程中的作用原理分类，压力容器可分为反应压力容器、换热压力容器、分离压力容器和储存压力容器。

（1）反应压力容器（代号 R）。主要是用于完成介质的物理、化学反应的压力容器，如反应器、反应釜、分解锅、硫化罐、分解塔、聚合釜、高压釜、超高压釜、合成塔、变换炉、蒸煮锅、蒸球、煤气发生炉等。

（2）换热压力容器（代号 E）。主要是用于完成介质的热量交换的压力容器，如管壳式余热锅炉、热交换器、冷却器、冷凝器、蒸发器、加热器、烘缸、蒸炒锅、预热锅、溶剂预热器、蒸锅、蒸脱机、电热蒸汽发生器、煤气发生炉水夹套等。

（3）分离压力容器（代号 S）。主要是用于完成介质的流体压力平衡缓冲和气体净化分离的压力容器，如分离器、过滤器、集油器、缓冲器、洗涤器、吸收塔、铜洗塔、干燥塔、汽提塔、分汽缸、除氧器等。

（4）储存压力容器（代号 C，其中球罐代号 B）。主要是用于储存、盛装气体、液化气体等介质的压力容器，如各种形式的储罐。在一种压力容器中，若同时具备两个以上的工艺作用时，应按工艺过程中的主要作用对储存压力容器分类。

6. 压力容器的安全综合分类

为有利于安全技术管理和监督检查，根据容器的压力高低、介质的危害程度以及在生产过程中的重要作用，可将压力容器划分为三类。三类压力容器风险等级最高，一类压力容器风险等级最低。

（1）三类压力容器。符合下列情况之一者为三类压力容器：

1）高压容器。

2）中压容器（仅限毒性程度为极度和高度危害介质）。

3）中压储存容器［仅限易燃或毒性程度为中度危害介质，且 pV（p 为承受压力，V 为容积，pV 表示 p 与 V 的乘积，下同）$\geq 10\mathrm{MPa} \cdot \mathrm{m}^3$］。

4）中压反应容器（仅限易燃或毒性程度为中度危害介质，且 $pV \geq 0.5\mathrm{MPa} \cdot \mathrm{m}^3$）。

5）低压容器（仅限毒性程度为极度和高度危害介质，且 $pV \geq 0.2\mathrm{MPa} \cdot \mathrm{m}^3$）。

6）高压、中压管壳式余热锅炉。

7）中压搪玻璃压力容器。

8）使用强度级别较高（抗拉强度规定值下限 $\geq 540\mathrm{MPa}$）的材料制造的压力容器。

9）移动式压力容器，包括铁路罐车（介质为液化气体、低温液体）、罐式汽车（液化气体、低温液体或永久气体运输车）和罐式集装箱（介质为液化气体、低温液体）等。

10）球形储罐（$V \geq 50\mathrm{m}^3$）。

11）低温液体储存容器（$V \geq 5\mathrm{m}^3$）。

（2）二类压力容器。符合下列情况之一且不在第（1）条之内者为二类压力容器：

1）中压容器。

2）低压容器（仅限毒性程度为极度和高度危害介质，且 pV 小于 $0.2\mathrm{MPa} \cdot \mathrm{m}^3$）。

3）低压反应容器和低压储存容器（仅限易燃介质或毒性程度为中度危害质）。

4）低压管壳式余热锅炉。

5）低压搪玻璃压力容器。

（3）一类压力容器。低压容器且不在第（1）、（2）条之内者。

3.1.3　压力容器的结构

压力容器的结构一般比较简单，其主要部件是一个能承受压力的壳体及其他必要的连接件和密封件。压力容器的本体结构形式多样，最常用的是球形和圆筒形壳体。

1. 球壳

球形容器的本体是一个球壳，一般是焊接结构。球形容器的直径一般比较大，难以整体或半整体压制成形，所以它大多是由许多块按一定的尺寸预先压制成形的球面板组焊而成。这些球面板的形状不完全相同，但板厚一般相同。只有一些特大型、用以储存液化气体的球形储罐，球体下部的壳板材比上部的壳板要稍微厚一些。

球壳表面积小，除节省钢材外，当需要与周围环境隔热时，还可以节省隔热材料或减少热的散失。所以球形容器最适宜用作液化气体储罐。目前大型液化气体储罐多采用球形。此外，有些用蒸汽直接加热的容器，为了减少热损失，有时也采用球体，如造纸工业中用于蒸煮纸浆的蒸球等。另外，半球壳或球缺可用作圆筒壳的封头。

2. 圆筒壳

圆筒形容器是普遍使用的压力容器。圆筒形容器比球形容器易于制造，便于在内部装设工艺附件，且易于内部工作介质的流动。因此它被广泛用作反应、换热和分离容器。圆筒形容器由一个圆筒体和两端的封头（端盖）组成。

（1）薄壁圆筒壳。

中、低压容器的筒体为薄壁圆筒壳（其外径与内径之比不大于 1.2）。薄壁圆筒壳除了直径较小者可以采用无缝钢管外，一般都是焊接结构，即用钢板卷成圆筒后焊接而成。直径小的圆筒体只有一条纵焊缝，直径大的可以有两条甚至多条纵焊缝。同样，长度小的圆筒体只有两条以下环焊缝，长度大的则有多条环焊缝。圆筒体有一个连续的轴对称曲面，承压后应力分布比较均匀。由于圆筒体的周向（环向）应力是轴向应力的 2 倍，所以制造圆筒时一般都使纵焊缝减至最少。

夹套容器的筒体由两个大小不同的内、外圆筒组成，外圆筒与一般承受内压的容器一样，内圆筒则是一个承受外压的壳体。在压力容器的压力界限范围内，虽然没有单纯承受外压的压力容器，但有承受外压的部件，如受外压的筒体、封头等。

（2）厚壁圆筒壳。

高压容器一般不是储存容器。除少数是球体外，高压容器绝大部分是圆筒形容器，由圆筒体和封头构成。因为工作压力高，所以高压容器壳壁较厚，厚壁圆筒的结构可分为单层筒体、多层板筒体和绕带式筒体等三种形状。

1）单层筒体。单层厚壁筒体主要有三种结构形式，即整体锻造式、锻焊式和厚板焊接式。

① 整体锻造式厚壁筒体是全锻制结构，没有焊缝。它由大型钢锭在中间冲孔后套入一根芯轴，在水压机上锻压成形，再经切削加工制成。这种结构，金属消耗量特别大，其制造还需要一整套大型设备，所以目前已很少使用。

② 锻焊式厚壁筒体是在整体锻造式的基础上发展起来的。它由多个锻制的筒节组装焊接而成，因此只有环焊缝而没有纵焊缝。它常用于直径较大的高压容器（直径可达 5~6m）。

③ 厚板焊接式厚壁筒体是用大型卷板机将厚钢板热卷成圆筒，或用大型水压机将厚钢板压制成圆筒瓣，然后用电渣焊焊接纵缝制成圆筒节，再由若干段筒节焊制而成。这种结构的金属耗量

小，生产效率较高。

对于单层厚壁筒体来说，由于壳壁是单层的，当筒体金属存在裂纹等缺陷且缺陷附近的局部应力达到一定程度时，裂纹将沿着壳壁扩展，最后导致整个壳体的破坏。同样的材料，厚板不如薄板的抗脆断性能好，综合性能也差一些。当壳体承受内压时，壳壁上所产生的应力沿壁厚方向的分布是不均匀的，壁厚越厚，内、外壁上的应力差别也越大。单层筒体无法改变这种应力分布不均匀的状况。

2) 多层板筒体。多层板筒体的壳壁由数层或数十层紧密结合的金属板构成。由于是多层结构，可以通过制造工艺在各层板间产生预应力，使壳壁上的应力沿壁厚分布比较均匀，同时可以使壳体材料得到较充分的利用。如果容器内的介质具有腐蚀性，可采用耐腐蚀的合金钢做内筒，而用碳钢或其他低合金钢做层板，以节约贵重金属。当壳壁材料中存在裂纹等严重缺陷时，缺陷一般不易扩散到其他各层，同时各层均是薄板，具有较好的抗脆断性能。多层板筒体的制造工艺可以分为多层包扎焊接式、多层绕板式、多层卷焊式和多层热套式等形式。

3) 绕带式筒体。绕带式筒体的壳体是由一个用钢板卷焊成的内筒和在其外表面缠绕的多层钢带构成。它具有一些与多层板筒体相同的优点，而且可以直接缠绕成较长的整个筒体，不需要由多段筒节组焊，因而可以避免多层板筒体所具有的深而窄的环焊缝。但其制造工艺较复杂，生产效率低，制造周期长，因而较少采用。

3. 封头

在中、低压压力容器中，与筒体焊接连接而不可拆的端部结构称为封头，与筒体以法兰等连接的可拆端部结构称为端盖。而通常所说的"封头"则包含封头和端盖两种连接形式。压力容器的封头或端盖，按其形状可以分为三类，即凸形封头、锥形封头和平板封头，其中：凸形封头是压力容器中广泛采用的封头结构形式；锥形封头只用于某些特殊用途的容器；平板封头在压力容器中除用作人孔及手孔的盖板以外，很少用于其他用途。

（1）凸形封头。凸形封头有半球形封头、碟形封头、椭球形封头和无折边球形封头四种，形状如图 3-1 所示。

半球形封头是一个空心半球体，由于它的深度大，整体压制成形较为困难，所以直径较大的半球形封头一般都是由几块大小相同的梯形球面板和顶部中心的一块圆形球面板（球冠）组焊而成，如图 3-1a 所示。中心圆形球面板的作用是把梯形球面板之间的焊缝隔开一定距离。半球形封头加工制造比较困难，只有压力较高、直径较大或有其他特殊需要的储罐才采用半球形封头。

碟形封头又称带折边的球形封头，如图 3-1b 所示，由几何形状不同的三个部分组成：中央是半径为 R_c 的球面，与筒体连接部分是高度为 h_0 的圆筒体，球面体与圆筒体由曲率半径为 r 的过渡圆弧（折边）所连接。碟形封头在旧式容器中采用较多，现已被椭球形封头所取代。

椭球形封头是中低压容器中使用最为普

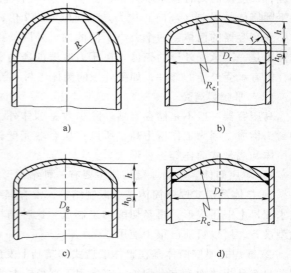

图 3-1 凸形封头

a）半球形封头　b）碟形封头
c）椭球形封头　d）无折边球形封头

通的封头结构形式，它一般由半椭球体和圆筒体两部分组成，如图 3-1c 所示。半椭球体的纵剖面中线是半个椭圆，它的曲率半径是连续变化的。椭球形封头的深度取决于椭圆长短轴之比（即封头直径 D_g 与封头深度的两倍 $2h$ 之比）。椭圆长短轴之比越大，封头深度越小。标准椭球封头的长短轴之比（$D_g/2h$）为 2，即封头深度（不包括直边部分）为其直径的 1/4。

无折边球形封头是一块深度很小的球面壳体（球缺），如图 3-1d 所示。这种封头结构简单，制造容易，成本也较低。但是由于它与筒体连接处结构不连续，存在很高的局部应力，一般只用于直径较小、压力很低的低压容器上。

（2）锥形封头。锥形封头有两种结构形式。一种是无折边的锥形封头，如图 3-2 所示。由于锥体与圆筒体直接连接，结构形状突然不连续，在连接处附近产生较大的局部应力，因此只有一些直径较小、压力较低的容器有时采用半锥角 $\alpha \leqslant 30°$ 的无折边锥形封头，且多采用局部加强结构。局部加强结构形式较多，可以在封头与筒体连接处附近焊加强圈，也可以在筒体与封头的连接处局部加大壁厚。另一种为带折边的锥形封头，由圆锥体、过渡圆弧和圆筒体三部分组成（图 3-3）。标准带折边锥形封头的半锥角 α 有 30° 和 45° 两种，过渡圆弧曲率半径 r 与直径 D_g 之比值规定为 0.5。

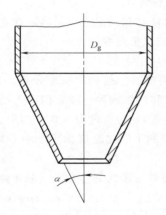

图 3-2　无折边的锥形封头

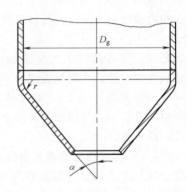

图 3-3　带折边锥形封头

（3）平板封头。平板封头结构简单，制造方便，但受力状况最差。中低压容器用平板作为人孔和手孔盖板；高压容器，除整体锻造式压力容器直接在筒体锻造出凸形封头以及采用冲压成形的半球形封头外，多采用平板封头和平端盖，如图 3-4 所示。

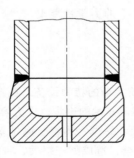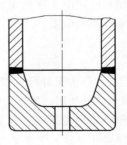

图 3-4　高压容器的平板封头

3.1.4　压力容器的主要工艺参数

压力容器的工艺参数是由生产的工艺要求确定的，是进行压力容器设计和安全操作的主要依据。压力容器的主要工艺参数为压力、温度和介质。

1. 压力

这里主要讨论压力容器工作介质的压力，即压力容器工作时所承受的主要载荷。压力容器运行时的压力是用压力表来测量的，压力表所显示的压力值为表压力。在各种压力容器规范中，经常出现工作压力、最高工作压力和设计压力等概念，现分述如下。

（1）工作压力。工作压力也称操作压力，指容器顶部在正常工艺操作时的压力（不包括液体静压力）。

（2）最高工作压力。指容器顶部在工艺操作过程中可能产生的最大压力（不包括液体静压力），压力超过此值时，容器上的安全装置就要动作。

（3）设计压力。指在相应设计温度下用以确定容器计算壁厚及其元件尺寸的压力。

2. 温度

（1）介质温度。指容器内工作介质的温度，可以用测温仪表测得。

（2）设计温度。压力容器的设计温度不同于其内部介质可能达到的温度，系容器在正常工作过程中，在相应设计压力下，器壁或元件金属可能达到的最高或最低温度。

3. 介质

生产工艺过程所涉及的工艺介质品种繁多，分类方法也有多种。按物质状态分类，有气体、液体、液化气体等；按化学特性分类，则有可燃、易燃、惰性和助燃四种；按它们对人类的毒害程度，又可分为极度危害（Ⅰ）、高度危害（Ⅱ）、中度危害（Ⅲ）、轻度危害（Ⅳ）四级。

易燃介质：是指与空气混合的爆炸下限<10%，或爆炸上限和下限之差值≥20%的气体，如一甲胺、乙烷、乙烯等。

毒性介质：《固定式压力容器安全技术监察规程》对介质毒性程度的划分参照《职业性接触毒物危害程度分级》分为四级。最高容许浓度为LOC，则极度危害（Ⅰ级）：$LOC<0.1mg/m^3$；高度危害（Ⅱ级）：$0.1mg/m^3 \leqslant LOC<1.0mg/m^3$；中度危害（Ⅲ级）：$1.0mg/m^3 \leqslant LOC<10mg/m^3$；轻度危害（Ⅳ级）：$LOC \geqslant 10mg/m^3$。

压力容器中的介质为混合物质时，应以介质的组成并按毒性程度或易燃介质的划分原则，由设计单位的工艺设计部门或使用单位的生产技术部门决定介质毒性程度或是否属于易燃介质。

腐蚀介质：石油化工介质对压力容器用材提出了耐腐蚀性要求。有时因介质中有杂质，会使腐蚀性增加。腐蚀介质的种类和性质各不相同，加上工艺条件不同，介质的腐蚀性也不相同。这就要求在选用压力容器用材时，除了应满足使用条件下的力学性能要求外，还要具备足够的耐蚀性，必要时还要采取一定的防腐措施。

3.1.5　压力容器的特点

压力容器是在一定温度和压力下进行工作的。介质复杂的特种设备，在石油化工、轻工、纺织、医药、军事及科研等领域被广泛使用。随着生产的发展和技术的进步，压力容器的工作条件向高温、高压及低温发展，其工作介质种类繁多，且具有易燃、易爆、剧毒、腐蚀等特征，使危险性更为显著，一旦发生压力容器爆炸事故，就会危及人身安全，造成财产损失，带来灾难性恶果。

1. 冲击波及其破坏作用

冲击波超压会造成人员伤亡和建筑物破坏。冲击波超压大于0.10MPa时，在其直接冲击下大部分人员会死亡；0.05~0.10MPa 的超压可严重损伤人的内脏或引起死亡；0.03~0.05MPa 的超压会损伤人的听觉器官或使人体发生骨折；0.02~0.03MPa 的超压也可使人体受到轻微伤害。

压力容器因严重超压而爆炸时，其爆炸能量远大于按工作压力估算的爆炸能量，破坏和伤害情况也严重得多。

2. 爆破碎片的破坏作用

当压力容器破裂爆炸时，高速喷出的气流可将壳体反向推出，有些壳体破裂成块或片并向四周飞散。这些具有较高速度或较大质量的碎片，在飞出过程中具有较大的动能，也可以造成较大的危害。碎片对人的伤害程度取决于其动能，碎片的动能正比于其质量及速度的二次方。碎片在脱离壳体时常具有 80~120m/s 的初速度，即使飞离爆炸中心较远时也常有 20~30m/s 的速度。在此速度下，质量为 1kg 的碎片动能即可达 200~450J，足可致人重伤或死亡。碎片还可能损坏附近的设备和管道，引起连续爆炸或火灾，造成更大的危害。

3. 介质伤害

介质伤害主要是有毒介质的毒害。

在压力容器所盛装的液化气体中有很多是毒性介质，如液氨、液氯、二氧化硫、二氧化氮、氢氰酸等。当盛装这些介质的容器破裂时，大量液体瞬间汽化并向周围大气中扩散，会造成大面积的毒害，不但造成人员中毒，致死致病，也严重破坏生态环境，危及中毒区的动植物。

有毒介质由容器泄放汽化后，体积增大 100~250 倍，所形成毒害区的大小及毒害程度，取决于容器内有毒介质的质量，容器破裂前的介质温度、压力及介质毒性。

4. 二次爆炸及燃烧

当容器所盛装的介质为可燃液化气体时，容器破裂爆炸在现场形成大量可燃蒸气，并迅速与空气混合形成可燃性混合气，在扩散中遇明火可能形成二次爆炸。可燃液化气体容器的燃烧爆炸常使事故现场及附近地区变成一片火海，造成重大危害。

3.2　压力容器应力分析

压力容器元件在内压、温差等作用下产生一些应力；受元件自重、内部介质重量等作用会引起弯曲应力或拉伸（压缩）应力；支座反力会在元件被支撑部位造成局部应力；立式容器受风作用会引起附加弯曲应力；冷热加工变形会在金属内产生加工残余应力。这些应力，有的数值较大，有的数值较小；有的沿元件壁厚均匀分布，有的沿壁厚不均匀分布；有的发生在大面积范围内，有的仅出现于元件的局部区域。它们对元件安全的影响也各不相同。

元件中的应力可分为一次应力、二次应力及峰值应力等。

一次应力也叫直接应力，是由外载（内压）引起的、并与外载平衡的应力。一次应力又分为一般薄膜应力、局部薄膜应力及一般弯曲应力等。一般薄膜应力是由外载（介质压力）引起的、且与外载相平衡的筒壁应力平均值。例如，圆筒形壳体、球形封头、椭球形封头上沿壁厚平均的环向应力（周向应力）、经向应力（轴向应力）等都属于一般薄膜应力。一般薄膜应力常简称为薄膜应力。局部薄膜应力是由外载及边界效应引起的沿截面厚度的应力平均值。例如，支座或接管与壳体的连接部位沿壳体壁厚平均的周向应力及经向应力均属于局部薄膜应力。一般弯曲应力是由外载引起的且与外载相平衡的弯曲应力。例如，卧置圆筒形壳体因自重和介质重引起的弯曲应力，平板封头、平端盖因内压作用产生的弯曲应力都属于一般弯曲应力，简称弯曲应力。

二次应力也叫间接应力，是在外载（内压）的作用下，元件的不同变形部位相连接处，由于满足位移连续条件所引起的局部附加薄膜应力及弯曲应力。例如，不同壁厚筒壳的连接处、封头与简体连接处的不连续应力，就属于二次应力。二次应力的基本特点是自身平衡，具有自限性，即元件整个截面上二次应力之和为零，二次应力对截面中性轴力矩之和为零。二次应力即使很大，也不会使元件整体塑性变形，不会引起破坏。

峰值应力是在外载（内压）的作用下，由于结构的局部不连续性而引起的附加应力。例如发生在转角半径过小或局部未焊透等处的局部应力。目前，对压力容器元件中的峰值应力一般不做核算，但在选安全系数、进行元件结构设计时，必须考虑峰值应力及其影响。

热应力也被称为温度应力，分为总体热应力及局部热应力两种。热应力不属于一次应力。能导致元件形状及尺寸明显改变的热应力称为"总体热应力"。例如，因纵向温差引起的应力、温度不同的元件相连接处（接管与壳体、法兰与管道等）因温差而出现的应力、具有不同线膨胀系数的元件连接处所产生的应力，以及平端盖沿壁厚温差所引起的应力等。总体热应力不是外载引起的，故属于自身平衡应力。总体热应力通常不超出允许的程度，故不需做专门校核。不引起元件明显变形的热应力称为"局部热应力"。例如，简壁局部加热或冷却所引起的应力，圆筒形元件或球形封头沿壁厚温差产生的应力等。局部热应力不是外载引起的，故属于自身平衡应力。

3.2.1 薄壁壳体在内压作用下的应力

1. 无矩理论

压力容器的主要承压结构是壳体，而壳体是两个近距同形曲面围成的结构。两曲面的垂直距离叫壳体的厚度，平分壳体厚度的曲面叫壳体的中面。壳体的几何形状可由中面形状及壳体厚度确定。

中面为回转曲面的壳体叫回转壳体。圆筒壳、圆锥壳、球壳、椭球壳等都是回转壳体。当回转壳体的外径与内径之比 $K \leqslant 1.2$（或壁厚与内径之比 $<1/10$）时，称为薄壁回转壳体，简称回转薄壳；当 $K > 1.2$ 时（壁厚与内径之比 $>1/10$），称为厚壁回转壳体。当然，这种区分是相对的，薄壳与厚壳并没有严格的界限。

压力容器中的回转壳体，其几何形状及压力载荷均是轴对称的，相应压力载荷下的应力与应变也是轴对称分布的。对于回转薄壳，可认为其承压后的变形与气球充气时的情况相似，其内力与应力是张力，沿壳体厚度均匀分布，呈双向应力状态，壳壁中没有弯矩及弯曲应力。这种分析与处理回转薄壳的理论叫无矩理论或薄膜理论。

无矩理论是一种近似分析及简化计算的理论，在一般压力容器的应力分析和强度计算中得到广泛应用，具有足够的精确度。严格来说，任何回转壳体都具有一定壁厚，承压后应力沿壁厚并不均匀分布，壳体中因曲率变化也有一定的弯矩及弯曲应力，当壳体较厚且需要更精确的分析时，应采用厚壁理论及有矩理论处理。

2. 薄壁圆筒壳的应力分析

假设圆筒形容器如图 3-5 所示，其内径为 D，壁厚为 δ，在内压力 p 作用下，简壁上任意一点将产生两个方向的应力：一是由于内压作用于封头而产生的轴向应力 σ_φ；二是由于内压力作用使圆筒径向均匀膨胀，在圆周的切线方向产生的拉应力 σ_θ，常称为环向应力或周向应力。由于简壁较薄，其径向应力 σ_r 相对于轴向和环向应力要小很多，根据无矩理论，可忽略弯矩的作用，不考虑弯曲应力，认为 σ_φ 和 σ_θ 沿壁厚均匀分布。

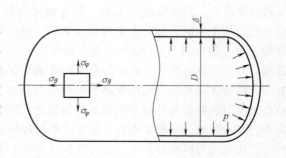

图 3-5 承受内压的薄壁圆筒

（1）轴向应力 σ_φ

$$\sigma_\varphi = \frac{pD}{4\delta} \tag{3-1}$$

（2）环向应力 σ_θ

$$pDL - \sigma_\theta(2L\delta) = 0$$

$$\sigma_\theta = \frac{pD}{2\delta} \tag{3-2}$$

3. 薄膜方程

按无矩理论对回转薄壳进行应力分析时，由于应力沿壁厚均匀，将壳体应力简化到中面上分析。如图 3-6 所示，壳体中面由平面曲线 AB 绕同一平面内回转轴 OA 旋转一周形成。通过回转轴的平面与回转面的交线称为经线；作圆锥面与壳体中面正交，所得交线称为纬线。经线方向存在经向应力，以 σ_φ 表示；纬线方向存在环向应力或周向应力，以 σ_θ 表示。

$$\sigma_\varphi = \frac{pr}{2\delta\sin\varphi} = \frac{p\rho_\theta}{2\delta} \tag{3-3}$$

式中　p——内压力；

$\quad\quad r$——垂直于壳体轴线的圆截面的平均半径；

$\quad\quad \sigma_\varphi$——经向应力；

$\quad\quad \delta$——壳体在被圆锥面截开部分的厚度；

$\quad\quad \varphi$——圆锥面的半顶角；

$\quad\quad \rho_\theta$——圆锥面母线的长度，即回转壳体曲面在纬线上的主曲率半径，或纬线的曲率半径。

回转壳体中的环向应力，作用在壳体的经向

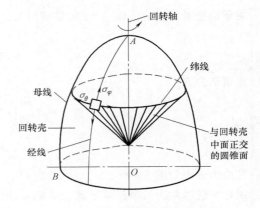

图 3-6　回转壳体的中面

截面内。但在经向截面的不同纬线上，环向应力并不相同，因而无法用经向截面法求解环向应力，而只能用微元法，通过分析微元体的受力平衡来求解。

$$\frac{\sigma_\varphi}{\rho_\varphi} + \frac{\sigma_\theta}{\rho_\theta} = \frac{p}{\delta} \tag{3-4}$$

式（3-3）和式（3-4）是求解薄壁回转壳体在内压作用下应力的基本公式，简称薄膜方程。

4. 薄壁椭球壳应力分析

椭球壳是压力容器中使用得最为普遍的封头结构形式。椭球壳的中面是由椭圆围绕其短轴旋转一周而成的曲面，即椭球壳曲面的母线是椭圆。设该椭圆的长轴为 $2a$，短轴为 $2b$，并取如图 3-7 所示的坐标，则椭圆方程为

$$\frac{x^2}{a^2} + \frac{y^2}{b^2} = 1$$

将 ρ_θ、ρ_φ 之值代入薄膜方程，即可求得椭球壳上任一点的应力：

$$\sigma_\varphi = \frac{p\rho_\theta}{2\delta} = \frac{p}{2\delta}\frac{1}{b}\left[a^4 - x^2(a^2 - b^2)\right]^{\frac{1}{2}}$$

$$\sigma_\theta = \frac{p\rho_\theta}{2\delta}\left(2 - \frac{\rho_\theta}{\rho_\varphi}\right) = \frac{p}{2\delta}\frac{1}{b}\left[a^4 - x^2(a^2 - b^2)\right]^{\frac{1}{2}}\left[2 - \frac{a^4}{a^4 - x^2(a^2 - b^2)}\right]$$

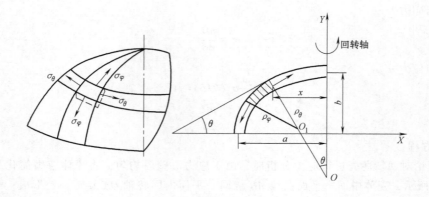

图 3-7 椭球壳

对于标准椭球封头，即 $\dfrac{a}{b}=2$ 的椭球封头，极点部位有：

$$\sigma_\theta = \sigma_\varphi = \frac{pa}{\delta}$$

赤道部位有：

$$\sigma_\theta = \frac{pa}{2\delta}\left[2-\left(\frac{a}{b}\right)^2\right]=-\frac{pa}{\delta}$$

$$\sigma_\varphi = \frac{pa}{2\delta}$$

其应力分布如图 3-8 所示。

用标准椭球封头与半径等于其长半轴 a 的圆筒壳比较，如果二者有相同的壁厚并承受同样内压，则封头赤道上的环向应力与圆筒壳上的环向应力大小相等，方向相反；封头赤道上的经向应力与圆筒壳上的经向应力大小相等，方向相同；封头极点处应力（环向及经向）的大小及方向都与圆筒壳上的环向应力相同。因而标准椭球封头可以与同厚度的圆筒壳衔接匹配，所得到的容器受力比较均匀。

5. 承受液体压力的壳体应力分析

承受液体压力的壳体，如内装液体物料贮槽，由于液柱静压力，壳体上的各点所受的压力将随深度的不同而变化，同一深度的液体压力是

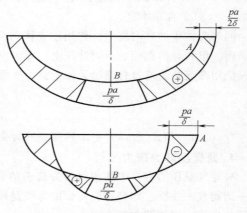

图 3-8 标准椭球封头应力分布

相等的，液柱越高，液体的静压力就越大。对于承受液体压力的直立圆筒形壳体来说，其器壁上各点所受的静压力可用图 3-9 中的三角形来表示，闭式圆筒形壳体壁上任意点 M 的压力按下式计算：

$$p = p_0 + (H-z)\gamma$$

式中 p_0 ——液体表面的压力；

γ ——液体的重度；

H——液面的高度；

z——筒壁上任意点距底面的高度。

若此壳体为底部周边支承的直立圆筒形封闭式壳体，如图 3-9 所示，设 p_0 为液体表面上的气压，液体重度为 γ，壳体的直径为 D，壁厚为 δ。因为圆筒形壳体纬线曲率半径 ρ_θ 为圆筒形半径；经线为直线，其曲率半径 ρ_φ 为无穷大。由式（3-4），即可求得环向应力 σ_θ。

$$\frac{\sigma_\varphi}{\infty} + \frac{\sigma_\theta}{D/2} = \frac{p_0 + (H-z)\gamma}{\delta}$$

$$\sigma_\theta = \frac{[p_0 + (H-z)\gamma]D}{2\delta} \qquad (3\text{-}5)$$

对于底部支承的直立圆筒，由于液柱静压力垂直作用于圆筒侧壁，液体重量由支座承担，由截面法思想可知，筒壁中的轴向应力 σ_φ（或经向应力）只与液柱表面压力 p_0 有关，即

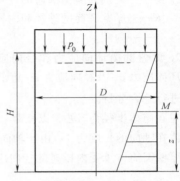

图 3-9　盛液圆筒形壳体

$$\sigma_\varphi = \frac{p_0 D}{4\delta} \qquad (3\text{-}6)$$

3.2.2　厚壁圆筒及球壳在内压作用下的应力

中、低压容器中采用的各类圆筒形或球形受压元件，一般都是按薄壁壳体进行应力分析和强度计算的，这样处理通常能满足安全使用的要求。

如前所述，厚壁与薄壁是相对的，并没有一个严格的界限。实际采用的圆筒形或球形元件都有一定的壁厚，严格地讲，应力沿壁厚并不是均匀分布的，把实际圆筒形或球形元件看作薄壁壳体是一种近似处理，存在着误差。壁厚越厚，这种误差就越大。对于高压容器及某些特定情况，为了更严格、精确地进行安全设计和安全评定，必须按厚壁壳体进行应力分析，了解应力沿壁厚的分布情况。

以下分别介绍厚壁圆筒体和厚壁球壳的应力分析过程。

厚壁圆筒体在内压作用下，其壁面内呈三向应力状态，不但有环向应力和轴向（经向）应力，还有径向应力。其轴向应力 σ_φ 同薄壁筒体一样，沿壁厚是均匀分布的，而环向应力 σ_θ 和径向应力 σ_r 则沿壁厚发生变化。由于厚壁圆筒体在结构上是轴对称的，压力载荷也是轴对称的，因而产生的应力和变形也是轴对称的，其环向应力 σ_θ 及径向应力 σ_r 仅沿壁厚方向即半径方向发生变化，而不随轴向坐标 Z 和转角 θ 发生变化。这种轴对称问题较易处理，但仅靠平衡关系无法求解，必须同时借助于几何方程和物理方程才能求解。

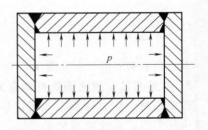

1. 厚壁圆筒轴向应力

厚壁圆筒两端封闭承受内压时，在远离端部的横截面中，其轴向应力可用截面法求得。如图 3-10 所示，假定将圆筒体横截为两部分，考虑其中一部分轴向力的平衡，有：

$$\sigma_\varphi \pi (R_o^2 - R_i^2) - p\pi R_i^2 = 0$$

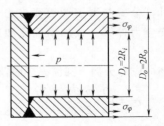

图 3-10　厚壁圆筒的轴向应力

$$\sigma_\varphi = \frac{R_i^2}{R_o^2 - R_i^2}p = \frac{p}{K^2 - 1}$$
(3-7)

式中 σ_φ——轴向应力；

   R_o、R_i——分别为厚壁圆筒的外径和内径；

   K——厚壁圆筒的外径和内径比值；

   p——内压。

2. 厚壁圆筒环向应力和径向应力

环向应力 σ_θ 及径向应力 σ_r 随半径的变化规律，必须借助于微元体，考虑其平衡条件及变形条件，进行综合分析。

在圆筒体半径为 r 处，以相距 dr 的二环向截面及夹角为 $d\theta$ 的二径向截面截取任一微元体，其微元体在轴向的长度为 1。由于轴向应力对径向力的平衡没有影响，因此不予考虑。

厚壁圆筒体承受内压时的径向应力和环向应力分别为

$$\sigma_r = \frac{R_i^2 p}{R_o^2 - R_i^2}\left(1 - \frac{R_o^2}{r^2}\right) = \frac{p}{K^2 - 1}\left(1 - \frac{R_o^2}{r^2}\right)$$

$$\sigma_\theta = \frac{R_i^2 p}{R_o^2 - R_i^2}\left(1 - \frac{R_o^2}{r^2}\right) = \frac{p}{K^2 - 1}\left(1 - \frac{R_o^2}{r^2}\right)$$
(3-8)

应力最大的点在圆筒体内壁上：

$$\sigma_{ri} = -p$$

$$\sigma_{\theta i} = \frac{K^2 + 1}{K^2 - 1}p$$

$$\sigma_{\varphi i} = \frac{1}{K^2 - 1}p$$

应力最小的点在圆筒外壁上：

$$\sigma_{ri} = 0$$

$$\sigma_{\theta i} = \frac{2}{K^2 - 1}p$$

$$\sigma_{\varphi i} = \frac{1}{K^2 - 1}p$$

其应力沿壁厚的分布如图 3-11 所示。

3. 厚壁圆筒与薄壁圆筒壳体应力公式比较

厚壁圆筒壳应力计算公式可以用于任何壁厚的承受内压圆筒，是比较精确的公式。比较厚壁圆筒壳应力计算公式与薄壁圆筒壳应力计算公式，对了解圆筒壳应力计算公式的精确度和适用范围是十分有益的。

以环向应力为例，圆筒壳环向薄膜应力为

$$\sigma_\theta = \frac{pD}{2\delta} = \frac{p(R_o + R_i)}{2(R_o - R_i)} = \frac{K + 1}{2(K - 1)}p$$

若以厚壁圆筒应力公式进行计算，其最大环向应力为

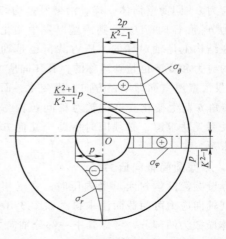

图 3-11 承受内压厚壁圆筒的应力分布

$$\sigma_{\theta max} = \sigma_{\theta i} = \frac{K^2+1}{K^2-1}p$$

则

$$\frac{\sigma_{\theta max}}{\sigma_\theta} = \frac{\dfrac{K^2+1}{K^2-1}}{\dfrac{K+1}{2(K-1)}} = \frac{2(K^2+1)}{(K+1)^2}$$

$\dfrac{\sigma_{\theta max}}{\sigma_\theta}$ 随 K 值的增加而增加，见表 3-1。

表 3-1　薄壁圆筒壳环向应力与厚壁圆筒最大环向应力的比较

K	1.0	1.2	1.4	1.6	1.8	2.0
$\dfrac{\sigma_{\theta max}}{\sigma_\theta}$	1.000	1.008	1.028	1.053	1.082	1.111

可以看出，在 $K \leqslant 1.2$ 时，用薄壁圆筒应力公式算得的环向应力是十分接近按厚壁圆筒应力式算得的最大环向应力的。当 K 较小时，薄壁及厚壁圆筒分别按照第三强度理论计算得到的当量应力，也比较接近。

4. 厚壁球壳应力分析

厚壁球壳在内压作用下，其壁面内也呈三向应力状态，不但有环向应力 σ_θ 和经向应力 σ_φ，还有径向应力 σ_r。由于厚壁球壳在结构上是轴对称的，压力载荷也是轴对称的，因而产生的应力和变形也是轴对称的，其中同一壁厚处环向应力 σ_θ 和经向应力 σ_φ 大小相等，三向应力沿壁厚方向即半径方向发生变化。厚壁球壳应力分析过程与厚壁圆筒类似。

设球壳的内半径为 R_i，外半径为 R_o，承受内压 p，在球壳半径为 r 处，用相距 $\mathrm{d}r$ 的两个半圆球面及过球心的水平截面截取单元体，如图 3-12 所示。

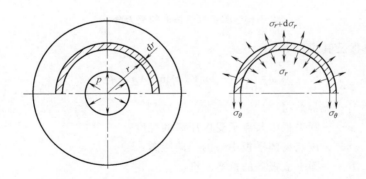

图 3-12　厚壁圆筒单元体受力情况

$$\frac{\mathrm{d}^2\sigma_r}{\mathrm{d}r^2} + \frac{4}{r}\frac{\mathrm{d}\sigma_r}{\mathrm{d}r} = 0$$

厚壁圆筒承受内压时的径向应力和环向应力分别为

$$\sigma_r = \frac{R_i^3 p}{R_o^3 - R_i^3}\left(1 - \frac{R_o^2}{r^2}\right) = \frac{p}{K^3-1}\left(1 - \frac{R_o^3}{r^3}\right) \tag{3-9}$$

$$\sigma_\theta = \sigma_\varphi = \frac{R_i^3 p}{R_o^3 - R_i^3}\left(1 + \frac{1}{2}\frac{R_o^2}{r^2}\right) = \frac{p}{K^3 - 1}\left(1 + \frac{1}{2}\frac{R_o^3}{r^3}\right) \tag{3-10}$$

3.2.3 承内压圆平板的应力

1. 圆平板在内压作用下的弯曲

平板在内压作用下的内力及变形情况，与梁承受横向均布载荷时的内力及变形情况在本质上是相同的，两者都产生弯曲变形，内力是弯矩及剪力。但梁的横向尺寸比梁的长度小得多，故受横向载荷后只是沿长度在载荷作用方向发生弯曲变形；平板则具有一定的长度和宽度，长度和宽度比其厚度大得多。在横向载荷作用下，在平板的长度方向、宽度方向及平板平面内的其他各个方向，都产生弯曲变形，即产生面的弯曲。面的弯曲可以用两个互相垂直方向的弯曲来描述，常简称为双向弯曲。平板产生双向弯曲时，弯曲应力沿板厚的分布仍然是线性的，即只随离中性轴的距离 Z 发生变化，公式 $\sigma = MZ/I$ 仍然成立，但此处弯矩 M 及惯性矩 I 与梁的情况不同。承受均匀分布的内压，圆平板的内力及变形都对称于过平板中心而垂直于平板面的 Z 轴，如图 3-13 所示。以柱坐标系分析圆平板的双向弯曲，设微元体上环向弯矩为 M_θ，径向弯矩为 M_r，径向剪力为 Q_r，则可以通过弯曲后的挠度 ω 求解弯曲内力和应力。

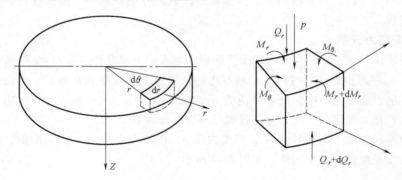

图 3-13 圆平板弯曲时的受力分析

2. 挠度微分方程及其求解

$$\omega = \frac{pr^4}{64D} + A_1\ln r + A_2 r^2\ln r + A_3 r^2 + A_4$$

式中　　A_1、A_2、A_3、A_4——常数项；

　　　　　ω——圆平板中某点承受内压后的挠度；

　　　　　r——该点离圆平板中心的径向距离；

　　　　　D——圆平板板条的抗弯刚度。

对无孔圆平板，在板中心处挠度最大，但此处 $r=0$，相应于 $r=0$ 的 $\ln r$ 是无意义的，所以常数项 $A_1 = A_2 = 0$，从而有

$$\omega = \frac{pr^4}{64D} + A_3 r^2 + A_4 \tag{3-11}$$

其中，常数项 A_3 及 A_4 可根据圆平板周界的支承条件求解。

3. 周边铰支圆平板

圆平板的周边是连接在圆筒体上的，圆筒体对圆平板周边的约束情况，由二者的相对刚度来决定。当圆筒体的壁厚比圆平板的壁厚小得多时，圆筒体只能限制圆平板在圆平板轴线方向的位

移，而对圆平板在连接处的转动约束不大，这样的约束可简化成周边铰支圆平板。

设周边铰支圆平板的半径为 R，则有

$$\omega = 0, M = 0 \quad (r = R)$$

圆平板中心（$r=0$）处挠度最大，为

$$\omega_{max} = \frac{5+\mu}{64(1+\mu)} \frac{pR^4}{D}$$

在圆平板上下表面（$z=\delta/2$）处任一点的径向弯曲应力及环向弯曲应力分别为

$$\sigma_r = \frac{M_r(\delta/2)}{\delta^3/12} = \frac{3p}{8\delta^2}(3+\mu)(R^2-r^2)$$

$$\sigma_\theta = \frac{M_\theta(\delta/2)}{\delta^3/12} = \frac{3p}{8\delta^2}\left[(3+\mu)R^2-(1+3\mu)r^2\right]$$

最大应力产生于圆平板中心（$r=0$）的表面，均为

$$\sigma_{rmax} = \sigma_{\theta max} = \frac{3(3+\mu)}{8}\frac{R^2}{\delta^2}p$$

4. 周边固支圆平板

如果与圆平板连接的筒体壁厚很厚，筒体不仅限制了圆平板周边沿筒体轴向的位移，而且限制了圆平板在连接处的转动，则可把筒体对圆平板周边的约束情况简化为固支圆平板。

固支圆平板的边界条件为

$$\omega = 0, \frac{d\omega}{dr} = 0 \quad (r = R)$$

圆平板中心（$r=0$）处挠度最大，为

$$\omega_{max} = \frac{pR^4}{64D}$$

在圆平板上下表面（$z=\delta/2$）处任一点的径向弯曲应力及环向弯曲应力分别为

$$\sigma_r = \frac{M_r(\delta/2)}{\delta^3/12} = \frac{3p}{8\delta^2}\left[(1+\mu)R^2-(3+\mu)r^2\right]$$

$$\sigma_\theta = \frac{M_\theta(\delta/2)}{\delta^3/12} = \frac{3p}{8\delta^2}\left[(1+\mu)R^2-(1+3\mu)r^2\right]$$

最大径向弯曲应力及最大环向弯曲应力产生于圆平板边缘（$r=R$）的表面，其大小均为

$$\sigma_{rmax} = \sigma_{\theta max} = -\frac{3}{4}\frac{R^2}{\delta^2}p$$

5. 与相连圆筒壳的比较

综合周边铰支、固支两种情况，圆平板在内压 p 的作用下的最大弯曲应力近似为

$$\sigma_{max} \approx \frac{R^2}{\delta^2}p$$

式中　δ——圆平板的厚度。

而相连接的圆筒壳在内压作用下的环向薄膜应力为

$$\sigma_\theta = \frac{pR}{\delta}$$

通常圆筒壳的壁厚 δ 远小于 R，因此通过比较可知：σ_{max} 远大于 σ_θ。

针对变形情况，以挠度较小的固支圆平板与圆筒壳比较，假定圆平板与圆筒壳同材料、同厚

度，且取 $\mu = 0.3$，则圆平板的最大挠度为

$$\omega_{max} = \frac{pR^4}{64D} = \frac{pR^4}{64} \frac{12(1-\mu^2)}{E\delta^3} = 0.171\frac{pR^4}{E\delta^3}$$

式中　E——材料弹性模量。

圆筒壳的半径增量（即圆筒壳承压后其径向位移）为

$$\Delta R_t = \varepsilon_\theta R = \frac{1}{E}(\sigma_\theta - \mu\sigma_\varphi)R = \frac{1}{E}\left(\frac{pR}{\delta} - \mu\frac{pR}{2\delta}\right)R = \frac{pR^2}{2E\delta}(2-\mu) = 0.85\frac{pR^2}{E\delta}$$

则

$$\frac{\omega_{max}}{\Delta R_t} = 0.20\left(\frac{R}{\delta}\right)^2$$

即

$$\omega_{max} \gg \Delta R_t$$

综上所述，当以圆平板作圆筒壳封头或端盖时，假定圆平板和圆筒壳材料、壁厚相同，则圆平板中最大弯曲应力远大于圆筒壳中的薄膜应力；圆平板中的最大挠度远大于圆筒壳的半径增量。因而工程上采用的平封头，其厚度远大于相连圆筒壳，且仅限小直径圆筒上使用。若在大直径圆筒壳上采用平封头或平端盖，为不使其应力及挠曲变形过大，除了采用较大厚度及合理的连接结构外，还常在平封头上加装支撑或拉撑装置。

3.2.4　热应力

石油、化工中使用的高压容器不仅承受高压还往往在高温条件下运行。有些是容器内的工作介质温度很高，有些则通过器壁从外向内或从内向外加热，这样器壁便有热传递，也就存在温度差。厚壁筒体存在温度差时，温度较高的材料的膨胀变形较大，但又受到温度较低的材料其热膨胀较少的限制，从而使前者受到压缩而后者受到拉伸，因而产生温差应力。温差应力对容器的强度有一定的影响。特别是在受到内部压力、外部加热的情况下，圆筒的内壁既受工作内压所引起的拉伸应力作用，又受温差所产生的拉伸应力的作用。两种拉伸应力叠加，将使内壁所受的应力达到高值，因而在设计时必须考虑温差应力。

1. 温差应力的计算分析

筒体在温度场中的温度分布，由于三个方向都存在温差，温差应力是三维问题，为了将问题简化，做如下假设：

1）筒壁处于稳定热流下，壁温不随时间而变化。

2）壁温随着径向距离 r 的变化而变化，沿着筒长度均匀分布，轴向的热应变为常数。

3）筒体任意横截面上的应力状态是轴对称的。

计算温差应力时，要知道温差，即要确定温度场中各点的温度。在稳定传热的情况下，器壁上任一点半径 r 的温度为 t_r，根据热传导通过各层的热量相等，求得：

$$t_r = \frac{t_o\ln\dfrac{r}{R_i} - t_i\ln\dfrac{r}{R_o}}{\ln\dfrac{R_o}{R_i}}$$

式中　t_i、t_o——圆筒体内、外表面壁温；

　　　R_i、R_o——圆筒体内径和外径。

根据弹性力学知识，对厚壁圆筒，当温度沿壁厚呈对数分布时，相应的径向热应力 σ_r^t、环向

热应力 σ_θ^t、和轴向热应力 σ_z^t 分别为

$$\sigma_r^t = \frac{E\alpha\Delta t}{2(1-\mu)}\left(-\frac{\ln K_r}{\ln K} + \frac{K_r^2-1}{K^2-1}\right) \tag{3-12}$$

$$\sigma_\theta^t = \frac{E\alpha\Delta t}{2(1-\mu)}\left(\frac{1-\ln K_r}{\ln K} - \frac{K_r^2+1}{K^2-1}\right) \tag{3-13}$$

$$\sigma_z^t = \frac{E\alpha\Delta t}{2(1-\mu)}\left(\frac{1-2\ln K_r}{\ln K} - \frac{2}{K^2-1}\right) \tag{3-14}$$

式中　E——圆筒体材料的弹性模量；

$\quad\quad \alpha$——圆筒体材料的线膨胀系数；

$\quad\quad \Delta t$——圆筒体内、外壁温度差，$\Delta t = t_i - t_o$；

$\quad\quad \mu$——圆筒体材料的泊松比；

$\quad\quad K_r$——任意半径处的径比，$K_r = R_o/r$；

$\quad\quad K$——圆筒体外径与内径之比。

按照式（3-12）、式（3-13）、式（3-14）计算的筒壁各处的温差应力，表达式列于表 3-2 中。其中

$$p_t = \frac{E\alpha\Delta t}{2(1-\mu)}$$

表 3-2　单层厚壁圆筒中的温差应力

温差应力	任意半径 r 处	圆周内表面处 $K_r = K$	圆周外表面处 $K_r = 1$
径向热应力 σ_r^t	$p_t\left(-\dfrac{\ln K_r}{\ln K} + \dfrac{K_r^2-1}{K^2-1}\right)$	0	0
环向热应力 σ_θ^t	$p_t\left(\dfrac{1-\ln K_r}{\ln K} - \dfrac{K_r^2+1}{K^2-1}\right)$	$p_t\left(\dfrac{1}{\ln K} - \dfrac{2K^2}{K^2-1}\right)$	$p_t\left(\dfrac{1}{\ln K} - \dfrac{2}{K^2-1}\right)$
轴向热应力 σ_z^t	$p_t\left(\dfrac{1-2\ln K_r}{\ln K} - \dfrac{2}{K^2-1}\right)$	$p_t\left(\dfrac{1}{\ln K} - \dfrac{2K^2}{K^2-1}\right)$	$p_t\left(\dfrac{1}{\ln K} - \dfrac{2}{K^2-1}\right)$

将表 3-2 中的温差应力分布作图如图 3-14 所示。从图中可以看出：

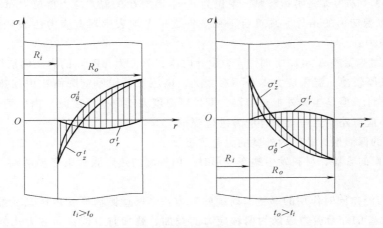

图 3-14　圆筒壁面中的热应力

1）内壁面或外壁面处的温差应力最大。

2）温差应力的大小主要取决于内外壁的温差 Δt，其次也与线膨胀系数 α 有关，然而 Δt 取决于壁厚，K 越大 Δt 越大。

2. 温差应力的近似分析力

由表 3-2 可知，温差应力的计算有些烦琐，工程上可采用近似计算方法。

（1）计算公式的简化。

$$p_t = \frac{E\alpha\Delta t}{2(1-\mu)}$$

表 3-2 中，$\left(\dfrac{1}{\ln K}-\dfrac{2K^2}{K^2-1}\right)$ 及 $\left(\dfrac{1}{\ln K}-\dfrac{2}{K^2-1}\right)$ 虽是 K 的函数，但它们的值比较接近于 1，因此近似取 1 时可使得计算大为简化；另外，$p_t = \dfrac{E\alpha\Delta t}{2(1-\mu)}$ 中的 E 和 α 虽然均与温度有关，但随温度的变化趋势正好相反，其乘积 $E\alpha$ 变化不大，因此可将 $\dfrac{E\alpha}{2(1-\mu)}$ 近似地视为材料的常数，令 $m = \dfrac{E\alpha}{2(1-\mu)}$ 则 m 的取值见表 3-3。

表 3-3　材料的 m 值

材料	高碳钢	低碳钢	低合金钢	Cr-Co 钢，Mo 钢，Cr-Ni 钢
m	1.5	1.6	1.7	1.8

由此，温差应力的近似计算方法为

$$\sigma_\theta^t = \sigma_z^t \approx m\Delta t$$

温差 Δt 的计算较烦琐，在无保温时内外壁的温差与内外介质的传热系数有关，Δt 应通过传热计算确定。

（2）多层圆筒温差应力的近似计算。若多层式的组合圆筒的每层间毫无间隙，则它与单层圆筒毫无区别。但实际上，层与层之间不仅有间隙而且还可能有锈蚀层存在，这增加了传热阻力，使壁温差稍有加大。工程计算温差应力的近似算式是

$$\sigma_i^t = \sigma_o^t \approx 2.0\Delta t$$

式中，内外壁温差 Δt 对于多层组合容器则更难计算，工程上可近似取室外容器为 $0.2\delta℃$，室内容器为 $0.15\delta℃$，δ 为圆筒实际壁厚，单位为 mm，计算出的温差应力单位为 MPa。

（3）不计温差应力的条件。凡符合下列条件之一者均表示温差应力已小到可以忽略的程度，可不考虑温差应力：

1）内外壁面的温差 $\Delta t \leqslant 1.1p$ 时（p 为设计内压，单位为 MPa）的内压内加热单层圆筒。这是因为 p 小时，壁厚较薄，温差应力本身不会太大，内压下单层厚壁圆筒在内加热情况下温差应力几乎可以忽略不计。但是当属外加热容器，即外壁温度大于内壁温度时，内壁面的应力更为恶化，此时温差应力不应忽略，且应对组合应力进行校核。

2）有良好的保温层，此时内外壁的温差已极小。

3）高温操作的容器，材料发生蠕变变形时，内外层的热膨胀约束逐步解除，温差应力也可随之忽略。

（4）内压与温差同时作用的厚壁圆筒中的应力。当厚壁圆筒既受内压又受温差作用时，在弹性变形前提下筒壁的综合应力应该为两种应力的叠加，叠加时应按各向应力代数叠加。内加热情况下，内壁应力综合后得到改善，而外壁应力有所恶化。外加热时则相反，内壁的综合应力恶化，

而外壁应力得到改善。

3.2.5　边界效应与应力集中

1. 边界效应

承受内压的圆筒形元件，总是和封头、管板、端盖等连接在一起，组成一个封闭体，以承受内压，满足使用要求。承受内压之后，圆筒元体与其他元件相接之处的变形和受力情况与非连接部位有很大不同，这是由圆筒与相连元件在相连处变形不一致、互相约束造成的。以圆筒与标准椭球封头连接为例，连接线上各点是圆筒与封头的公共点。作为圆筒上的点，承受内压后其径向位移 ΔR_t，可按以下关系求出：

$$\Delta R_t = \varepsilon_\theta R = \frac{1}{E}(\sigma_\theta - \mu\sigma_\varphi)R = \frac{1}{E}\left(\frac{pR}{\delta} - \mu\frac{pR}{2\delta}\right)R = \frac{pR^2}{2E\delta}(2-\mu)$$

同样，可求出标准椭球封头上的连接处承受内压后的径向位移 ΔR_f：

$$\Delta R_f = -\frac{pR^2}{2E\delta}(2+\mu)$$

即在连接线上，作为筒身的一部分应沿径向向外位移 ΔR_t；作为标准椭球封头的一部分应沿径向向外位移 ΔR_f，且 $\Delta R_t \neq \Delta R_f$。而实际情况是连接线上的点在承受内压后只能有一个径向位移，最后的变形位置只能在二者单独变形的中间某个位置，这样才能保持构件在连接处变形后是连续的，即二者在连接处互相约束限制。

封头对圆筒的约束和限制，相当于沿圆筒端部圆周连续均匀地施加弯矩和剪力，使圆筒端部产生弯曲变形，薄壁圆筒的抗弯能力很差，上述附加弯矩和剪力有时会在连接部位产生相当大的弯曲应力，甚至超过由内压造成的薄膜应力。但这种现象只发生在不同形状的元件相连接的边界区域，所以称作"边界效应"。由边界效应产生的应力称作"不连续应力"，这是抵消不同元件在连接处变形不连续，保持实际上的变形连续在元件内出现的局部附加应力。

根据弹性力学理论分析，对与标准椭球封头相连接的圆筒，内壁处的最大环向总应力为：$0.855pR/\delta$，内外壁面处的轴向总应力分别为：$-0.084pR/\delta$，$1.084pR/\delta$。

圆筒壳与标准椭球封头相连接时产生边界效应有如下结论：

第一，圆筒壳的边界效应是圆筒壳与封头承载后变形不一致，使圆筒壳与封头互相制约而产生附加内力和应力的现象。在下列情况下均会产生边界效应及不连续应力：

1）结构几何形状突变。

2）同形状结构厚度突变。

3）同形同厚结构材料突变。

在分析元件应力状态时，必须有边界效应和不连续应力的基本概念。

第二，边界效应产生的附加的内力和应力，自连接处起沿圆筒壳轴向迅速衰减，附加的内力和应力仅在两元件的连接边界附近产生影响。

第三，标准椭球封头与圆筒壳相连时，边界处的不连续应力很小，通常可以不予考虑；但厚圆平板与圆筒壳连接时，边界处的不连续应力较大。在结构设计中，考虑到边界效应，应尽量采用标准椭球封头而少用平板封头。采用平板封头时，要考虑采用相应的结构及工艺措施，以充分保证构件的安全。

2. 应力集中

工程中由于结构或工艺上的需要，常开有孔槽或留有凸肩、表面切割螺纹等，致使截面形状发生突变。研究表明，在截面突变处的局部范围内，应力值将急剧增加，而距突变区较远处又渐趋平均。这种由于截面的突变而导致的局部应力增大的现象，称为应力集中。

压力容器开孔会造成应力集中，靠近孔边的小范围内应力很大，而离开孔边较远处的应力则降低许多，且分布较均匀。应力集中的程度，通常以最大局部应力 σ_{max} 与被削弱截面上的最大基本应力 σ 之比来衡量，称为理论应力集中因数，以 K_t 表示，即 $K_t = \dfrac{\sigma_{max}}{\sigma}$

下面主要分析开孔造成的应力集中情况。

（1）圆孔附近的应力集中。

1）单向均匀拉伸情况。在一块完整的平板上，开一孔径为 a 的圆孔（孔径远小于平板的宽度），平板两端作用着均匀分布的拉伸应力 σ，如图 3-15 所示。根据弹性力学得出平板中应力的各个分量为

$$\sigma_r = \frac{\sigma}{2}\left(1-\frac{a^2}{r^2}\right) + \frac{\sigma}{2}\left(1-\frac{4a^2}{r^2}+\frac{3a^4}{r^4}\right)\cos 2\theta$$

$$\sigma_\theta = \frac{\sigma}{2}\left(1+\frac{a^2}{r^2}\right) - \frac{\sigma}{2}\left(1+\frac{3a^4}{r^4}\right)\cos 2\theta$$

$$\tau_{r\theta} = -\frac{\sigma}{2}\left(1+\frac{2a^2}{r^2}-\frac{3a^4}{r^4}\right)\sin 2\theta$$

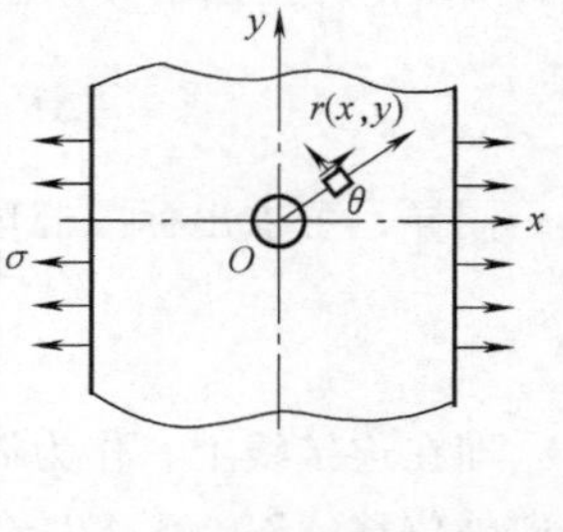

图 3-15 平板开圆孔单向

从平板单向均匀拉伸情况的应力公式可得出以下结论：

① 在孔边缘（$r=a$）垂直于拉伸方向的截面上，应力 σ_θ 最大。

$$\sigma_r = \tau_{r\theta} = 0, \ \sigma_\theta = (1-2\cos 2\theta)\sigma$$

σ_θ 的最大值在 $\theta = \pm\pi/2$ 处，即在垂直于拉伸方向的两端孔边，其值为 $\sigma_{\theta max} = 3\sigma$。$\sigma_\theta$ 的最小值在 $\theta = 0$ 或 $\theta = \pi$ 处，即在拉伸方向的两端孔边，其值为 $\sigma_{\theta max} = -\sigma$。

② 在孔边缘略远处，这一应力迅速衰减，一直衰减到无开孔时的平板应力为止。例如，当 $r = 2a$ 时，$\sigma_{\theta max} = 1.22\sigma$；当 $r = 3a$ 时，$\sigma_{\theta max} = 1.07\sigma$。

③ 应力集中因数 $K_t = \sigma_{max}/\sigma = 3\sigma/\sigma = 3$。

2）双向均匀拉伸情况。平板承受双向拉伸应力 σ_θ 和 σ_φ 时，孔边缘的应力可根据单向拉伸叠加而得，如图 3-16 所示。

当 σ_θ 单独作用时 $\quad \sigma'_m = 3\sigma_\theta, \ \sigma'_n = -\sigma_\theta$

当 σ_φ 单独作用时 $\quad \sigma''_m - \sigma_\varphi, \ \sigma''_n = 3\sigma_\varphi$

同时作用时 $\sigma_m = \sigma'_m + \sigma''_m = 3\sigma_\theta - \sigma_\varphi, \ \sigma_n = \sigma'_n + \sigma''_n = -\sigma_\theta + 3\sigma_\varphi$

当应力比值 $\sigma_\theta/\sigma_\varphi$ 为 2 时，即相当于圆筒壳承受内压时的应力状态，其值为

$$\sigma_m = \sigma'_m + \sigma''_m = 2.5\sigma_\theta, \ \sigma_n = \sigma'_n + \sigma''_n = -0.5\sigma_\theta$$

则应力集中因数为：$K_t = \sigma_{max}/\sigma = 2.5\sigma_\theta/\sigma_\theta = 2.5$

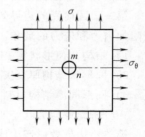

图 3-16 平板开圆孔双向

（2）椭圆孔附近的应力集中。

1）单向均匀拉伸情况。

① 椭圆孔长轴垂直于平板拉伸方向时，在长轴端点出现最大应力，如图 3-17 左图所示。在短轴端点处的应力为

$$\sigma_1 = \sigma\left(1+\frac{2a}{b}\right)$$

$$\sigma_2 = \sigma\left(1+\frac{2b}{a}\right)$$

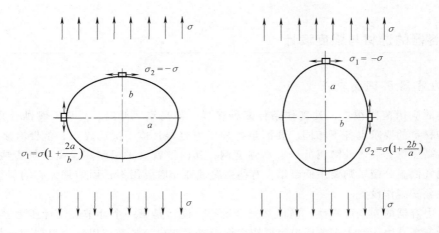

$$\sigma_2 = -\sigma$$

$$\sigma_1 = -\sigma$$

$$\sigma_1 = \sigma\left(1+\frac{2a}{b}\right)$$

$$\sigma_2 = \sigma\left(1+\frac{2b}{a}\right)$$

图 3-17　平板开椭圆孔单向拉伸

由上式可以看出，随着 a/b 值的增加，应力也增加。开孔越狭长，应力就越大。若 $a/b = 2$ 时，$\sigma_2 = 5\sigma$，即应力集中因数 K_t 为 5。

② 椭圆孔长轴平行于平板拉伸方向时，在短轴端点出现最大应力，如图 3-17 右图所示。

在长轴端点处的应力为

$$\sigma_1 = -\sigma$$

$$\sigma_2 = -\sigma$$

2）双向均匀拉伸情况。

① 椭圆孔（长短轴长度分别为 a 和 b）长轴平行于圆筒体（$\sigma_\theta = 2\sigma_\varphi$）轴向方向时，长轴端点的应力为

$$\sigma_1 = \sigma_\theta\left(1+\frac{2a}{b}\right) - \frac{1}{2}\sigma_\theta$$

在短轴端点处的应力为

$$\sigma_2 = \sigma_\theta\left(\frac{b}{a} - \frac{1}{2}\right)$$

② 椭圆孔（长短轴长度分别为 a 和 b）短轴平行于圆筒体轴向方向时，长轴端点的应力为

$$\sigma_1 = \sigma_\theta\left(\frac{a}{b} - \frac{1}{2}\right)$$

在短轴端点处的应力为

$$\sigma_2 = \sigma_\theta\left(1+\frac{2b}{a}\right) - \frac{1}{2}\sigma_\theta$$

当 $a/b = 1$ 时，理论应力集中因数 $K_t = 2.5$；当 $a/b = 2$ 时，椭圆孔长轴平行于圆筒体轴向方向时，理论应力集中因数 $K_t = 4.5$，椭圆孔短轴平行于圆筒体轴向方向时，理论应力集中因数 $K_t = 1.5$，因此，在圆筒壳上开椭圆孔（$a/b = 2$）时，短轴平行于圆筒体轴向方向时，可以得到比开圆孔更小的应力集中因数。所以在工程上，若为了减少应力集中需要在圆筒壳上开椭圆孔，应使短轴平行于圆筒体轴向方向。但是工程上很少开椭圆孔并用椭圆接管连接，这主要是因为由椭圆过渡到圆形的接管与外接管道相连，其制造费用比较昂贵。

3.3 压力容器的选材与强度设计

3.3.1 压力容器用钢要求及类型

压力容器的应用范围很广，其工作条件多种多样，如高温、低温、高压、腐蚀介质作用等，因而对制造的材料的要求也各不相同。要满足各种压力容器具体工况的要求，就要有多种类型的材料，如制造高压氨合成塔外筒用低合金高强度钢，其内件就要采用耐高温高压氢腐蚀的铬、镍不锈钢；石油气低温分馏塔则要用低温钢；有些强腐蚀性介质要用不锈耐酸钢，有的甚至要用镍、钛、铜等有色金属制作设备。

要提高压力容器的安全可靠性，确保其安全运行，设计是第一个环节。设计压力容器首先就要对材料进行选择。由于绝大多数压力容器皆由钢板卷焊制成，本节仅以压力容器用钢板为代表，介绍常用钢种的性能特点及应用。

1. 钢材材料的力学性能

钢材的力学性能是指钢材在外力作用下表现出来的特征，如弹性、塑性、韧性、强度、硬度等，也称为机械性能。以下是在常温（指室温）、静载（加载速度缓慢平稳）的条件下，对低碳钢拉伸时的力学性能介绍。

低碳钢是工程上应用最广泛的材料，同时，低碳钢试件在拉伸试验中所表现出来的力学性能最为典型。将试件装上试验机后，缓慢加载，直至拉断，试验机的绘图系统可自动绘出试件在试验过程中工作段的变形和拉力之间的关系曲线图。试件的拉伸图不仅与试件的材料有关，而且与试件的几何尺寸有关。用同一种材料做成粗细不同的试件，试验所得的拉伸图差别很大。所以，不宜用试件的拉伸图表征材料的拉伸性能。将拉力 F 除以试件横截面原面积 S_0，得试件横截面上的应力 σ。将伸长量 Δl 除以试件的标距 l_0，得试件的应变 ε。以 ε 和 σ 分别为横坐标与纵坐标，这样得到的曲线则与试件的尺寸无关，此曲线称为应力-应变图或 σ-ε 曲线。

（1）材料的刚度指标。图 3-18 所示为 Q235 钢的 σ-ε 曲线。从图中可见，整个拉伸过程可分为 Ⅰ、Ⅱ、Ⅲ、Ⅳ 四个阶段。

第 Ⅰ 阶段：弹性阶段。

在试件拉伸的初始阶段，σ 与 ε 的关系表现为直线 Oa，即 σ 与 ε 成正比（$\sigma \propto \varepsilon$）。

直线的斜率为常数 E，即弹性模量，所以有：$\sigma = E\varepsilon$，其中 E 为材料的刚度性能指标，这就是胡克定律。

直线 Oa 的最高点 a 所对应的应力，称为比例极限，用 R_p 表示。即只有应力低于比例极限，胡克定律才能适用。Q235 钢的比例极限 $R_p \approx 200\text{MPa}$。弹性阶段的最高点 b 所对应的应力是材料保持弹性变形的极限点，称为弹性极限。此时，在 ab 段已不再保持直线，但如果

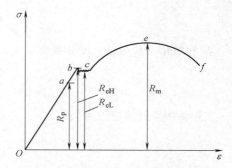

图 3-18 低碳钢拉伸试验的应力-应变图

在 b 点卸载，试件的变形还将会完全消失。由于 a、b 两点非常接近，所以工程上对弹性极限和比例极限并不严格区分。

（2）材料的强度指标。结合试件拉伸过程的第 Ⅱ、Ⅲ、Ⅳ 阶段介绍。

第 Ⅱ 阶段：屈服阶段。

当应力超过弹性极限时，σ-ε 曲线上将出现一个近似水平的锯齿形曲线段（图中的 bc 段），

这表明，应力在此阶段基本保持不变，而应变却明显增加。此阶段称为屈服阶段，若试件表面光滑，可看到其表面有与轴线大约呈45°的条纹，称为滑移线，这是由最大切应力引起的。根据《金属材料 拉伸试验　第1部分：室温试验方法》（GB/T 228.1—2010），材料的屈服强度分为上屈服强度 R_{eH}（定义为力首次下降前的最大力值对应的应力）和下屈服强度 R_{eL}（定义为不计初始瞬时效应时屈服阶段中的最小力值对应的应力），如图 3-18 所示。Q235 钢的屈服强度约为 240MPa。

第Ⅲ阶段：强化阶段。

经过屈服阶段后，图中 ce 段曲线又逐渐上升，表示材料恢复了抵抗变形的能力，且变形迅速加大，这一阶段称为强化阶段。强化阶段中的最高点 e 所对应的是材料所能承受的最大应力，称为强度极限，用 R_m 表示。强化阶段中，试件的横向尺寸明显缩小。Q235 钢的强度极限 $R_m \approx 400MPa$。

第Ⅳ阶段：局部变形阶段。

在强化阶段，试件的变形基本是均匀的。过 e 点后，变形集中在试件的某一局部范围内，横向尺寸急剧减少，形成缩颈现象。由于在缩颈部分横截面面积明显减少，使试件继续伸长所需要的拉力也相应减少，故在 σ-ε 曲线中，应力由最高点下降到 f 点，最后试件在缩颈段被拉断，这一阶段称为局部变形阶段。

上述拉伸过程中，材料经历了弹性变形、屈服、强化和局部变形四个阶段。对应前三个阶段的三个特征点，其相应的应力值依次为比例极限、屈服强度和强度极限。对低碳钢来说，屈服点应力和强度极限是衡量材料强度的主要指标。

（3）材料的塑性指标。

试件拉断后，材料的弹性变形消失，塑性变形则保留下来，试件长度由原长 l 变为 l_1，试件拉断后的塑性变形量与原长之比以百分比表示，即

$$A = \frac{l_1 - l}{l} \times 100\%$$

式中　A——断后伸长率。

断后伸长率是衡量材料塑性变形程度的重要指标之一，Q235 钢的断后伸长率 A 约在 20%~30%。断后伸长率越大，材料的塑性性能越好，工程上将 $A \geqslant 5\%$ 的材料称为塑性材料，如低碳钢、铝合金、青铜等均为常见的塑性材料。$A < 5\%$ 的材料称为脆性材料，如铸铁、高碳钢、混凝土等均为脆性材料。

衡量材料塑性变形程度的另一个重要指标是断面收缩率 Z。设试件拉伸前的横截面面积为 S_0，拉断后断口横截面面积为 S_1，以百分比表示的比值，即

$$Z = \frac{S_0 - S_1}{S_0} \times 100\%$$

断面收缩率越大，材料的塑性越好。Q235 钢的断面收缩率约为 50%。

通过拉伸试验，可以获得材料力学性能的下述三类指标：

1）刚度指标：弹性模量 E；

2）强度指标：屈服强度（R_{eH} 和 R_{eL}）和强度极限 R_m；

3）塑性指标：断后伸长率 A 和断面收缩率 Z。

2. 高温条件下对钢材的要求

（1）温度对钢材力学性能的影响。钢材的机械性能，通常用常温短时拉伸试验得出的强度极限 R_m、屈服强度（R_{eH} 和 R_{eL}）、断后伸长率 A、断面收缩率 Z 及常温冲击吸收功 A_{kv} 表示。其中强度极限和屈服强度表示钢材的承载能力或抵抗外力破坏的能力；断后伸长率和断面收缩率表示钢

材塑性变形的能力或承受塑性加工的能力；常温冲击吸收功表示钢材在常温下承受冲击的能力，反映钢材的韧性或抵抗脆性破坏的能力，习惯上称为冲击韧性。

温度对钢材的力学性能有显著的影响。在不同温度下对钢材进行拉伸试验时，随着温度的升高，钢材的力学性能变化呈现出一定规律，总的规律是随着温度的升高，钢材的强度下降但塑性增加，而且屈服强度也越来越不明显。以低碳钢为例，在 $200\sim250℃$ 的温度下，低碳钢出现强度上升而塑性下降、脆性增加的现象，另外，其在断裂后伸长率比常温时下降约 20%。在这个温度下，碳钢通常呈蓝色，因此，该温度区间被称为"蓝脆区"。而钼钢和铬钼钢的蓝脆区为 $400\sim450℃$，断裂后伸长率比常温时约下降 $5\%\sim8\%$。温度在蓝脆区时，不宜进行有塑性变形的压力加工。当温度超过蓝脆区，碳钢的抗拉强度随温度上升而减小，塑性则随温度的上升而增加。

合金钢机械性能随温度的变化情况与碳钢相似，总的趋势是，随着温度的升高，合金钢的强度下降，塑性指标上升。

（2）高温下的蠕变。钢材在高温下的一个重要力学特点是：即使载荷不变，经长时间作用，拉伸试样也会被拉断。当进行不同应力值的拉伸试验时，其断裂的时间也不相同，应力越高，则断裂所需的时间越短。这是因为金属在高温下长时间受应力作用时，会发生缓慢塑性变形的现象，金属长期在高温下受力发生缓慢塑性变形的现象称为蠕变。温度越高，应力越大，则蠕变现象越明显，大量试验表明，材料的蠕变温度与材料的熔点有关，以绝对温度计，蠕变温度约为熔点温度的 $25\%\sim35\%$。例如碳钢的温度约高于 350℃ 时，合金钢的温度约高于 450℃ 时就会有蠕变现象发生。

蠕变可以导致材料的破坏。材料自开始蠕变至蠕变破坏所持续的时间，叫蠕变寿命。实验表明，蠕变的快慢取决于载荷、温度、材质等因素。对一定的材质，进入蠕变温度范围以后，载荷越大，温度越高，蠕变速度越快，至蠕变破坏所需的时间越短。相对一定的温度和载荷，在钢材中增加钨、钒等合金元素，可以有效地降低蠕变速度，增加蠕变寿命。

通常用持久强度及蠕变极限表示钢材的高温强度，即抗蠕变能力。所谓持久强度是指在一定温度下，经过规定的工作期限引起蠕变破坏的应力，通常以 R_{tD} 表示。而蠕变极限则是在一定的温度下，在规定的工作期限（1×10^5h）内引起规定蠕变变形（1%）的应力，以 R_{tn} 表示。

松弛是特定情况下的一种蠕变现象，在承载初期仅发生弹性变形的螺栓或弹簧中，在高温和应力作用下，逐步产生塑性变形，即蠕变变形。由于总应变不变，塑性变形的增加伴随着弹性变形的减少，即弹性变形逐步转化成了塑性变形。而螺栓或弹簧中的应力是与弹性变形成比例的，随着弹性变形的减少和塑性变形的增加，螺栓或弹簧中的应力水平逐渐降低，本来拉紧的螺栓或弹簧即产生了松弛。

（3）高温下的氧化。钢材在高温下的氧化是指钢材与氧化性气体介质进行的化合作用，但它不是在电解质溶液中的电化学腐蚀，而是在干燥的高温氧化性环境中的化学腐蚀。这种反应常发生在加热炉中。温度越高氧化反应越快。碳钢经 $560\sim570℃$ 的高温氧化腐蚀之后形成 Fe_2O_3、Fe_3O_4 和 FeO 三种氧化物，其中主要生成物是 FeO，而 FeO 是一种结构疏松的氧化膜，它不能阻止高温氧化反应，而且氧化膜不断剥落，使腐蚀进一步加深，壁厚渐薄，危及容器或管道的安全。工程中可采用氧化腐蚀深度指标来评定钢材在某一规定时间后腐蚀的深度，即评定钢材的耐热性。在钢中加入合金元素铬、钼，可以提高钢材的抗氧化性能，即提高耐热性。

（4）高温下的氢腐蚀。高温下，氢原子可以向钢材内扩散。如果介质中的氢气分压高，则加速了氢原子的扩散、渗透到钢的内部的氢原子在高温下将与钢中的碳发生化学反应而生成 CH_4，致使钢材脱碳，这就是高温高压下的氢腐蚀。脱碳使钢的高温强度下降，CH_4 在内部空穴中聚集可引起材料局部破裂。

对于压力容器，除了钢材在冶炼过程中有可能吸收氢而导致氢腐蚀外，还需要特别关注焊接过程及使用过程中可能发生的氢腐蚀。焊接时，焊剂中的水分或潮气、焊缝附近金属表面的油污等，在高温下能分解出氢，这些氢有可能溶入焊缝金属之内，如果在焊缝冷却过程中这些氢不能及时扩散出去，就可能导致氢腐蚀。为防止焊接中氢原子溶于焊缝，需干燥焊条、焊丝及焊剂；清除金属表面的油污；焊后及时加热被焊部位，使焊缝缓慢冷却，以便焊缝中的氢及时扩散到大气中去，即进行焊后"消氢处理"。

（5）高温下钢材的组织变化。在常温下，钢材的金相组织是稳定的，除非和腐蚀性的介质发生作用，钢材的金相组织一般不随时间发生变化，钢材的力学性能也不随时间变化。在高温条件下，钢材中原子的扩散能力增加，这种内部原子扩散作用有可能导致钢材的组织发生变化，甚至危及压力容器的安全。较为危险的钢材的组织变化是珠光体球化及石墨化。

1）珠光体球化。常用的压力容器钢材是低碳钢及低碳低合金钢，如 20R，16MnR，15CrMo 等。这些钢材都是珠光体钢。珠光体是由片状的渗碳体和片状的铁素体互相层叠，组成相间排列的片状机械混合物。在高温原子扩散能力强的条件下，片状渗碳体会逐渐转化为球体。由于大球体比小球体有更小的表面能，随着高温作用时间的加长，小球体又聚拢成大球体，这种现象叫珠光体球化。

珠光体球化会使钢材的常温强度下降，并能明显地加快蠕变速度，降低钢材的持久强度。珠光体球化严重时，钢材的持久强度约降低 40%~50%。

对钢材做正火加回火的热处理，并使回火温度高于钢材工作温度 100℃ 以上，可以得到比较稳定的珠光体组织，使钢材在使用期限中不致发生严重的球化。

2）石墨化。低碳钢和 0.5% 钼（Mo）钢在高温的长期作用下会发生石墨化的现象，这是一种比珠光体球化更为危险的组织变化。

所谓石墨化，是指钢材中的渗碳体在高温的长期作用下自行分解成石墨和铁的现象，其化学反应如下：

$$Fe_3C \longrightarrow 3Fe + C（石墨）$$

分解出的石墨呈点状并分布在晶界上。石墨的强度、塑性和韧性都很差，点状石墨相当于空穴存在于铁素体中。石墨化不仅使钢材的常温及高温的强度、塑性下降，还使钢材的韧性明显下降，脆性剧烈增加。

根据钢中石墨化的发展程度，通常将石墨化分成四级：

一级——轻微的石墨化；

二级——明显的石墨化；

三级——严重的石墨化；

四级——很严重的（危险的）石墨化。

石墨化级别与钢中分解出的游离碳（石墨）含量之间大致成比例：一级石墨化时，游离碳约为钢材总含碳量的 20% 左右；二级石墨化时，游离碳约为钢材总含碳量的 40% 左右；三级或三级半石墨化时，游离碳约为钢材总含碳量的 60% 左右；四级墨化时，游离碳含量超过钢材总含碳量的 60%，即石墨化到了危险的程度。

铬（Cr）能有效地阻止石墨化现象的产生，因为铬（Cr）与碳（C）能生成极为稳定的化合物。在钢中加入 0.5% 以上的铬（Cr），即有明显的防止石墨化的效果。这是用铬钼钢代替钼钢的基本原因。硅、铝等元素能加快石墨化的速度，所以应严格控制冶炼中用以脱氧的铝的加入量。

（6）提高钢材高温性能的途径。在高温条件下，钢材应具有很好的高温强度（蠕变极限和持久极限）、好的耐热性（即抗氧化性）、阻止或减缓石墨化与珠光体球化。达到这些要求的主要途径是加入合金元素，较为有效的元素是的铬、钼、钒。当温度在600℃以上时，可以选用含有这些元素的低合金钢（如12CrMo，15CrMo，12CrMoV）。当温度超过600℃时，则必须采用含铬、镍的奥氏体高温高合金钢。

3. 合金元素对钢材性能的影响

在钢中加入不同种类和含量的合金元素，对钢材的性能起到明显的作用。有的元素可以起到强化作用，明显改善强度性能，有的可改善韧性，有的可以改善可焊性，或者低温、高温、耐腐蚀等性能。采用低合金高强度钢，已成为国内外压力容器钢材的主要趋势。Mn、Cr、Ni、Mo、V、Ni、Nb、Ti、B、Al等元素是主要采用的合金元素。

（1）合金元素在钢中存在的形式。

1）固熔形式。合金元素均匀地分散在铁素体或奥氏体晶格之中，这些合金元素不形成某种化合物，也不以单独的相存在于晶粒之中，而是溶解于金属基体之中，即形成固熔体。

2）碳化物形式。某些元素可以溶入渗碳体之中，并与C元素化合形成含碳化物的渗碳体、合金渗碳体或单独相的渗碳体。能形成碳化物的合金元素有Mn、Cr、W、V、Nb、Ti等。

3）夹杂物形式。有些合金元素（如V、Nb、Al、Ti）与钢中氧、氮、硫等化合，形成氧化物、氮化物、硫化物及硅酸盐等夹杂物。

（2）合金元素在钢中的作用。

1）强化作用。许多合金元素可以使钢材的强度得到明显的提高，这是加入合金元素最主要的作用。合金元素的强化作用有固熔强化、沉淀强化和细化晶粒强化等。例如C、Mn、Mo、Nb、Cr等都是有固溶强化作用的元素；V、Nb、Mo、Ti等都是有形成沉淀化合物并弥散化分布作用的元素。若在16Mn的基础上加入少量的V可得强度进一步提高的15MnV钢，若再增加Mo、Nb元素可得18MnMoNb钢，其强度级别更高；硼和一些具有表面活性的稀土元素加入钢中，可富集于晶界，使该部位的晶格缺位和空穴，并同时使晶界上的合金元素和析出物扩散阻力增大，提高了晶界强度，改善了高温性能。

2）细化晶粒韧化作用。钢的晶粒越细，其屈服点越高，而且其韧性也比粗晶粒钢好。能使晶粒细化的合金元素有Nb、V、Ti、Al、Mo、Cr等。

3）耐蚀作用。某些合金元素可以大大改善钢材的耐化学介质腐蚀的能力。例如，加入一定含量的Cr元素，不仅可起强化作用还可形成稳定而坚固的氧化铬保护层，从而提高钢材的抗氧化性、高温抗氧化性，或在酸性介质、碱性介质中的耐蚀性。另外，Ni元素是增强耐蚀性的重要合金元素，特别是在NaOH环境中采用Ni合金钢要比无Ni钢优越得多。当Ni含量增加到10%以上时，钢材的耐应力腐蚀的能力显著增加。高Cr—Ni合金钢还是耐高温材料，不仅有较高的高温强度，还有耐高温氧化腐蚀、防止氢蚀的能力。采用各种不同含量Cr-Ni合金元素可以得到若干品种耐蚀的钢材。

（3）主要合金元素的作用。

锰（Mn）是用于提高强度的最经济且最主要的合金元素之一。一般低合金钢中Mn的含量可增加到1.8%。Mn在钢的主要部分溶入铁素体以起到固溶强化作用。Mn含量增加带来的主要缺点是促使晶粒长大，塑性与韧性下降，可焊性变差。我国各行业中最常用的C-Mn结构钢是16Mn，压力容器专用钢则为6MnR。

钼（Mo）可对铁素体起到固溶强化作用。此外Mo也能提高碳化物的稳定性，使碳化物强化作用得到更好的发挥。Mo是提高钢材热强性最有效的合金元素之一，一方面它可以提高钢的再结晶温度，同时也能大幅提高钢中铁素体的抗蠕变能力，Mo 的特殊碳化物可以改善高温高压下抗氢蚀的能力。Mo 可以使低合金钢在高温时出现石墨化倾向，这是中高温下使用它时的主要问题。如果再加入百分之几的 Cr 元素即可有效地阻止石墨化。因此，世界各国所采用的中高温热强钢基本上都是 Cr-Mo 合金钢，如 15CrMo 等。

铌（Nb）和碳、氮、氧有极强的结合力，所形成的碳化铌、氮化铌和氧化铌均为极稳定的弥散状的化合物，可有效地细化晶粒，对过热的敏感性也可降低。Nb 也可以提高钢的热强性，提高抗蠕变能力。这是因为：一方面，Nb 进入铁素体使之固溶强化，形成的碳化物弥散地析出也可使之强化；另一方面，铌与碳形成碳化物之后固定了低碳钢中的大部分碳，使钼、钨等元素从其碳化物中被替出，使钼、钨等元素进入铁素体，加强了钼、钨元素的固溶强化作用。

铬（Cr）可提高钢材的强度、硬度，特别是提高强度和耐蚀性，在低碳合金钢中，Cr 主要溶于渗碳体中，它可提高碳化物的热稳定性，即阻止碳化物的分解，这样就不会出现由碳化物中分解出的碳向铁素体中扩散的现象。热稳定性阻止或降低了碳化物相的聚集速度，同时也阻止游离石墨的形成和石墨化，维持高温下钢材的强度。在含 0.5%Mo 元素的低合金钢中加入 1.5%Cr 元素可以得到令人满意的蠕变强度和高温持久强度，试验表明这是一种最佳的组合。含 5%Cr 元素的合金钢高温性能反而下降。耐高温的 Cr-Mo 钢中均含有 Cr。Cr 含量超过 10% 时，钢材的塑性显著下降，Cr 含量在 10% 以内时，钢材的强度与塑性随 Cr 含量的增加而明显增加。Cr 也是具有优良钝化倾向的元素，钢中加入 Cr 元素受介质作用后表面将形成致密而不脱落的一层氧化膜（Cr_2O_3），这便是钝化膜，它保护钢材表面不再受到侵蚀。同时钝化膜的形成也提高了高温抗氧化的性能，所以许多炉管均采用含 Cr 元素的 Cr-Mo 钢。

镍（Ni）不形成碳化物，但镍是形成奥氏体的主要元素，在低碳钢中加入超过钢的 20%Ni 元素时才会出现部分奥氏体。含镍达 25% 时，在显微镜下组织将全部转为奥氏体，此时强度下降而塑性增加。Ni 不能提高高温强度，在高温钢中加 Ni 主要是使其奥氏体化，增加塑性，便于冷加工和焊接。另外，奥氏体化以后，钢的脆性转变温度可大幅降低，即使在深度冷冻的温度范围内（例如 -196℃）也具有极好的韧性。具有高 Ni 和高 Cr 元素的奥氏体钢，耐蚀性非常好，在大气与许多酸碱介质中均可很好地耐腐蚀，故这种钢材又被称为奥氏体不锈钢及奥氏体耐酸钢。

钒（V）元素与碳、氮、氧都有极强的结合力，在钢中可形成极为稳定的化合物，这些 V 的碳化物、氮化物、氧化物通常以极小的颗粒存在于钢中，只在高温时才会缓慢地溶入奥氏体中。这些极小的化合物颗粒抑制了晶粒的长大与晶界的迁移，即使在较高温时也能保持细晶粒组织，因此 V 经常作为细化晶粒的合金元素加入低合金结构钢中。同时它还能改善钢的焊接性能。V 还可显著提高钢在高压高温下抗氢蚀的稳定性，因为 V 可与钢中的碳以化合物的形式极为稳定地固定。

钛（Ti）与碳、氮、氧也有极强的结合力，形成的化合物也较稳定。Ti 是形成强碳化物（TiC）的元素，TiC 极稳定，不易分解，只在 1000℃ 以上时才会缓慢地溶入奥氏体中。由于 Ti 的化合物是分散性的小颗粒，也能起到细化晶粒的作用，并能使细化作用维持到 1000℃ 以上，然后才开始粗化。Ti 经常作为固定碳的元素加入奥氏体不锈钢之中，以防止不锈钢发生晶间腐蚀。

钨（W）既可在钢中形成坚硬耐磨而且极稳定的碳化物，又可部分地溶入铁素体中形成强化的固溶体。W 能够提高钢材的高温强度和高温抗氢蚀的能力。但与钼相比，热强性能不如钼显著。

铝（Al）可改善钢在低温时的韧性，使钢的脆性转变温度显著降低，因此可以冶炼出含铝的低温用钢。Al 可提高钢材的抗氧化性，与铬合用时抗高温氧化性更好，所以铝是冶炼耐热钢的合金元素之一。

4. 钢材的腐蚀

钢材与腐蚀性介质发生化学反应而被损害的现象叫化学腐蚀。如果伴随有局部电流现象，则称为电化学腐蚀。腐蚀是造成压力容器损伤与破坏的主要因素之一。

根据腐蚀发生的部位，可将钢材的腐蚀分为均匀腐蚀和局部腐蚀。金属壁面普遍均匀产生的腐蚀，称为均匀腐蚀，如大气腐蚀、高温氧化、蒸汽腐蚀等。这类腐蚀导致金属壁的均匀减薄，可在设计时预先考虑给出附加壁厚。金属壁面的局部区域在一定条件下产生的腐蚀，称为局部腐蚀。局部腐蚀对金属的损害表现为斑点、局部凹坑、穿孔或晶间破裂等。这类损害往往是严重的，必须采取特殊的设计和运行措施进行预防。压力容器钢材的腐蚀多数是局部腐蚀。例如泄漏潮湿部位的大气腐蚀。压力容器的下部支座部位、阀门、法兰、接管等处，常因水汽及其他介质泄漏，加上与空气中的氧气、二氧化碳气接触，形成强烈的潮湿环境的大气腐蚀，这也是典型的电化学腐蚀，可造成结构局部破坏。防止设备"跑、冒、滴、漏"，合理支承与包装，是防止这类腐蚀的基本措施。压力容器在特定介质作用下也会发生腐蚀。因工作需要，不同的压力容器要接触不同的工作介质，这些介质很多是腐蚀性的酸、碱及气体介质，都具有很强的腐蚀性，若防范不当，常会造成严重腐蚀。即使采取了一定的设计及运行措施，也难以避免这类腐蚀。

5. 压力容器用钢的基本要求

（1）使用性能要求。使用性能要求主要包括以下几个方面：

1）钢材应具有较高的强度，包括常温及使用温度下的强度。

2）钢材应具有良好的塑性、韧性和较低的时效敏感性。

3）钢材应具有较低的缺口敏感性。缺口敏感性是指在带有一定应力集中的缺口条件下，材料抵抗裂纹扩展的能力。压力容器上往往需要开孔并焊接管接头，从而造成应力集中，故要求钢材的缺口敏感性较低。

4）钢材应具有良好的抗蚀性及组织稳定性。

（2）加工工艺性能要求。所用钢材应具有良好的加工工艺性能及焊接性能。在制造过程中，钢材要经过各种冷、热加工并产生较大的塑性变形，加工变形后的钢材不应产生缺陷。这要靠材料的塑性来保证。

焊接是现代压力容器制造中的主要工艺。焊接的质量在很大程度上决定着压力容器制造质量和安全性能。影响焊接质量的因素有很多，从材料方面说，要求钢材具有良好的可焊性。

钢材的可焊性指被焊钢材在采用一定的焊接材料、焊接工艺方法及工艺规范参数等条件下，获得优良焊接接头的难易程度。

钢材的可焊性常用碳当量来估计。因为钢材的可焊性，主要与钢材中碳的含量有关，也与其他合金元素含量有关。合金元素对可焊性的影响较碳元素小。通常把合金元素含量折算成相应的碳元素含量，以碳当量表示钢中碳及合金元素折算的碳的总和，以碳当量的大小粗略地衡量钢材可焊性的大小。

碳素钢及低合金结构钢的碳当量，可采用下式估算：

$$w(C)_d = w(C) + \frac{w(Mn)}{6} + \frac{w(Cr)+w(Mo)+w(V)}{5} + \frac{w(Ni)+w(Cu)}{15}$$

式中 C_d——碳当量（%）；

C，Mn，Cr，Mo，V，Ni，Cu——钢中碳、锰、铬、钼、钒、镍、铜元素的含量（%）。

经验表明，当 $C_d < 0.4\%$ 时，可焊性良好，焊接时可不预热；当 C_d 在 $0.4\% \sim 0.6\%$ 时，钢材的淬硬倾向增大，焊接时需采用预热等技术措施，当 $C_d > 0.6\%$ 时，钢材可焊性差或较难焊，焊接时需采用较高的预热温度和严格的工艺措施。

（3）经济性。设备成本的很大一部分决定于材料的价格。因此，在选用材料时，应了解它们的价格。如果将碳素钢板 Q235A 的价格定为 1，其余的板材相对价格大致有如下关系，16MnR 为 1.4、20R（20g）为 1.8、铬钢（1Cr3，2Cr3）为 5.1。当然，采用价廉的材料不一定在经济上就是合理的，因为价贵的材料可能具有较好的性能，用它可以制成器壁较薄而轻的容器，而且使用年限也比较长，经济效果更好。分析材料的经济性不能仅看它们的价格，同时要看国内相应的资源情况。应多用普通易取的材料，少用昂贵稀缺的材料；多用国产材料，少用进口材料。

3.3.2　常见受压元件强度设计

1. 概述

构件失去预定的工作能力，称为构件失效。因强度不足引起的失效，叫强度失效。构件破坏或破裂、断裂是典型的强度失效。因刚度不足或稳定性不足，会造成构件过量弹性变形或失稳坍塌，导致刚度失效或失稳失效。压力容器的失效主要是强度失效，包括静载强度不足引起的静载强度失效及交变载荷长期反复作用引起的疲劳强度失效。承受外压的压力容器部件及元件，既可能产生强度失效，也可能产生失稳失效。比如对承受外压且 $\frac{\delta}{D_0} \leqslant 1/20$（$D_0$ 为薄壁圆筒的内径）的薄壁圆筒，周向失稳往往发生在强度失效之前，所以稳定性计算成为外压薄壁圆筒的主要问题。而对 $\frac{\delta}{D_0} > 1/20$ 的承受外压圆筒，则难以预测周向失稳在先还是强度失效在先，需要兼顾强度与稳定性。

2. 强度设计的任务

绝大多数压力容器设计时仍采用常规强度设计的方法。常规强度设计的主要任务，是限制压力容器受压元件中的一次应力，避免压力容器的静载强度失效。同时也避免外压元件的失稳失效，防范疲劳失效及其他失效。

具体来说，压力容器强度设计的任务是：

第一，根据受压元件的载荷和工作条件，选用合适的材料。

第二，基于对受压元件一次应力的限制，通过计算确定受压元件的壁厚。

第三，根据结构各处等强度的原则进行结构强度设计，包括焊缝布置及焊接接头结构设计，开孔布置及接管结构设计，筒体与封头、管板、法兰连接结构设计，支承结构设计等。

第四，对设备制造质量及运行条件做出必要的规定。

3. 强度理论及强度条件

材料力学介绍过四种强度理论，压力容器强度设计中经常涉及的是第一、第三及第四强度理论。强度条件是依据一定的强度理论建立的强度设计准则或失效控制条件，强度条件通常表达为

$$S_i \leqslant [\sigma]$$

式中　S_i——依据一定的强度理论得出的当量应力；

　　　i——相应的强度理论，如 S_1 表示依据第一强度理论得出的当量应力；

　　　$[\sigma]$——材料的许用应力。

（1）第一强度理论。第一强度理论也叫最大拉应力强度理论。该理论认为，无论材料处于什么应力状态，只要发生脆性断裂，其共同原因都是构件内的最大拉应力 σ_1 达到了极限值。相应的强度条件式为：$S_1 = \sigma_1 \leqslant [\sigma]$。压力容器通常由塑性材料制成，一般不会发生脆性断裂，故不适合

用第一强度理论进行失效控制。

（2）第三强度理论。第三强度理论也叫最大剪应力强度理论。该理论认为，无论材料处于什么应力状态，只要发生屈服失效，其共同原因都是构件内的最大剪应力 τ_{max} 达到了极限值。相应的强度条件式为：$S_3 = \sigma_1 - \sigma_3 \leqslant [\sigma]$。第三强度理论适用于塑性材料，与实验结果比较吻合，进行压力容器强度设计时，均采用第三强度理论。

（3）第四强度理论。第四强度理论也叫歪形能强度理论。该理论认为，无论材料处于什么应力状态，只要发生屈服失效，其共同原因都是构件内的歪形能（形状变形比能）达到了极限值。相应的强度条件式为

$$S_4 = \frac{\sqrt{2}}{2}\sqrt{(\sigma_1 - \sigma_2)^2 + (\sigma_1 - \sigma_3)^2 + (\sigma_2 - \sigma_3)^2} \leqslant [\sigma]$$

与第三强度理论相似，第四强度理论适用于塑性材料，与实验结果比较吻合，但由于计算较为复杂，概念不够直观，所以较少应用，仅用于某些高压容器的设计。

4. 常见受压元件强度计算

（1）承受内压薄壳的强度计算。由应力分析可知，承受内压回转薄壳呈双向应力状态，其中 $\sigma_1 = \sigma_\theta$，$\sigma_2 = \sigma_\varphi$，$\sigma_3 = \sigma_r = 0$，因而按第三强度理论与第一强度理论得出的当量应力形式上相同，即：

$$S_3 = \sigma_1 - \sigma_3 = \sigma_1 = S_1$$

$$\sigma_1 = \sigma_2 = \sigma_\theta = \sigma_\varphi = \frac{pD}{4\delta}, \sigma_3 = \sigma_r = 0$$

本节对承受薄壳进行强度计算时，均按照第三强度理论分析处理。

1）球壳。根据应力分析：

$$S_3 = \sigma_1 - \sigma_3 = \sigma_1 = \sigma_\theta = \frac{pD}{4\delta}$$

强度条件为

$$\frac{pD}{4\delta} \leqslant [\sigma]$$

注意式中 D 为球壳直径，对焊制壳体，其公称尺寸以内直径表示，将 D 转化为内直径 D_i，并引入减弱系数 φ 及附加壁厚 C，由强度条件解得设计壁厚为

$$\delta \geqslant \frac{pD_i}{4[\sigma]'\varphi - p} + C$$

式中　δ——球壳设计壁厚，这里仅做抽象的表示（mm）；

　　　p——球壳设计或计算压力（MPa）；

　$[\sigma]'$——工作温度下壳体材料的许用应力（MPa）；

　　D_i——壳体内直径（mm）；

　　φ——减弱系数，即考虑壳体焊缝或开孔对其强度造成减弱的系数；

　　C——附加壁厚（mm）。

2）圆筒壳。根据应力分析：

$$\sigma_1 = \sigma_\theta = \frac{pD}{2\delta}, \sigma_2 = \sigma_\varphi = \frac{pD}{4\delta}, \sigma_3 = \sigma_r = 0$$

$$S_3 = \sigma_1 - \sigma_3 = \frac{pD}{2\delta}$$

强度条件为

$$\frac{pD}{2\delta} \leq [\sigma]$$

考虑减弱系数 φ，附加壁厚 C 以及内直径的表达，由强度条件解得设计壁厚为

$$\delta \geq \frac{pD_i}{2[\sigma]^t\varphi - p} + C$$

3）椭球壳。由应力分析可知，椭球壳上各点应力是随位置变化的。而作为圆筒壳封头的椭球壳，其赤道部位是与圆筒壳相连接的。在进行椭球壳强度计算时，通常以椭球壳极点为计算点。

在极点处，强度条件为

$$\sigma_1 = \sigma_2 = \sigma_\theta = \frac{pa}{2\delta}\left(\frac{a}{b}\right), \sigma_3 = \sigma_r = 0$$

$$\frac{pa}{2\delta}\left(\frac{a}{b}\right) \leq [\sigma]$$

为简化计算，以与椭球封头相连圆筒内半径 $D_i/2$ 代替 a，以封头内高 h_i 代替 b，考虑减弱系数 φ，附加壁厚 C，由强度条件解得设计壁厚为

$$\delta \geq \frac{pD_i}{4[\sigma]^t\varphi}\left(\frac{D_i}{2h_i}\right) + C$$

在此式的基础上，考虑椭球封头的承压变形及与圆筒连接的边界效应，引入形状系数 Y，即可得出椭球壳的强度设计公式：

$$\delta \geq \frac{pD_iY}{2[\sigma]^t\varphi - 0.5p} + C$$

式中　Y——椭球封头形状系数，$Y = \frac{1}{6}\left[2 + \left(\frac{D_i}{2h_i}\right)^2\right]$，对于标准椭球封头，$Y = 1$。

（2）单层厚壁圆筒的强度计算。对于中低压容器及常用高压容器的圆筒形元件，可按薄壁圆筒对其进行强度计算。对于设计压力 $p \geq 0.4[\sigma]$ 的高压、超高压圆筒容器，可考虑用厚壁圆筒计算公式对其进行强度计算。

对于厚壁圆筒，由于承受内压时内壁面上应力最大，且

$$\sigma_{\theta i} = \frac{K^2 + 1}{K^2 - 1}p, \sigma_{\varphi i} = \frac{p}{K^2 - 1}, \sigma_{ri} = -p$$

$$S_3 = \sigma_1 - \sigma_3 = \frac{K^2 + 1}{K^2 - 1}p - (-p) = \frac{2K^2}{K^2 - 1}p \leq [\sigma]^t$$

用第三强度理论计算，解得：

$$K \geq \frac{D_i}{2}\sqrt{\frac{[\sigma]^t}{[\sigma]^t - 2p}}, \delta \geq \frac{D_i}{2}\left(\sqrt{\frac{[\sigma]^t}{[\sigma]^t - 2p}} - 1\right) + C$$

式中　δ——厚壁圆筒设计壁厚，这里仅做抽象的表示（mm）；

p——容器设计或计算压力（MPa）；

$[\sigma]'$——工作温度下壳体材料的许用应力（MPa）；

D_i——壳体内直径（mm）；

C——附加壁厚（mm）。

（3）圆形平封头的强度计算。压力容器中采用的平板封头或平盖板，有圆形、椭圆形及长圆形等，其中封头是指与筒体焊接或用其他方法刚性连接在一起的结构，盖板则是盖压在圆筒端部的活动密封结构，典型的如人孔、手孔盖板。平板封头与平盖板的周边支承情况有明显不同，前者接近固支，后者接近铰支。这里仅介绍圆形平板封头的强度计算。

由应力分析得出，对承受均布压力的圆形平板（其半径为 R），不论周边支承情况如何，其最大弯曲应力 σ_{max} 都可用下式表示：

$$\sigma_{max} = \alpha \frac{pR^2}{\delta^2}$$

式中 α——应力分析解系数。

若圆形平板为周边铰支时，

$$\alpha = \frac{3(3+\mu)}{8}$$

式中 μ——材料泊松比。

若圆形平板为周边固支时，

$$\alpha = \frac{3}{4}$$

由于圆平板受压属于双向弯曲，沿板厚方向的应力为 0，则：

$$\sigma_1 = \sigma_{max} = \alpha \frac{pR^2}{\delta^2}, \sigma_3 = 0$$

用第三强度理论计算：

$$S_3 = \sigma_1 - \sigma_3 = \alpha \frac{pR^2}{\delta^2} \le [\sigma]'$$

由此解出的圆平板或圆形平封头设计壁厚为

$$\delta \ge KD_i \sqrt{\frac{p}{[\sigma]'}}$$

式中 δ——圆平板或圆形平封头设计壁厚（mm），这里仅做抽象地表示；

p——容器设计或计算压力（MPa）；

$[\sigma]'$——工作温度下壳体材料的许用应力（MPa）；

D_i——与圆平板或圆形平封头相连圆筒体内直径（mm）；

K——与圆平板或圆形平封头周边支承情况有关的系数，由 α 换算得出。

对于压力容器平封头，K 值在 0.4~0.7，因板平封头结构及圆筒体连接方式而异。在设计壁厚上不用添加附加壁厚 C 的原因是：由于应力最大点屈服时，表面层其余点并未屈服，表面层屈服时，平板内层并未屈服。

5. 设计参数的确定

压力容器的设计参数主要有设计压力、设计温度、许用应力与安全系数、减弱系数和附加壁厚等。

（1）设计压力。在相应的设计温度下，用以确定元件厚度的压力称为计算压力，计算压力与设计压力是有区别的，设计压力是确定容器壳体厚度的压力，考虑一定的安全裕量或考虑设置安全泄压装置等因素，而计算压力是具体受压元件的计算参考，一台设备的多个元件可能有各自的计算压力，而设计压力只有一个。

设计压力指设定的容器顶部的最高压力，与相应的设计温度一起作为设计载荷条件，其值不低于工作压力。容器安装安全阀时，容器的设计压力应不小于于安全阀的开启压力，使用爆破片作为安全装置时，设计压力应不小于爆破片的设计爆破压力与爆破片制造范围正偏差之和。

盛装液化气体的容器，设计压力是根据容器的充装系数和可能达到的最高温度来确定的，一般取与最高温度相应的饱和蒸气压力为设计压力。装有液体的内压容器，需要考虑液柱静压力的影响，如果液体静压超过介质最大工作压力的 5% 时，则设计压力还需要加上此液柱静压力。

上述情况主要将工作压力作为设计用的外载荷，然而在实际情况下，还需要考虑容器自身重量、风载、地震、温差及附件引起的局部应力影响。确定设计压力时应结合具体情况进行仔细分析。

（2）设计温度。设计温度指容器在正常工作情况下，设定的元件的金属温度。当容器的各个部件在工作过程中可能产生不同的温度时，可取预计的不同温度作为各相应部分的设计温度。容器壁温通常由传热学计算，计算过程比较麻烦，为简便起见，可按下述规定估算：

1）对于不加热或冷却的壳体壁，取介质的最高温度或最低温度作为设计温度。

2）用蒸汽、热水或其他液体介质加热或冷却的壳体壁，取加热介质的最高温度或冷却介质的最低温度作为设计温度。

3）用可燃气体或电加热的壳体壁，设计温度应不低于 250℃，如果容器壳体壁暴露在大气中，平均壁温取介质温度加上 20℃ 以上，直接受影响的壳体壁，取介质温度加上 50℃ 以上，当载热体温度超过 600℃ 时，平均壁温取介质温度加上 100℃ 以上，任何情况下，金属表面温度都不能超过其规定的值。

4）对于内保温容器，应进行温度计算，或者以工作条件相类似的容器的实测壁温作为设计温度，并在筒壁上安装测温点或涂超温显示剂。

（3）许用应力与安全系数。正确选择许用应力是保证压力容器安全运行的一个非常重要的前提。许用应力值取决于材料的力学性能（即强度、塑性或脆性）、载荷特性（静载荷或交变载荷）和温度等。由材料力学可知，材料的许用应力 $[\sigma]$ 是以材料的抗拉强度 R_m 或屈服强度 R_{eL} 除以相应的强度极限安全系数 n_m 或屈服极限安全系数 n_e 取得的。当压力容器在高温下工作时，还需考虑所用材料高温强度性能指标——持久强度 R_D，蠕变极限 R_n，并除以相应的安全系数 n_D 及 n_n。由于上述材料性能指标是随温度变化的，温度为 t 的强度性能指标分别表示为：R_m^t，R_{eL}^t，R_D^t，R_n^t。

强度条件中的 $[\sigma]$，取用下列四个值中的最小值：

$$\frac{R_m^t}{n_m}, \frac{R_{eL}^t}{n_e}, \frac{R_D^t}{n_D}, \frac{R_n^t}{n_n}$$

压力容器钢板的许用应力随使用温度及板厚的不同而不同。几种常用钢板的许用应力见表 3-4。

中低压力容器的安全系数见表 3-5。

表 3-4 压力容器常用钢板在不同温度下的许用应力 $[\sigma]$ (单位：MPa)

使用温度/℃	20R 16<δ≤36	20R 36<δ≤60	20R 60<δ≤100	16MnR 6≤δ≤16	16MnR 16<δ≤36	16MnR 36<δ≤60	16MnR 60<δ≤100	15MnVR 8<δ≤16	15MnVR 16<δ≤36	18MnMoNbR 30≤δ≤60	18MnMoNbR 60<δ≤100
≤100	132~133	126~133	115~128	170	163	157	153	177	170	197	190
150	126	119	110	170	163	157	150	177	170	197	190
200	116	110	103	170	159	150	141	177	170	197	190
250	104	101	92	156	147	138	128	177	170	197	190
300	95	92	84	144	134	125	116	172	163	197	190
350	86	83	77	134	125	116	109	159	150	197	190
400	79	77	71	125	119	109	103	147	138	197	190
425	78	75	68	93	93	93	93			197	190
450	61	61	61	66	66	66	66			177	177
475	41	41	41	43	43	43	43			117	117

表 3-5 中低压力容器的安全系数

材料	常温下的最低抗拉强度 R_m	常温或设计温度下的下屈服强度 R_{eL}	设计温度下的持久强度 R_D^t（经 10^5h 断裂）	设计温度下的蠕变极限 R_n^t（经 10^5h 蠕变率为 1%）
碳素钢、低合金钢	$n_m \geq 3.0$	$n_e \geq 1.6$	$n_D \geq 1.5$	$n_n \geq 1.0$
高合金钢	$n_m \geq 3.0$	$n_e \geq 1.5$	$n_D \geq 1.5$	$n_n \geq 1.0$

（4）减弱系数。包括焊缝系数和孔桥减弱系数。

1）焊缝系数。在焊接容器中，由于焊缝可能存在缺陷（气孔、夹渣、未焊透等），或者由于焊接的热影响，焊缝或焊接热影响区的金属强度可能低于原材料的强度，因此在确定容器的壁厚时应该考虑焊接的影响。焊缝系数 ϕ 表示由于焊接或焊缝中可能存在的缺陷对结构原有强度削弱的程度。焊缝系数是考虑焊缝可能存在的缺陷对材料强度产生的影响，它与影响焊缝质量有直接关系的接缝形式有关，也与焊缝的可靠程度有关。而焊缝的可靠程度又经常取决于它是否经过无损探伤检验，是局部探伤还是全部探伤等。所以焊缝系数应根据焊缝的焊接形式和焊缝的无损检验程度来确定。对于焊缝，应按焊接规范由考试合格的焊工进行焊接，焊缝系数一般可以按下列规定选取：

① 双面焊的对接焊缝：

100%无损探伤，$\phi = 1.00$。

局部无损探伤，$\phi = 0.85$。

② 有金属垫板的单面焊对接焊缝：

100%无损探伤，$\phi = 0.90$。

局部无损探伤，$\phi = 0.80$。

2）孔桥减弱系数。压力容器等部件常常开设一定数量的孔口，以便与管子或管道连接。容器本体上开孔减少了金属承载面积，增大了开孔区特别是孔边的应力，必然会削弱部件的承压能力。在密排开孔区，相邻两孔间的金属部分叫孔桥。孔桥部位被开孔削弱的程度用孔桥减弱系数表示。

壳体上所开的孔，其排列是有一定规律的。有的
沿圆筒的轴线方向分布，属纵向孔排；有的沿圆
筒体的周向分布，属周向孔排；有的既不是纵向
也不是周向的，而是斜向孔排。筒体上三种孔排
对应的孔桥如图 3-19 所示。因此它们也具有各
自不同的孔桥减弱系数。

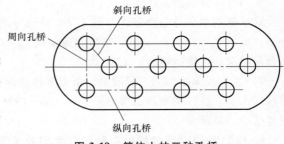

图 3-19　筒体上的三种孔桥

当相邻两孔直径相等时，孔桥减弱系数按下
列方法计算：

① 纵向孔桥减弱系数：

$$\phi = (t-d)/t$$

式中　t——相邻两纵向孔的中心距离；

　　　d——孔径。

② 周向孔桥减弱系数：

$$\phi' = (t'-d)'t'$$

式中　t'——相邻两周向孔中心线间的圆弧长度。

由于从圆筒的内径到外径处，两孔间的圆弧长度是逐渐增加的，所以规定 t' 是平均半径处两孔
中心线间的圆弧长度。

③ 斜向孔桥减弱系数：

$$\phi'' = (t''-d)/t''$$

式中　t''——相邻两斜向孔的中心线沿平均半径部位的曲线长度。

如果相邻斜向两孔中心线间沿纵向的距离是 b，沿周向截面平均半径部位的弧长为 a，则近似
有 $t'' = \sqrt{a^2+b^2}$。

（5）附加壁厚。附加壁厚是考虑部件在用材、加工和使用期间器壁有可能减薄而需要增加的
厚度。从选定钢板最小厚度的角度要求，附加壁厚 C 应包括三部分：钢板的负偏差 C_1、腐蚀裕量
C_2、加工减薄量 C_3。C_1 和 C_3 是为了使部件制成品的壁厚不小于需要的壁厚。C_2 是要使部件在设
计使用期限内的壁厚始终不小于计算壁厚，以保证设备使用寿命。

1）钢板的负偏差。钢板厚度负偏差一般是根据我国常用钢板或钢管厚度及有关的规定选取
（表 3-6），详见《压力容器》（GB 150.1—2011 ~ GB 150.4—2011）及有关资料。设计时 C_1 一般可
取 0.5 ~ 1.0mm。当实际钢板厚度负偏差不超过名义厚度（标在图样上的厚度）的 6%，且不大于
0.25mm 时可忽略不计。

表 3-6　钢板厚度负偏差　　　　　　　　　　　　　　（单位：mm）

钢板厚度	2.5	2.8 ~ 3.0	3.2 ~ 3.5	3.8 ~ 4.0	4.5 ~ 5.5	6 ~ 7
负偏差	0.2	0.22	0.25	0.3	0.5	0.6
钢板厚度	8 ~ 25	26 ~ 30	32 ~ 34	36 ~ 40	42 ~ 50	52 ~ 60
负偏差	0.8	0.9	1.0	1.1	1.2	1.3

2）腐蚀裕量。腐蚀裕量取决于介质的腐蚀性能、材料的化学稳定性和容器的使用时间。对于
均匀腐蚀，当腐蚀速度 K_a 大于 0.1mm/y 时，腐蚀裕量 C_2 可用下式表示：

$$C_2 = K_a t$$

式中　K_a——腐蚀速度（mm/y）；

t——容器的设计寿命（y）。

对于碳钢和低合金容器，如果 $K_a < 0.1$mm/y 时，单面腐蚀量取 $C_2 = 2$mm，双面腐蚀量取 $C_2 = 4$mm；如果 $K_a < 0.05$mm/y 时，单面腐蚀量取 $C_2 = 1$mm，双面腐蚀量取 $C_2 = 2$mm。对于不锈钢容器，当介质的腐蚀性能极弱时，C_2 取 0。

3）加工减薄量。加工减薄量可根据部件的加工工艺条件，由制造单位根据加工工艺和加工能力自行选取。按《钢制压力容器》（GB 150—1998）的规定，钢制压力容器设计图样上注明的厚度不包括加工减薄量。

6. 压力容器设计过程中各种厚度之间的关系

1）计算厚度 δ：指按照强度理论建立的厚度计算公式计算得到的厚度。

2）设计厚度 δ_d：指计算厚度 δ 和腐蚀裕量 C_2 之和。

3）名义厚度 δ_n：指设计厚度 δ_d 加上钢板的负偏差 C_1 后向上圆整到钢材标准规格的厚度，即标注在图样上的厚度。

4）有效厚度 δ_y：指名义厚度 δ_n 减去钢板的负偏差 C_1 和腐蚀裕量 C_2 后的厚度。

压力容器设计过程中各种厚度之间的关系如图 3-20 所示。

3.3.3 薄壁筒体开孔补强

开孔对壳体强度有一定程度的减弱，并在开孔及接管边缘造成应力集中，必须在强度计算中予以考虑。通常从两个角度来考虑和补偿开孔对筒体强度的影响：其一，在计算筒体壁厚时，考虑孔排的减弱作用，引进孔桥减弱系数，从整体上增加筒体的壁厚，补偿孔排对强度的影响；其二，对个别大直径的单孔及过于密集的孔排，进行补强计算和补强处理。所谓补强，就是在开孔边缘部位适当添加金属，以弥补开孔对筒体（封头）强度的减弱。补强主要对象是薄壁圆筒壳，或压力容器中的球壳及凸形封头。

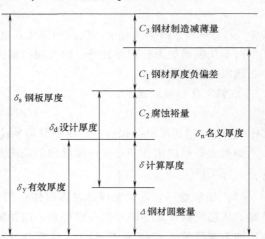

图 3-20 压力容器设计过程中各种厚度之间的关系

1. 不需补强的最大孔径

开孔会减弱容器的强度，孔径越大，孔边应力越集中，对容器强度的减弱越厉害。显然，容器厚度设计时应留有一定的安全裕量，可以根据容器壁厚的安全富余量的大小，将开孔直径限制在一定范围，使开孔所造成的强度减弱正好由容器的富裕壁厚补偿。因此，一定孔径的开孔是允许的，并不会减弱筒体强度。这种不影响容器强度的最大开孔孔径称为未加强单孔的最大允许直径 $[d]$。

圆筒体上未加强单孔的最大允许直径 $[d]$ 可按下面的经验公式计算：

$$[d] = 8.1\sqrt[3]{D_i \delta_y (1-k)} = 8.1\sqrt[3]{D_i \Delta}$$

式中 D_i——筒体内径（mm）；

δ_y——筒体有效壁厚（mm），$\delta_y = \delta_n - C_1 - C_2$；

k——表示筒体壁厚富裕程度的系数，$k = \delta/\delta_y$；

Δ——表示圆整量（mm）。

其中，系数 k 是未减弱筒体的理论计算壁厚与筒体有效壁厚的比值。k 值越小，表示壁厚的富裕程度越大，相应的未加强单孔最大允许直径 $[d]$ 也就越大。

2. 单孔补强

当圆筒体上单孔的孔径大于 $[d]$ 时，应将此单孔补强，以降低边缘的应力高峰，使孔边强度不低于圆筒体其他部分。

（1）补强结构。实验表明，位于开孔边缘的筒体富裕壁厚、接管富裕壁厚、垫板、焊缝金属等都有补强作用，因而接管、垫板是最常见的补强件。补强件与被补强元件的连接形式称为补强结构。

补强结构必须满足一定的要求。管接头焊到开孔上当作补强结构时，管接头的壁厚除能承受内压外必须有足够的富余量；内插式管接头必须双面焊接；单面焊接的管接头焊缝必须开坡口。

（2）补强有效范围。接管、垫板等补强件的补强金属，只在孔边缘区域的一定范围内才能起补强作用。应力分析和实验都表明，补强的有效范围是在筒体的轴线方向两倍孔径范围内。

（3）补强原则和计算公式。我国压力容器强度计算中，根据"等面积补强"原则进行补强计算。即在过筒体轴线及开孔中心线的纵截面中，在有效补强范围内，筒体及补强结构除了自身承受内压所需要的面积外，多余的面积（称为补强面积）应不小于未开孔筒体由于开孔所减少的面积 A（称为补强需要的面积）。

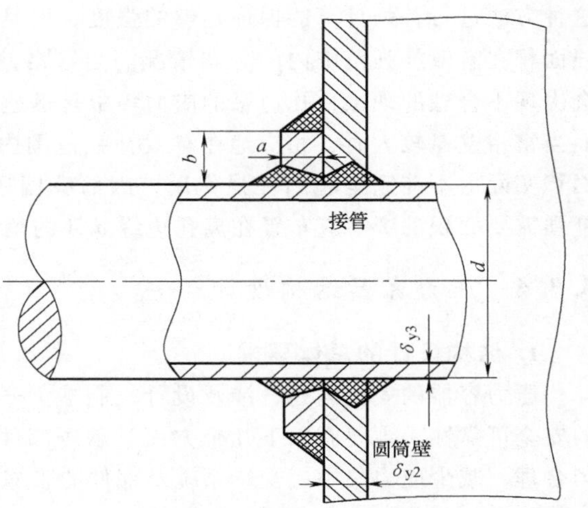

图 3-21　圆筒开孔补强

如图 3-21 所示，补强需要的面积 A 可用下式计算：

$$A = d\delta_0$$

式中　d——管接头内径（或开孔直径）；

　　　δ_0——未开孔筒体承受内压的计算壁厚。

补强面积由以下几个部分组成：

1）有效补强范围内的焊缝金属面积 A_1。若焊脚高度为 e，则 $A_1 = e^2$（单面焊）或 $A_1 = 2e^2$（双面焊）。

2）有效补强范围内的筒体承受内压外的多余面积 A_2。

$$A_2 = d(\delta_{y2} - \delta_0) = d\Delta_2$$

式中　d——管接头内径（或开孔直径）；

　　　δ_0——未开孔筒体承受内压的计算壁厚；

　　　δ_{y2}——筒体的有效壁厚；

　　　Δ_2——筒体的富裕壁厚。

3）有效补强范围内的管接头承受内压外的多余面积 A_3。

$$A_3 = 2h(\delta_{y3} - \delta_1) = d\Delta_3$$

式中　h——补强区域内管接头的长度；

　　　δ_1——管接头的计算壁厚；

　　　δ_{y3}——管接头的有效壁厚；

　　　Δ_3——管接头的富裕壁厚。

需要说明的是，h 的取值比较复杂，另外，对于双面焊内插式管接头，内插部分并不承受内压，因而内插部分可全部作为补强面积。

4）有效补强范围内的垫板的有效面积 A_4。

$$A_4 = 2ab$$

式中　a——垫板的厚度；

　　　b——垫板外半径与内半径之差。

最后要求满足：$A_1 + A_2 + A_3 + A_4 \geq A$

（4）补强面积的分布。"等面积补强"是一种经验性的近似方法。长期的实践经验证实，按照这种方法进行补强计算能保证足够的强度，而且计算较为简便。但是"等面积补强"并不考虑补强面积在有效补强范围内的分布情况。当富裕壁厚较大时，按等面积补强原则进行补强计算，就会出现不合理的现象：孔边缘的应力集中是迅速衰减的，补强面积离孔边缘越近，补强效果越好。而当富裕壁厚较大时，相应地在有效补强范围内离孔边缘较远的补强面积比例增大，但这些补强面积实际上不能完全起到补强作用。因而我国压力容器强度计算标准规定，在有效补强范围内，补强需要面积的 2/3 应布置在离孔边缘 $d/4$ 的范围内，其中 d 为开孔直径。

3.3.4　压力容器结构设计

1. 结构设计的总体要求

压力容器的安全问题，涉及设计、制造、安装、使用等各个环节。从设计角度考虑部件结构的安全可靠性，主要有以下几个方面：承压部件要有足够的强度，且应使结构各部分受力尽量均匀合理，减少应力集中；受热系统及部件的胀缩要不受限制；受热系统及部件要得到可靠的冷却。其总体要求如下：

（1）避免结构上的形状突变，使其平滑过渡。承压壳体存在几何形状突变或其他结构上的不连续，都会产生较大的局部应力，因此应该尽量避免。实在难以避免时必须采用平滑过渡的结构形式，防止突变。

（2）能引起应力集中或削弱强度的结构应互相错开。在压力容器中，总是不可避免地存在一些局部应力较大或对部件的强度有所削弱的结构，如开孔、转角、焊缝等。这些结构在位置上应相互错开，以防局部应力叠加，产生更大的局部应力，导致设备的破坏。

（3）避免产生较大的焊接应力或附加应力的刚性焊接结构。刚性大的焊接结构既可以使焊接构件因焊接时的膨胀或收缩受到约束，产生较大的焊接应力，也可以使壳体在压力或温度变化时的变形受到约束，产生附加的弯曲应力或拉伸应力。因此在设计时应采取措施予以避免。

（4）应确保受热系统及部件的胀缩不受限制。受热部件如果在热膨胀时受到外部或自身限制，在部件内部即产生热应力。在设计时应采取措施，使受热部件不受外部约束，减小自身约束。

2. 对封头结构的要求

（1）压力容器的凸形封头最好采用椭球封头，并选用标准形式。标准椭球封头的长短轴比值（封头半径与不包括直边高度在内的封头高度之比）为2。采用非标准椭球封头时，其长短轴比值不得大于 2.5。

（2）在封头半径与高度之比值相同的情况下，碟形封头与椭球封头相比存在较大的弯曲应力，因此应尽量少采用碟形封头。采用碟形封头时，封头过渡区的转角半径应不小于封头内直径的 10%，且应不小于封头厚度的 3 倍。

（3）无折边球形封头使筒体产生较大的附加弯曲应力，因此只适用于直径较小、压力较低的容器。在任何情况下，无折边球形封头的球面半径都不应大于圆筒体的内直径。因为封头球面半径过大将与平板封头相似，产生很大的边界应力。

（4）锥形封头只在容器的生产工艺确实需要的情况下才采用。平板盖与其他封头比较，受力情况最差。在相同的受压条件下，平板盖比其他形式的封头厚得多。因此，平板角焊封头一般不宜用于压力容器。必须采用时，应有足够的厚度，并采用全焊透的焊接结构。

3. 对焊接接头的要求

当筒体与不同形式的封头及其他端部结构（管板、下脚圈等）连接时，在连接处因结构不连续或变形不连续会产生附加应力。不同几何形状在连接处变形不连续是难免的，而结构上的明显不连续会导致较大的附加应力，应尽量避免。实在难以避免时应采取适当的结构调整措施，使形状突变转换为形状渐变或圆滑过渡。

在考虑部件结构时，必须考虑和选用合理的焊接接头形式。焊接接头的基本形式有对接接头、搭接接头、角接接头等。对接接头所形成的结构基本上是连续的，接头及所连接母材中的受力比较均匀，是各种焊接结构中采用最多也是最完善的结构形式。搭接接头、角接接头所形成的焊缝都是角焊缝，焊缝所连接两部分钢板不在同一平面或曲面上。角焊缝及其附近受力时，应力状态比较复杂，应力集中比较严重，除了拉伸、压缩应力外，往往还有剪切应力和弯曲应力。能采用对接焊缝时应尽量采用对接焊缝，尽量避免角焊缝。

一般根据焊缝在结构中受力状态及部件选择接头形式。对压力容器上的焊接接头形式主要有以下要求：

（1）压力容器主要受压元件的主焊缝（纵向和环向焊缝，封头、管板的拼接焊缝等）应采用全焊透的对接接头形式。

（2）当凸形封头与筒体的连接，因条件限制不得不采用搭接时，应双面搭接，搭接的长度不应小于封头厚度的 3 倍，且不应小于 25mm。

（3）当必须采用角焊结构时，要选用合理的焊接坡口形式，尽量双面焊接，保证焊透。在任何情况下，焊角尺寸都不得小于 6mm。对平板封头的管板，还应采取必要的加强结构。

（4）压力容器接管（凸缘）与筒体（封头）、壳体连接，平板封头与筒体连接，有下列情况之一的，原则上采用全焊透形式：

1）介质为易燃或毒性程度为极度危害和高度危害的压力容器。

2）做气压试验用的压力容器。

3）第三类压力容器。

4）低温压力容器。

5）按疲劳准则设计的压力容器。

6）直接受火焰加热的压力容器。

4. 对减弱环节的要求

压力容器承压部件上的减弱环节，主要指各种开孔、焊缝及部件形状和厚度的变化。这些因素会降低部件的承载能力，因此在进行部件结构和工艺设计时，一个重要原则是避免减弱环节的叠加，在保证满足工作需要的条件下，尽量使减弱环节在部件上均衡分布，即尽量减小部件各处强度的差异，增加部件结构各处的等强度性。

（1）关于开设检查孔的要求。为了便于对压力容器定期进行内部检验和清扫，在容器上应开设必要的人孔、手孔、检查孔等。内径≥800mm 的容器都应在筒体或封头上开设人孔，圆形人孔直径应不小于 400mm；椭圆形人孔的尺寸不应小于 400mm×300mm；圆形手孔直径应不小于100mm，椭圆形手孔尺寸应不小于 75mm×50mm。工作介质为高温或有毒气体的容器，为了避免介质喷出伤人，承压部件的人孔盖、手孔盖应采用内闭式，盖的结构应保证密封垫圈不会被气体吹出。

（2）开孔位置与尺寸限制。包括以下几方面：

1）容器壳体（包括圆筒体与封头）上所开的孔一般应为圆形、椭圆形或长圆形。在壳体上开椭圆形或长圆形孔时，孔的长径与短径之比应不大于2。

2）在圆筒体上开椭圆形或长圆形孔时，为了减小开孔对筒体强度的削弱，孔的短径一般设在筒体的轴向。

3）壳体上的所有开孔宜避开焊缝。胀接管孔中心与焊缝边缘的距离应不小于 $0.8d$（d 为管孔直径），且不小于 $0.5d+12\mathrm{mm}$。

4）在圆筒体上开孔，对于内径不大于 1500mm 的圆筒，最大孔径不应超过筒体内径的 1/2，且不大于 520mm；对于内径大于 1500mm 的圆筒，最大孔径不应超过筒体内径的 1/3，且不大于 1000mm；开孔之间应有一定距离，开孔过大、过密应按规定进行补强处理。

5）凸形封头或球形容器开孔，最大孔径应不大于壳体内径的 1/2；锥形封头的开孔最大直径应不大于孔中心处锥体内径的 1/3。平端盖上任意两孔的间距不得小于其中小孔的直径，孔边缘与平端盖边缘之间的距离不应小于平端盖厚度的 2 倍，孔不得开在内转角过渡圆弧上。

（3）关于焊缝的要求。焊缝与焊缝不得十字交叉，相邻焊缝之间应有足够的距离。封头、管板应尽量用整块钢板制造，必须拼接时，允许用两块钢板拼接即允许有一条拼接焊缝。封头拼接焊缝离封头中心线距离应不超过 $0.3D_i$（D_i 为封头公称内径）。在承压部件主要焊缝上及其邻近区域，应避免焊接零件。若不能避免，焊接零件的焊缝可穿过主要焊缝，而不要在焊缝上及其邻近区域中止。管子对接焊缝与相邻焊缝及弯头弯曲起点之间应有一定距离。开孔、焊缝、转角要错开，开孔及焊缝不允许布置在部件转角处或扳边圆弧上，并应离开一定距离。

5. 对受热部件热膨胀的考虑

设计压力容器时，通常从下列方面考虑膨胀问题：第一，温升部件，特别是筒体，其两端的支承不能同为固支，至少一端为铰支，以适应筒体沿轴线的膨胀。第二，温升部件，如果两端是固定的，则部件本身应有吸收膨胀的结构。第三，在部件的膨胀部位应留有适当间隙，该间隙中不应布置其他部件及结构。

3.4 压力容器的安全装置及附件

1. 安全阀

安全阀是一种由进口静压开启的自动泄压阀门。它依靠介质自身的压力排出一定数量的流体，以防止容器或系统内的压力超过预定的安全值；当容器内的压力恢复正常后，阀门自行关闭，并阻止介质继续排出。安全阀分全启式安全阀和微启式安全阀。根据安全阀的整体结构和加载方式可以分为静重式、杠杆式、弹簧式和先导式等四种。

2. 爆破片

爆破片装置是一种非重闭式泄压装置，由进口静压使爆破片受压爆破而泄放出介质，以防止容器或系统内的压力超过预定的安全值。

爆破片又称为爆破膜或防爆膜，是一种断裂型安全泄放装置。与安全阀相比，它具有结构简单、泄压反应快、密封性能好、适应性强等特点。

3. 安全阀与爆破片装置的组合

安全阀与爆破片装置并联组合时，爆破片的标定爆破压力不得超过容器的设计压力。安全阀的开启压力应略低于爆破片的标定爆破压力。

当安全阀进口和容器之间串联安装爆破片装置时，应满足下列条件：安全阀和爆破片装置组合的泄放能力应满足要求；爆破片破裂后的泄放面积应不小于安全阀进口面积，同时应保证爆破片破裂的碎片不影响安全阀的正常动作；爆破片装置与安全阀之间应装设压力表、旋塞、排气孔或报警指示器，以检查爆破片是否破裂或渗漏。

当安全阀出口处串联安装爆破片装置时，应满足下列条件：容器内的介质应是洁净的，不含有胶着物质或阻塞物质；安全阀的泄放能力应满足要求；当安全阀与爆破片之间存在背压时，安全阀仍能在开启压力下准确开启；爆破片的泄放面积不得小于安全阀的进口面积；安全阀与爆破片装置之间应设置放空管或排污管，以防止该空间的压力累积。

4. 爆破帽

爆破帽为一端封闭、中间具有一薄弱断面的厚壁短管，爆破帽爆破压力误差较小，泄放面积较小，多用于超高压容器。超压时，其薄弱面上的拉伸应力达到材料的抗拉强度而使其发生断裂。由于爆破帽工作时通常还有温度影响，因此，一般均选用热处理性能稳定，且随温度变化较小的高强度钢材料（如34CrNi3Mo等）来制造爆破帽，其破爆压力与材料强度之比一般为0.2~0.5。

5. 易熔塞

易熔塞属于"熔化型"（"温度型"）安全泄放装置，它的动作取决于容器壁的温度，主要用于中、低压的小型压力容器，在盛装液化气体的钢瓶中应用更为广泛。

6. 紧急切断阀、减压阀

紧急切断阀是一种具有特殊结构和特殊用途的阀门，它通常与截止阀串联安装在紧靠容器的介质出口管道上，以便在管道发生大量泄漏时进行紧急止漏，一般还具有过流闭止及超温闭止的性能，并能在近程和远程独立进行操作。紧急切断阀按操纵方式的不同，可分为机械（或手动）牵引式、油压操纵式、气压操纵式和电动操纵式等多种，前两种目前在液化石油气槽车上应用非常广泛。

减压阀是利用膜片、弹簧、活塞等敏感元件改变阀瓣与阀座之间的间隙，当介质通过时产生节流，而使高压通过的流体压力下降的阀门。

当调节螺栓向下旋紧时，弹簧被压缩，将膜片向下推，顶开脉冲阀阀瓣，高压侧的一部分介质就经高压通道进入，经脉冲阀阀瓣与阀座间的间隙流入环形通道而进入气缸，向下推动活塞并打开主阀阀瓣，这时高压侧的介质便从主阀阀瓣与阀座之间的间隙流过而被节流减压。同时，低压侧的一部分介质经低压通道进入膜片下方空间，当其压力随高压侧的介质压力升高而升高，当膜片下方空间的压力升高到足以抵消弹簧的弹力时，膜片向上推动脉冲阀，阀瓣逐渐闭合，使进入气缸的介质减少，活塞和主阀阀瓣向上移动，主阀关小，从而减少流向低压侧的介质量，使低压侧的压力不致因高压侧压力升高而升高，从而达到自动调节压力的目的。

7. 压力表

压力表是指示容器内介质压力的仪表，是压力容器的重要安全装置。按其结构和作用原理，压力表可分为液柱式、弹性元件式、活塞式和电量式四大类。活塞式压力计通常用作校验用的标准仪表，液柱式压力计一般只用于测量很低的压力，压力容器广泛采用的是各种类型的弹性元件式压力计。

8. 液位计

液位计又称液面计，是用来观察和测量容器内液位变化情况的仪表。特别是对于盛装液化气体的容器，液位计是一个必不可少的安全装置。

9. 温度计

温度计是用来测量物质冷热程度的仪表，可用来测量压力容器中介质的温度，对于需要控制壁温的容器，还必须装设测试壁温的温度计。

10. 瓶帽

瓶帽是为了防止气瓶瓶阀被破坏的一种保护装置。为防止由于瓶阀泄漏，或由于安全泄压装置动作，造成瓶帽爆炸，必须在瓶帽上开排气孔。瓶帽按其结构可分为拆卸式和固定式两种。

11. 防振圈

防振圈是为了防止气瓶瓶体受撞击的一种保护设施。

3.5 压力容器安全技术

3.5.1 压力容器设计的安全技术

压力容器的设计是否安全可靠，主要取决于设计时材料选择、结构设计和强度设计是否正确合理。

1. 材料选择

目前绝大部分压力容器都是钢制的。因此，本书仅限于从安全的要求来讨论常用钢种及其使用范围，以及设计时如何选用钢材等问题。选择压力容器的材料时，应着重考虑材料的力学性能、工艺性能和耐腐蚀性能。

（1）材料的力学性能。制造压力容器的材料，需要保证的主要是强度指标、塑性指标和韧性指标。

强度是指材料抵抗外力作用避免引起破坏的能力。强度指标是设计中决定许用应力的重要依据。常用的强度指标有抗拉强度和屈服强度（屈服点），高温下工作时，还要考虑蠕变极限及持久极限。制造压力容器用的材料的强度指标虽然没有规定最大或最小的控制指标，但强度指标却是选材的重要依据，因为它一方面决定了容器的厚度和重量，另一方面又常与塑性指标有关。在一般情况下，同一种材料，强度越高塑性就越差。所以一般原则是：在保证塑性指标及其他性能的前提下，尽量选用强度指标较高的材料，以减小容器的重量。

塑性指标包括断后伸长率和断面收缩率。用以制造压力容器的钢材应具有较好的塑性。这是因为塑性好的材料在破坏以前一般都产生明显的塑性变形，不但容易发现，而且塑性变形可以松弛局部的高应力，避免部件断裂。表示材料塑性的另一个指标是屈强比，它是材料的屈服强度（屈服点）与抗拉强度的比值 ν，ν 越小，表明材料的塑性越好。不同材料具有不同的屈强比，即使是同一材料，其屈强比也随着材料热处理情况及工作温度的不同而不同。我国规范规定许用应力必须同时满足对抗拉强度和屈服强度（屈服点）的安全系数。这也就是间接地控制选用屈强比太高的材料。

目前多用冲击值（冲击韧度）表示材料的韧性，它表征材料抵抗冲击的能力。材料的冲击值是用带缺口的冲击试样做冲击试验测得的，所以冲击值与试样缺口的形状和尺寸有关。虽然压力容器一般不受冲击载荷，但冲击值对材料的脆性转变温度十分敏感。

（2）工艺性能。压力容器的承压部件，大都是用钢板滚卷或冲压，然后焊接制成的，所以要求材料具有良好的冷塑性变形能力与焊接性能。冷塑性变形能力一般可以用塑性指标保证，焊接性能则是工艺性能中的主要控制指标。

钢的焊接性能是指在规定的焊接工艺条件下能否得到质量优良的焊接接头的性质。

钢的焊接性主要取决于它的化学组成，而其中影响最大的是碳。因为钢中的碳含量增加，淬硬倾向就增大，塑性则下降，容易产生焊接裂纹。所以含碳量越高，焊接性就越差。钢中的其他合金元素大部分也都不利于焊接，但其影响程度一般都比碳小得多。

（3）耐蚀性。耐蚀性是材料抵抗介质腐蚀的能力。根据介质的种类（非电解质和电解质），腐蚀过程可分为化学腐蚀和电化学腐蚀两大类。

化学腐蚀是金属和介质间由于化学作用而产生的，在腐蚀过程中没有电流产生。如钢铁在高温气体中的氧化，在高温高压下氢气中的氢腐蚀，以及在无水有机溶剂中的腐蚀等都属于化学腐蚀。

电化学腐蚀是金属和电解质溶液间由于电化学作用而产生的，在腐蚀过程中有电流产生。如金属在酸、碱、盐等电解质溶液中的溶解都属于电化学腐蚀。

2. 强度设计

压力容器的强度设计，其计算方法的正确与否，直接涉及容器运行的安全可靠性高低和设计结果是否经济合理。除了结构特殊或使用条件复杂（例如极为频繁的加载与卸载等）的容器或特别重要的容器需要进行分析设计以外，一般的压力容器通常都只考虑它的薄膜应力，并据此来确定所需的壁厚。至于容器某些部位（如结构不连续部位）的附加应力和应力集中，则从安全系数、结构形式或尺寸方面加以限制。

3. 结构安全设计

在压力容器的破坏事故中，有相当一部分是由于结构不合理引起的。因此设计合理可靠的结构和强度设计同等重要。

由结构不合理引起容器破坏的主要因素有缺陷和应力两个方面。结构设计不合理，往往容易使得容器在制造和使用过程中产生缺陷。因此，首先要求结构便于制造，以利于保证制造质量和避免、减少制造缺陷；其次是要求结构便于无损检验，使制造和使用中产生的缺陷能被及时并准确地检查出来；第三是结构设计中要尽量降低局部附加应力和应力集中。因为局部的高应力区往往成为断裂破坏源。

（1）结构安全设计的一些原则。结构不连续处应圆滑过渡。受压壳体存在几何形状突变或其他结构上的不连续都会产生较大的不连续应力。因此设计时应尽量避免。对于难以避免的结构上的不连续，应采用圆滑过渡或斜坡过渡的形式，防止突变。

引起应力集中或削弱强度的结构应相互错开，避免高应力叠加。在压力容器中，总是不可避免地存在一些局部应力较大或对部件的强度有所削弱的结构，如器壁开孔、拐角、焊缝等部位。在设计时，应使这些结构相互错开或控制必要的距离，防止因局部应力叠加而产生更大的局部应力，导致容器的破坏。

避免采用刚性过大的焊接结构。刚性过大的焊接结构，不仅会因施焊时的膨胀和收缩受到约束而产生较大的焊接应力；而且在操作条件波动时，还会因变形受限制而产生附加弯曲应力。因此设计时应采取措施予以避免。

（2）焊接结构设计的一般要求。焊接是容器制造的重要环节。焊缝是容器结构中的薄弱环节，焊接中易产生表面或内部缺陷；焊缝冷却时，因受高度约束使结构因热应力而变形；焊缝金属为铸造组织；焊缝常处于结构形状变化处或其附近。一般认为，焊缝质量主要取决于焊接材料、焊接工艺和焊工操作水平，另外焊缝质量也与焊接结构设计有很大的关系，比如碳钢焊接容器常用的接缝形式有对接、角接、丁字接，其中对接焊缝用得最多，而搭接焊缝在受压容器中一般应避免采用。

3.5.2 压力容器制造的安全技术

为确保压力容器安全使用，在制造过程中应严格控制制造工作质量和产品质量，如焊工考核、材料焊接性鉴定、焊接工艺评定、材料复验、零部件冷热加工成型、焊接试板、筒节施焊、焊缝外观及无损检验、焊接返修、容器组装、容器整体或局部热处理、强度试验、气密性试验、包装等工作质量及产品质量的控制。其主要质量控制环节如下：

1）焊工考核的基本准则是确定焊工焊制优质焊缝的能力，自动焊工考核的目的在于确定自动焊工操作焊接设备的能力。

2）材料焊接性鉴定又称抗裂性试验，主要是确定该种材料（含焊材）在工件施焊时刚性、拘束度相同或相近情况下是否有出现焊接裂纹的危险性。

3）焊接工艺评定又称焊接工艺鉴定试验。其先决条件是手工焊工或自动焊工必须是合格焊工。也就是说，焊接工艺评定是证实这种焊接工艺方法所焊工件的性能的优劣，而不是焊工技能的好坏。因此，它是工厂能否承担制造任务的证明。

4）材料质量控制（含焊材）要求正确、有效、有追踪性，保证焊缝金属的化学成分，控制焊缝的扩散氢气量，保证产品性能参数满足安全运行要求，防止焊接接头产生冷裂纹、氢气孔等致命焊缝缺陷的可能性。

5）焊接试板接在筒体延长部位与筒体同时施焊并与容器同炉热处理，通过试板的破坏性试验来代表筒体的焊缝质量，是容器焊缝质量优劣的见证数据。

6）施焊监督，即对焊工合格项目是否同产品施焊相适应；焊机电流电压表是否定期校验，焊材是否准确；有否工艺评定；焊接环境的温度、湿度是否符合要求。

7）焊接返修是处于较大刚性拘束度、较大冷却速度条件下的焊接。焊后存在较大的焊接残余应力，往往容易产生裂纹等缺陷。另外，焊缝的热影响区晶粒，因多次焊接会变得粗大。因此，应控制焊接返修次数，返修必须慎重，要有比施焊更为严格的返修工艺及工艺措施，以确保焊接返修质量。

3.5.3 压力容器的安全操作

1. 基本要求

（1）平稳操作。加载和卸载应缓慢，并保持运行期间载荷的相对稳定。

压力容器开始加载时，速度不宜过快，尤其要防止压力的突然升高。过高的加载速度会降低材料的断裂韧性，可能使存在微小缺陷的容器在压力的快速冲击下发生脆性断裂。高温容器或工作壁温在0℃以下的容器，加热和冷却都应缓慢进行，以减小壳壁中的热应力。操作中压力频繁地和大幅度地波动，对容器的抗疲劳强度是不利的，应尽可能避免，保持操作压力平稳。

（2）防止超载。防止压力容器过载主要是防止超压。压力来自器外（如气体压缩机等）的容器，超压大多是由于操作失误而引起的。为了防止操作失误，除了装设联锁装置外，还可实行安全操作挂牌制度。在一些关键性的操作装置上挂牌，牌上用明显标记或文字注明阀门等的开闭方向、开闭状态、注意事项等。对于通过减压阀降低压力后才进气的容器，要密切注意减压装置的工作情况，并装设灵敏可靠的安全泄压装置。

由于器内物料的化学反应而产生压力的容器，往往因加料过量或原料中混入杂质，使器内反应后生成的气体密度增大或反应过速而造成超压。要预防这类容器超压，必须严格控制每次投料的数量及原料中杂质的含量，并有防止超量投料的严密措施。

储装液化气体的容器，为了防止液体受热膨胀而超压，一定要严格计量。对于液化气体储罐和槽车，除了应密切监视液位外，还应防止容器意外受热而造成超压。如果容器内的介质是容易聚合的单体，则应在物料中加入阻聚剂，并防止混入可促进聚合的杂质。物料储存的时间不宜过长。

除了防止超压以外，压力容器的操作温度也应严格控制在设计规定的范围内，长期超温运行也可以直接或间接地导致容器的破坏。

2. 容器运行期间的检查

容器专责操作人员在容器运行期间应经常检查容器的工作状况，以便及时发现操作上或设备上的不正常状态，采取相应的措施进行调整或消除，防止异常情况的扩大或延续，保证容器安全运行。

对运行中的容器进行检查，包括检查工艺条件、设备状况以及安全装置等方面。

在工艺条件方面，主要检查操作压力、操作温度、液位是否在安全操作规程规定的范围内；检查容器工作介质的化学组成，特别是那些影响容器安全（如产生应力腐蚀、使压力升高等）的成分是否符合要求。

在设备状况方面，主要检查各连接部位有无泄漏、渗漏现象，容器的部件和附件有无塑性变形、腐蚀以及其他缺陷或可疑迹象，容器及其连接管道有无振动、磨损等现象。

在安全装置方面，主要检查安全装置以及与安全有关的计量器具是否完好。

3. 容器的紧急停止运行

压力容器在运行中出现下列情况时，应立即停止运行：容器的操作压力或壁温超过安全操作规程规定的极限值，而且采取措施仍无法控制，并有继续恶化的趋势；容器的承压部件出现裂纹、鼓包变形、焊缝或可拆连接处泄漏等危及容器安全的迹象；安全装置全部失效，连接管件断裂，紧固件损坏等，难以保证安全操作；操作岗位发生火灾，威胁到容器的安全操作；高压容器的信号孔或警报孔泄漏。

3.5.4 压力容器的维护保养

做好压力容器的维护保养工作，可以使容器经常保持完好状态，提高工作效率，延长容器使用寿命。容器的维护保养主要包括以下五方面的内容。

（1）保持完好的防腐层。对于盛装对材料有腐蚀作用的工作介质的容器，常采用防腐层来防止介质对器壁的腐蚀，如涂漆、喷镀或电镀、衬里等。如果防腐层损坏，工作介质将直接接触器壁而产生腐蚀，所以要经常保持防腐层完好无损。若发现防腐层损坏，即使是局部的，也应该经过修补等妥善处理以后再继续使用。

（2）消除产生腐蚀的因素。有些工作介质只有在某种特定条件下才会对容器的材料产生腐蚀。因此要尽力消除这种能引起腐蚀的，特别是引起应力腐蚀的条件。例如，一氧化碳气体只有在含有水分的情况下才可能对钢制容器产生应力腐蚀，所以应尽量采取干燥、过滤等措施。碳钢容器的碱脆需要具备温度、拉伸应力和较高的碱液浓度等条件，所以介质中含有稀碱液的容器，必须采取措施消除使稀液浓缩的条件，如接缝渗漏，器壁粗糙或存在铁锈等多孔性物质等。盛装氧气的容器，常因底部积水造成水和氧气交界面的严重腐蚀，要防止这种腐蚀，最好使氧气经过干燥，或在使用中经常排放容器中的积水。

（3）消灭容器的"跑、冒、滴、漏"现象，经常保持容器的完好状态。"跑、冒、滴、漏"不仅浪费原料和能源、污染工作环境，还常常造成设备的腐蚀，严重时还会引起容器的破坏事故。

（4）加强容器在停用期间的维护。对于长期或临时停用的容器，应加强维护。对于停用的容器，必须将内部的介质排除干净，腐蚀性介质要经过排放、置换、清洗等技术处理。要注意防止容器的"死角"积存腐蚀性介质。

要经常保持容器的干燥和清洁，防止大气腐蚀。试验证明，在潮湿的情况下，钢材表面有灰尘、污物时，大气对钢材才有腐蚀作用。

（5）经常保持容器的完好状态。容器上所有的安全装置和计量仪表，应定期进行调整校正，使其始终保持灵敏、准确；容器的附件、零件必须保持齐全和完好无损，连接紧固件残缺不全的容器，禁止投入运行。

3.6 压力容器检测检验

3.6.1 压力容器检测检验的目的

由于压力容器工作环境恶劣，长期在高温高压、低温高压和交变载荷状况下运行，一旦容器存在缺陷，就容易导致爆炸等事故。压力容器爆炸具有很大的破坏作用，爆炸破坏力主要有以下几种形式：①振动：在遍及破坏作用的区域内，有一个能使物体振动，使之松散的力量；②冲击波：随着爆炸的出现，冲击波最初出现正压力，而后出现负压力；③碎片的冲击：容器爆炸以后变成碎片，会在 100~500m 的范围内造成伤亡；④火灾；⑤毒害：如果压力容器内是有毒介质，如液氮、液氯、二氧化氮等，爆炸后会造成大面积的毒害区域。

加强压力容器的检验检测的主要目的是，发现并消除在用压力容器的缺陷，防止压力容器爆炸事故以及二次事故。

3.6.2 压力容器检测检验内容

压力容器的检验工作多数是在容器制造过程中分阶段进行的。压力容器在投产使用一段时间后必须进行定期检验，以确定其能否继续安全使用。对在役压力容器进行定期检验时，常借助无损探伤手段检查裂纹。

在检验前的资料审查中，只有根据各类容器的给定的工作参数、结构特点、运行及修理情况制定检验方案，把握检验重点，才能有效地控制安全质量。

1. 根据容器服役时间确定检验内容

压力容器都有设计寿命，由于压力容器在运行期间启停频繁，长期工作，容易疲劳失效。任何事物的变化都存在一个量变到质变的过程，容器失效也应如此，失效前必然发生塑性变形。因此，将变形的观察与测量作为检验工作的重点，并设置监控点。如筒体直线度、圆度。该项工作在首次检验时就应纳入检验方案。对压力容器设定检测基准，特别对大型容器更有必要，该类容器容量大、破坏力强，一旦发现有微量变形，就要采取监控手段，如缩短检验周期、定期检查、定点硬度测试等。

2. 根据容器结构确定检验内容

尽管压力容器的结构千变万化，但结构不连续的地方，始终是检验的重点。封头与筒体连接部位、开孔部、胀焊部、搭接部位、角接部位、不等壁厚部位，这些部位应力比较集中，长期运行，容易发生疲劳失效或出现裂纹，是检验的重点，特别是对长期处于交变载荷环境下工作和启停频繁的容器，更要高度重视，对运行 6 年以上的容器，要考虑对结构不连续的部位进行表面探伤抽查，及时发现并处理存在的问题，杜绝恶性事故的发生。

3. 根据容器高温工作特点确定检验内容

所谓高温是指工作温度在 350℃ 以上。受力作用的钢材在高温条件下不断塑性变形的现象称为"蠕变"现象。碳钢在 350℃ 以上就会出现较明显蠕变现象。一般情况下，在高温条件下工作的容器都是由合金材料组成，通过加入 Cr、Mo、V、Nb 等合金元素来提高其热强性能及抵抗蠕变的能力。根据蠕变机理："在力的作用下，金属由于塑性变形而强化；在高温作用下，又发生软化；已软化的金属在力的作用下，又产生塑性变形，金属再度强化……这样交替地发展下去，即构成了力及高温作用下金属不断塑性变形的蠕变现象。"对于此类工作在高温条件下的容器，在首次检验时，就应设定防蠕变观察点，同时加上硬度测试，密切掌握其材料的蠕变动向，有效地防止因蠕变而导致设备破坏。对于不锈钢容器，虽然它工作温度不处于高温工作区域，但在焊制过程中，必然有一段时间工作在高温区域，而 450～850℃ 是不锈钢的敏化区，必然会存在贫铬区，对于有晶间腐蚀倾向的介质来说，容易具备晶间腐蚀的条件。所以，对于不锈钢容器的检查，其重点在热影响区，在检验过程中必须高度重视。

4. 根据介质特性确定检验内容

压力容器工作在各种各样的介质中，而不同的介质对容器的腐蚀作用是不相同的，年腐蚀速度较小的介质，不是监控的重点，监控的主要对象是那些容易对设备造成电化学腐蚀的介质和造成应力腐蚀的介质。电化学腐蚀的特点是不同介质相接触，存在电位差，这时的腐蚀现象是，如果接触部分是面，那么就存在均匀腐蚀。如果接触部分是点，那么，就会出现点蚀或孔蚀，孔蚀容易被忽视，因此，在制定检验方案时，对边角要重视，要在考虑宏观检查的同时，辅助表面探伤检测。应力腐蚀的特点不仅是介质，同时存在高应力。

在用压力容器定期检验过程中，检验的内容是：冷却器的加热与冷却侧的传热面；加热器与锅炉的加热用介质（水和水蒸气）和工作介质的传热面处；换热管的胀管部位；钢管与管板或隔板的间隙处；列管式热交换器上管板下面的换热管外壁。而对于液氨引起的应力腐蚀，一般应检验液体与气体交界面处。

5. 根据容器运行及修理状况确定检验内容

在运行资料中反映出的压力容器的问题不容忽视。若在资料审查中发现超温超压，就有可能出现变形、鼓包与微裂纹，在制定检验方案时就要考虑表面探伤抽查，及时发现问题，及时消除，预防恶性事故的发生。对修理部位的重点检查是定检后的第一年，也是检验其修理的质量能否满足安全使用的关键，根据设备事故发生率浴盆原理，第一年是事故发生率的高峰期，在制订检验方案时，就要根据修理的部位来决定检验内容，找出缺陷，确保设备运行安全。

3.6.3 压力容器检测检验技术

压力容器的种类、结构、类型较多，其设计参数和使用条件各不相同，所盛装的介质可能具有不同的性质。因此，对它们进行检验时，只有采用各种不同的检验方法，才能对压力容器的安全使用性能做出全面、正确的评价。

1. 宏观检查

直观检查和量具检查通常称为宏观检查。宏观检查是对在用压力容器进行内、外部检验常用的检验方法。宏观检查的方法简单易行，可以直接发现和检验容器内、外表面比较明显的缺陷，为进一步利用其他方法做详细的检验提供线索和依据。

（1）直观检查。直观检查是检验压力容器最基本的方法，通常在采用其他检验方法之前进行，是进一步检验的基础。它主要是凭借检验人员的感觉器官，对容器的内、外表面进行检查，以判别其是否有缺陷。

1）检查内容。直观检查，要求检查容器的本体和受压元件的结构是否合理，压力容器的连接部位、焊缝、胀口、衬里等部位是否存在渗漏，压力容器表面是否存在腐蚀的深坑或斑点、明显的裂纹、磨损的沟槽、凹陷、鼓包等局部变形和过热的痕迹，焊缝是否有表面气孔、弧坑、咬边等缺陷，容器内、外壁的防腐层、保温层、耐火隔热层或衬里等是否完好等。

2）检查工具。手电筒、5～10 倍的放大镜、反光镜、内窥镜、约 0.5kg 的尖头锤子等。

3）检查方法。主要有：

① 通常采用肉眼检查。肉眼能够迅速扫视大面积范围，并且能够察觉细微的颜色和结构的变化。

② 当被检查的部位比较狭窄（例如长度较长的管壳式容器以及气瓶等），无法直接观察时，可以利用反光镜或内窥镜伸入容器内进行检查。

③ 当怀疑设备表面有裂纹时，可用砂布将被检部位打磨干净，然后用含量（质量分数或体积分数）为 10% 的硝酸酒精溶液将其浸湿，擦净后用放大镜观察。

④ 对具有手孔或较大接管而人又无法进入内部用肉眼检查的小型设备，可将手从手孔或接管口伸入，触摸内表面，检查内壁是否光滑，有无凹坑、鼓包。

⑤ 用约 0.5kg 的尖头锤子进行锤击检查，是检查锅炉、压力容器的一种常用的方法。当容器表面有防腐层、保温层、耐火隔热层、衬里或夹套等妨碍检查时，如果需要应部分或全部拆除再进行直观检查。直观检查时，若在容器表面发现各种形态的缺陷，检验人员应予以综合判断，并分别予以适当的处置。

（2）量具检查。采用简单的工具和量具对直观检查所发现的缺陷进行测量，以确定缺陷的严重程度，是直观检查的补充手段。

1）检查内容。用量具检查主要是检查设备表面腐蚀的面积和深度，变形程度，沟槽和裂纹的长度，以及设备本体和受压元件的结构尺寸（如管板的平面度等）是否符合要求等。

2）检查工具。检查工具有直尺、样板、钢卷尺、游标卡尺、塞尺等。

3）检查方法。主要有：

① 用拉线或量具检查设备的结构尺寸。例如，用钢卷尺测量筒体的周长，用计算圆周长的公式和简体的实际壁厚值算出筒体的平均内直径，以求得筒体的内径偏差；测量筒体同一断面的圆度等。

② 用直尺、游标卡尺或塞尺检查设备的平面度，或腐蚀、磨损、鼓包的深度（高度）等。

③ 用预先按受压元件的某部分做成的样板紧靠其表面，检查它们的形状、尺寸是否符合设计要求（例如角焊缝的焊脚高度、封头的曲率尺寸等），或测量其变形、腐蚀的程度。

④ 在器壁发生均匀腐蚀、片状腐蚀或密集斑点腐蚀的部位，采用超声波测厚仪测量容器的剩余壁厚。

2. 无损检测

在压力容器构件的内部，常常存在着不易发现的缺陷，如焊缝中的未熔合、未焊透、夹渣、气孔、裂纹等。要想知道这些缺陷的位置、大小、性质，对每一台设备进行破坏性检查是不可能的，为此出现了无损探伤法。它是在不损伤被检工件的情况下，利用材料和材料中缺陷所具有的物理特性探查其内部是否存在缺陷的方法。

应用无损检测技术通常是为了达到四个目的：保证产品质量、保障安全使用、改进制造工艺、降低生产成本。

（1）射线检测。

1）射线检测原理。射线照射在工件上，透射后的射线强度根据物质的种类、厚度和密度而变化，利用射线的照相作用、荧光作用等特性，将这个变化记录在胶片上，经显影后在底片上形成黑度的变化，根据底片黑度的变化可了解工件内部结构状态，达到检查出缺陷的目的。

2）射线检测的特点。可以获得缺陷直观图像，定性准确，对长度、宽度尺寸的定量也较准确；检测结果有直接记录，可以长期保存；对体积型缺陷（气孔、夹渣类），检出率高，对面积型缺陷（裂纹、未熔合类），如果照相角度不适当容易漏检。射线检测适宜检验厚度较薄的工件，不适宜检验较厚的工件；适宜检验对接焊缝，不适宜检验角焊缝以及板材、棒材和锻件等；对缺陷在工件中厚度方向的位置、尺寸（高度）的确定较困难；检测成本高、速度慢；射线对人体有害。

3）射线的安全防护。射线的安全防护主要是采用时间防护、距离防护和屏蔽防护三大技术。时间防护即尽量缩短人体与射线接触的时间。射线的强度与人体至射线源间的距离的二次方成反比，利用这一原理，可以采用机械手、远距射线源操作等方法进行距离防护。还可在人体与射线源之间隔上一层屏蔽物，以阻挡射线，即进行屏蔽防护。

（2）超声波检测。

1）超声波检测原理。超声波是一种超出人听觉范围的高频率机械振动波。超声波可以分为纵波、横波、表面波等多种波型。当介质中质点的位移与波传播的方向一致时为纵波；质点的位移与波传播的方向垂直时为横波；而表面波只能在工件表面传播。在固体中，各类声波都可以传播；在液体和气体中，只有纵波才可以传播。超声波在同一均匀介质中传播时速度不变，传播方向也不变，如果传播过程中遇到另一种介质，就会发生反射、折射或绕射的现象。制造容器使用的钢材可视为均匀介质，如果容器内部存在缺陷，则缺陷会使超声波产生反射现象，根据反射波幅的大小、方位，就能判定和测出缺陷的存在。

2）超声波检测的特点。对面积型缺陷的检出率较高，而对体积型缺陷检出率较低；适宜检验厚度较大的工件；适用于检测各种试件，包括检测对接焊缝、角焊缝，板材、管材、棒材、锻件以及复合材料等；检验成本低、速度快，检测仪器体积小、重量轻，现场使用方便；检测结果无直接见证记录；对缺陷在工件厚度方向上定位较准确；材质、晶粒度对检测有影响。

（3）磁粉检测。

1）磁粉检测原理。铁磁性材料被磁化后，其内部产生很强的磁感应强度，磁力线密度增大几百倍到几千倍，如果材料中存在不连续处，磁力线会发生畸变，部分磁力线有可能逸出材料表面，从空间穿过，形成漏磁场。因空气的磁导率远低于零件的磁导率，使磁力线受阻，一部分磁力线挤到缺陷的底部，一部分穿过裂纹，一部分排挤出工件的表面后再进入工件。这后两部分磁力线形成磁性较强的漏磁场。如果这时在工件上撒上磁粉，漏磁场就会吸附磁粉，形成与缺陷形状相近的磁粉堆积（称这种堆积为磁痕），从而显示缺陷。当裂纹方向平行于磁力线的传播方向时，磁力线的传播不会受到影响，这时缺陷也不可能被检出。

2）磁粉检测的特点。适宜铁磁材料探伤，不能用于非铁磁材料；可以检出表面和近表面缺陷，不能用于检测内部缺陷；检测灵敏度很高，可以发现极细小的裂纹以及其他缺陷；检测成本很低，速度快；有时因形状和尺寸的原因使工件难以被磁化而对探伤有影响。

（4）渗透检测。

1）渗透检测原理。零件表面被施涂含有荧光染料或着色染料的渗透液后，在毛细管作用下，经过一定的时间，渗透液可以渗进表面开口的缺陷中；除去零件表面多余渗透液后，再在零件表面施涂显像剂，同样在毛细管的作用下，显像剂将吸引缺陷中保留的渗透液，渗透液渗到显像剂中，在一定的光源下，缺陷中的渗透液痕迹被显示，从而探出缺陷的形貌及分布状态。

2）渗透检测的特点。除了疏松多孔性材料外任何种类的材料，如钢铁材料、有色金属、陶瓷材料和塑料等材料的表面开口缺陷都可用渗透检测；形状复杂的部件也可采用渗透检测，通过一次操作就可大致全面检测；同时存在几个方向的缺陷时，用一次操作就可完成检测；形状复杂的缺陷显示的痕迹也可容易地被观察；不需大型设备，携带式喷灌着色渗透检测不需水、电，十分方便现场检测；试件表面粗糙度对检测结果影响大，探伤结果易受操作人员技术水平影响；可以检出表面张口的缺陷，但对埋藏缺陷或闭口型的表面缺陷无法检出；检测程序多、速度慢、检测灵敏度较磁粉低；材料较贵，成本高，有些材料易燃、有毒。

（5）涡流检测。

1）涡流检测原理。在工件中的涡流方向与给试件加交流电磁场的线圈（称为一次线圈或激励线圈）的电流方向相反，而涡流产生的交流磁场又使得激励线圈中的电流增加，假如涡流变化，这个增加的部分（反作用电流）也变化，测定这个变化，可得到工件表面的信息。

2）涡流检测的特点。检测时与工件不接触，所以检测速度很快，易于实现自动化检测；涡流检测不仅可以探伤，而且可以揭示工件尺寸变化和材料特性，例如电导率和磁导率的变化，利用这个特点可综合评价容器消除应力热处理的效果，检测材料的质量以及测量尺寸；受集肤效应的限制，很难发现工件深处的缺陷；缺陷的类型、位置、形状不易估计，需辅以其他无损检测的方法来进行缺陷的定位和定性；不能用于绝缘材料的检测。

（6）声发射探伤法。

声发射技术是根据容器受力时材料内部发出的应力波判断容器内部结构损伤程度的一种新的无损检测方法。它与X射线、超声波等常规检测方法的主要区别在于，声发射技术是一种动态的无损检测方法，它能连续监视容器内部缺陷发展的全过程。

（7）磁记忆检测。

磁记忆检测原理：处于地磁环境下的铁制工件受工作载荷的作用，其内部会发生具有磁致伸缩性质的磁畴组织的重新取向，这种重新取向是定向的和不可逆转的，并在应力与变形集中区形成最大的漏磁场的变化。这种磁状态的不可逆变化在工作载荷消除后继续保留。因此通过漏磁场法向分量的测定，可以准确地推断工件的应力集中区。

3. 测厚

厚度测量是压力容器检验中常见的检测项目。由于容器是闭合的壳体，测厚只能从一面进行，所以需要采用特殊的物理方法，最常用的是超声波。

4. 化学成分分析

钢铁材料元素分析的方法有原子发射光谱分析法和化学分析法两种。在用锅炉压力容器检验中进行化学成分分析的目的，主要是复核和验证材料的元素含量是否符合材料的技术标准，或者在焊接或返修补焊时借此制定焊接工艺，或者用于鉴定在用锅炉压力容器壳体材质在运行一段时间后是否发生变化。

5. 金相检验

金相检验的目的主要是为了检查设备运行后受温度、介质和应力等因素的影响，其材质的金相组织是否发生了变化，是否存在裂纹、过烧、疏松、夹渣、气孔、未焊透等缺陷。

金相检验分为宏观金相和微观金相。折断面检查是宏观金相检验方法之一。

金相检验可以观察到设备的局部金相组织。对于材料的金相检验，根据有关标准，可以判定钢材脱碳层深度，测定低碳钢的游离渗碳体、亚共析钢的带状组织和魏式组织，以及晶粒度等。对于在用压力容器金相检验结果的判定，目前尚无标准可循，通常可采用与典型缺陷金相图谱对比的方法来进行判定。在用压力容器的断口金相检验，还可以帮助判定腐蚀、断裂的类型，分析造成容器失效的原因。

6. 硬度测试

材料硬度值与强度存在一定的比例关系，材料化学成分中，大多数合金元素都会使材料的硬度升高，其中碳的影响最直接，材料中含碳量越大，其硬度越高。因此，硬度测试有时用来判断材料强度等级或鉴别材质；材料中不同金相组织具有不同的硬度，故通过硬度值可大致了解材料的金相组织，以及材料在加工过程中的组织变化和热处理效果；加工残余应力和焊接残余应力的存在对材料的硬度也会产生影响，加工残余应力和焊接残余应力值越大，材料的硬度越高。

7. 断口分析

断口分析是指人们通过肉眼观察或使用仪器分析金属材料或金属构件损坏后的断裂截面，探讨与材料或构件损坏有关的各种问题的一种技术。

断口是构件破坏后两个耦合断裂截面的通称。人们通过对断口形态的观察、研究和分析，去寻求断裂的起因、断裂方式、断裂性质、断裂机制、断裂韧性以及裂纹扩展速率等各种断裂的基本问题，以使人们正确地判断引起断裂的真实原因究竟是起源于材料质量、构件的制造工艺、构件使用的环境因素影响，还是构件使用的操作因素等。

8. 耐压试验

压力容器的耐压试验即通常所说的液压试验（水压试验）和气压试验，是一种验证性的综合检验，它不仅是产品竣工验收时必须进行的试验项目，也是定期进行容器全面检验的主要检验项目。耐压试验主要用于检验压力容器承受静压强度的能力。

9. 气密性试验

气密性试验又称为致密性试验或泄漏试验，对于盛放毒性程度为极度、高度危害介质的压力容器或设计上不允许有微量泄漏的压力容器，必须进行气密性试验。气密性试验应在液压试验合格后进行。对碳素钢和低合金钢制压力容器，其试验用气体的温度应不低于5℃，其他材料制压力容器按设计图样规定。气密性试验所用气体，应符合气压试验的规定。在对压力容器进行气密性试验时，安全附件应安装齐全。

容器致密性的检查方法：在被检查的部位涂（喷）刷肥皂水，检查肥皂水是否鼓泡；检查试验系统和容器上装设的压力表，其指示是否下降；在试验介质中加入体积分数为1%的氨气，将被检查部位表面用质量分数为5%的硝酸汞溶液浸过的纸带覆盖，如果有不致密的地方，氨气就会透过而使纸带的相应部位留下黑色的痕迹。用此法检查容器致密性较为灵敏、方便；在试验介质中充入氨气，如果有不致密的地方，就可利用氨气检漏仪在被检查部位表面检测出氨气。目前的氨气检漏仪可以发现气体中含有千万分之一的氨气存在，相当于在标准状态下漏氨气率为 $1cm^3/a$，因此，其灵敏度较高；小型容器可浸入水中检查，被检部位在水面下 20~40mm 深处，检查是否有气泡逸出。

10. 爆破试验

爆破试验是对压力容器的设计与制造质量，以及其安全性和经济性进行综合考核的一项破坏性验证试验，通常气瓶在制造过程中按批进行爆破试验。

11. 力学性能试验

力学性能试验的目的是检测材料及焊接接头的力学性能。检测方法有拉力试验、弯曲试验、常温和低温冲击试验、压扁试验等。检测的力学性能有比例极限 R_p、弹性极限 σ_e、屈服强度 R_e、抗拉强度 R_m、断后伸长率 A、断面收缩率 z、弯曲、冲击吸收功 A_{KV} 等。

12. 应力应变测试

应力应变测试的目的是，测出构件受载后表面的或内部各点的真实应力状态。试验应力应变测试的方法主要有电阻应变测量法（简称"电测法"）、光弹性方法、应变脆性涂层法和密栅云纹法等，每种测试方法都有各自的特点和适用范围。

电测法是将作为传感元件的电阻应变片粘贴或安装在被测的压力容器表面上，然后将其接入测量电路，当设备受载变形时，应变片的敏感栅相应变形并将应变转换成电阻改变量，再通过电阻应变仪直接得到所测量的应变值。根据应力与应变关系的物理方程，即可将测得的应变值换算成被测点的实际应力值。用电测法可以进行大规模的多点应变测量，准确测定压力容器构件表面上任一点的静态到 500kHz 的动态应变，还可测得平面应力状态下某些点的主应力大小和方向。但是，此法只能测试压力容器表面的应力，不能显示容器表面整体应力场中应力梯度的情况。

13. 应力分析

应力分析是指分析构件在载荷作用下的各应力分量。如分析一次总体薄膜应力、一次局部薄膜应力、一次弯曲应力、二次应力、峰值应力等。

14. 断裂力学分析

断裂力学分析是应用断裂理论，对含缺陷构件的剩余强度和寿命进行分析的方法。断裂力学的观点认为，带裂纹的构件，只要裂纹扩展未达到临界尺寸，仍可使用。

15. 风险评估

风险评价技术就是将设备发生事故的可能性（概率）和事故造成的危害程度（经济损失）进行综合考虑，将设备划分成不同的风险等级。

3.7　压力容器的失效形式与安全分析

3.7.1　断裂的定义及类型

机器设备零部件常会由于设计结构不合理、制造质量不良、使用维护不当或其他原因而发生早期失效（即在规定的使用期限内失去按原设计进行正常工作的效能）。断裂是其主要的失效形式，特别是脆性断裂，在工程上是一个长期存在的问题。

一般机器部件的失效，可以有三种类型：过量的变形（弹性、塑性）、部件断裂和表面状态恶化（磨损、腐蚀），其中以部件断裂的危害最大。

要防止压力容器承压部件的断裂事故，首先要了解它的破坏机理，即了解它为什么会发生断裂，以及怎样断裂的。只有掌握了它发生断裂的规律，才能采取正确的防止破坏的措施，避免事故的发生。

断裂是指固体在机械力、热、磁、声响、腐蚀等单独作用或者联合作用下，使物体遭到连续性破坏，从而发生局部开裂或分裂成几个部分的现象。前者称局部断裂，如各种裂纹；后者称完全断裂，如整体脆断等。

金属构件的断裂可以有许多种分类方法。

1）根据断裂性态不同，金属构件的断裂可分为延性断裂和脆性断裂。延性断裂是指构件在断裂前发生了显著的塑性变形；脆性断裂是指构件在断裂前没有或仅有少量塑性变形。

2）按裂纹扩展路径不同，金属构件的断裂可分为穿晶断裂和沿晶断裂。穿晶断裂是指裂纹穿过晶内；沿晶断裂是指裂纹沿晶界扩展。

3）按断口宏观取向不同，金属构件的断裂可分为正断和切断。正断是指断裂的宏观表面垂直于最大正应力 σ 方向，一般为脆性断裂；切断是指断裂面大致与最大正应力方向成45°，多数为延性断裂。

4）按受力状态不同，金属构件的断裂可分为短时断裂与长时断裂、冲击断裂和疲劳断裂。

5）按环境不同，金属构件的断裂可分为低温冷脆断裂、高温蠕变断裂、延滞断裂（氢脆与应力腐蚀）、辐照和噪声损伤等。

断口是指零件断裂的自然表面。断口一般是材料中性能最弱或应力最大的部位，因为金属材料中裂纹总是沿着阻力最小的路径扩展。

本章中，根据断裂的形式及其基本原因不同，把承压部件的断裂分为延性断裂、脆性断裂、疲劳断裂、腐蚀断裂和蠕变断裂等几种形式，并对其产生的过程、特性及原因等分别进行讨论。

3.7.2　延性断裂

1. 概述

压力容器承压部件的延性断裂是指其器壁材料发生破坏的形式。

承压部件的延性断裂是在器壁发生大量的塑性变形之后产生的，器壁的变形引起容器容积的变化，而器壁的变形又在压力载荷下产生的，所以对于具有一定直径与壁厚的容器，它的容积变形与它所承受的压力有很大的关系。若以容器的容积变形率为横坐标，容器的内压为纵坐标，则可以得到容器的压力-容积变形图，如图 3-22（内径为 600mm，壁厚为 10mm，两端为椭圆封头，20g 钢板焊接的容器，进行水压爆破时实际测出的压力-容积变形曲线图）所示，图中的曲线形状与器壁材料的拉伸图有某些相似之处。

压力较小时，器壁的应力也较小，器壁产生弹性变形，容器的容积与压力成正比增加，保持直线关系。如果卸除载荷，即把容器内的压力下降，容器的容积即恢复原来的大小。而不会产生容积残余变形（确切地说是不产生较大的残余变形）。

当压力升高至容器器壁上的应力超过材料的弹性极限时，变形曲线开始偏离直线，即容器的容积变形不再与压力成正比关系，而且在压力卸除之后，容器不能完全恢复到

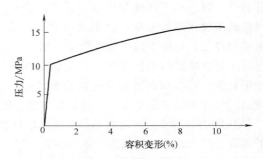

图 3-22　容器的压力-容积变形图

原来的形状，而是保留一部分容积残余变形。根据这种特性，可以在压力容器进行耐压试验时，测出容器在试验前后的容积变化，以确定容器在试验压力下，器壁的应力是否在材料的弹性极限之内。

若容器内的压力升高至器壁上的应力达到材料的屈服强度，由于器壁产生明显的塑性变形，容器的容积将迅速增大，往往在压力不再增高甚至下降的情况下，容器的容积变形仍在继续增加。这种现象与金属材料拉伸图中的屈服现象相同，也可以说容器处在全面屈服状态。承压部件的这种屈服现象，在水压爆破试验时经常会出现。当容器内的压力升至一定值时，尽管水压泵仍在不断地转动，加水计量管也表明容器内继续进水，但压力表的指针却突然停止不前，有时还可能有轻微下降的现象。这是因为容器的整个截面积上的材料已达到屈服状态。这时的压力被认为是容器的实际屈服压力。

承压部件在延性断裂前先产生大量的容积变形，这种现象对防止某些容器发生断裂事故也是有利的。例如，充装过量液化气体的气瓶会由于介质温度增高而使压力急剧升高，容积的大量变形有利于缓解器内压力的激增，有时还会避免容器的断裂。对于一些器壁严重减薄的气瓶或其他容器，有时会在充气或进行水压试验过程中，压力表突然停止不动，达到屈服状态。

容器的内压力超过了它的屈服压力以后，如果把压力卸除，容器也会留下较大的容积残余变形，有些甚至用肉眼或直尺测量即可发现。因为圆筒形容器的周向应力比轴向应力大一倍，所以一般总是周向产生较大的残余变形，即容器的直径增大。而圆筒形容器端部的径向增大又受到封头的限制，因而在壁厚比较均匀的情况下，圆筒形容器的变形总是呈现两端较小而中间较大的腰鼓形。这样，一些发生过屈服的容器（主要是液化气体气瓶）就易于被发现。

容器内压超过屈服压力以后，如果压力继续升高，容积变形将更快地增加，至器壁上的应力达到材料的断裂强度时，容器即发生延性断裂。

2. 延性断裂的特征

金属材料的延性断裂是显微空洞形成和长大的过程。对于常用以制造压力容器的碳钢及低合金钢，这种断裂首先是在塑性变形严重的地方形成显微空洞（微孔），夹杂物是显微空洞成核的位置。在拉力作用下，大量的塑性变形使脆性夹杂物断裂或使夹杂物与基体界面脱开而形成空洞。空洞一经形成，即开始长大和聚集，聚集的结果是形成裂纹，最后导致断裂。所以金属材料特别是塑性较好的碳钢及低合金钢，在发生延性断裂时，总是先产生大量的塑性变形。这种现象对于防止机器设备发生断裂事故是十分有利的。因为在零件断裂以前，设备即会由于过量的塑性变形而失效。微观断口上常可见到微坑的存在，如图 3-23（煤浆管道）所示。

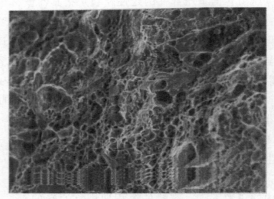

图 3-23　20G 钢断裂处韧窝（放大 1000 倍）

发生延性断裂的承压部件，从它破裂以后的变形程度、断口和破裂的情况以及爆破压力等方面，常常可以看出金属延性断裂的一些特征。

（1）破裂容器发生明显变形。金属的延性断裂是在大量的塑性变形后发生的，塑性变形使金属断裂后在受力方向留存较大的残余伸长，如图 3-24a 所示，表现在容器上则是直径增大和壁厚减薄，如图 3-24b 所示。所以，具有明显的形状改变是压力容器延性断裂的主要特征。从许多爆破试验和爆炸事故的容器所测得的数据表明：发生延性断裂的容器，最大圆周伸长率常超过 10%，容积增大率（根据爆破试验加水量计算或按破裂容器的实际周长估算）也往往高于 10%，有的甚至达 20% ~ 30%。

a)　　　　　　　　　　　　　　b)

图 3-24　事故后部件的变形情况

a）螺栓伸长　b）容器变薄

（2）断口呈暗灰色纤维状。碳钢和低合金钢延性断裂时，由于显微空洞的形成、长大和聚集，最后形成锯齿形的纤维状断口。这种断裂形式多数属于穿晶断裂，即裂纹发展所取的途径是穿过晶粒。因此，断口没有闪烁金属光泽而呈暗灰色。由于这种断裂是先滑移而后断裂，所以它的断裂方式一般是切断，即断裂的宏观表面平行于最大切应力方向，而与最大主应力成 45°。当承压部件延性断裂时，它的断口往往也具有金属延性断裂的特征：断口是暗灰色的纤维状，没有闪烁金属光泽；断口不齐平，而与主应力方向约成 45°（圆筒形容器纵向裂开时，其破裂面与半径方向成一角度，即裂口是斜断的）。

（3）容器一般不是碎裂。因为材料具有较好的塑性和韧性，所以发生延性断裂的容器的破裂方式一般不是碎裂，即不产生碎片，而只是出现一个裂口。壁厚比较均匀的圆筒形容器，常常是在中部裂开一个形状为"X"的裂口。裂口的大小则与容器爆破时释放的能量有关。盛装一般液体（例如水）时，因液体的膨胀功较小，容器破裂的裂口较窄，最大的裂口宽度一般也不会超过容器的半径。盛装气体时，因膨胀功较大，裂口较宽。特别是锅筒或盛装液化气体的容器，破裂以后容器内压力下降，锅水或液化气体迅速蒸发，产生大量蒸汽或气体，使容器的裂口不断扩大。

（4）实际爆破压力接近计算爆破压力。金属的延性断裂是经过大量的塑性变形，而且是在外力引起的应力达到它的断裂强度时产生的。所以延性断裂的承压部件，器壁上产生的应力一般都达到或接近材料的抗拉强度，即设备是在较高的应力水平下破裂的。它的实际爆破压力往往与计算爆破压力相接近。

3. 延性断裂事故的预防

（1）延性断裂的基本条件。

容器产生显著的塑性变形，只有在它受力的整个截面上的材料都处于屈服状态下才能产生。如果在某一截面中仅有一部分由于局部应力过高产生塑性变形，而其他大部分还处于弹性变形，则局部应力高的部分的塑性变形就会受到相邻部分的抑制而仅仅产生微量的变形，并降低过高的局部应力。所以承压部件的延性断裂是由于它的薄膜应力超过材料的屈服强度而产生的。如果只在承压部件的某些部位存在较高的局部应力，有时还可能超过材料的屈服强度，它并不会引起部件的显著变形。但这种局部应力对于那些反复加压和卸压的设备是十分不利的，虽然它不会直接引起延性断裂，但会导致容器的疲劳断裂。

（2）常见压力容器延性断裂事故。

1）液化气体容器充装过量。对于有些盛装高临界温度的液化气体的气罐、气筒和气瓶，往往由于操作人员操作疏忽、计量错误或其他原因，造成充装过量，使容器在充装温度下即被液态气体充满（因为液化气体的充装温度一般都低于室温），因此在运输或使用过程中，器内液体的温度会受环境温度的影响或太阳曝晒而升高，体积急剧膨胀，造成容器压力迅速上升并产生塑性变形，最后造成断裂事故。

2）压力容器在使用中超压。由于违反操作规程、操作失误或其他原因，造成设备内的压力升高，并超过它的最高许用压力，而设备又没有装设安全泄压装置或安全泄压装置不灵，因而使压力不断上升，最后发生过量的塑性变形而破裂。

3）设备维护不良以致壁厚减薄。有些部件因为介质对器壁产生腐蚀，或长期闲置不用而又没有采取有效的防腐措施，以致器壁发生大面积腐蚀，壁厚严重减薄，结果部件在正常的操作压力下发生破裂。

（3）压力容器延性断裂事故的预防。

要防止压力容器发生延性断裂事故，最根本的办法是保证承压部件在任何情况下，器壁上的当量应力都不超过材料的屈服强度。

1）使用的压力容器必须按规定进行设计，承压部件必须经过强度验算，未经正式设计而制成的压力容器禁止投入运行。

2）禁止将一般容器改成或当成压力容器使用，防止不承压的容器因结构或操作的原因在器内产生压力。

3）压力容器应按规定装设性能和规格都符合要求的安全泄压装置，并使其保持灵敏、可靠的状态。

4）认真执行安全操作规程。要经常注意监督检查，防止压力容器超压运行。

5）做好压力容器的维护保养工作，采取有效措施防止腐蚀性介质与大气对设备的腐蚀，并使防腐措施保持良好有效的状态。特别对于长期停用的容器，更应注意保养维护。

6）严格定期检验制度，检验时若发现承压部件器壁被腐蚀而致厚度严重减薄，或容器在使用中曾发生过显著的塑性变形时，应停用。

3.7.3 脆性断裂

对于运行中的设备或构件，当外载荷超过该设备或构件所用的静强度时（$\sigma > [\sigma]$），就发生破坏，也就是说，设备或构件处于不安全状态。那么通常所说的设计准则就是 $\sigma < [\sigma]$。

但是否工作应力 $\sigma < [\sigma]$，设备就一定安全呢？事实上，也并非全安全。脆性断裂（$\sigma \ll \sigma_s$）就是例外。许多压力容器破裂，并非都经过显著的塑性变形，有些容器破裂时根本没有宏观变形，而且根据破裂时的压力计算得到器壁的薄膜应力也远远没有达到材料的强度极限，有的甚至还低于屈服强度。这种断裂多表现为脆性断裂。由于它是在较低应力状态下发生的，又称为低应力脆性断裂。

1. 脆性断裂的基本原因

脆性断裂都是在较低的应力水平（即断裂时的应力一般低于材料的屈服强度）下发生的。因此人们就在思考：究竟是什么原因使这些钢制结构件在这样低的应力水平下就发生断裂。

人们首先把钢的脆性断裂和低温联系起来，而且从大量的冲击试验中获知，钢在低温下的冲击值显著降低。钢在低温下冲击韧性降低，表明在温度低时钢对缺口的敏感性增大，所以最初人们都认为构件的脆性断裂是低温引起的。

钢构件的脆性断裂与它的使用温度低有一定的关系，这是无疑的。但是低温并不是脆性断裂的唯一因素，因为钢的冷脆性（表现为低温下冲击韧性降低）表明它在低温时对缺口的敏感性增大。显然，"缺口"的形状和大小就必然是影响脆性断裂的主要因素。

材料力学是建立在材料是均匀和连续的基础上的，而不均匀和不连续却是绝对的。任何材料和它的构件总是存在各式各样的缺陷，只不过是有时候缺陷比较小，用肉眼不易观察到，或是探伤检测仪器灵敏度低而没有被发现而已。因此，用材料力学计算的结果就不能反映材料的断裂行为。

断裂力学承认材料或构件内部存在缺陷（将它简化为裂纹），而且脆性断裂总是由材料中宏观裂纹的扩展引起的。当带有宏观裂纹的材料或构件受到外力作用时，裂纹尖端附近的区域就产生应力应变集中效应。当此区域的应力应变升高到一定的数值，超过材料的负荷极限时，裂纹便开始迅速扩展（称为失稳扩展），并造成整个材料或构件在低应力状态下产生脆性断裂。这就是断裂力学对断裂现象的解释。

2. 脆性断裂的特征

当承压部件发生脆性断裂时，在破裂形状、断口形貌等方面都具有一些与延性断裂正好相反的特征。

（1）容器没有明显的伸长变形。由于金属的脆断一般没有留下残余伸长，因此脆性断裂后的容器就没有明显的伸长变形。许多在水压试验时脆性断裂的容器，其试验压力与容积增量的关系在断裂前基本上呈线性关系，即容器的容积变形呈处于弹性状态。有些脆裂成多块的容器，将碎块组拼起来再测量其周长，往往与原来的周长相比没有变化或变化甚微，容器的壁厚一般也没有减薄。

（2）裂口齐平，断口呈金属光泽的结晶状。脆性断裂一般是正应力引起的解理断裂，所以裂口齐平并与主应力方向垂直。容器脆断的纵缝裂口与器壁表面垂直，环向脆断时，裂口与容器的中心线相垂直。又因为脆断往往是晶界断裂，所以断口形貌呈闪烁金属光泽的结晶状，如图 3-25 所示。在器壁很厚的容器脆断口上，还常常可以找到人字形纹路（辐射状），这是脆性断裂的最主要宏观特征之一。人字形的尖端总是指向裂纹源，始裂点往往都有缺陷或在几何形状突变处。

（3）容器常破裂成碎块。由于容器脆性破裂时材料的韧性较差，而且脆断的过程又是裂纹迅速扩展的过程，破坏往往在一瞬间发生，容器内的压力无法通过一个裂口释放，因此脆性破裂的容器常裂成碎块，且常有碎片飞出。即使是在水压试验时，器内液体膨胀功并不大，也经常产生碎片。如果容器在使用过程中发生脆性断裂，器内的介质为气体或液化气体，则碎裂的情况就更严重。

如某公司合成氨部 $3×10^5$ L/y 合成氨系统，水煤浆管道爆炸事故中管道呈粉碎性脆性破坏（图3-26），少数碎片散落在距离现场约 130m 的位置，附近的窗户玻璃被振碎，表明爆炸能量较大。所以，容器在使用过程中发生脆性断裂的破坏后果要比延性断裂严重得多。

图 3-25　脆性断裂断面

图 3-26　水煤浆管道爆炸事故现场

（4）断裂时的名义应力较低。金属的脆性断裂是由于裂纹而引起的，所以脆断时并不一定需要很高的名义应力。容器破裂时器壁上的名义应力常常低于材料的屈服强度，所以这种破裂可以在容器的正常操作压力或水压试验压力下发生。

（5）破坏多数在温度较低的情况下发生。由于金属材料的断裂韧度随着温度的降低而降低，所以脆性断裂常在温度较低的情况下发生，包括较低的水压试验温度和较低的使用温度。

此外，脆性破裂常见于用高强度钢制造的容器及厚壁容器。当器壁很厚时，厚度方向的变形受到约束，接近所谓的"平面应变状态"，于是裂纹尖端附近形成了三向拉应力，材料的断裂韧度随之降低，这就是所谓的"厚度效应"，所以同样的钢材，厚板要比薄板更容易脆断一些。同样的材料，强度等级越高，其断裂韧度往往降低。

3. 脆性断裂事故的预防

（1）脆性断裂的基本条件。纵观国内外脆性断裂事故，其主要影响因素是构件存在缺陷以及材料的韧性差。所以，防止脆性断裂最基本的措施就是减小或消除构件的缺陷，要求材料具有较好的韧性。

（2）压力容器脆性断裂事故的预防。

1）减少部件结构及焊缝的应力集中。裂纹是造成脆性断裂的主要因素，而应力集中往往又是产生裂纹的主要原因。许多容器破坏事故都是先在应力集中处产生裂纹，然后以很快的速度扩展而使整体破坏。

在承压部件中，引起应力集中的因素是多方面的，诸如结构形状的不连续、焊缝布置不当和焊接不符合规定等。所以必须在设计及制造工艺上采取具体措施来减少或消除应力集中。

2）确保材料在使用条件下具有较好的韧性。材料的韧性差是造成脆性断裂的另一个主要因素，因此要防止承压部件的脆性断裂，必须保证设备在使用条件下材料的韧性。

合理选材，确保使用条件和使用温度下有较好的韧性。对于在低温下使用的容器，应提出材料在使用温度下必需的最低冲击值。材料的断裂韧度不但与它的化学成分有关，而且还与它的金相组织有关。所以在制造容器时，要防止焊接及热处理不当造成材料的韧性降低。在使用过程中也需要防止容器材料的韧性降低，如防止容器的使用温度低于它的设计温度，开停容器时要防止压力的急剧变化等，因为材料的断裂韧度会因加载速度过大而降低。

3）消除残余应力。容器中残余应力（由装配、冷加工、焊接等产生）的存在也是产生脆性断裂的一个因素，更多的情况是残余应力与外力的叠加而促使容器破坏。

容器大多数是焊接容器，焊缝（特别是在一些布置不合理的焊缝中）的残余应力是最主要的残余应力。所以在焊接容器时应采取一些适当的措施，以减少或消除焊接缝的残余应力。焊接较厚的容器时要在焊后进行消除残余应力的热处理。

当然，有些容器虽然名义应力并不太大，但因为存在较大的残余应力，这两者互相叠加往往就足以使裂纹扩展，最后导致整个容器脆性断裂。

所以消除残余应力也是防止容器发生脆性断裂的一个重要措施。

4）加强对设备的检验。裂纹等缺陷是导致脆性断裂的首要因素，因此应对已经制成的或在使用的压力容器加强检验，力争及早发现缺陷，这也是防止设备发生脆性断裂事故的一项措施。容器中有些宏观裂纹是在焊接过程中产生的，如果在焊后加强对焊缝等的宏观检查和无损探伤，则可以避免把有裂纹的容器盲目地投入使用以致发生脆性断裂。事实上，有些部件虽然有裂纹，经过消除裂纹或采取一些防止裂纹扩展的措施以后仍可继续使用；即使没有补救措施而致部件报废，也可以避免在使用过程中发生爆炸事故而造成更大的损失。

3.7.4 疲劳断裂

疲劳断裂是压力容器承压部件较为常见的一种破裂形式。据英国一个联合调查组统计，容器在运行期间发生破坏事故的，其中89.4%是由裂纹引起的。而在由裂纹引起的事故中，原因是疲劳断裂的占39.8%。国外还有些资料统计，压力容器运行中的破坏事故中有75%以上是由疲劳引起的。由此可见，压力容器的疲劳断裂绝不能被忽视。

1. 金属疲劳现象

大约在一百多年以前，人们就发现，承受交变载荷的金属构件，尽管载荷在构件内引起的最大应力并不高，有时还低于材料的屈服强度，但如果长期在这种载荷作用下，构件也会突然断裂，且无明显的塑性变形。由于这种破坏通常都经历过一段时间才发生，人们就把它归因于金属的"疲劳"。试验证明，引起这种破坏的最主要因素是反复应力的作用，而与载荷作用的时间无关。所以严格来讲，"疲劳破坏"实质上应该说是"反复应力破坏"。

引起疲劳断裂的交变载荷及应力，可以是机械载荷及机械应力，也可以是热应力。如承压部件中内压力引起的应力，温度反复变化产生的应力。后一种疲劳又称为"热疲劳"。

所谓交变载荷，是指载荷的大小、方向，或大小和方向同时随时间发生周期性变化的一类载荷。这种交变载荷的特性一般用它的平均应力 σ_m（即循环应力中的最大应力与最小应力的平均值）、应力半幅 σ_a（最大应力与最小应力之差的一半）和应力循环对称系数 r（最小应力与最大应力之比）来描述。即

平均应力 $\qquad\qquad \sigma_m = (\sigma_{max} + \sigma_{min})/2$

应力半幅 $\qquad\qquad \sigma_a = (\sigma_{max} - \sigma_{min})/2$

循环对称系数 $\qquad\qquad r = \sigma_{min}/\sigma_{max}$

（1）疲劳曲线与疲劳极限。人们经过大量的试验发现，金属疲劳有这样的规律：金属承受的最大交变应力 σ_{max} 越大，则它所能承受的最大交变次数（即到它断裂时所受的应力交变次数）N

越少；反之，若最大交变应力 σ_{max} 越小，则交变次数就越多。若把金属所受的最大交变应力 σ_{max} 和相对应的交变次数 N 绘成线图，则可以得到如图 3-27 那样的曲线，称为金属疲劳曲线。金属疲劳曲线表明，当金属所能承受的最大交变应力不超过某一数值时，则交变次数为无穷，即它可以在无数次的交变应力作用下而不会发生疲劳断裂。这个应力值（即曲线平直部分所对应的应力）称为材料的疲劳极限（或持久极限）。有些金属，如常温下的钢铁材料等，疲劳曲线有明显的平直部分；而有些金属，如在高温下或在腐蚀介质作用下的钢材以及部分有色金属等，曲线没有平直部分。这样，一般规定与某一个交变循环次数相对应的应力作为"条件疲劳极限"。金属的疲劳极限通常以 σ_r 表示，下标 r 表示应力循环对称系数。如果是对称应力循环，$r=-1$，则它的疲劳极限用 σ_{-1} 表示。

试验得知，结构钢的疲劳极限与它的抗拉强度有一定的比例关系。对称应力循环中，疲劳极限 σ_{-1} 约为抗拉强度 R_m 的 40%；若仅承受拉伸的脉动循环（即应力的方向不变，而应力的大小发生变化），则此比例值还要高一些。

（2）低周疲劳的规律。疲劳通常分为高周疲劳与低周疲劳。一般转动机械发生的疲劳断裂，应力水平较低，而疲劳寿命较高，疲劳断裂时载荷交变周次 $N \geqslant 1 \times 10^5$，称作高周疲劳（简称疲劳）。若交变载荷引起的最大应力超过材料的屈服强度，而疲劳断裂时载荷交变周次

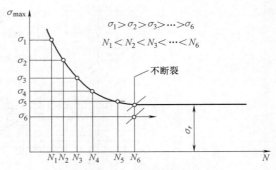

图 3-27　金属疲劳曲线

N 在 $10^2 \sim 10^4$，则为大应变低周疲劳（简称低周疲劳）。对于压力容器，通常承受的是低周疲劳。

低周疲劳的特点是应力较高而疲劳寿命较低。试验表明，低周疲劳寿命 N 取决于交变载荷引起的总应变幅度。

曼森、柯芬根据试验提出如下关系式：

$$N^m \varepsilon_t = C \tag{3-15}$$

式中　N——低周疲劳寿命；

m——指数，与材料种类及试验温度有关，一般为 $0.3 \sim 0.8$，通常取 $m=0.5$；

ε_t——构件在交变载荷下的总应变幅度，包括弹性应变幅和塑性应变幅两部分，以后者为主；

C——常数，与材料在静载拉伸试验时的真实伸长率 e_k 有关，C 取 $0.5 \sim 1 e_k$，而 e_k 与材料的断面收缩率 Z 有如下关系：

$$e_k = \ln\left(\frac{1}{1-Z}\right) \tag{3-16}$$

因而

$$C = (0.5 \sim 1) \ln\left(\frac{1}{1-Z}\right)$$

式（3-15）和式（3-16）表明，相应于一定的交变载荷和总应变幅度，低周疲劳寿命取决于材料的塑性。材料的塑性越好，Z 值越大，C 值越大，相应的低周疲劳寿命 N 越大。

为了使用方便，将总应变幅度，包括弹性应变及塑性应变，均按弹性应力-应变关系折算成应力。由于塑性变形时应力-应变关系不遵守胡克定律，所以这样的折算是虚拟的，折算出的应力幅度称为虚拟应力幅度（应力半幅），其计算式为

$$\sigma_a = \frac{1}{2} E \varepsilon_t \qquad\qquad (3-17)$$

式中　σ_a——虚拟应力幅度（MPa）；

　　　ε_t——总应变幅度；

　　　E——材料的弹性模量（MPa）。

按上述折算办法可把 $\varepsilon_t\text{-}N$ 关系转化为 $\sigma_a\text{-}N$ 关系，考虑一定的安全裕度，可得出许用应力幅度与寿命的关系式及关系曲线，即 $[\sigma_a]\text{-}N$ 曲线。该曲线通常称为低周疲劳设计曲线，可用于确定低周疲劳寿命或许用应力幅度，美国最先将它用做简易疲劳设计的依据，至今已被许多国家采用，美国机械工程师协会（ASME）低周疲劳设计曲线如图 3-28 所示。

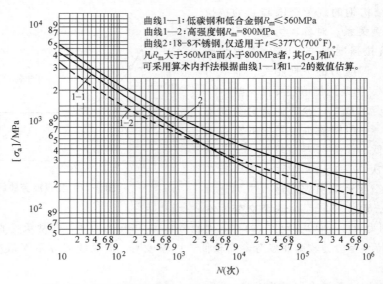

图 3-28　美国机械工程协会（ASME）低周疲劳设计曲线

2. 压力容器承压部件的疲劳断裂

压力容器的疲劳问题过去并未引起人们的普遍重视。因为它不像高速转动的机器那样承受很高交变次数的应力，而且以往又多采用塑性较好的材料，设计应力也较低，所以问题并不突出。在常规强度设计中，人们关心的主要是承压部件的静载强度失效问题。但实践表明，由于锅炉压力容器存在启动停运、调荷变压、反复充装等问题，从宏观上说压力容器承受的压力载荷仍是交变的，交变频率较低，周期较长，多属于脉动载荷（$r=0$）。随着压力容器参数的提高和高强度钢的应用，疲劳断裂问题在国内外日益受到关注。

承压部件的疲劳断裂，绝大多数属于金属低周疲劳。金属低周疲劳的特点是承受较高的交变应力，而应力交变的次数并不需要太高，这些条件在许多压力容器中是存在的。

（1）存在较高的局部应力。低周疲劳的一个条件是它的应力接近或超过材料的屈服强度。这在承压部件的个别部位是可能存在的。因为在承压部件的接管、开孔、转角以及其他几何形状不连续的地方，在焊缝附近，在钢板存在缺陷的地方等都有不同程度的应力集中。有些地方的局部应力往往比设计应力大好几倍，所以完全有可能达到甚至超过材料的屈服强度。如果反复地加载和卸载，将会使受力最大部位产生塑性变形并逐渐发展成微小的裂纹。随着应力的周期变化，裂纹逐步扩展，最后导致部件断裂。

（2）存在反复的载荷。承压部件器壁上的反复应力主要是在以下的情况中产生：

1）间歇操作的设备经常进行反复地加压和卸压。

2）在运行过程中设备压力在较大的范围内变动（一般超过 20%）。

3）设备工艺温度及器壁温度反复变化。

4）部件强迫振动并引起较大局部附加应力。

5）充装容器或气瓶多次充装等。

3. 疲劳断裂的特征

疲劳断裂的部件一般都具有以下特征：

（1）部件没有明显的塑性变形。在疲劳断裂前，承压部件先在局部应力较大的地方产生细微的裂纹，然后逐步扩展。到最后剩余截面上的应力达到材料的断裂强度，使部件发生开裂。所以疲劳断裂也和脆性断裂一样，一般没有明显的塑性变形。即使它的最后断裂区是延性断裂，也不会造成部件的整体塑性变形，即破裂后的直径不会有明显的增大，大部分壁厚也没有显著地减薄。

（2）断裂断口存在两个区域。疲劳断裂断口的形貌与脆性断裂断口有明显的区别。疲劳断裂断口一般都存在比较明显的两个区域，一个是疲劳裂纹产生及扩展区，另一个是最后断裂区，如图 3-29 所示。在压力容器的断口上，裂纹产生及扩展区并不像一般受对称循环载荷的零件那样光滑，因为它的最大应力和最小应力都是拉伸应力而没有压应力，断口不会受到反复的挤压研磨。但它的颜色和最后断裂区有所区别，而且大多数承压部件的应力交变周期较长，裂纹扩展较为缓慢，所以有时仍可以见到裂纹扩展的弧形纹线。如果断口上的疲劳线比较清晰，还可以由此比较容易地找到疲劳裂纹产生的策源点。这个策源点和断口其他地方的形貌不一样，而且常常产生在应力集中的地方，特别是在部件的开孔接管处。

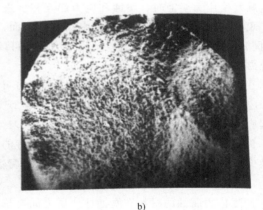

a)　　　　　　　　　　　　　　　　　　　　b)

图 3-29　疲劳断裂样品

a）风机主轴扭断疲劳断口　b）拉压试样疲劳断口

（3）设备常因开裂泄漏而失效。承受疲劳的承压设备或部件，一般不像脆性断裂那样常常产生碎片，而只是开裂一个破口，使部件因泄漏而失效。开裂部位常是开孔接管处或其他应力集中及温度交变部位。

（4）部件在多次承受交变载荷后断裂。承压部件的疲劳断裂是器壁在交变应力作用下，经过裂纹的产生和扩展然后断裂的，所以它总要经过多次反复载荷以后才会发生，而且疲劳断裂从产生、扩展到断裂，发展都比较缓慢，其过程要比脆性断裂慢得多。一般来说，即使原来存在裂纹，只要裂纹的深度小于失稳扩展的临界尺寸，则裂纹扩展至最后的疲劳断裂，都需要经过多次的交变载荷。一般认为压力容器的低周疲劳寿命为 $10^2 \sim 10^5$ 次。

4. 压力容器疲劳断裂的预防

压力容器疲劳断裂的预防有以下几个方面：

1）在保证结构静载强度的前提下，选用塑性好的材料。

2）在结构设计中尽量避免或减小应力集中。

3）在运行中尽量避免反复频繁地加载和卸载，减少压力和温度波动。

4）加强检验，及时发现和消除结构缺陷。

5）对于可能存在多次反复载荷以及局部应力较高的承压部件，可考虑做疲劳设计。

3.7.5 应力腐蚀断裂

压力容器的腐蚀断裂是指承压部件由于受到腐蚀介质的腐蚀而产生的一种断裂形式。据美国总电站公司对美国及欧洲的700个公司的关于配管系统事故情况的调查统计，在399件破坏事故中，属于腐蚀破坏的有112件，约占总件数的28%。在国内，容器因腐蚀而在运行中发生破裂爆炸的事故也较为常见，且多见于石油化工容器中。

钢的腐蚀破坏形式按其破坏现象来分，可以分为均匀腐蚀、点腐蚀、晶间腐蚀、应力腐蚀和腐蚀疲劳。其中，点腐蚀和晶间腐蚀属于选择性腐蚀，应力腐蚀和腐蚀疲劳属于腐蚀断裂。

本节根据承压设备的情况，主要讨论应力腐蚀断裂。应力腐蚀是特殊的腐蚀现象和腐蚀过程，应力腐蚀断裂是应力腐蚀的最终结果。

1. 应力腐蚀及其特点

应力腐蚀又称腐蚀裂开，是金属构件在应力和特定的腐蚀性介质共同作用下导致脆性断裂的现象。金属发生应力腐蚀时，腐蚀和应力起互相促进的作用。一方面，腐蚀使金属的有效截面面积减小，表面形成缺口，产生应力集中；另一方面，应力加速腐蚀的进程，使表面缺口向深处（或沿晶间）扩展，最后导致断裂。所以应力腐蚀可以使金属在应力低于它的强度极限的情况下被破坏。应力腐蚀及其断裂有以下特点：

（1）引起应力腐蚀的应力必须是拉应力，应力可大可小，极低的应力水平也可能导致应力腐蚀破坏。应力既可由载荷引起，也可是焊接、装配或热处理引起的内应力（残余应力）。压缩应力不会引起应力腐蚀及断裂。

（2）纯金属不发生应力腐蚀破坏，但几乎所有的合金在特定的腐蚀环境中都会产生应力腐蚀裂纹。极少量的合金或杂质就会使材料产生应力腐蚀。各种工程实用材料几乎都有应力腐蚀敏感性。

（3）产生应力腐蚀的材料和腐蚀性介质之间有选择性和匹配关系，即当两者是某种特定组合时才会发生应力腐蚀。常用金属材料发生应力腐蚀的敏感介质见表3-7。

（4）应力腐蚀是一个电化学腐蚀过程，包括应力腐蚀裂纹萌生、亚稳扩展、失稳扩展等阶段，失稳扩展即造成应力腐蚀断裂。

表 3-7 常用材料发生应力腐蚀的敏感介质

材料	可发生应力腐蚀的敏感介质
碳钢	氢氧化物溶液,硫化氢水溶液,碳酸盐,硝酸盐或氰酸盐水溶液,海水,液氨,湿的 CO、CO_2 与空气的混合气体,硫酸—硝酸混合液,热三氯化铁溶液
奥氏体不锈钢	海水,热的氢氧化物溶液,氯化物溶液,热的氟化物溶液
铝合金	潮湿空气、海水,氯化物的水溶液,汞
钛合金	海水,盐酸,发烟硝酸,300℃ 以上的氯化物,潮湿空气,汞

化工压力容器中常见的应力腐蚀有：液氨对碳钢及低合金钢的应力腐蚀、硫化氢对钢制容器的应力腐蚀、苛性碱对锅炉锅筒或容器的应力腐蚀（碱脆或苛性脆化）、潮湿条件下一氧化碳对气瓶的应力腐蚀等。国内外均发生过多起压力容器应力腐蚀断裂的事故。

2. 应力腐蚀断裂的特征

（1）即使具有很高延性的金属，其应力腐蚀断裂仍具有完全脆性的外观，属于脆性断裂，断口平齐，没有明显的塑性变形，断裂方向与主应力垂直。突然脆断区的断口，常有放射花样或人字纹。

（2）应力腐蚀是一种局部腐蚀，其断口一般可分为裂纹扩展区和瞬断区两部分。前者颜色较深，有腐蚀产物伴随；后者颜色较浅且洁净。断口微观形貌：在其表面可见腐蚀产物覆盖及腐蚀坑。

（3）应力腐蚀断裂一般为沿晶断裂，也可能是穿晶解理断裂。裂纹形态有分叉现象，呈枯树枝状，由表面向纵深方向发展，裂纹的深宽比（深度与宽度的比值）很大。

（4）引起断裂的因素中均有特定介质及拉伸应力。

3. 应力腐蚀断裂过程

应力腐蚀断裂过程可分为三个阶段：

（1）孕育阶段。这是裂纹产生前的一段时间，在此期间主要是形成腐蚀坑，作为裂纹核心。当构件表面存在可作为应力腐蚀裂纹的缺陷时，则没有孕育阶段而直接进入裂纹扩展阶段。

（2）裂纹亚稳扩展阶段。在应力和介质的联合作用下，裂纹缓慢地扩展。

（3）裂纹失稳扩展阶段。裂纹达到临界尺寸后发生的机械性断裂。

4. 应力腐蚀断裂的预防

由于在学术上对应力腐蚀的机理尚缺乏深入的了解和一致的看法，因而在工程技术实践中，常以控制应力腐蚀产生的条件作为预防应力腐蚀的主要措施，其中常见的有：

（1）选用合适的材料，尽量避开材料与敏感介质的匹配，如避免用奥氏体不锈钢作为接触海水及氯化物的容器。

（2）在结构设计中避免过大的局部应力。

（3）采用涂层或衬里，把腐蚀性介质与容器承压壳体隔离。

（4）在制造中采用成熟合理的焊接工艺及装配成形工艺，并进行必要合理的热处理，消除焊接残余应力及其他内应力。

（5）应力腐蚀常对水分及潮湿环境敏感，使用中应注意防湿防潮。对设备加强管理和检验。

3.7.6　蠕变断裂

金属材料在应力与高温的双重作用下会产生缓慢而连续的塑性变形，最终导致断裂，这就是金属的蠕变现象。高温容器的承压部件如果长期在金属蠕变温度范围内工作，就会因蠕变而使部件的直径增大，壁厚逐渐减薄，材料的强度也有所降低，严重时会导致承压部件的断裂。

1. 高温部件蠕变断裂的常见原因

（1）选材不当。例如，由于设计时的疏忽或材料管理上的混乱，错用碳钢代替抗蠕变性能较好的合金钢制造高温部件。

（2）结构不合理，使部件的部分区域过热；制造时材料组织改变，抗蠕变性能降低。例如，奥氏体不锈钢的焊接常常使其热影响区材料的抗蠕变性能恶化，大的冷弯变形也有可能产生同样的影响。有些材料长期受着高温和应力的作用而发生金相组织的变化，包括晶粒长大、再结晶及回火效应，碳化物、氮化物及合金组分的沉淀以及钢的石墨化等。特别是钢的石墨化，据国外的一些调查报道，它引起的破坏事例较多。石墨化可使钢的强度及塑性显著降低，因而造成部件的破坏。有些管子会因选材不当或局部过热引起石墨化，并降低抗蠕变强度而破裂。此外，操作不正常、维护不当，致使承压部件局部过热，也常常是造成蠕变断裂的一个主要原因。例如，锅炉或其他受热的容器就常因管子积满水垢（或其他覆盖物）而使管子局部温度过高而产生破裂。

2. 蠕变过程及蠕变断裂

蠕变过程通常由蠕变曲线表示。蠕变曲线是蠕变过程中变形与时间的关系曲线，如图 3-30 所示。曲线的斜率表示应变随时间的变化率，叫蠕变速度，其计算式为

$$v_c = \frac{\mathrm{d}\varepsilon}{\mathrm{d}\tau} = \tan\alpha$$

试验表明，对一定材料，在一定的载荷及温度作用下，其蠕变过程一般包括三个阶段。

图 3-30 中 Oa 表示试件加载时的初始变形 ε_0，它可以是弹性的，也可以是弹塑性的，因载荷大小而异，但它不是蠕变变形。

蠕变第一阶段为蠕变的减速期，以曲线的 ab 段表示。即试件开始蠕变时速度较快，随后逐渐减慢，这一段是不稳定蠕变期。

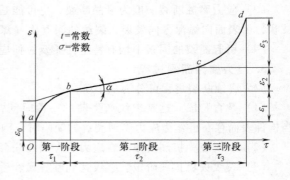

图 3-30　蠕变曲线

第二阶段为蠕变的恒速期，以曲线的 bc 段表示。bc 近似为一条直线，当应力不太大或温度不太高时，这一段持续时间很长，是蠕变寿命的主要构成部分，也叫稳定蠕变阶段。

第三阶段为蠕变的加速期，以曲线的 cd 段表示。此时蠕变速度越来越快，直至 d 点试件断裂。蠕变断裂是蠕变过程的结果。

不同材料、不同载荷，或不同温度，可以有形状不同的蠕变曲线，但均包含上述三个阶段，不同蠕变曲线的主要区别是恒速期的长短。

实际在高温下运行的构件，一般难以避免蠕变现象和蠕变过程，但可以控制蠕变速度，使之在规定的服役期限内仅发生减速及恒速蠕变，而不发生蠕变加速及蠕变断裂。

一般锅炉中的锅筒、锅壳和炉胆等大型结构，尽管接触火焰或受热介质，但由于介质的可靠冷却及介质温度较低，使得这些部件的金属壁温达不到蠕变温度，因而在正常运行工况下不会产生蠕变及蠕变断裂。换热容器和反应容器也多是这种情况。只可能在非正常工况下产生蠕变断裂问题。

但大型高温高压锅炉的过热器及蒸汽管道，在正常运行工况下即有蠕变及蠕变断裂问题。

3. 蠕变断裂的特征

宏观上可见到蠕变胀粗形貌，图 3-31 所示为延迟焦化加热炉炉管局部鼓胀，其材料为 Cr5Mo，介质为渣油，入口温度 400℃，压力 2MPa，出口温度 500℃，压力 0.2MPa。

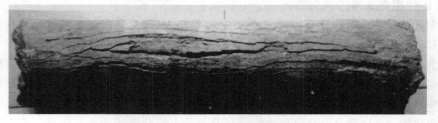

图 3-31　延迟焦化加热炉炉管局部鼓胀

金属材料的蠕变断裂基本上可分为两种：穿晶型蠕变断裂和沿晶型蠕变断裂。

穿晶型蠕变断裂在断裂前有大量塑性变形，断裂后的伸长率高，往往形成缩颈，断口呈延性形态，因而也称为蠕变延性断裂。

沿晶型蠕变断裂在断裂前塑性变形很小，断裂后的伸长率甚低，缩颈很小或者没有，在晶体内常有大量细小裂纹，如图 3-32 所示，这种断裂也称为蠕变脆性断裂。

蠕变断裂形式的变化与温度、压力等因素有关。在高应力及较低温度下蠕变时，发生穿晶型蠕变断裂；在低应力及较高温度下蠕变时，发生沿晶型蠕变断裂。

锅炉的过热器及蒸汽管道，由于直径相对于壁厚较小，应力水平较低而温度水平较高，因而其蠕变断裂常呈沿晶型蠕变断裂的特征。

另外，蠕变断裂的断口常有明显的氧化色彩。

高温下钢的石墨化会使材料塑性显著降低，因石墨化而引起断裂的断口呈脆性断口，并由于石墨存在而呈现黑色。从断裂的性态来说，这种断裂实际上是高温下的脆性断裂（钢因石墨化而断裂也称"黑脆"）。因它是在长期高温作用下产生的，所以也可以把它看作是由于抗蠕变性能的降低而发生的破坏。

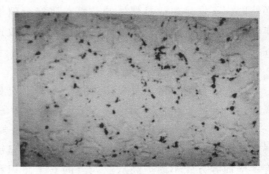

图 3-32　ZG40Ni35Cr25Nb（HP40Nb）
使用 7 年后内部沿晶孔洞（放大 125 倍）

4. 蠕变断裂的预防

预防高温承压部件的蠕变断裂，主要采取以下几个方面措施：

1）在设计部件时，根据使用温度选用合适的材料，并按该材料在使用温度和需要的使用寿命下的许用应力选取相应的强度指标。

2）合理进行结构设计和介质流程布置，尽量避免承受高压的大型容器直接承受高温，避免结构局部高温及过热。

3）采用合理的焊接、热处理及其他加工工艺，防止在制造、安装、修理中降低材料的抗蠕变性能。

4）严格按规定的操作规程运行设备，防止总体或局部超温超压，从而降低蠕变寿命。

3.8　压力容器安全管理

3.8.1　压力容器安全管理思想

1. 压力容器本质安全管理思想

狭义的本质安全是指机器、设备本身所具有的安全性能。当系统发生故障时，机器、设备能够自动防止操作失误或引发事故，即使人为操作失误，设备系统也能够自动排除、切换或安全地停止运转，从而保障人身、设备和财产的安全。

广义的本质安全指"人—机—环境—管理"这一系统表现出的安全性能。简单来说，就是通过优化资源配置和提高其完整性，使整个系统安全可靠。本质安全理念认为，所有事故都是可以预防和避免的：①人的安全可靠性。不论在何种作业环境和条件下，都能按规程操作，杜绝"三违"，实现个体安全。②物的安全可靠性。不论在动态过程中，还是静态过程中，物始终处在能够安全运行的状态。③系统的安全可靠性。在日常安全生产中，不因人的不安全行为或物的不安全状态而发生重大事故，形成"人机互补、人机制约"的安全系统。④管理规范和持续改进。通过规范制度、科学管理、杜绝管理上的失误，在生产中实现零缺陷、零事故。

从安全管理学角度来看，本质安全是安全管理理念的转变，表现为对事故由被动接受到积极事先预防，从源头杜绝事故，保护人类自身的安全。过去人们普遍认为，高危险行业发生事故是必然的，不发生事故是偶然的。而本质安全理论则认为，如果我们在工作中处处按照标准和规程作业，可以把事故降低到最低甚至实现零事故；发生事故是偶然的，不发生事故是必然的。压力容器安全管理要遵循本质安全管理的思想。

2. 宏观管理与微观管理相结合的思想

压力容器安全管理具体内容主要来源于宏观的压力容器安全管理法律法规和多年来积累的微观的压力容器安全使用维护管理知识。将两者紧密结合结合，才能将压力容器安全管理工作做好。一方面，必须坚决贯彻压力容器的相关法律法规，例如《特种设备安全监察条例》《固定式压力容器安全技术监察规程》等；另一方面，必须坚决执行压力容器的操作规程等，通过安全教育、宣传、培训等方式不断提高从业人员的安全意识和安全技能，加强对压力容器使用、维护保养等环节的管理，通过管理工作的规范化、程序化，使压力容器保持良好状态，降低事故发生的概率。

3. 生命周期全过程安全管理的思想

压力容器安全贯穿于压力容器的设计、制造、安装、使用、维护、检验、修理、改造及报废环节之中，其生命周期的每一环节都与安全有关。一个环节出现漏洞，都会为其安全使用埋下隐患或直接造成事故。因此，必须对压力容器实行生命周期的全过程管理。

3.8.2 压力容器安全管理体系

压力容器工作条件特殊，如高温、高压、介质具有强腐蚀性、毒性及易燃、易爆性等，必然增大了发生事故的概率。因此，做好压力容器的安全技术管理工作，消除隐患，预防事故，对保证人身和财产安全，促进生产和经营具有重大意义。

1. 管理总体要求

（1）领导重视是搞好压力容器安全管理的关键。只有从单位的高层领导到使用车间的领导都重视压力容器的安全管理工作，才能使管理工作有力度，才能使有关人员共同做好这项工作，使专职人员很好地发挥作用。

（2）层层负责是搞好压力容器安全管理的基础。单位职能部门应设专职管理人员，控制设备入厂质量、检验、修理和改造等关键环节，各分厂、车间、班组做到按规程操作，定期和不定期地检查压力容器使用状况，及时消除安全隐患，做到层层负责。

（3）依法管理是搞好压力容器安全管理的根本。法律、法规、标准、规范都是理论和实践的科学总结，是压力容器安全运行的根本保证，因此，必须严格执行。目前已颁发和实施的压力容器主要法规及标准有：《特种设备安全监察条例》《固定式压力容器安全技术监察规程》《压力容器》《锅炉压力容器压力管道焊工考试与管理规则》等。

2. 生命周期全过程安全管理

（1）压力容器设计与制造管理。压力容器发生事故的直接原因一般有两种，即容器本身的不安全因素和操作人员的不安全行为，而容器本身的不安全因素主要源于设计和制造过程。因此，为保证压力容器的质量，减少容器本身的不安全因素，在容器设计和制造两个过程的各个环节上，需要进行全面的质量和安全管理，尽可能地消除影响压力容器质量的各种因素。

为确保压力容器的安全，由国家质量监督检验检疫总局颁布了《压力容器》《固定式压力容器安全技术监察规程》等，作为压力容器安全技术监督和管理的基本法规，对压力容器的材料、设计、制造、安装、使用和管理，以及安全附件等都做了严格而明确的规定。

压力容器的设计和制造必须严格遵守其中的各项规定，否则不予验收和投产。

1）压力容器的设计管理。压力容器的设计是否安全可靠，主要取决于设计过程中材料选择、结构安全设计和强度设计是否合理。另外，还应考虑适应生产能力，保证强度和稳定性、密封性，以及制造、运输、安装、检修的方便性和总体设计的经济性。

① 压力容器设计单位的资格与审批。压力容器的设计单位应当具备下列条件，才可向主管部门提出设计资格申请：a. 有与压力容器设计相适应的设计人员、设计审核人员；b. 有与压力容器设计相适应的健全的管理制度和责任制度。

② 设计单位的设计资格审批工作按以下程序进行：a. 设计单位应向主管部门和同级特种设备安全监察管理部门提出申请；b. 压力容器的设计单位，必须按压力容器的种类划分，实行分级审批；c. 设计单位经批准后，由批准机关发放压力容器设计单位批准书。主管部门和监察管理部门应每年对设计单位进行一次检查，发现违反规程、规定，设计资料不齐全，没有认真履行审批手续或设计错误等情况，应限期改进、责令整顿，或给以严肃处理，直至撤销设计资格。

③ 压力容器设计文件管理。压力容器的设计文件编制必须遵循现行规范、标准和有关规程的规定，其结构、选材、强度计算和制造技术条件均应符合《压力容器》和《固定式压力容器安全技术监察规程》的要求，必要时还可参考国外的规范和标准。压力容器的设计文件包括设计图、技术条件、强度计算书，必要时还应包括设计、安装，或使用说明书。设计图：压力容器设计图应符合相应标准规定的内容和格式，且每台容器应单独出具图样，通常包括装配图和零部件图两部分。装配图除了表示容器的结构、尺寸、各零部件之间的装配和内外部连接关系外，还应按《固定式压力容器安全技术监察规程》的要求，注明设计压力、最高工作压力、设计温度、介质名称（或其特性）、容积、焊缝系数、腐蚀裕度、主要受压元件材质、容器类别和充装系数等典型特性参数，及制造、检验和试验等方面的技术要求。零部件图需表示零部件之间的关系、形状、尺寸、加工和检验等要求。技术条件：对于较为复杂或结构新颖的压力容器，需要说明容器的工艺操作过程、结构特性、工艺原理、制造和安装要求、操作性能、维护与检修注意事项等。强度计算书：其内容至少应包括设计条件、所用规范和标准、材料、腐蚀裕量、计算厚度、名义厚度、计算应力等。装设安全阀、爆破片装置的压力容器，设计单位应向使用单位提供压力容器安全泄放量、安全阀排量和爆破片泄放面积的计算书。

2）压力容器的制造管理。压力容器的制造工艺管理：压力容器通用的制造工艺和程序包括准备工序、零部件的制造、整体组对、焊接、无损探伤、焊后热处理、压力试验、油漆包装、出厂证明文件的整理等。对于特殊材料或特别用途的容器，还需要进行特殊工艺处理，如用奥氏体不锈钢制造的容器还应进行酸洗钝化，某些有机化学制品所用的容器还要进行抛光等特殊工艺的处理。压力容器的零部件制造和组对主要采用焊接方法，因而焊接质量是压力容器制造质量的重要影响因素。焊接质量管理包括焊接方法的选择、焊接工艺管理、焊接工艺评定管理和焊接材料管理、焊工资格考核、产品试板管理、焊接缺陷返修和焊后热处理等。

① 压力容器制造单位的资格与审批。压力容器制造和现场组焊单位必须具备下列条件，才可向主管部门和当地压力容器安全监察部门提出制造资格申请，并报送《压力容器制造与质量保证手册》：a. 具有与所制造的压力容器类别、品种相适应的技术力量、工装设备和检测手段。焊接工人必须经过考试，取得当地锅炉压力容器安全监察部门颁发的合格证，才能焊接受压元件；b. 具有健全的制造质量保证体系和质量管理制度；c. 能严格执行有关规程、规定、标准和技术要求，保证产品的制造质量。经审查后，由当地压力容器安全监察部门发放压力容器制造申请与批准书，

填报审批。压力容器制造单位必须按压力容器的种类划分，实行分级审批。经省、市、自治区压力容器安全监察部门会同主管部门初审，报上一级主管部门和压力容器安全监察部门复审。复审合格后，在压力容器制造申请与批准书中填入批准制造的压力容器类别、品种名称，并签字盖章，发给制造单位和有关部门，同时给制造单位发放监察部门签署的压力容器制造许可证。制造单位只能按批准的范围制造和组焊，无证单位不得制造和组焊压力容器。

压力容器制造产品质量的管理和监督：为确保压力容器的安全使用，制造过程应严格控制制造工作质量和产品质量。如焊工考核、材料可焊性鉴定、焊接工艺评定、材料标记及标记移植、材料复验、零部件冷热加工成形、焊接试板、筒节施焊、焊缝外观及无损检验、焊接返修、容器组装、容器整体或局部热处理、强度试验、气密性试验、包装等工作质量及产品质量的控制。

（2）压力容器安全使用管理。压力容器安全使用管理的目的是为达到正常、满负荷开车，生产合格产品，使压力容器的工艺参数、生产负荷、操作周期、检修、安全等方面良好，促使压力容器处于最佳工作状态。同时，使压力容器的最初投资、运行费用、检修、更换配件和改造更新的经济性最好，寿命周期费用最小，在保证安全前提下同时获得最佳经济效益。

压力容器的安全使用包括正确操作、维护保养和定期检修等。使用单位应制定合理的工艺操作规程，控制操作参数，确保压力容器在设计要求的范围内运行。在具体操作过程中，应做到以下几方面：

1）平稳操作。在操作过程中，尽量保持压力容器的操作条件（如工作压力和工作温度）相对稳定。因为操作条件（尤其是工作压力）的频繁波动，对容器的抗疲劳破坏性能不利，过高的加载速度会降低材料的断裂韧性，即使容器存在微小缺陷，也可能在压力的快速冲击下发生脆性断裂。

2）防止过载。防止压力容器过载主要是防止超压。对于压力来自外部（如气体压缩机等）的容器，超压大多是由于操作失误引起的。为了防止操作失误，除了装设联锁装置外，可实行安全操作挂牌制度。在一些关键性的操作装置上挂牌，牌上用明显标记或文字注明阀门等的开闭方向、开闭状态、注意事项等。对于通过减压阀降低压力后才进气的容器，要密切注意减压装置的工作情况，并装设灵敏可靠的安全泄压装置。

由于内部物料的化学反应而产生压力的容器，往往因加料过量或原料中混入杂质，使反应后生成的气体密度增大或反应过快而造成超压。要预防这类容器超压，必须严格控制每次投料的数量及原料中杂质的含量，并有防止超量投料的严密措施。

对于贮存液化气体的容器，为了防止液体受热膨胀而超压，一定要严格计量液化气体的液位。对于液化气体贮罐和槽车，除了密切监视液位外，还应防止容器意外受热，造成超压。如果容器内的介质是容易聚合的单体，则应在物料中加入阻聚剂，并防止混入可促进聚合的杂质。物料贮存的时间也不宜过长。

3）若发现故障，应紧急停车。在压力容器在运行过程中，如果突然发生故障，并严重威胁设备及人身安全，操作人员应马上采取紧急措施，停止容器运行，并报告有关部门。

4）制定合理的安全操作规程。为保证压力容器安全使用，切实避免盲目操作或误操作而引起事故，容器使用单位应根据生产工艺要求和容器的技术性能制定各种容器的安全操作规程，并对操作人员进行必要的培训和教育，要求他们严格遵照执行。

安全操作规程应至少包括以下内容：

① 容器的正常操作方法。

② 容器的操作工艺指标及最高工作压力、最高或最低工作温度。

③ 容器开车、停车的操作程序和注意事项。

④ 容器运行中应重点检查的项目和部位（包括使安全附件保持灵敏、可靠的措施），以及运行中可能出现的异常现象和防止措施。

⑤ 容器停用时的维护和保养。

⑥ 异常状态下的紧急措施。包括开启紧急泄放阀或安全阀、放料阀等，并报告有关部门。

这里所指的异常状态包括：容器的工作压力、介质温度或壁温超过许可值，采取措施仍不能使之降低；容器主要受压元件发生裂缝、鼓包、变形、泄漏等缺陷危及安全；安全附件失效，接管端断裂、紧固件损坏，难以保障安全运行；发生火灾等突发事件威胁到容器的安全运行等。

5）贯彻岗位安全生产责任制，实行压力容器的专责管理。从事故统计资料看，压力容器的超压爆炸多是由于操作失误引起的。如误将压力容器的出口阀关闭，而压气机等仍不断地向容器输气，使容器压力急剧升高，加上泄压装置失灵，因而发生爆炸；或者误开不应开启的阀门，使较高压力的气体进入容器，或进入其他介质与容器内介质发生化学反应，而引起爆炸。为了防止操作失误，除了装有联锁装置外，还需要贯彻岗位安全生产责任制，实行压力容器的专责管理。

压力容器的使用单位应根据本单位的情况，在总技术负责人的领导下，由设备管理部门设专职或兼职技术人员负责压力容器的技术管理工作。压力容器专责管理人员的职责如下：

① 贯彻执行国家有关压力容器的管理规范和安全技术规定。

② 参与压力容器验收及试运行工作。

③ 监督检查压力容器的运行、维护和安全装置校验工作。

④ 根据容器的定期检验周期，组织编制容器年度检验计划，并负责组织实施。

⑤ 负责组织压力容器的改造、修理、检验及报废技术审查工作。

⑥ 负责压力容器的登记、建档及技术资料的管理和统计报表工作。

⑦ 参加压力容器的事故调查、分析和上报工作，并提出处理意见和改进措施。

⑧ 定期向有关部门报送压力容器的定期检验计划执行情况及容器存在的缺陷等。

⑨ 负责对压力容器检验人员、焊工和操作人员进行安全技术培训和技术考核。

6）建立压力容器技术档案。压力容器的技术档案是对容器设计、制造、使用、检修全过程的文字记载，可提供各个过程的具体情况，也是压力容器定期检验和更新报废的主要依据之一。完整的技术档案可帮助人们正确使用压力容器，能有效地避免因盲目操作而可能引发的事故。因此，对每台压力容器都应建立相应的技术档案。

压力容器的技术档案包括以下五种资料：

① 压力容器的设计资料。设计资料应包括压力容器的设计计算书、总装图、各主要受压元件的强度计算和某些特殊要求，如开孔补强、局部应力、疲劳、蠕变计算等。

② 压力容器的制造资料。制造资料除了必须具有产品出厂合格证和技术说明书外，还应有详细的制造质量证明书，其内容包括主要受压元件所用材料的化学成分和机械性能的实际检验数据、焊接试板接头的机械性能、焊缝无损探伤记录和评定结果、焊缝返修记录（包括返修部位、次数及返修后的检验评定结论等）、容器的水压试验、气密性试验和原始记录等。

③ 容器的操作工艺条件。如操作压力、温度及其波动范围、介质及其特性（如是否有腐蚀性）等。

④ 安全装置技术资料。安全装置的技术说明书应包括名称、形式、规格、结构图、技术条件（如安全阀的起跳压力、排放压力和排气量、防爆片的设计爆破压力等）以及适用范围、安全装置检验或更新记录、检验或校验日期、检验单位及校验结果、下次检验日期等。

⑤ 压力容器使用情况记录。压力容器开始运行以后，应按时记录使用情况，存入技术档案内。

使用情况记录包括运行情况记录和检验修理记录两部分，其主要内容有：压力容器开始使用的日期、每次开车和停车的日期、实际操作的压力、温度等；检修或检验的日期、内容；检验中所发现的缺陷及其消除情况，检验结论；强度试验、气密性试验情况及试验评定结论；主要受压元件的修理、更换情况等。

（3）压力容器安全运行管理。为了维持企业生产的顺利进行，充分保障国家财产和人民生命财产的安全，必须加强压力容器的投运、运行操作、停运全过程的安全管理。

1）压力容器运行的工艺参数控制。在压力容器投运前，使用单位和有关人员应对压力容器本体、附属设备、安全装置等进行必要的检查，看是否完好无损并能正常工作，同时还应做好必要的管理工作，制定相关的管理制度和安全操作规程。

压力容器运行中，常伴随高温、高压及受介质影响，所以，在压力容器投运后还必须严格控制工艺参数，包括温度、压力、液位、介质腐蚀、投料等参数。例如控制介质的成分及其杂质，减缓腐蚀速度，控制投料量、投料速度、投料顺序及物料配比等。

2）压力容器安全操作和运行检查。压力容器的正确操作，不仅关系到容器的安全运行，而且还直接影响到生产稳定及容器使用寿命。正确地操作压力容器必须做到：严格控制工艺参数，将容器缺陷的产生和发展控制在一定的范围内，并保持连续稳定生产；平稳操作，即缓慢加载和卸载，保持载荷的相对稳定，避免容器产生脆性断裂和疲劳断裂；根据生产工艺要求，制定并严格执行操作规程；加强设备维护保养，运行中保持完好的防腐层，消除产生腐蚀的因素，消灭容器的"跑、冒、滴、漏"现象，经常保持容器外表及附件等完好。在压力容器运行中，除了正确操作外，还必须坚持做好定点、定线巡回检查，包括对容器本体和安全附件的检查。

3）压力容器停止运行的要求。容器停止运行是指泄放容器内的气体和其他物料，使容器内的压力下降，并停止向容器内输入气体及其他物料。生产实际中有正常停运和紧急停运两种情况，对于系统中连续性生产的容器，紧急停运时必须做好与其他相关岗位的联系工作，停运时应精心而慎重地操作，否则可能会酿成事故。

① 正常停运：因为容器及设备按规定进行定期检验、检修、技术改造，原料、能源供应不上，内部填料定期处理、更新，或因工艺要求采用间歇式操作等正常原因，均属于正常停运。

正常停运时应注意：容器停运过程是一个改变操作参数的过程，正确地确定停运方案非常重要；停运中应严格控制降温、降压速度，避免造成过大的温度应力或材料机械性能变化；容器内剩余物料多是有毒、易燃、腐蚀性介质，因此必须清除剩余物料；准确执行停运操作，如开关阀门要缓慢；对于残留物料，特别是易燃和有毒物料，应妥善处理；停运操作期间，容器周围要严禁烟火。

② 紧急停运：当容器发生压力、温度超过许用值而得不到有效控制，主要受压元件出现危及安全的缺陷，安全附件失灵，发生火灾等意外事故时，应立即采取紧急停运措施。

紧急停运时应注意：容器操作人员要熟练掌握本岗位紧急停运程序及操作要领，及时做好上报和前后岗位协同工作，并做好个人防护；对于压力来自器外的容器，应迅速切断压力来源，对于内部产生压力的容器，应迅速采取降压措施，如反应容器超压时立即停止投料，同时，两种情况下都需迅速开启放空阀、安全阀或排污阀泄压；停运后应立即查明问题原因，并迅速采取措施加以排除。

（4）在役压力容器的定期检验。在役压力容器的定期检验是指在压力容器的设计使用期限内，每隔一定时间，对压力容器本体以及安全附件进行必要的检查和试验而采取的一些技术手段。压力容器在运行和使用过程中，要受到反复升压、卸压等疲劳载荷的影响，有的还要受到腐蚀性介质的腐蚀，或在高温、深冷等工艺条件下工作，其力学性能会随之发生变化，容器制造时遗留的小缺陷也会随之扩展。总之随着使用年限的增加，压力容器的安全性日趋降低。因此，除了加强对压力容器的日常使用管理和维护保养外，还需要对压力容器进行定期的全面的技术检验，保证压力容器安全运行。

1）在役压力容器定期检验的周期和内容。《固定式压力容器安全技术监察规程》将压力容器的定期检验分为外部检查、内外部检验和耐压试验三种。检验周期应根据容器的技术状况、使用条件和有关规定来确定。

外部检查通常是指在役压力容器运行中的定期在线检查，每年至少一次。外部检查以宏观检查为主，必要时再进行测厚、壁温检查和腐蚀性介质含量测定等项目检查。当发现危及安全的缺陷时，如受压元件开裂、变形、严重泄漏等，应立即停车，做进一步检查。外部检查的主要内容包括：容器的防腐层、保温层及设备铭牌是否完好；容器外表面有无裂纹、变形、局部过热等不正常现象；容器的接管焊缝、受压元件等有无泄漏；安全附件是否齐全、灵敏、可靠；紧固螺栓是否完好、基础有无下沉、倾斜等异常现象。检验人员必须掌握必要的专业知识，具有一定的检验经验并取得相应的资格。外部检查是容器操作人员巡回检查的日常工作，压力容器检验人员每年应至少检查一次。

内外部检验是指在役压力容器停机时的检验。内外部检验应由检验单位中有资格的压力容器检验员进行，其检验周期分为：安全状况较好的容器（指工作介质无明显腐蚀性及不存在较大缺陷的容器），每6年至少进行一次内外部检验；安全状况不太好的，每3年至少进行一次内外部检验。必要时检验期限可适当缩短。压力容器内外部检验的主要内容有：

① 外部检验的全部项目。

② 容器内壁的防护层（涂层或镀层）是否完好，有无脱下或被冲刷、刮落等现象；有衬里的容器，衬里是否有鼓起、裂开或其他损坏的迹象。

③ 容器的内壁是否存在腐蚀、磨损以及裂纹等缺陷，缺陷的大小及严重程度。

④ 容器有无宏观的局部变形或整体变形，变形的严重程度。

⑤ 对于工作介质在操作压力和操作温度下对器壁的腐蚀有可能引起金属材料组织恶化（如脱碳、晶间腐蚀等）的容器，应对器壁进行金相检验、化学成分分析和表面硬度测定。

耐压试验是指压力容器停机检验时，所进行的超过最高工作压力的液压试验或气压试验，耐压试验应遵守《固定式压力容器安全技术监察规程》等有关规定。压力容器的液压试验每两次内外部检验至少进行一次。

2）常用的在役压力容器定期的检验方法。宏观检查：利用直尺、卡尺、卷尺、放大镜、手锤等简单工具和器具，用肉眼观察或耳听对压力容器的结构、几何尺寸、表面质量进行直观检验的一种方法。

测厚检查：利用超声波测厚仪对压力容器筒体、法兰、封头、接管等主要受压元件实际壁厚进行检查测量的方法。

壁温检查：利用测温笔、远红外测温仪、热电偶测温仪等工具和仪器，对压力容器使用过程中实际器壁温度进行检查测定的方法。

腐蚀介质含量测定：利用化学分析等方法，对腐蚀介质含量进行测定的方法。

表面探伤：利用渗透剂对压力容器表面开口缺陷或利用电磁场对压力容器表面和近表面缺陷进行检测的方法。

射线探伤：利用X射线或γ射线等高能射线穿透压力容器待检查部位，使被检部位内部缺陷投影到胶片上，通过暗室处理得到具有黑白反差的底片，从而检测出被检部位内部缺陷大小、数量和性质的一种检测方法。

超声波探伤：利用超声波在工件中遇到异质界面产生反射、透射和折射的原理，对压力容器材料和焊缝中的缺陷进行检测的方法。

硬度测定：利用布氏、洛氏硬度计等对压力容器器壁硬度进行测定，借以考核压力容器器壁材料的热处理状态和材料是否劣化的一种检测方法。

金相检验：利用酸洗、取样的方法，借助显微镜观察以检查压力容器器壁材料组织变化的检验方法，检查器壁材料表面金相组织。

应力测定：利用应变片和接收仪器以测定压力容器的整体或局部区域应力水平的一种检测方法。

声发射检测：利用传感器将压力容器器壁中缺陷在负载状态下扩展时发出的超声波信号予以接收、放大、滤波，以监控压力容器能否继续安全运行的一种监测手段。

耐压试验：利用不会导致危险的液体或气体，对压力容器进行的一种超过设计压力或最高工作压力的强度试验。

气密试验：利用惰性气体对盛装有毒或易燃介质的压力容器整体密封性能所进行的试验方法。

强度校核：在对压力容器壳体进行测厚的基础上，根据其结构特点，利用不同时期的不同计算标准，对压力容器壳体应力水平进行复核计算，以确定压力容器能否满足使用要求。

化学分析：通过取样并用化学分析法测定材料化学成分的检测方法。

光谱分析：利用光谱仪对金属材料火花中各种合金元素谱线的测定分析，粗略估算金属材料种类的一种检测方法。

3）压力容器安全状况等级评定。压力容器经定期检验后，应根据检验结果对其安全状况进行评定，并以等级的形式反映出来。

① 压力容器的安全状况可划分为五个等级。

1级：压力容器出厂技术资料齐全；设计、制造质量符合有关法规和标准的要求；在法规规定的定期检验周期内，在设计条件下能安全使用。

2级：出厂技术基本齐全；设计、制造质量基本符合有关法规和标准的要求；根据检验报告，存在某些不危及安全的可不修复的一般性缺陷；在法规规定的定期检验周期内，在规定的操作条件下能安全使用。

3级：出厂技术资料不够齐全；主体材质、强度、结构基本符合有关法规和标准的要求；对于制造时存在的某些不符合法规或标准的问题或缺陷，根据检验报告，未发现由于使用而发展或扩大；焊接质量存在超标的体积型缺陷，经检验确定不需要修复；在使用过程中造成的腐蚀、磨损、损伤、变形等缺陷，检验报告确定其能在规定的操作条件下，按法规规定的检验周期安全使用；对经安全评定的，评定报告确定其能在规定的操作条件下，按法规规定的检验周期安全使用。

4级：出厂技术资料不全；主体材质不符合有关规定，或材质不明，或虽选用正确，但已有老化倾向；经校核，强度尚满足使用要求；主体结构有较严重不符合有关法规和标准的缺陷，根据检验报告，未发现由于使用因素而发展或扩大；焊接质量存在线性缺陷；在使用过程中造成的磨损、腐蚀损伤、变形等缺陷；其检验报告确定为不能在规定的操作条件下，按法规规定的检验周期安全使用；对经安全评定的，其评定报告确定为不能在规定的操作条件下，按法规规定的检验周期安全使用。必须采取有效措施，进行妥善处理，改善安全状况等级，否则只能在限定的条件下使用。

5级：缺陷严重，难于或无法修复，无修复价值或修复后仍难以保证安全使用的压力容器，应予报废。

需要说明的是，安全状况等级中所述缺陷是压力容器最终存在的状态，如果缺陷已消除，则以消除后的状态确定该压力容器的安全状况等级。压力容器只要具备安全状况等级中所述问题与缺陷之一，即可确定该容器的安全状况等级。

② 评定压力容器安全状况等级的依据。评定压力容器安全状况等级的依据是检验结果，主要

包括材质检验、结构检验、缺陷检验的检验结果。定级时，先对各分项检验结果划分等级，最后以其中等级最低的一项作为该压力容器的最后等级。

A. 材质检验：主要受压元件的材质应符合设计和使用的要求，但检验中常遇到"用材与原设计不符""材质不明""材质劣化"三种情况，此时，安全状况等级划分如下。

● 用材与原设计不符。其定级的主要依据是判断所用材质是否符合使用要求。如果材质清楚，强度校核合格，经检验未查出新生缺陷，即材质符合使用要求，可定为 3 级；如使用中产生缺陷，并确认是用材不当所致，可定为 4 级或 5 级。

● 材质不明。指不能查清材质。在用压力容器中，经常遇到材料代用、混用的情况，彻底查清需花费较大代价。因而对于经检验未查出新的缺陷，应按钢号 Q235 的材料校核其强度合格，在常温下工作的一般压力容器，可定为 2 级或 3 级；若有缺陷，可根据相应条款进行安全状况等级评定。对于有特殊要求的压力容器，可定为 4 级。

● 材质劣化。压力容器使用后，如果因工况条件使容器产生石墨化、应力腐蚀、晶间腐蚀、氢损伤、脱碳、渗碳等脆化缺陷，材质已不能满足使用要求，可定为 4 级或 5 级。

B. 结构检验：存在不合理结构的压力容器，其安全状况等级划分如下。封头主要参数不符合现行标准，但经检验未发现新生缺陷，可定为 2 级或 3 级；若有缺陷，可根据相应的条款进行安全状况等级评定。封头与筒体的连接形式采用单面对接焊的，且存在未焊透的情况，可定为 3~5 级；采用搭接结构的，可定为 4 级或 5 级；按规定应采用全焊透结构的角接焊缝或接管角焊缝，而没有采用全焊透结构的主要受压元件，若未查出新生缺陷，可定为 3 级，否则定为 4 级或 5 级。开孔位置不当，经检查未查出新生缺陷，一般压力容器可定为 2 级或 3 级；有特殊要求的压力容器，可定为 3 级或 4 级。若孔径超过规定，但补强满足要求，可不影响定级；补强不满足要求的，定为 4 级或 5 级。

C. 缺陷检验：对检验中发现的内、外表面裂纹，处理以后定级的基本原则是：经打磨处理后不需补焊的，不影响定级；需动火补焊的，定为 2 级或 3 级。机械损伤、卡具焊迹和电弧灼伤，经打磨后不需补焊的，不影响定级；补焊合格的可定为 2 级或 3 级。变形可不处理的，不影响定级；根据变形原因分析，继续使用不能满足强度和安全要求者，可定为 4 级或 5 级。对低温压力容器的焊缝咬边，应打磨消除，不需补焊的，不影响定级，经补焊合格的，可定为 2 级或 3 级。错边量和棱角度超标，属一般超标的，可打磨或不做处理，可定为 2 级或 3 级；属严重超标，经该部位焊缝内外部无损探伤抽查，若无较严重缺陷存在，可定为 3 级；若伴有裂纹、未熔合、未焊透等严重缺陷，应通过应力分析，确定在规定的操作条件下和检验周期内，能安全使用的定为 3 级，否则定为 4 级或 5 级。若是均匀腐蚀，如按剩余最小壁厚（扣除到下一次检验期腐蚀量的 2 倍），校核强度合格的，不影响定级；经补焊合格的，可定为 2 级或 3 级。使用过程中产生的鼓包，应查明原因，并判断其稳定情况，可定为 4 级或 5 级。

耐压试验不合格，属于容器本身原因的，可定为 5 级。

3. 压力容器的修理与改造

对压力容器的修理或改造，应由使用车间编制修理、改造方案，分厂机动部门和分厂总机械师（或设备副厂长）同意，还应经专职管理人员审核和公司总机械师审批。

施工单位必须是取得相应制造资格的单位或是经省级安全监察机构审查批准的单位。施工单位的资格经专职管理人员审查合格后才能接受施工任务。施工单位应根据车间的修理、改造方案编制施工方案，并经过专职管理人员审核和公司总机械师批准。重大修理（指主要受压元件的更换、矫形、挖补和筒体、封头对接接头焊缝的焊补）和重大改造（指改变主要受压元件的结构和压力容器的运行参数、介质或用途等）还需报安全监察机构审查备案（改变移动式压力容器的使用条件应经省级以上安全监察机构同意）。

专职管理人员应对修理、改造质量进行监督检查。施工单位修理、改造后的设计图、施工质量证明文件等技术资料经专职管理人员审查合格后存档。

重大修理或改造后应进行耐压试验。

使用车间改变安全阀、爆破片的型号规格，必须经过设计部门的核算和安全部门、专职管理人员的同意。

4. 停用与报废的处理

经检验报废的压力容器不得继续作为压力容器使用、转让或销售。

报废或因其他原因停止使用或不作为压力容器使用的压力容器，使用车间应报告专职管理人员，专职管理人员到安全监察机构办理注销手续。

5. 压力容器监督管理

压力容器属于最重要的一种特种设备，一旦发生事故，后果极其严重，因此，安全监督管理部门必须对其加强监督管理。压力容器的设计、制造、安装、改造、维修、使用、检验检测，均应当严格依据《固定式压力容器安全监察规程》等法规进行。各相关方及时输入数据到国家市场监督管理总局网站：压力容器设计、制造、安装、改造、维修、使用单位和检验检测机构等，应当按照特种设备信息管理的有关规定，及时将所要求的数据输入管理系统。

6. 压力容器事故管理

（1）压力容器事故分类。压力容器事故可根据事故造成的人员伤亡、直接经济损失、中断运行时间、受事故影响人数等情况，划分为压力容器特别重大事故、压力容器重大事故、压力容器较大事故和压力容器一般事故四级。

1）压力容器特别重大事故，有下列情形之一的：a. 事故造成30人以上死亡，或者100人以上重伤（包括急性工业中毒，下同），或者1亿元以上的直接经济损失的；b. 压力容器有毒介质泄漏，造成15万人以上转移的。

2）压力容器重大事故，有下列情形之一的：a. 事故造成10人以上30人以下死亡，或者50人以上100人以下重伤，或者5000万元以上1亿元以下直接经济损失的；b. 压力容器有毒介质泄漏，造成5万人以上15万人以下转移的。

3）压力容器较大的事故，有下列情形之一的：a. 事故造成3人以上10人以下死亡的，或者10以上50人以下重伤的，或者1000万元以上5000万元以下的直接经济损失的；b. 压力容器发生爆炸的；c. 压力容器有毒介质泄漏，造成1万人以上5万人以下转移的。

4）压力容器一般事故，有下列情形之一的：a. 事故造成3人以下死亡，或者10人以下重伤，或者1万元以上1000万元以下直接经济损失的；b. 压力容器有毒介质泄漏，造成500人以上1万人以下转移的。除上述规定外，国务院特种设备安全监督管理部门可以对一般事故的其他情形做出补充规定。

（2）事故处理。压力容器发生超温、超压、产生裂纹、筒体变形和鼓包以及发生泄漏等异常现象及一般事故，使用车间必须按操作规程及时处理并向分厂和公司有关领导和单位报告，专职管理人员参与组织检验鉴定和事故处理工作。发生特别重大事故、重大事故和较大事故后，按照《特种设备事故报告和调查处理规定》，发生特种设备事故后，事故现场有关人员应当立即向事故发生单位的负责人报告；事故发生单位的负责人接到报告后，应当于1小时内向事故发生地的县以上质量技术监督部门和有关部门报告。情况紧急时，事故现场有关人员可以直接向事故发生地的县以上质量技术监督部门报告。事故发生单位的负责人接到事故报告后，应当立即启动事故应急预案，采取有效措施，组织抢救，防止事故扩大，减少人员伤亡和财产损失。

（3）应急救援。压力容器发生事故有可能造成严重后果或者产生重大社会影响的使用单位，应当制定应急救援预案，建立相应的应急救援组织机构，配置与之适应的救援装备，并且适时演练。

3.9 气瓶安全技术及气瓶的管理

3.9.1 气瓶安全技术

气瓶是指公称容积不大于 1000L（常用的为 35～60L），用于盛装压缩气体的可重复充气而无绝热装置的移动式压力容器。因为移动的缘故，接触外界意外的能量（如机械振动、机械碰撞、火灾等）的机会较多，与固定式受压容器相比危险性更大。因此，在运输和使用过程中必须提出更严格的管理要求。

瓶装气体是指以压缩、液化、溶解等方式装瓶储运的气体。

气瓶是一种移动式压力容器，所充填的介质大部分是易燃、有毒物质，使用过程中的接触者及操作人员均非相对固定的人员，甚至有许多使用操作人员缺乏一定的基本知识，不掌握操作要求。由于气瓶面广量大，使气瓶安全管理具有特殊性。

1. 气瓶分类

（1）按气瓶公称工作压力分类。按气瓶公称工作压力，气瓶可以分为高压气瓶和低压气瓶。

1）高压气瓶是公称工作压力 ≥ 8MPa 的气瓶，其公称工作压力有 30MPa、20MPa、15MPa、12.5MPa 及 8MPa 共五个等级。

2）低压气瓶是公称工作压力 < 8MPa 的气瓶，其公称工作压力有 5MPa、3MPa、2MPa 及 1MPa 共四个等级。

（2）按气瓶结构分类。按气瓶结构，气瓶可以分为以下四类：a. 钢质无缝气瓶；b. 钢质焊接气瓶；c. 铝合金无缝气瓶；d. 缠绕玻璃纤维气瓶。

（3）按用途分类。气瓶按用途可以分为七类：a. 液化石油气钢瓶；b. 溶解乙炔气瓶；c. 小容积溶解乙炔气瓶；d. 汽车用压缩天然气钢瓶；e. 机动车用液化石油气钢瓶；f. 站用压缩天然气钢瓶；g. 氧气钢瓶、氢气钢瓶、氯气钢瓶等。

2. 瓶装气体分类

瓶装气体的分类依据《瓶装气体分类》（GB/T 16163—2012），其分类原则为：临界温度低于等于-50℃的气体为压缩气体。临界温度高于-50℃的气体为液化气体，液化气体也是高压液化气体和低压液化气体的统称。临界温度高于-50℃且低于等于65℃的气体为高压液化气体。临界温度高于65℃的气体为低压液化气体。

压缩气体可按临界温度和在气瓶内的物理状态进行分类；按其化学性能，燃烧性、毒性、腐蚀性进行分组。

（1）第1类：压缩气体和低温液化气体。

a组：不燃无毒和不燃有毒气体；

b组：可燃无毒和可燃有毒气体；

c组：低温液化气体（深冷型）。

a组和b组气体在正常环境温度（-40～60℃，下同）下充装、储运和使用过程中均为气态。

c组气体在充装时及在绝热焊接气瓶中运输为深冷液体形式，在使用过程中是以液态或液体汽化及常温气态使用。

（2）第2类：液化气体。

1）高压液化气体。

a组：不燃无毒和不燃有毒气体；

b组：可燃无毒和可燃有毒气体；

c组：易分解或聚合的可燃气体。

此类气体在正常环境温度下充装、储运和使用过程中随着气体温度、压力的变化，其状态也在气、液两态间变化，当此类气体在温度超过气体的临界温度时为气态。

2）低压液化气体。

a组：不燃无毒和不燃有毒气体；

b组：可燃无毒和可燃有毒气体；

c组：易分解或聚合的可燃气体。

在充装、储运和使用的过程中，正常环境温度均低于此类气体的临界温度。

（3）第3类：溶解气体。

a组：易分解或聚合的可燃气体。

3. 气瓶结构

（1）无缝气瓶。无缝气瓶的特征是瓶体无接缝，如图3-33所示。

（2）焊接气瓶。焊接气瓶的特征是瓶体有焊缝，如图3-34所示。

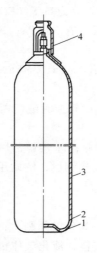

图 3-33　凹形底无缝气瓶结构示意图

1—瓶底　2—瓶根　3—筒体　4—瓶帽

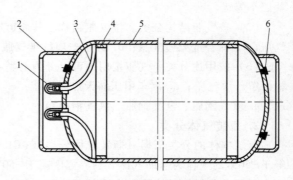

图 3-34　焊接气瓶结构示意图

1—瓶帽　2—护罩　3—导管　4—衬圈　5—筒体　6—易熔塞

（3）液化石油气钢瓶。液化石油气钢瓶是专门用于盛装液化石油气的钢质气瓶。

（4）气瓶附件。气瓶附件包括气瓶专用爆破片、安全阀、易熔合金塞、瓶阀、瓶帽、液位计、防震圈、紧急切断和充装限位装置等。气瓶附件制造企业应保证其产品至少安全使用到下一个检验日期。

瓶阀材料及易熔塞合金应符合相应标准的规定，所用材料既不与瓶内盛装气体发生化学反应，也不影响气体的质量。瓶帽应有良好的抗撞击性，不得用灰铸铁制造。

4. 气瓶参数

（1）气瓶公称工作压力。对于盛装永久气体的气瓶，公称工作压力是指在基准温度时（一般

为 20℃）所盛装气体的限定充装压力。对于盛装液化气体的气瓶，公称工作压力是指温度为 60℃
时瓶内气体压力的上限值。

　　根据《气瓶安全监察规定》的规定，气瓶的公称工作压力已经系列化，如表 3-8 所示。常用
气体气瓶的公称工作压力如表 3-9 规定。盛装高压液化气体的气瓶，其公称工作压力不得小于
8MPa。盛装有毒和剧毒危害的液化气体的气瓶，其公称工作压力应适当提高。

　　（2）水压试验压力、设计压力与许用压力。钢质气瓶的水压试验压力是检验气瓶强度的耐压
试验压力，根据《钢质无缝气瓶》（GB 5099—1994）、《钢质焊接气瓶》（GB 5100—2011）的规
定，钢瓶的水压试验压力为公称工作压力的 1.5 倍。

　　钢质气瓶的设计压力是用于设计计算瓶体壁厚的压力，设计压力的大小等于水压试验压力。

　　气瓶许用压力是允许气瓶承受的最高压力，它应不小于瓶内介质 60℃时的介质压力。钢质气
瓶的许用压力不得超过水压试验压力的 0.8 倍。

表 3-8　气瓶公称压力系列规定

压力类别	高压气瓶					低压气瓶			
公称工作压力/MPa	30	20	15	12.5	8	5	3	2	1
水压试验压力/MPa	45	30	22.5	18.8	12	7.5	4.5	3	1.5

表 3-9　常用气体气瓶的公称工作压力

气体类别		公称工作压力/MPa	常用气体（摘要）
永久气体		30	氧、氢、氮、氩、煤气、天然气等
		20	
		20	二氧化碳、乙烷、乙烯、一氧化碳等
		15	
液化气体	高压液化气体	12.5	氙、氯化氢、氟乙烯（R-1141）等
		8	三氟氯甲烷（R-13）、六氟乙烷（R-116）等
	低压液化气体	5	溴化氢、硫化氢、碳酰二氯（光气）等
		3	氨、二氟氯甲烷（R-22）、三氟乙烷（R-143a）等
		2	氯、二氧化硫、环丙烷、二氟二氯甲烷（R-12）等
		1	正丁烷、四氟二氯乙烷（R-114）、环氧乙烷等

　　（3）气瓶的公称容积。气瓶的公称容积是指气瓶规程和标准规定的气瓶容积的分级系列，公
称容积和公称工作压力一样是名义值，而不是准确的实际值。为安全起见，气瓶的实际容积必须
大于公称容积，允许误差为+5%。可见，公称容积虽是一个名义值，但其限制很严格。比如公称
容积为 40L 的无缝气瓶，其实际容积应在 40L 至 42L 之间。

　　为了便于管理，我国将气瓶的公称容积划分为大、中、小三类：12L 以下（含 12L）为小容
积，12L 以上至 100L（含 100L）为中容积，100L 以上为大容积。

　　钢质无缝气瓶的容积，以 40L 气瓶为最常见，但也有小到 0.4L 大到 80L 的。

　　钢质焊接气瓶的容积，作为溶解乙炔钢瓶，以 40L 钢瓶最为普遍，液氨与液氯气瓶以 800L 和
400L 最为普遍。因为按液氯 1.25 kg/L 的充装系数计算，它们的介质质量正好为 1t 和 0.5t。

　　液化石油气钢瓶的容积，以 35.5L 用量最多。因为以 0.42 kg/L 充装系数计算，此类气瓶正好
充装 15kg 液化石油气，是一般家庭一个月的消耗量。

（4）气瓶的最高使用温度与最低使用温度。气瓶的最高使用温度是指气瓶在充装气体以后，可能达到的最高温度。根据《钢质无缝气瓶》（GB 5099—1994）、《钢质焊接气瓶》（GB 5100—2011）及《气瓶安全监察规定》的规定，600℃为气瓶的最高使用温度，-40℃为气瓶的最低使用温度。

（5）气瓶的颜色。《气瓶颜色标志》（GB/T 7144—2016）对气瓶颜色做了明确规定。例如：乙炔气瓶为白色、氮气瓶为黑色、氧气瓶为淡蓝色、氨气瓶为淡黄色、二氧化碳气瓶为铝白色等。

3.9.2　气瓶安全管理

1. 气瓶的充装

（1）对气瓶充装单位的要求。气瓶充装单位应向省级特种设备安全监督管理部门提出申请，经评审，确认符合条件的，由省级特种设备安全监督管理部门发放许可证；未经行政许可的，不得从事气瓶充装工作。

气瓶充装单位应具备下列条件：

1）建有与所充装气体种类相适应的能够确保充装安全和充装质量的质量管理体系和各项管理制度。

2）有熟悉气瓶充装安全技术的管理人员和经过专业培训的气瓶充装前的气瓶检验员、气瓶充装后的气瓶检验员、气体化验员、气瓶附件维修人员、气瓶库管理人员等，同时应设置安全员，负责气瓶充装的安全工作。

3）有与所充装气体相适应的场所、设施、装备和检测手段。充装毒性、易燃和助燃气体的单位，还应有处理残气、残液的装置。

（2）永久气体的充装。

1）充装前的检查。检查的内容有以下几点：a. 气瓶的漆色是否完好，所漆的颜色是否与所装气体的气瓶规定漆色相符（各种气体气瓶的漆色要符合《气瓶安全监察规定》的规定）；b. 气瓶是否留有余气，如果对气瓶原来所装的气体有怀疑，应取样化验；c. 认真检查气瓶瓶阀上进气口侧的螺纹，一般盛装可燃气体的气瓶瓶阀螺纹是左旋的，而非可燃气体气瓶则是右旋的；d. 气瓶上的安全装置是否配备齐全、好用；e. 新投入使用的气瓶是否有出厂合格证，已使用过的气瓶是否在规定的检验期内；f. 气瓶有无鼓包、凹陷或其他外伤。

充装气体前对气瓶进行检查，可以消除或大大减少由以下情况引起的气瓶爆炸事故：用氧气瓶、空气瓶充装可燃气体或用可燃气体气瓶充装氧气、空气；用低压瓶充装高压气体；气瓶存在严重缺陷或已过检验期限，甚至已经评定报废；瓶内混入有可能与所装气体产生化学反应的物质等。

2）永久气体充装量。永久气体气瓶的充装量是指气瓶在单位容积内允许装入气体的最大质量。永久气体气瓶充装量确定的原则是，气瓶内气体的压力在基准温度（20℃）下应不超过其公称工作压力；在最高使用温度（60℃）下应不超过气瓶的许用压力。

3）采取严密措施，防止超量充瓶。采取的措施包括以下几点：

① 对于充满永久气体的气瓶，应明确规定在多高的充装温度下充装多大的压力，以保证所装的气体在气瓶最高使用温度下的压力不超过气瓶的许用压力。

② 必须严格按规定的充装系数充装液化气体的气瓶，不得超装。

③ 为了防止由于计量误差而造成超装，所有仪表、量具（如压力表、磅秤等）都应按规定的范围选用，并且要定期检验和校正。

④ 对于没有原始质量标记或标记不清难以确认的气瓶不予充装。

⑤ 液化气体的充装量应包括气瓶内原有的余气（余液），不得把余气（余液）的重量忽略不计。

⑥ 不得用储罐减量法（即按液化气体大储罐原有的重量减去装瓶后储罐的剩余重量）来确定气瓶的充装量。

4）充装中的注意事项。在气瓶充装过程中，必须注意下列事项：

① 气瓶充装系统用的压力表，精度应不低于 1.5 级，表盘直径应不小于 150mm。应按有关规定对压力表定期校验。

② 装瓶气体中的杂质含量应符合相应气体标准的要求，下列气体禁止装瓶：A. 氧气中的乙炔、乙烯及氢的总含量（体积分数）≥2%，或易燃性气体的总含量（体积分数）≥0.5%者；B. 氢气中的氧含量（体积分数）≥0.5%者；C. 易燃性气体中的氧含量（体积分数）≥4%者。

③ 用卡子代替螺纹连接进行充装时，必须仔细检查、确认瓶阀出气口的螺纹与所装气体所规定的螺纹形式相符。

④ 开启瓶阀时应缓慢操作，并应注意监听瓶内有无异常声音。

⑤ 在充装易燃气体的操作过程中，禁止用扳手等金属器具敲击瓶阀或管道。

⑥ 充气过程中，在瓶内气体压力达到充装压力的 1/3 以前，应逐只检查气瓶的瓶体温度是否大体一致，瓶阀的密封是否良好；发现异常时应及时妥善处理。

⑦ 向气瓶内充气，速度不得大于 $8m^3/h$（标准状态气体），且充装时间不应少于 30min。

⑧ 用充气排管按瓶组充装气瓶时，在瓶组压力达到充装压力的 10% 以后，禁止再插入空瓶进行充装。

⑨ 凡充装氧气或强氧化性介质的人员，其手套、服装、工具等均不得沾有油脂，也不得使油脂沾染到阀门、管道、垫片等一切与氧气或强氧化性介质接触的装置物件上。

充气单位应有专人负责填写气瓶充装记录。充装记录内容至少应包括：充气日期、瓶号、室温（或储气罐内气体实测温度）、充装压力、充装起止时间、充气过程中有无发现异常现象等。持证操作人员和充气班长均应在记录上签字或盖章。充气单位应负责妥善保管气瓶充装记录，保存时间不应少于半年。

5）充装后的检查。充装后的气瓶，应由专人负责，并逐只进行检查。不符合要求的，应进行妥善处理。检查内容应包括：

① 充装量是否在规定范围内。

② 瓶内气体的纯度是否在规定范围内。

③ 瓶阀及其与瓶口连接的密封性是否良好，瓶体的温度是否有异常升高的迹象。

④ 瓶体是否出现鼓包变形或泄漏等严重缺陷。

（3）液化气体的充装。

1）充装前的检查。液化气体气瓶充装前的检查内容及对不符合充装要求的气瓶的处理方法与永久气体气瓶的基本相同。它们的主要区别在于，判别瓶内气体性质的方法不同，液化气体气瓶在充气前需对瓶内剩余气体称重。

2）液化气体充装量。液化气体的充装量虽然都是以充装的介质质量来计量，但液化气体中低压液化气体和高压液化气体的充装量的确定方法是不一样的。

① 低压液化气体的充装量的确定原则是，气瓶内所装入的介质，即使在最高使用温度下也不会发生瓶内满液。低压液化气体充装系数的确定，应符合下列原则：a. 充装系数应不大于在气瓶最高使用温度下液密度的 97%；b. 在温度高于气瓶最高使用温度 5℃ 时，瓶内不满液。

② 高压液化气体的充装量应与永久气体一样，必须保证瓶内气体在气瓶最高使用温度下所达

到的压力不超过气瓶的许用压力；不同的是，永久气体是以充装结束时的温度和压力来计量，而高压液化气体因充装时是液态，故只能以它的充装系数来计量。

3）液化气体气瓶在充装过程中须注意以下事项：

① 充装计量用的称重衡器应保持准确。称重衡器要设有超装警报和自动断气源的装置。

② 液化气体的充装量必须精确计量和严格控制。应实行充装重量复验制度，若发现充装过量的气瓶，必须及时将超装的气瓶抽出。气瓶的重量标记不清或经腐蚀磨损而难以确认的不准充装。

③ 易燃液化气体中的氧含量达到或超过下列规定值时，禁止装瓶：a. 乙烯中的氧含量（体积分数）≥2%；b. 其他易燃气体中的氧含量（体积分数）≥4%。

④ 用卡子连接代替螺纹连接进行充装时，必须认真仔细检查并确认瓶阀出口螺纹与所装气体所规定的螺纹形式相符。

⑤ 在充装易燃气体的操作过程中，禁止用扳手等金属器具敲击瓶阀或管道。

⑥ 在充装过程中，应加强对充装系统和气瓶密封性的检查。

⑦ 操作人员应相对稳定，并定期进行安全教育和考核。

充气单位应有专人负责填写气瓶充装记录。记录内容至少应包括：充气日期、瓶号、室温、气瓶标记重量、装气后总重量、有无发现异常情况等。充气单位应负责妥善保管气瓶充装记录，保存时间不应少于1年。

4）充装后的检查。充装后的气瓶，应由专人负责，并逐只进行检查。不符合要求的，应进行妥善处理。检查内容应包括：

① 充装量是否在规定范围内。

② 瓶内气体的纯度是否在规定范围内。

③ 瓶阀及其与瓶口连接的密封性是否良好；瓶体的温度是否有异常升高的迹象。

④ 瓶体是否出现鼓包变形或泄漏等严重缺陷。

（4）乙炔气的充装。

1）充装前的检查和准备。主要包括以下几点：

① 乙炔瓶的检查。乙炔瓶充装前，充装单位应有专职人员对其进行检查。检查中发现有下列情况之一的，严禁充装：a. 无制造许可证单位生产的乙炔瓶；b. 未经省级以上（含省级）质量技术监督部门检验机构检验合格的进口乙炔瓶；c. 档案不在本充装单位保存且未办理临时充装变更手续的乙炔瓶。

属于下列情况之一的乙炔瓶，必须先进行妥善处理，否则严禁充装：a. 颜色标记不符合规定或表面漆色脱落严重的；b. 钢印标记不全或不能识别的；c. 附件不全、损坏或不符合规定的；d. 首次充装，或经拆装、更换瓶阀、易熔合金塞后未进行置换的。

有下列情况之一的乙炔瓶，必须送乙炔瓶检验单位检验、处理，否则严禁拆装：a. 超过检验期限的；b. 瓶体腐蚀、机械磨损等表面缺陷严重，按有关标准应报废的；c. 易熔合金熔化、流失、损伤的；d. 瓶阀侧接嘴处积有炭黑或焦油等异物的；e. 对瓶内的填料、溶剂的质量有怀疑的；f. 有其他影响安全使用缺陷的。

② 剩余压力检查。在充装乙炔瓶前，除应按上述的要求进行外观检查和处理外，还应重点检查确定瓶内的剩余压力和溶剂补加量。

乙炔瓶内必须有足够的剩余压力，以防混入空气。

③ 丙酮的充装。在气瓶使用过程中，乙炔瓶内的丙酮常常随着乙炔气体的放出而散失，因此气瓶充装前应逐瓶测定实际质量（实重），检查丙酮逸损情况，以确定其补加量。

2）充装中的注意事项。乙炔气瓶在充装过程中，必须注意以下事项：

① 乙炔气瓶的充装宜分次进行，每次充装后的静置时间应不小于 8h，并应关闭瓶阀。

② 乙炔瓶的充装压力，在任何情况下都不得大于 2.5MPa。

③ 应严格控制充装速度，充罐时的气体体积流量应小于 $0.015m^3/(h \cdot L)$。

④ 充气过程中，应用冷却水均匀地喷淋气瓶，以防乙炔温度过高，产生分解反应。

⑤ 随时测试充气气瓶的瓶壁温度，若瓶壁温度超过 40℃，应停止充装，另行处理。

⑥ 充装中，每小时至少检查一次瓶阀出气口、阀杆及易熔合金塞等部位有无泄漏。发现漏气应立即妥善处理。

⑦ 因故中断充装的乙炔瓶需要继续充装时，必须保证充装主管内乙炔气压力大于或者等于乙炔气瓶内压力时才可开启瓶阀和支管切换阀。

3）充装后的检查。充装后的气瓶，应先静置 24h，使其压力稳定、温度均衡，不合格的气瓶严禁出厂。

2. 气瓶的运输与储存

（1）气瓶运输。气瓶在运输或搬运过程中发生事故也是常见的。因气瓶容易受到振动和冲击，可能造成瓶阀撞坏或碰断而飞出伤人，或引起喷出的可燃气体着火，甚至导致气瓶发生粉碎性爆炸。为确保气瓶在运输过程中的安全，气瓶的运输单位，应根据有关规程、规范，按气体性质制定相应的运输管理制度和安全操作规程，并对运输、装卸气瓶的人员进行专业的安全教育。

1）防止气瓶受到剧烈振动或碰撞冲击。装在车上的气瓶要妥善固定，防止气瓶跳动或滚落；气瓶的瓶帽及防振圈应佩戴齐全；装卸气瓶时应轻装轻卸，不得采用抛装、滑放或滚动等装卸方法。

2）防止气瓶受热或着火。运输时气瓶不得长时间在烈日下暴晒，夏季运输要有遮阳设施；可燃气体气瓶或其他易燃品、油脂和沾有油污的物品，不得与氧气瓶同车运输；两种介质相互接触后能引起燃烧等剧烈反应的气瓶也不得同车运输；运装气瓶的车上应严禁烟火，运输可燃或有毒气体的气瓶时，车上应分别备有灭火器材或防毒用具。

（2）气瓶储存。瓶装气体品种多、性质复杂，在储存过程中，当气瓶受到强烈的振动、撞击或接近火源、受阳光暴晒、雨淋水浸、储存时间过长、温、湿度变化等因素的影响，以及与泄漏出的性质相抵触的气体相互接触时，就会引起爆炸、燃烧、灼伤、中毒等灾害性事故。

1）对气瓶库房的要求。气瓶储存库的建立，必须经环保、消防和安全监察部门实地考察批准。库房的建筑，必须符合环保、消防、防爆等有关国家标准、规范、规程的要求。

2）气瓶入库储存前的检查。在气瓶入库储存前，应认真做好气瓶入库前的检查验收工作。在检查中发现来历不明的气瓶，禁止入库储存。对有缺陷的气瓶，应随时用粉笔写在瓶体上，以便事后分别处理。对检查验收合格的气瓶，应逐只进行登记。对于储存多种气体的储存库，应按气体种类分别建立登记簿。

3）气瓶入库储存。气瓶入库储存，应符合下列要求：

① 气瓶的储存应由专人负责管理。相关人员应经过安全技术培训。

② 入库的空瓶与实瓶应分别放置，并有明显标志。

③ 毒性气体气瓶及瓶内气体相互接触能引起燃烧、爆炸、产生毒物的气瓶，应分室存放，并在附近设置防毒用具或灭火器材。

④ 气瓶入库后，一般应直立储存于指定的栅栏内，并用链条等物将气瓶加以固定，以防气瓶倾倒；对于卧放的气瓶，应妥善固定，防止其滚动；如需堆放，其堆放层数不应超过五层，且气瓶的头部朝向同一方向。堆放气瓶时，如果气瓶上无防振圈，则必须在上、下两层气瓶间垫上双槽垫木或两根特制的橡胶槽带。

⑤ 为使先入库或临近定期检验日期的气瓶优先发放，应尽量将这些气瓶存放在一起，并在栅栏的牌子上注明入库或定期检验的日期。

⑥ 对于限期储存的气体及不宜长期存放的气体，如氯乙烯、氯化氢、甲醚等，均应注明存放期限。对于容易起聚合反应或分解反应的气体，必须规定储存期限，并予以注明，同时应避免放射源。这类气瓶存放期限到期后，要及时处理。

⑦ 气瓶在存放期间，特别是在夏季，应定时测试库内的温度和湿度，并做记录。库房最高允许温度视瓶装气体的性质而定；库房的相对湿度应控制在80%以下。

⑧ 气瓶在库房内应摆放整齐，数量、号位的标志要明显。要留有适当宽度的通道。

⑨ 毒性气体或可燃性气体气瓶入库后，要连续2~3d定时测定库内空气中的毒性或可燃性气体的浓度。如果浓度有可能达到危险值，则应强制换气，并查出库内危险气体浓度增高的原因，彻底予以解决。如果测定结果表明无危险时，则以后的检查可改为定期检查。

⑩ 发现气瓶漏气，首先应根据气体性质做好相应的人体保护，在保证安全的前提下，关闭瓶阀；如果瓶阀失控或漏气不在瓶阀上，则必须采取紧急处理措施。

⑪ 定期对库房内、外的用电设备和库房通风设备的运行情况，以及气瓶搬运工具和栅栏的牢固性进行检查，发现问题及时修理。对库房用的防火和防毒器具也应定期进行检查。

气瓶的储存单位应建立并执行气瓶进出库制度，并做到瓶库账目清楚、数量准确、按时盘点、账物相符。

气瓶发放时，库房管理员必须认真填写《气瓶发放登记表》，内容包括：气体名称、序号、气瓶编号、入库日期、发放日期、气瓶检验日期、领用单位、领用者姓名、发放者姓名、备注等。

3. 气瓶的安全使用

（1）气瓶的使用与维护。气瓶使用不当或维护不良可以直接或间接造成爆炸、着火或中毒事故。

从气体充装站或气瓶储存库接收气瓶时，应对所接收的气瓶逐只进行检查，发现下列情况之一者，不得接收：

1）气瓶上没有粘贴气体充装后检验合格证的。

2）气瓶的颜色标记与所需的气体不符，或者颜色标记模糊不清，或者表面漆色覆盖在另一种漆色之上的。

3）瓶体上有不能保证气瓶安全使用的缺陷，如严重的机械损伤、变形、腐蚀等。

4）瓶阀漏气、阀杆受损、侧接嘴螺纹旋向与所需的气体性质不符或螺纹受损的。

5）在氧气或氧化性气体气瓶上或瓶阀上有油脂的。

6）气瓶不能直立、底座松动、倾斜的。

7）气瓶上未装瓶帽和防振圈，或瓶帽和防振圈尺寸不符合要求或损坏的。

在进行检查时，若发现有缺陷的气瓶，应随时在气瓶上用粉笔简要注明，并向充气单位或储存单位交代清楚，以免被他人领用。

（2）气瓶安全使用要点。气瓶的使用单位和操作人员在使用气瓶时应做到以下几方面：

1）合理使用、正确操作，主要包括以下几点：

① 使用单位应做到专瓶专用，不得擅自更改气瓶的钢印和颜色标记。

② 气瓶使用时，一般应立放，并应有防止倾倒的措施。

③ 近距离移动气瓶，应手盘瓶后转动瓶底，移动距离较远时，可用轻便小车运送，严禁抛、滚、滑、翻。气瓶在工地使用时，应将其放在专用车辆上或将其固定使用。

④ 使用氧气或氧化性气体气瓶时，操作者应仔细检查自己的双手、手套、工具、减压器、瓶

阀等是否沾染油脂,凡有油脂的,必须脱脂干净后才能操作。

氧气瓶和氧化性气体气瓶与减压器或汇流排连接处的密封垫,不得采用可燃性材料。

⑤ 在安装减压阀器或汇流排导管时,应检查卡箍或连接螺帽的螺纹的完好情况,以免工作时脱开引起事故。用于连接气瓶的减压器、接头、导管和压力表,都应涂以标记,用在专一类气瓶上,严防混用。

⑥ 开启或关闭瓶阀时,只能用手或专用扳手,不准使用锤子、管钳、长柄螺纹扳手,以防损坏阀件。开启或关闭瓶阀的速度应缓慢,防止产生摩擦热或静电火花,对盛装可燃气体的气瓶尤应注意。

⑦ 发现瓶阀漏气、不能放气,或存在其他缺陷时,应将瓶阀关闭,并将发现的缺陷标在瓶体上,送交气瓶充装单位处理。

⑧ 瓶内气体不得用尽,必须留有剩余压力,以防混入其他气体或杂质。永久气体气瓶的剩余压力,应不小于 0.05MPa。液化气体气瓶应留有不少于 1.0% 规定充装量的剩余气体。

⑨ 在可能造成回流的使用场合,使用设备上必须配置防止倒灌的装置,如单向阀、止回阀、缓冲器等。

⑩ 液化石油气瓶用户不得将气瓶内的液化石油气向其他气瓶倒装;不得自行处理气瓶内的残液。

⑪ 气瓶投入使用后,不得对瓶体进行挖补、焊接修理。

⑫ 气瓶使用完毕后,要送回瓶库或妥善保管。用过气的空瓶标上"空瓶"字样;已用部分气体的气瓶,应把剩余压力写在瓶身上;向瓶库退回未使用的气瓶,应标上"满瓶"字样。

⑬ 开阀时要慢慢开启,以防加压过快产生高温,对盛装可燃气体的气瓶尤应注意,防止产生静电;开阀时不能用钢扳手敲击瓶阀,以防产生火花。

⑭ 氧气瓶的瓶阀及其他附件都禁止沾染油脂;手或手套上和工具上沾染有油脂时不要操作氧气瓶。

⑮ 每种气体要有专用的减压器,氧气和可燃气体的减压器不能互相换用;瓶阀或减压器泄漏时不得继续使用。

⑯ 气瓶使用到最后时应留有余气,以防混入其他气体或杂质,造成事故。

2)防止气瓶受热。主要包括以下几点:

① 不得将气瓶靠近热源,更不得用高压蒸汽直接喷射气瓶。安放气瓶的地点 10m 范围内,不应进行有明火或可能产生火花的工作。

② 在夏季使用时,应防止气瓶被曝晒。

③ 瓶阀冻结时,应把气瓶移到较温暖的地方,用温水解冻。严禁用温度超过 40℃ 的热源对气瓶加热。

④ 盛装易于自行产生聚合反应或分解反应的气体的气瓶,应避开放射性射线源。

3)加强维护。主要包括以下几点:

① 气瓶外壁上的油漆既是防护层,也是识别标记,它的颜色表明瓶内所装气体的类别,可以防止误用和混装,因此必须保持完好。漆色脱落或模糊不清时,应按规定重新刷漆上色。

② 严禁敲击、碰撞气瓶,严禁在气瓶上进行电焊引弧,不准用气瓶做支架。

③ 瓶内混有水分常会加速气体对气瓶内壁的腐蚀,特别是氧、氯、一氧化碳等气体,在盛装这些气体的气瓶装气前,尤其是在进行水压试验以后,应该进行干燥。

④ 气瓶一般不得改装别种气体,如确实需要,按规定由有关单位负责清洗、置换并重新改变漆色后方可改装。

（3）气瓶改装。气瓶改装是指原来盛装某一种气体的气瓶改变充装其他种类的气体。气瓶改装，特别是使用单位自行改变气瓶罐装气体种类，是国内气瓶爆炸事故的主要原因，因此必须慎重对待。

1）对气瓶改装的规定。气瓶的使用单位不得擅自更改气瓶的颜色标记，换装其他种类的气体。当确实需要更换气瓶盛装气体的种类时，应提出申请，由气瓶检验单位负责对气瓶进行改装。气瓶改装后，负责改装的单位，应将气瓶改装情况通知气瓶所属单位，记入气瓶档案。

2）气瓶改装注意事项。负责气瓶改装的单位应根据气瓶制造钢印标记和安全状况，确定气瓶是否适合于所换装的气体，包括气瓶的材料与所换装的气体的相容性、气瓶的许用压力是否符合要求等。气瓶改装时，应根据原来所装气体的特性，采用适当的方法对气瓶内部进行彻底清理、检验；打检验钢印和涂检验色标；换装相应的附件；并按相关规定，更改换装气体的字样、色环和颜色标记。

3.10 压力容器常见事故原因及控制措施

3.10.1 压力容器事故的类型及特点

（1）压力容器事故的类型。

1）按容器发生破裂的特征可分为爆炸与泄漏两大类。

2）按容器的破坏程度来分可分为三种。

① 爆炸事故：压力容器在使用中或试压中受压部件突然破裂，容器中介质压力瞬时降至等于外界大气压力的事故。

② 重大事故：压力容器受压部件严重损坏（过度变形、泄漏）、附件损坏等而使压力容器被迫停止运行，必须进行修理的事故。

③ 一般事故：压力容器受压部件或附件损坏程度不严重，不需要停止运行进行修理的事故。

3）爆炸事故按爆炸的原因来分可分为两种。

① 化学性爆炸：容器内部介质因化学反应（包括燃烧）失控而引起容器爆炸的事故称为化学性爆炸事故。

② 物理性爆炸：因容器内部介质压力作用使容器受压部件的应力达到材料强度的极限值所引起的爆炸事故。

4）在物理性超压爆炸中，因液体蒸发而超压引起的爆炸事故可分为两种。

① 传热型蒸气爆炸：因液体受其他高温介质加热，在快速传热中液体暂时过热而急剧汽化，引起容器超压爆炸。

② 平衡破坏型蒸气爆炸：液体在高压下处于气液平衡状态，若容器破裂，蒸气喷出，因压力急剧下降使气液平衡被打破，液体处于过热状态，急剧汽化而形成压力，再次引起容器爆炸。

（2）压力容器事故特点。

1）压力容器在运行中由于超压、过热，或腐蚀、磨损，而使受压元件难以承受，发生爆炸、撕裂等事故。

2）压力容器发生爆炸事故，不但会造成设备损坏，而且还波及周围的设备、建筑和人群。爆炸直接产生的碎片能飞出数百米远，并能产生巨大的冲击波，破坏力与杀伤力极大。

3）压力容器发生爆炸、撕裂等重大事故后，有毒物质的大量外溢会造成人畜中毒的恶性事故。而可燃性物质的大量泄漏，还会引起重大火灾和二次爆炸事故，后果也十分严重。

3.10.2　压力容器事故原因分析

1）结构不合理，材质不符合要求，焊接质量不好，受压元件强度不够以及其他设计制造方面的原因。

2）安装不符合技术要求，安全附件规格不对，质量不好，以及其他安装、改造或修理方面的原因。

3）在运行中超压、超负荷、超温，违反劳动纪律，违章作业，超过检验期限，操作人员不懂技术，以及其他运行管理不善方面的原因。

3.10.3　压力容器事故应急措施

1）发生重大事故时应启动应急预案，保护现场，并及时报告有关领导和监察机构。

2）压力容器发生超压、超温时要马上切断进气阀；对于反应容器，应停止进料；对于无毒非易燃介质，要打开排空管排气；对于有毒、易燃、易爆介质要打开放空管，将介质通过接管排至安全地点。

3）如果属超温引起的超压，除采取上述措施外，还要通过水喷淋冷却降温。

4）压力容器发生泄漏时，要马上切断进料阀及泄漏处前端阀门。

5）压力容器本体泄漏或第一道阀门泄漏时，要根据容器、介质不同使用专用堵漏技术和堵漏工具进行堵漏。

6）易燃易爆介质泄漏时，要对周边明火进行控制，切断电源，严禁一切用电设备运行，防止火灾、爆炸事故产生。

3.10.4　压力容器事故预防处理措施

针对压力容器发生事故的常见原因，可以采取相应的预防措施。

1）在设计上，应采用合理的结构，如采用全焊透结构、能自由膨胀的结构等，避免应力集中、几何突变；针对设备使用工况，选用塑性、韧性较好的材料；强度计算及安全阀排量计算符合标准。

2）制造、修理、安装、改造时，加强焊接管理，提高焊接质量并按规范要求进行热处理和探伤；加强材料管理，避免采用有缺陷的材料或用错钢材、焊接材料。

3）在使用过程中，加强运行管理，保证安全附件和保护装置灵活、齐全；提高操作工人素质，防止产生误操作等行为。

4）在压力容器使用中，加强使用管理，避免操作失误，超温、超压、超负荷运行，失检、失修、安全装置失灵等。

5）加强检验工作，及时发现缺陷并采取有效措施。

3.11　压力容器典型事故案例分析

3.11.1　北京东方化工厂储罐区爆炸特别重大事故

1. 事故概况

1997年6月27日，北京东方化工厂储罐区发生爆炸和火灾事故，造成9人死亡，39人受伤，直接经济损失1.17亿元。6月27日21时许，北京东方化工厂储运分厂油品车间罐区内有易燃易爆气体泄漏。21时10分左右，罐体操作室可燃气体报警器报警。21时15分左右，油品罐体操作员及油品调度员去检查气体泄漏源（2人均在现场死亡）。泄漏气体迅速扩散，与空气形成可燃性爆炸气体。21时26分左右，遇明火瞬间发生爆炸。由于卸油泵房扩散有可燃性爆炸气体，爆炸火源由门窗引入卸油泵房后立即发生爆炸，房盖和墙壁向外倒塌。此后，罐区多处有油和可燃气体的泄漏部位着火，并造成破坏。发生第一次爆炸时，冲击波将球罐和保温层及部分管线摧毁，造成乙烯罐区着火。随后，着火处附近的其他管线相继被烤破裂致使大量乙烯泄漏。21时42分左右，油品车间乙烯B罐发生解体性爆炸。爆炸瞬间，爆炸物在空间形成巨大火球并以"火雨"方式向四周抛散。乙烯B罐爆炸残骸由破口反向呈扇形向西北飞散，破坏管网油气管线后引起大火，并造成周围建筑物的破坏。在爆炸冲击波的作用下，相邻的乙烯A罐被向西推倒，A罐底部出入口管线断开，大量液态乙烯从管口喷出后在地面遇火燃烧。乙烯A罐罐内压力升高，顶部鼓包裂开1m长的T形破口。同时，乙烯C、D罐的出入口管线也相继被破坏，大量乙烯喷出地面后燃烧，造成范围更大的火灾和破坏。

此次事故过火面积达98000m²，大火共烧毁罐区内6个10000m³的立式储罐（其中轻柴油罐2个，石脑油罐4个）、12个1000m³储罐中的加氢汽油和裂解油气储罐，并导致压力罐区的13个球形储罐中的乙烯B罐解体爆炸，乙烯A罐翻倒在原位置西侧，球体上极板附近两处鼓包开裂；乙烯C、D罐的6、7号柱腿均被烧变形；乙烯A、C、D罐进出料口断裂；球罐因过火严重，其朝向东北的赤道板上缘附近产生了一个长约3m的鼓包开裂；罐区内其他各储罐均有不同程

图3-35　爆炸事故现场（一）

度的损坏。同时事故过程中的燃爆，还造成罐区北侧卸油泵房倒塌，卸油一号栈桥和罐区周围建筑物被部分摧毁，部分火车罐车被掀离铁轨或被烧损毁，如图3-35、图3-36所示。

图3-36　爆炸事故现场（二）

2. 事故原因分析

经过调查取证、计算机模拟和鉴定分析，事故的直接原因是：在从铁路罐车经油泵往储罐卸轻柴油时，操作工开错阀门，使轻柴油进入了满载的石脑油A罐，导致石脑油从罐顶气窗大量溢出（约637m³），溢出的石脑油及其油气在扩散中遇到明火，产生第一次爆炸和燃烧，继而引起罐区乙烯罐等其他罐的爆炸和燃烧。得出此结论的主要依据是：

（1）阀门状态。调查发现，卸轻柴油前，石脑油A罐是满罐，卸油管通往石脑油A罐的两道阀门均为开启状态，通往轻柴油罐的总阀门却为关闭状态。卸柴油时，轻柴油不能进入轻柴油罐，而只能从石脑油A罐底部管口进入石脑油A罐，导致石脑油从罐顶外溢。

（2）石脑油A罐基础及附近地面被烧变色。石脑油A罐罐体无破裂现象，而防火堤内数千平方米石灰石路地面有2/3被积油烧变色，其中约一半变成白色石灰；石脑油A罐的水泥基础被烧裂并露出钢筋，上述情况只有在地面上存在大量积油燃烧才能出现。而其他油罐着火后，防火堤内的地面和罐基础完好。

（3）经对事故遇难者所在位置的分析和微量化学分析，确定事故是石脑油泄漏引起的。

此外，从事故现场建（构）筑物破坏情况、现场所有人员的位置及伤亡情况、中心计算机记录的压力变化、地下排水沟系统爆燃痕迹、现场人证材料分析，并经专家爆炸实验室计算机模拟等，均证明石脑油大量溢出是事故的直接原因。

间接原因是北京东方化工厂安全生产管理混乱，岗位责任制等规章制度不落实。此外，也反映出罐区自动控制水平低，罐区与锅炉房之间距离较近且无隔离墙等问题。

3. 预防同类事故的措施

（1）教育工厂相关负责人和职工，切实树立"安全第一，预防为主"的思想，认真完善安全生产规章制度等，认真落实安全生产责任制。

（2）严格操作规程，严守劳动纪律，真正改变纪律松弛、管理不严、有章不循的情况。

（3）切实提高生产装置和储运设施的自动化水平和管理水平。

（4）有关部门要加强对企业的监督管理，及时发现企业存在的事故隐患，并督促做好整改工作。

（5）认真分析事故原因，总结经验教训，研究制定并演练事故应急预案。

3.11.2 重庆天原化工总厂压力容器爆炸重大事故

1. 事故概况

2004年4月15日21时，重庆天原化工总厂氯氢分厂1号氯冷凝器列管腐蚀穿孔，造成含氨盐水泄漏到液氯系统，生成大量易爆的三氯化氮。16日凌晨发生排污罐爆炸，1时33分全厂停车，2时15分左右，排完盐水后4h的1号盐水泵在静止状态下发生爆炸，泵体粉碎性炸毁。

16日17时57分，在抢险过程中，突然听到连续两声爆响，液氯储罐内的三氯化氮突然发生爆炸。爆炸使5号、6号液氯储罐罐体破裂解体并将地面炸出1个长9m、宽4m、深2m的坑，以坑为中心，在200m半径内的地面建筑物上有大量散落的爆炸碎片。爆炸造成9人死亡，3人受伤，该事故使重庆市江北区、渝中区、沙坪坝区、渝北区的15万名群众疏散，直接经济损失277万元，爆炸事故现场如图3-37、图3-38所示。

图3-37 爆炸事故现场（一）

图3-38 爆炸事故现场（二）

2. 事故原因分析

事故爆炸直接因素关系链为：设备腐蚀穿孔→盐水泄漏进入液氯系统→氯气与盐水中的铵反应生成三氯化氮→三氯化氮富集达到爆炸浓度（内因）→启动事故氯处理装置振动引爆三氯化氮（外因）。

（1）直接原因。

1）设备腐蚀穿孔导致盐水泄漏，是造成三氯化氮形成和富集的原因。根据重庆大学的技术鉴定和专家的分析，造成氯气泄漏和盐水流失的原因是1号氯冷凝器列管腐蚀穿孔。腐蚀穿孔的原因主要有以下五个：

① 氯气、液氯、氯化钙冷却盐水对氯气冷凝器存在普遍的腐蚀作用。

② 列管内氯气中的水分对碳钢的腐蚀。

③ 列管外盐水由于离子电位差异对管材发生电化学腐蚀和点腐蚀。

④ 列管与管板焊接处的应力腐蚀。

⑤ 使用时间较长，并未进行耐压试验，使腐蚀现象未能在明显腐蚀和腐蚀穿孔前被及时发现。

1992年和2004年该液氯冷冻的氨蒸发系统曾发生泄漏，造成大量的氯进入盐水，生成了含高浓度铵的氯化钙盐水。1号氯冷凝器列管腐蚀穿孔，导致含高浓度铵的氯化钙盐水进入液氯系统，生成具有极具危险性的三氯化氮爆炸物并大量富集，为16日演变为爆炸事故埋下了重大事故隐患。

2）三氯化氮富集达到爆炸浓度和启动事故氯处理装置造成振动，引起三氯化氮爆炸。经调查证实，厂方现场处理人员未经指挥部同意，为加快氯气处理的速度，在对三氯化氮富集爆炸的危险性认识不足的情况下，急于求成，判断失误，凭借以前的操作处理经验，自行启动了事故氯处理装置，对4号、5号、6号液氯储罐（计量槽）及1号、2号、3号汽化器进行抽吸处理。在抽吸过程中，事故氯处理装置水封处的三氯化氮因与空气接触和振动而首先发生爆炸，爆炸形成的巨大能量通过管道传递到液氯储罐内。搅动和振动了液氯储罐中的三氯化氮，导致4号、5号、6号液氯储罐内的三氯化氮爆炸。

（2）间接原因。

1）压力容器设备管理混乱，设备技术档案资料不齐全，未见任何有关两台氯液气分离器的技术和法定检验报告，发生事故的冷凝器于1996年3月投入使用后，一直到2001年1月才进行首检，没进行耐压试验。近两年无维修、保养、检查记录，致使未能在设备明显腐蚀和腐蚀穿孔前及时发现腐蚀现象。

2）安全生产责任制落实不到位。2004年2月12日，集团公司与该厂签订安全生产责任书以后，该厂未按规定将目标责任分解到厂属各单位。

3）安全隐患整改督促检查不力。重庆天原化工总厂对自身存在的安全隐患整改不力，该厂"2·14"氯化氢泄漏事故后，引起了市领导的高度重视，市委、市政府领导对此做出了重要批示。为此，重庆化医控股（集团）公司和该厂虽然采取了一些措施，但是没有认真从管理上查找事故的原因和总结教训，在责任追究上，以经济处罚代替行政处分，因而没有让有关责任人员从中吸取事故的深刻教训，整改的措施不到位，督促检查力度也不够，以至于在安全方面存在的问题没有得到有效整改。"2·14"事故后，本应增添盐酸合成尾气和四氯化碳尾气的监控系统，但直到"4·16"事故发生时仍未配备该监控系统。

4）对三氯化氮爆炸的机理和条件研究不成熟，相关安全技术规定不完善。

有关专家在《关于重庆天原化工总厂"4·16"事故原因分析报告的意见》中指出："目前，

国内对三氯化氮爆炸的机理、爆炸的条件缺乏相关技术资料，对如何避免三氯化氮爆炸的相关安全技术标准尚不够完善"，"因含高浓度铵的氯化钙盐水泄漏到液氯系统，导致爆炸的事故在我国尚属首例"。此次事故表明，在三氯化氮的处理方面，确实存在很大程度的复杂性、不确定性和不可预见性。这次事故是当时氯碱行业现有技术条件下难以预测、没有先例的事故，人为因素不占主导作用。同时，全国氯碱行业尚无对氯化钙盐水中铵含量定期分析的规定，该厂氯化钙盐水十多年来从未更换和检测，造成盐水中的铵不断富集，为生成大量的三氯化氮创造了条件，并为爆炸的发生留下了重大的隐患。

3. 预防同类事故的措施

（1）提高认识，加强领导，高度重视危化行业的安全生产工作。正确处理安全生产与发展经济、与企业经济效益的关系，落实安全责任和安全防范措施，切实解决危化行业的安全问题，把事故隐患消灭在事故发生之前，严防重特大事故的发生。

（2）严格安全准入，深化专项整治，切实提高危化行业的整体安全水平。按照国家规定，严格危化行业的准入标准，从源头上制止不具备安全生产条件的企业进入危化行业。对以下五类危险化学品生产经营单位一律责令停产整顿：生产工艺与设备、储存方式和设备不符合国家规定标准的；压力容器未按期检测、检验或者经检测、检验不合格的；企业主要负责人、特种作业人员、关键岗位人员未经正规安全培训并取得任职和上岗资格的；经安全评估确认没达到安全生产条件的；近年以来发生重特大安全事故的。被责令停产整顿的危险化学品生产经营单位经认定符合条件后才能恢复生产。对经停产整顿后仍然不具备安全生产条件的危险化学品生产经营单位一律关闭。

（3）加大安全投入，加快技术进步，提高氯碱行业自身的安全水平。对目前大多数氯碱企业沿用液氨间接冷却氯化钙盐水生产液氯的传统工艺进行改革，并对冷冻盐水中含氨量进行监控或添置自动报警装置。加强对三氯化氮的深入研究，完全弄清其物化性质和爆炸机理和防治技术，尽快形成一套安全、成熟、可靠的预防和处理三氯化氮的应急预案，并在氯碱行业推广使用。

（4）完善应急预案，建立安全生产应急救援体系。建立应急管理体制，建立市安全生产应急救援指挥中心，定期实施应急联动演练。把各类事故的危害降到最低限度。

3.11.3 宁夏永宁县金车纸业有限公司液氨钢瓶爆裂重大事故

1. 事故概况

2003年9月6日13时30分左右，宁夏永宁县金丰纸业有限公司一液氯瓶发生爆裂，造成119人有刺激、中毒症状，其中33人在医院接受医疗观察。

事故钢瓶为800L液氯钢瓶，于1981年制造，由银川市制钠厂液氯充装站充装。事发时，该瓶已超过检验周期，处于露天静置状态，未投入使用。爆破口位于气瓶有角阀一侧，封头护罩固定焊缝内侧约25mm处的母材沿环向裂开，长约750mm，最小壁厚不足4mm，母材内表面光滑，外侧有明显的呈条状腐蚀迹象。

2. 事故原因分析

（1）事故钢瓶属于超过安全使用年限的报废气瓶，且腐蚀严重，钢瓶充装液氯后，在露天曝晒条件下使用和存放，发生爆裂是导致液氯泄漏的直接原因。

（2）气瓶使用单位对气瓶的安全使用、存放管理不当是造成泄漏的主要原因。

（3）气瓶充装单位没有将超过使用年限的气瓶进行报废处理，反而进行充装，是造成事故的重要原因。

3. 预防同类事故的措施

（1）有关部门督促充装单位和使用单位加大在用气瓶安全检查的力度，避免使用超期未检或报废的气瓶。

（2）气瓶充装单位应严格按照《气瓶安全监察规定》和有关标准规定，设专人对气瓶逐只进行充装前的检查，必要时测定气瓶壁厚。对于规程标准禁止充装的或标记模糊的气瓶，一律禁止充装。

（3）气瓶检验单位按规定项目和周期对气瓶进行检验，特别对制造钢瓶和检验钢印进行重点检查，对超标或钢印模糊不清等不符合安全要求的气瓶，进行破坏性报废处理。

（4）气瓶使用单位在使用气瓶前，应进行检查，超过标准规定使用年限的气瓶，不得使用；对气瓶制造、检验钢印标记和盛装气体种类压力进行确认，不符合安全技术要求的气瓶严禁使用。使用气瓶时必须严格遵守使用说明或警示标签的要求和规定。

（5）气瓶使用单位不得对气瓶体进行焊接和更改气瓶钢印或颜色标志；不得使用报废气瓶、超过检验周期的气瓶和表面有明显缺陷的气瓶，不得自行处理瓶内残液。

第4章

压力管道安全

4.1　压力管道概述

4.1.1　压力管道的概念

在工业化程度日渐提高的今天，压力管道作为输送介质的载体已经遍布于世界各地。从炼油化工装置到长输管道，从工厂、油田到城镇、居民小区，压力管道无处不在。管道运输有着独特的优势，在油气运输上，管道运输优势尤其明显。首先它可实现平稳、不间断输送。其次它可实现相对安全运输。对于油气来说，汽车、火车运输均有很大的危险，国外称这两种运输为"活动炸弹"，而管道密闭输送，具有较高的安全性。第三是保质，管道在密闭状态下运输，油品不挥发，质量不受影响。第四是经济，管道运输损耗少，运费低，占地少。就石油的管道运输与铁路运输相比，交通运输协会的有关专家曾算过一笔账：沿我国成品油主要流向建设一条长7000km的管道，它所产生的社会综合经济效益，仅降低运输成本、节省动力消耗、减少运输中的损耗三项，每年就可以节约资金数十亿元左右。运输易燃、易爆、有毒等危险物料的管道，因管理不善导致的泄漏，爆炸等安全生产事故，后果也较严重，所以需要对这些管道系统实行严格管理。2009年质量技术监督检验检疫总局颁布实施的《压力管道安全技术监察规程——工业管道》对"压力管道"赋予了特定的含义，它明确指出：压力管道是指在生产、生活中使用的可能引起燃爆或中毒等危险性较大的特种设备。具体来说，指具有下列属性的管道：

1）输送《职业性接触毒物危害程度分级》（GBZ 230—2010）中规定的毒性程度为极度危害介质的管道。

2）输送《石油化工企业设计防火规范》（GB 50160—2008）及《建筑设计防火规范》（GB 50016—2014）中规定的火灾危险性为甲、乙类介质的管道。

3）最高工作压力≥0.1MPa（表压，下同），输送介质为气（汽）体、液化气体的管道。

4）最高工作压力≥0.1MPa，输送介质为可燃、易爆、有毒、有腐蚀性的或最高工作温度大于等于标准沸点的液体的管道。

5）前四项规定的管道的附属设施及安全保护装置等。

不包括下述管道：

1）设备本体所属管道。

2）军事装备、交通工具上和核装置中的管道。

3）输送无毒、不可燃、无腐蚀性气体，其管道公称直径<150mm，且其最高工作压力<

1.6MPa 的管道。

压力管道系统由管道组成件以一定方式装配连接形成。根据《工业金属管道工程施工规范》（GB 50235—2010）和《压力管道规范 工业管道》（GB/T 20801.1~6—2006）的定义，管道组成件是指用于连接或装配管道的元件，它包括管子、管件、法兰、垫片、紧固件、阀门以及膨胀接头、挠性接头、耐压软管、输水器、过滤器和分离器等。管道组成件都有相应的国家标准或行业标准，管道是管道组成件的一个类别，通常包括弯头、三通、异径管、管帽、翻边短节和活接头等。

4.1.2 压力管道的分类

根据管道承受内部压力的不同，可以分为真空管道、中低压管道、高压管道、超高压管道。

根据输送介质的不同，可以分为蒸汽管道、燃气管道、工艺管道等。

根据使用材料的不同，可以分为合金钢管道、不锈钢管道、碳钢管道、有色金属管道、非金属管道、复合材料管道等。

根据管道敷设方式的不同，可以分为地下管道和架空管道。

根据用途的不同，可以划分为 GC 类工业管道、GB 类公用管道、GA 类长输管道。

（1）GC 类工业管道。它是指企事业单位用于输送工艺介质的工艺管道、公用工程管道及其他辅助管道，包括延伸出工厂边界线，但归属企、事业单位管辖的工艺管线。工业管道划分为 GC1 级、GC2 级、GC3 级。

1）符合下列条件之一的工业管道为 GC1 级工业管道：

① 输送《职业性接触毒物危害程度分级》GBZ 230—2010 中规定的毒性程度为极度危害介质的管道。

② 输送《石油化工企业设计防火规范》（GB 50160—2008）及《建筑设计防火规范》（GB 50016—2014）中规定的火灾危险性为甲、乙类可燃气体或甲类可燃液体介质，且设计压力 ≥4.0MPa 的管道。

③ 输送可燃流体介质、有毒流体介质，设计压力 ≥4.0MPa，且设计温度 ≥400℃的管道。

④ 输送流体介质，且设计压力 ≥10.0MPa 的管道。

2）符合下列条件之一的工业管道为 GC2 级工业管道：

① 输送《石油化工企业设计防火规范》（GB 50160—2008）及《建筑设计防火规范》（GB 50016—2014）中规定的火灾危险件为甲、乙类可燃气体或甲类可燃液体介质，且设计压力 <4.0MPa 的管道。

② 输送可燃流体介质、有毒流体介质，设计压力 <4.0MPa，且设计温度 ≥400℃的管道。

③ 输送非可燃流体介质、无毒流体介质，设计压力 <10.0MPa，且设计温度 ≥400℃的管道。

④ 输送流体介质，设计压力 <10.0MPa，且设计温度 <400℃的管道。

3）符合下列条件之一的工业管道为 GC3 级工业管道：

① 输送可燃流体介质、有毒流体介质，设计压力 <1.0MPa，且设计温度 <400℃的管道。

② 输送非可燃流体介质、无毒流体介质，设计压力 <4.0MPa，且设计温度 <400℃的管道。

（2）GB 类公用管道。它是指城市或乡镇范围内用于公用事业或民用的燃气管道和热力管道。公用管道划分为 GB1 级公用管道和 GB2 级公用管道。GB1 级为城镇燃气管道，GB2 级为城镇热力管道。公用管道的特点如下：

1）管道敷设长度大，跨越地区多，地形地质及地下各种管网敷设情况复杂。

2）埋地敷设多缺陷，检测难度大。

3）容易遭受意外损伤。

4）通过地区人口密集易形成恶性事故。

（3）GA 类长输管道。它是指产地、储存库、使用单位间用于输送商品介质的管道。长输管道划分为 GA1 级长输管道和 GA2 级长输管道。符合下列条件之一的长输管道为 GA1 级：

1）输送有毒、可燃、易爆气体介质，最高工作压力>4.0MPa 的长输管道。

2）输送有毒、可燃、易爆液体介质，最高工作压力≥6.4MPa，并且输送距离（指产地、储存地、用户间的用于输送商品介质的管道的长度）≥200km 的长输管道。

GA1 级长输管道以外的长输（油气）管道为 GA2 级长输管道。

4.1.3　压力管道的结构

压力管道的结构并非是固定的，由于它所处的位置不同，功能有差异，所需要的元器件就不同，最简单的就是一段管子。图 4-1 中的管道构成的元器件比较多。系统中除直管还有 19 个元器件，大致可以分为管子、管件、阀门、连接件、附件、支架等。

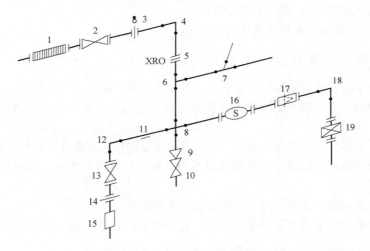

图 4-1　压力管道结构图

管子是管道的基本组成部分，根据实际情况选用各种规格、材料、压力等级的管子。管件是将管子连接起来的元件。在管道转向的地方用弯头（4、12、18），根据方向要求可以使用 45°或者90°标准的成型弯头。在管路中常常有分支、相交的情况，这时可以使用三通（6）、四通（8）。三通有等径三通和异径三通。等径三通的三个接口直径相等；异径三通的主管方向接口直径相等，而支管方向接口的直径小于主管方向接口直径。支管轴线与主管轴线垂直的三通为正三通，支管轴线与主管轴线成一角度的为斜接三通（7）。处于管线交叉处用四通（8）。在不同管径管子连接处用异径管（9），异径管有同心异径管与偏心异径管两种。同心异径管形状成轴对称，应力分布情况较好；偏心异径管一侧在一条直线上，通常将这一侧置于下方，不论管径有什么变化，支承高度相等，对支架设计较为方便，但这种异径管在上述这一侧 180°的方向，母线形状变化特别大，应力集中现象尤为严重。波纹管（1）也是一种管件，它可以吸收管道热膨胀变形，减小管道在温度变化时引起长度变化而在管道的某个局部产生过大的应力。

阀门在管道中是个重要的组成部分，图 4-1 中的 2、10、13 均是阀门，阀门的作用不尽相同，阀门品种很多，有电磁阀、电动阀、液压阀等。

连接件用于管道组成件可拆连接点处相邻元器件间的连接，一般包括法兰、密封垫片和螺栓螺母,也有使用螺纹连接的。在一些特殊的场合,如疏水器(15)两端用活接头(14),以便维修更换时拆卸。

附件是管道用的一些小型设备,如视镜(16)、"8"字形盲通板(3)、节流孔板(5)、过滤器(17)和阻火器(19)等。

支架是管道的支承件,除短小的管道直接连接两个设备无须设支架外,一般都要设支架支承管道,限制管道位移。管道支架主要有固定支架、导向支架、滑动支架(11)、刚性吊架、可调刚性吊架等。

压力管道的结构要求应满足以下要求:

1)足够的耐压强度,能承受管内流体中用于管道上的压力(内压或外压)、温度所引起的热应力、蠕变及疲劳等。

2)密封性好,能阻止管道内部流动的流体泄漏到管道外部空间或流体中。

3)耐蚀性好,能承受管内流体对管道材质的腐蚀作用。

4)足够的柔性,能通过自身变形吸收因温度变化而发生的尺寸变化或其他原因所产生的位移,保证管道上的应力在材料许用应力范围内。

5)整个管道系统应由适当的柔性支承件支承。

4.1.4 压力管道主要参数

压力管道的主要参数有管道的设计压力、工作压力、设计温度、工作温度、公称直径等。

压力管道的设计压力是指在正常操作过程中,在相应的设计温度下,管道可能承受的最高工作压力。

压力管道的工作压力是指管子、管件、阀门等管道组成件在正常运行条件下承受的压力。

压力管道的设计温度是管道在正常操作过程中,在相应设计压力下,管道可能承受的最高或最低温度。

压力管道的工作温度是指管道在正常操作条件下的温度。

压力管道的公称直径是指用标准化尺寸系列表示管子、管件、阀门等口径的名义内径。

4.1.5 压力管道的分级

1. GA 类长输管道级别划分

GA 类长输管道划分为 GA1 级长输管道和 GA2 级长输管道两个级别。

2. GB 类公用管道分级

GB 类公用管道分为 GB1 城镇燃气管道、GB2 城镇热力管道两个级别。

3. GC 类工业管道分级

GC 类工业管道划分为 GC1 级工业管道、GC2 级工业管道和 GC3 级工业管道三个级别。

4.1.6 压力管道的特点

管道输送是与铁路运输、公路运输、水运、航运并列的五大运输行业之一。它作为一种特殊设备,越来越广泛地用于石油、化工、冶金、电力行业及城市燃气和供热系统中,在现代化的工农业生产、交通运输、物质文化生活中,管道占据着重要的位置。可以说,离开了管道,现代化的工农业生产和人民的日常物质文化生活就难以正常进行。

实际的工业生产中使用的压力管道种类是很多的,以一套石油加工装置为例,它所包含的压力容器一般只有几十台,多的也就百余台,但它包含的压力管道可多达数千条,所用到的各种管道附件可达上万件。归纳起来，压力管道与压力容器相比较，具有以下主要特点：

1）种类多，数量大，设计、制造、安装、应用管理环节多。环节越多，出现问题的概率就越高影响因素就越多，包括的信息量也就越大，从而造成压力管道安全管理和安全监察的多元性和复杂性。

2）长细比大，跨越空间大，边界条件复杂。这表明管道的强度计算不能仅根据设计条件利用成熟的薄膜应力公式来计算，还应考虑与它相连的机械设备对它的要求、中间支承条件的影响、自身热胀冷缩和振动的影响等。因此，在管道布置设计时除应满足工艺流程要求外，还应综合考虑各相关设备、支承条件、地理条件（对长输管道）、城市整体规划（对城市公用管道）等因素的影响。

3）现场安装工作量大。压力容器基本是在工厂制造的，其制造环境条件和制造设备保证均较好。而压力管道现场安装工作量大，环境条件较差，因此安装质量相对较差，从而要求投入更多的管理与监察力量。

4）材料应用种类多，选用复杂。压力容器用得较多的是板材和锻材，而且工艺也比较成熟。压力管道除用到板材和锻材之外，还经常用到配套管材和铸件。在一些操作工况下，要想配齐这些材料是比较困难的，也就是说，针对某一介质环境所选定的合适材料，板材和锻材有时容易获得，而铸件就不见得容易获得，反之亦然。基于这样的原因，工程上有时不得不对同一管路上不同的元件选用不同的材料，从而导致异材连接等不利现象的出现。另外，因为压力容器等设备长细比较小，可以采用复合板材成堆焊层来解决其防腐问题，而对管道则不易做到。有时，同一根管道可能同时连接两个或两个以上的不同操作条件的设备，因此管道选材时要考虑管道对各设备的材料都能适应。

5）管道及其元件生产厂的生产规模较小，产品质量保证较差。许多管道元件的生产技术并不复杂，生产设备要求也不高，许多小型的生产厂也能生产。但这些生产厂中有些技术力量较差，生产设备配置不全，生产管理也不健全，所以产品质量不易得到保证。

4.2 压力管道（含元件）设计

4.2.1 压力管道设计

1. 压力管道设计的特点

压力管道设计属于多学科综合性专业，它要求从事这项设计的工程技术人员既具有工艺、设备、生产操作、安全生产、检修和施工等方面的知识，也具有材料、力学、机械、设备、结构、仪表、电气、技术经济等多学科知识，能根据拟设计装置工艺、设备、土建、仪表、电气等各专业的设计要求，结合装置建设地的地理、地质、水文、气候和气象条件，并遵循相关法律、法规和规定，用管道及其组件将装置中各设备安全、经济、合理地连接成为一个系统，是一项集体的、创造性的智力劳动。压力管道设计具有严格的约束性，必须遵循相关标准、规范和成功的工程惯例进行。无论是选择管道材料、进行装置设备布置、压力管道布置，还是管道支吊架设计、应力分析，均要遵循相关的标准、规范。

压力管道设计具有高度的依附性，必须满足工艺、设备、土建、仪表、电气等相关专业的设计要求与拟设计装置所在地的条件以及用户的要求。现代压力管道设计技术对计算机依赖性强，计算机已经成为压力管道设计必要的工具和基本手段。压力管道设计起着承上启下的作用，随着其他专业设计工作的深入而需要不断的修改和补充，由浅入深、由定性到定量逐步分阶段进行，贯穿于工程设计的全过程。压力管道设计工作量大且繁杂，很多大、中型项目的压力管道专业设计需要几十人，甚至几百人的共同参与、互相配合才能完成。不同的设计人员之间在设计过程中，相互联系又相互影响。施工现场正式安装建设时，可能由于业主变更、专业条件改变或设计的原因引起施工现场设计变更，此时则需要根据施工情况，进行变更设计。压力管道设计的成果，必须经过现场的实际检验，工艺装置安全、顺利、正常地运行了，才算基本上完成了压力管道设计。因此，施工现场服务的时间长。

2. 压力管道设计的基本要求

（1）安全性。压力管道的安全性表现在以下几方面：操作运行风险小，安全系数大，不至于因失效而产生重大事故；运转平稳，没有或者少有"跑、冒、滴、漏"现象，不至于造成装置频繁停车；设计时，对可能发生的安全问题做出正确评价；在压力管道布置和装置设备布置时应给予充分考虑，降低事故发生的概率。

（2）满足工艺。满足工艺要求是压力管道设计的最基本要求，工艺流程图是压力管道设计的依据。工艺流程的开发来源于工厂的技术革新或研究单位的新技术开发，现代工程设计的工艺流程大都由工艺过程的专利拥有者提供工艺包，包括工艺设计的物料平衡、热平衡、主要工艺设备的计算和工艺流程图。而工艺流程拥有者常是科研单位和这一产品的已有生产厂，或者两者的结合，工艺工程师通过各种图样来表达化工装置中单元操作的相互关系，以及它的工艺概念。压力管道设计需要参考的工艺流程图，一般指管线及仪表流程图。通常有三种用于工艺流程的设计图样。

1）方框图（BFD）：最简单的、最少符号的工艺流程图样。只有基本的单元操作排序关系，有时还包括一些简单的物料平衡标注。各个工艺步骤用圆圈或矩形框表示，并用主要的物流线连接起来。

2）工艺流程图（PFD）：图中表示的内容比方框图的更加详细。表明了工艺装置中所有主要设备及其关系，用类似的符号表达设备，标注出蒸馏塔顶、釜、进料位置，换热器中的管侧用连续线标注，通常在设备符号附近标注一些简短的说明（如设备处理能力），在 PFD 中还应该表明基于总物料平衡的一些主要流股的流率、公用工程单元流量（蒸汽、冷却水）。

3）管线及仪表流程图（PID）：PID 图是最详细的，必须包括所有系统组件，如管线、阀、罐、仪表、控制回路及公用工程连接点。PID 图样样式、表达深度取决于各设计单位的标准规范。通常所有管线的尺寸或材料、所有与塔或容器或罐相连接的管口、所有塔板及容器内件都要表示清楚。设备描述或说明可以放置在图的底部。

（3）标准化、系列化设计。进行标准化、系列化设计将有效地减少设计、生产、安装投入的人力和物力，同时给维护、检修、更换带来方便。设计、制造、安装和生产中越来越多地采用和等效采用国外的一些先进的标准规范。

（4）经济、美观性。经济性好是指压力管道的一次投资费用和操作维护费用的综合指数低。一般情况下，如果一次投资费用较高，其可靠性好，操作维护费用低；相反，如果一次投资费用较低，可靠性低，操作维护费用高。

石油化工生产装置给人最直观的感觉就是：压力管道的布置和设备平面布置，层次分明、美观的压力管道布置是反映设计水准的一个重要指标。

3. 压力管道设计的任务

国内外设计单位通常把压力管道设计分成管道布置、管道材料和管道机械三个部分。

（1）管道布置。管道布置（配管设计）应包括装置设备布置设计和管道布置设计两部分。装置设备布置设计是指通过计算机三维模型、电子 CAD 图或者图样将一个生产装置所用的机械、设备、建筑物、构筑物等按一定的规则进行定位的设计过程。它涉及工艺流程要求，生产操作和检修要求，与四邻关系的要求，所在地形、地貌和面积大小的要求，自然环境和生活环境的要求等。装置设备布置设计直接影响到装置的操作、检修、安全、外观和经济性，它对管道设计也起到一个宏观控制作用。

进行管道布置设计，首先要了解设计条件和用户要求，然后确定设计应用标准规范，并由管道材料专业确定管道等级，最后进行管道走向、支承、操作平台等方面的综合规划和布置，并将有关的、必要的管道进行应力分析。

1）设计条件。设计的条件应包括装置建设的环境条件（如温度、湿度、风力、风向、降水、地震、地质、周边环境等）、工艺条件（如水、电、汽、风等公用工程条件及装置规模、介质性质、介质温度、介质压力、开停工时间、操作工况等）、建设周期（如设计计划表、采购计划表、施工计划表和开工时间等）等。用户有时也常提出一些要求，如操作要求、安全要求、消防要求、环保要求、器材标准要求、设计文件编制内容要求等。设计条件和用户要求都是设计的基础条件。

2）管道走向及定位。管道的走向设计就是确定管道以怎样的空间、路径和形状把相关的设备连接起来。良好的管道走向应规则整齐，这样才能使建设费用最低，运行起来安全可靠。具体设计过程中应考虑下面的一些原则：管道的走向应满足工艺要求，距离最短，不妨碍操作和检查，不妨碍设备的检修，能够排凝、排气，支架容易设置，热胀补偿容易进行等；多根管道在一起时应排列整齐，层次分明，并尽可能共用支承；并排的法兰和阀门应相互错开以便于操作，并减少间距以节省占用空间；操作点应集中设置；多路管道应对称布置，不能使各路介质相互干扰或发生偏流等现象。

管道的定位就是在管道走向确定的情况下，详细计算并确定管道的定位尺寸。在确定管道的定位尺寸时应充分考虑隔热及防腐等施工的影响、热胀位移的影响、法兰及阀门操作检修的影响、仪表元件对管道结构尺寸的要求、管道及其元件的安装空间要求、支承生根位置的要求等。

3）阀门、仪表定位及支吊架等设计。

① 阀门定位首先应满足工艺的要求，其次应满足操作、维护的要求，同时还应考虑防冻、防凝要求，大阀门的支承要求，管道振动、热胀等对阀门强度可靠性的影响等。

② 仪表元件定位应满足仪表元件的操作、观察、维护等方面的要求，同时要考虑仪表元件对管道结构尺寸的要求（如孔板前、后的直管段要求）、仪表附属元件对操作空间的要求（如浮球液位计对空间的要求、仪表箱开启对空间的要求）等。

③ 支吊架设计应满足管道强度和刚度的需要，同时应能有效地降低管道对机械设备产生的较大的附加荷载，防止管道振动等。管道支吊架的设计包括支吊架形式的选用、支吊架材料的选用、支吊架强度的计算、生根点的载荷委托等方面的内容。

④ 放空排净设计要满足管道开、停工以及管道液压试验时的高点排气、低点排净的要求。

⑤ 取样设计应满足操作方便的要求，同时应考虑取样时的危险性、取样介质的新鲜程度、对环境的污染以及防冻防凝的要求等。对于不同的介质，取样位置、接头方式和取样设施要有所不同。

4）隔热、伴热及防腐设计。

① 管道隔热的目的是减少管道在运行中的热量或冷量损失，以节约能源；避免、限制或延迟管道内介质的凝固、冻结，以维持正常生产；减少生产过程中介质的温升或温降，以提高相应设备的生产能力；防止管道表面结露；降低和维持工作环境温度，改善劳动条件，防止因热表面导致的火灾和防止操作人员烫伤。管道的隔热设计就是通过选取适当的隔热材料和隔热厚度以满足上述的要求。

② 伴热包括电伴热、蒸汽伴热、热水伴热和热油伴热，后三者需要管道设计人员设计伴热站位置，确定伴热管的始、末端，画出伴热图，统计伴热材料。

③ 防腐设计是通过选取适当的防腐涂料和防腐结构，以达到管道及其元件免遭环境腐蚀的目的。在选择防腐涂料时，应考虑它与被涂物的使用条件相适应，与被涂物表面的材质相适应。防腐涂料的底漆与面漆应配套正确，并且要求所选涂料应经济合理，并具备施工条件。

5）设计接口。在管道设计的各阶段，应及时向相关专业（如技术经济专业或费用控制专业）提交有关的设计条件资料。这些资料大致包括设备管口方位、建构筑物的形式及结构尺寸、设备附加管道重量情况（有时是与有关专业一道向土建专业提供设备基础荷重资料）、管架上的管子重量及可预见的管子推力、平台梯子资料、建（构）筑物开孔埋件资料、照明资料、给排水接点资料、排污点资料、仪表元件位置资料、工程实物量等。

6）设计文件的编制。在完成管道的详细设计之后，应编制相应的文件资料，使它与管道设计图样一起组成一套完整的管道设计文件。这些文件资料应包括资料图样目录、管道设计说明书、管道表、管道等级表、管段材料表、管道材料表、管道设备规格表、管道设备规格书、管道支吊架汇总表、非标管道设备图、非标支吊架图等。图例的标注及图幅的安排应符合绘图规范的要求，并便于注明。图面应清晰整洁，线条分明，表达完整，与相关设计文件的连接表达清楚。

管道设计说明书应包括管道的设计原则、设计思路、执行规范、典型配管研究、典型的管道柔性设计数据、与仪表专业的分工、识图方法（图例）、施工要求、采购要求、其他要说明的问题等。

管道等级表是针对一系列介质条件而编制的管道器材应用明细表。它包括等级号、设计条件（设计压力、设计温度和介质）、管道公称压力等级、管道壁厚等级、管道元件材料、管道元件形式、管道元件应用规范和材料规范等内容。一般情况下，管道等级表是由管道材料工程师完成的。

管道材料表和管道设备规格表是管段材料表的分类汇总，是采购和备料的重要设计文件。前者主要包括管子、弯头、三通、异径管、管帽、加强管嘴、加强管接头、异径短节、螺纹短节、管箍、仪表管嘴、漏斗、快速接头、法兰、垫片、螺栓、螺母、限流孔板、盲板、法兰盖等管道器材元件的分类汇总。后者主要包括阀门、过滤器、疏水器、视镜、弹簧支吊架等管道器材元件的分类汇总。完整的描述应包括管道元件名称、结构形式、规格、数量、压力等级（或壁厚等级）、连接方式、材料、材料规范、应用标准及其他需要说明的属性等内容。另外，作为装置的管道材料表和管道设备规格表还应计入施工损耗附加量。

（2）管道材料。

1）管道材料设计内容。管道材料设计影响压力管道的可靠性和经济性。管道的材料设计涉及管道器材标准体系的选用，材质的选用、压力等级的确定、管道及其元件形式的选用等。管道材料内容包括：管道材料选用及等级规定、隔热工程规定、防腐与涂漆工程规定、管道材料工程规定、设备隔热材料一览表、管道隔热材料一览表、设备涂漆材料一览表、管道涂漆材料一览表、综合材料汇总表、非标管件图、管道材料请购文件。

2）压力管道材料汇总。建立的依据就是"管道材料等级表"，这项工作由管道材料工程师完成，有时需要软件开发商进行技术支持。在装置设备布置设计和管道布置设计完成时，使用软件的自动汇总材料功能，可以快速整理好材料的各种报表。

（3）管道应力。管道的应力设计研究的核心是管道的机械强度和刚度问题，它包括管道及其元件的强度、刚度是否满足要求，管道对相连机械设备的附加荷载是否满足要求等。通过对管系应力、管道机械振动等内容的力学分析，适当改变管道的走向和管道的支承条件，以达到满足管道机械强度和刚度要求的目的。管道机械设计进行的好坏，影响到管系的安全可靠性。

根据作用荷载的特性以及研究方法的不同，可将管系的力学分析分为两大类，即静应力分析和动应力分析。静应力分析的对象是外力与应力不随时间变化的工况。动应力分析的对象是包括管道的机械振动、管道的疲劳等外力与应力随时间变化的工况。

（4）管件选择原则。管件的选择是指根据管道级（类）别、设计条件（如设计温度、设计压力）、介质特性、材料加工工艺性能、焊接性能、经济性以及用途来合理确定管件的温度-压力等级、管件的连接形式。管件的选择应符合相应的标准规范，如《工业金属管道设计规范（2008年版）》（GB 50316—2000）等。管件的连接形式多种多样，相应的结构也有所不同，常用的有对焊连接、螺纹连接、承插焊连接和法兰连接四种连接形式。按照国际通用作法，$DN50$ 及以上的管道多采用对焊形式连接管件，$DN40$ 及以下多采用煨弯、承插焊或锥管螺纹形式连接管件。选用对焊形式连接管件时，应根据等强度的原则使管件的管子表号与所连接的管子的管子表号一致。

1）支管连接件的选择。由于各国管件标准化的程度不同，分支管连接方式及管件的选择也不尽相同。一般情况下，支管连接多采用成型支管连接件、焊接的引出口连接件以及支管直接焊接在主管上等连接形式。支管连接件的选择主要依据管道等级中已经确定的法兰压力等级或公称压力来选用支管连接件。一般情况下，当法兰的公称压力不大于 $PN2.5$ 时，支管直接焊接在主管上；当公称压力不小于 $PN4.0$ 时，则根据主管、支管公称直径的不同，按对焊三通、焊接支管台、承插焊或螺纹连接三通、承插焊或螺纹支管台的顺序选用。

2）分支管和主管的连接形式表。分支管和主管的连接形式见表 4-1。

表 4-1 分支管和主管的连接形式

公称直径	主管公称直径 DN/mm															
	600	500	450	400	350	300	250	200	150	100	80	50	40	25	20	15
15	B	B	B	B	B	B	B	B	B	B	B	B	B	T	T	T
20	B	B	B	B	B	B	B	B	B	B	B	B	T	T	T	
25	B	B	B	B	B	B	B	B	B	B	B	T、B	T	T		
40	B	B	B	B	B	B	B	B	B	B	T、B	T、B	T			
50	B	B	B	B	B	B	B	B	B	M	M	M				
80	B	B	B	B	B	B	B	M	M	M	M					
100	B	B	B	B	B	B	M	M	M	M						
150	N	N	N	N	M	M	M	M	BM							
200	N	N	M	M	M	M	M	M								
250	N	N	M	M	M	M	M									
300	N	M	M	M	M	M										
350	N	M	M	M	M											
400	M	M	M	M												
450	M	M	M													
500	M	M														
600	M															

（左侧纵列标注：分支管公称直径 DN/mm）

注：T 表示承插焊或螺纹三通；M 表示对焊三通；B 表示半管接头、支管台接头；N 表不焊接支管（低压时用）。

① 一般情况下，设计压力 ≥2.0MPa、设计温度超过 250℃ 以及支管公称直径之比>0.8，或承受机械振动、压力脉动和温度急剧变化的管道分支，应采用三通、45°斜三通和四通连接。

② 公称直径 ≤40mm 的管道，应采用承插焊（或螺纹）锻制三通。

③ 公称直径≥50mm 的管道，应采用对焊三通。

3）异径管的选择。相对于支管连接件而言，异径管的选择就没有那么复杂了。同样根据等强度的原则，异径管应采用与所连接的管子相同的管子表号。选择同心异径管还是选择偏心异径管，应根据工艺流程图要求或者配管布置的要求而定。例如，管廊上水平放置的异径管通常为底平的偏心异径管，泵的入口管道通常选择偏心异径管。是顶平还是底平需要依具体情况而定。通常对于 $DN≥50mm$ 的管道上的异径管，多采用对焊异径管，而对于 $DN≤40mm$ 的管道，则采用承插异径管箍，但对于镀锌管道上的异径管则要采用螺纹连接形式。

4. 管道设计的应用

（1）输油管道和输气管道设计。

1）输油管道工程和输油站。输油管道工程是指用管道输送油品的建设工程，一般包括钢管、管道附件和输油站等。

输油站是输油管道工程中各类工艺站场的统称，如输油首站、输油末站、中间泵站、中间热泵站、中间加热站及分输站等。分输站是输油管道途中以管道支线向用户分输的输油站。

2）输气管道工程和输气站。输气管道工程是指用管道输送天然气或人工煤气的工程，一般包括输气管道、输气站、管道穿越及辅助生产设施等工程内容。

输气站是输气管道工程中各类工艺站场的统称，一般包括输气首站、输气末站、气压站、气体接收站和气体分输站等站场。气体接收站是在输气管道沿线，为接收输气支线来气而设置的站，一般具有分离、调压、计量、清管等功能。气体分输站是在输气管道沿线，为分输气体至用户而设置的站，一般也具有分离、调压、计量、清管等功能。

3）输油线路的选择应符合的条件。输油管道线路的选择应根据沿线的气象、水文、地形、地质、地震等自然条件和交通、电力、水利、工矿企业、城市建设等的现状与发展规划，在施工便利和运行安全的前提下，通过综合分析和技术经济比较确定。线路总走向确定以后，局部线路走向应根据中间站和大、中型经跨越工程的位置进行局部调整。输油管道不得通过城市、城市水源区、工厂、飞机场、火车站、海（河）港码头、军事设施、国家重点文物保护单位和国家自然保护区。当输油管道受条件限制必须通过上述地区时，应采取保护措施并经国家有关部门批准。输油管道应避开滑坡、崩塌、沉陷、泥石流等不良地质区和地震烈度≥7 度地区的活动断裂带。当受条件限制必须通过上述地区时，应采取防护措施并选择合适位置，缩短通过距离。

4）输气线路的选择应符合的条件。线路走向应根据地形、工程地质、沿线主要进气与供气点和地理位置及交通运输、动力等条件，经对多个方案比较后确定最优线路。宜避开多年生经济作物区域和重要的农田基本建设设施。大、中型河流穿（跨）越工程压气站的选择，应符合线路总走向，线路必须避开重要的军事设施、可燃易爆品仓库及国家级重点文物保护单位的安全保护区，线路应避开机场、火车站、海（河）港码头、国家级自然保护区，除管道专用公路的隧道、桥梁外，不应通过铁路和公路的隧道和桥梁。

5）埋地输油管道与周围的建筑物最小间距遵循的规范。输油管道按《输油管道工程设计规范》（GB 50253—2014），与周围构筑物保持一定的距离，还应符合下列规定：与城镇居民点或人群密集的村庄、学校的距离，不宜小于15m；与飞机场、海（河）港码头以及大、中型水库和水工建（构）筑物、工厂的距离不宜小于20m；与高速公路及一、二级公路水平敷设时，其距离不宜小于10m；与铁路平行敷设时，管道应敷设在距离铁路用地范围边线3m 以外；同军工厂、军事设施、易燃易爆仓库、国家重点文物保护单位的最小距离应同有关部门协调确定。

6）输油管道敷设的一般要求。输油管道应采用地下埋设方式，当受到自然条件限制时，局部地段可采用土堤埋设或地上敷设。当输油管道需改变平面走向、适应地形变化时，可采用弹性弯曲、弯管或弯头。当输油管道采用弹性弯曲时，应符合以下要求：弹性弯曲的曲率半径不宜小于钢管外直径的 1000 倍，并应满足管道强度的要求；竖向下凹的弹性弯曲管段，其曲率半径应满足在管道自重作用下的变形条件；在相邻的反向弹性弯管之间及弹性弯管和人工弯管之间，应采用直管段连接，直管段长度不应小于钢管的外直径，且不小于 500mm；输油管道平面和竖向同时发生转角时，不宜采用弹性弯曲。

输油管道采用弯管或弯头时，其所能承受的温度和内压力，应不低于相邻直管目所承受的温度和内压力。不得采用虾米腰弯头或褶皱弯头。管子对接安装的误差不得大于 3°。埋地管道的埋设深度，应根据管道所经地段的农田耕作深度、冻土深度、地形和地质条件、地下水深度、地面车辆所施加的载荷及管道稳定性的要求等因素，经综合分析后确定。一般情况下，管顶的覆土厚度不应小于 0.8m。地上敷设的输油管道，应采取补偿管道纵向变形的措施；输油管道跨越人行通道、公路、铁路和电气化铁路时，其净空高度分别不得小于 2.2m、5.0m、6.0m 和 11.0m；地上管道沿山坡敷设时，应采取防止管道下滑的措施。

7) 输气管道敷设的一般要求。输气管道应采取埋地方式敷设，特殊地段也采用土堤、地面等形式敷设；埋地管道覆土层最小厚度应符合表 4-2 中的规定，在不能满足要求的覆土厚度处或外载荷过大、外部作业可能危及管道之处，均应采取保护措施；回填时，输气管道出土端及弯头两侧应分层夯实；当管沟纵坡较大时，应根据土壤的性质，采取防止回填土下滑的措施；在沼泽、水网（含水田）地区的管道，当覆土层不足以克服管子浮力时，应采取稳管措施；当输气管道采用土堤埋设时，土堤深度和顶部宽度，应根据地形、工程地质、水文地质、土壤类别及性质确定，并应符合以下条件：管道在土堤中的覆土厚度不应小于 0.6m，土堤顶部宽度应大于管道直径 2 倍且不得小于 0.5m；土堤的边坡坡度，应根据土壤类别和土堤的高度确定；当土堤阻碍地表水或地下水泄流时，应设置泄水设施。泄水能力根据地形和汇水量按防洪标准重现期为 25 年的洪水量设计；并应采取防止水流对土堤冲刷的措施；土堤的回填土，其透水性能宜相近；沿土堤基底表面的植被应清除干净。

表 4-2　最小覆土层厚度　　　　　　　　　　（单位：m）

地区等级	土壤类		岩石类	地区等级	土壤类		岩石类
	旱地	水田			旱地	水田	
一级	0.6	0.8	0.5	三级	0.8	0.8	0.5
二级	0.6	0.8	0.5	四级	0.8	0.8	0.5

输气管跨越道路、铁路的净空高度应符合表 4-3 中的规定。用于改变管道走向的弯头、弯管的曲率半径应大于或等于公称直径的 5 倍，并应满足清管或检测仪器能顺利通过的要求。输气管道采用弹性敷设时，弹性敷设管道与相邻的反向弹性弯管之间及弹性弯管和人工弯管之间，应采用直管段连接，直管段长度不应小于管子外径值，且不应小于 500mm。弹性敷设管道的曲率半径应满足管子强度的要求，且不得小于钢管外直径的 1000 倍。输气管道的弯头不得采用褶皱弯头或虾米腰弯头。管子对接偏差不得大于 3°。

表 4-3　输气管道跨越道路、铁路净空高度

道路类型	净空高度/m	道路类型	净空高度/m
人行道路	2.2	铁路	6.0
公路	5.5	电气化铁路	11.0

8) 管道沿线应设置的标志。为便于管道的维护管理，管道沿线应设置的标志有以下几种：应设置里程桩、转角桩，并标明管道的主要参数；沿管道起点至终点每隔 1km 连续设置阴极保护测

试桩，可同里程桩结合设置，置于物流前进方向左侧；管道与公路、铁路、河流和地下构筑物交叉处两侧应设置标志桩，通航河流上的穿（跨）越工程，必须设置警示牌；在易于遭到车辆碰撞和人畜破坏的管段应设置警示牌，并应采取保护措施；采用高耸塔架的跨越工程，当影响飞机飞行安全时，应设置警示灯。

（2）燃气管道设计。

1）设计压力级别的确定。《城镇燃气设计规范》（GB 50028—2006）中，燃气管道按燃气设计压力分为七级（见表4-4）。输送液态液化石油气管道的设计压力应按管道系统起点的最高工作压力确定，可按下式计算：

$$p = H + p_b$$

式中　p——管道的设计压力（MPa）；

　　　H——所需泵的扬程（MPa）；

　　　p_b——始端储罐最高工作温度下的液化石油气饱和蒸汽压力（MPa）。

表4-4　燃气管道分级

名　称		压力/MPa	名　称		压力/MPa
高压燃气管道	A	$2.5 < p \leqslant 4.0$	中压燃气管道	A	$0.2 < p \leqslant 0.4$
	B	$1.6 < p \leqslant 2.5$		B	$0.01 \leqslant p \leqslant 0.2$
次高压燃气管道	A	$0.8 < p \leqslant 1.6$	低压燃气管道		$p < 0.01$
	B	$0.4 < p \leqslant 0.8$			

液化石油气（液）管道按设计压力分为三级，见表4-5。用户室内燃气管道的最高压力不应大于表4-6中的规定。

表4-5　液化石油气（液）管道级别

名　称	压　力	名　称	压　力
Ⅰ级管道	$p > 4.0$	Ⅲ级管道	$p < 1.6$
Ⅱ级管道	$1.6 \leqslant p \leqslant 4.0$		

表4-6　用户室内燃气管道的最高压力

燃气用户	最高压力（表压）/MPa	燃气用户	最高压力（表压）/MPa
工业用户及单独的锅炉房	0.4	公共建筑和居民用户（低压进户）	0.005
公共建筑和居民用户（中压进户）	0.2		

2）城镇燃气管道设计考虑因素。要使主要燃气管道工作可靠，应使燃气从管道的两个方向得到供应，为此，管道应逐步连成环形。高、中压管道最好不要沿车辆来往频繁的城市主要交通干线敷设，否则易对管道施工和检修造成困难，来往车辆也将使管道承受较大的动荷载。对于低压管道，在不可避免的情况下，征得有关方面同意后，可沿交通干线敷设。燃气管道不得在堆积易燃易爆材料和具有腐蚀性液体的场地下面通过。燃气管道不宜与给水管、热力管、雨水管、污水管、电力电缆、电信电缆等同沟敷设。当需要同沟敷设时，必须采取防护措施。燃气管道可以沿街道的一侧敷设，也可以双侧敷设。在有轨电车通行的街道上，当街道宽度大于20m或管道单位长度内所连接的用户分支管较多时，经过技术经济比较，可以采用双侧敷设。燃气管道布线时，应与街道轴线或建筑物的前沿相平行，管道宜敷设在人行道或绿化地带内，并尽可能避免在高级路面的街道下敷设。在空旷地带敷设燃气管道时，应考虑城市发展规划和未来建筑物布置的情况。

为保证在施工和检修时互不影响，也为了避免由于漏出的燃气影响相邻管道的正常运行，甚至逸入建筑物内，地下燃气管道与建（构）筑物基础以及其他各管道之间应保持必要的水平净距和垂直净距。地下燃气管道不得从建筑物和大型构筑物的下面穿越。输送湿燃气的燃气管道，应埋设在土壤冰冻线以下，燃气管道坡向凝水缸的坡度不宜小于 0.002。

地下燃气管道埋设的最小覆土厚度（路面至管顶）应符合下列要求：埋设在车行道下时，不得小于 0.9m；埋设在非车行道（含人行道）下时，不得小于 0.6m；埋设在庭院（指绿化地及载货汽车不能进入之地）内时，不得小于 0.3m；埋设在水田下时，不得小于 0.8m。

3）液化石油气管道及附件材料的选择原则。液化石油气管道和最高工作压力在 0.6MPa 以上的气态液化石油气管道，应采用钢号为 10、20 或具有同等性能以上的无缝钢管。其技术性能应符合现行的国家标准《输送流体用无缝钢管》（GB/T 8163—2008）和其他有关标准的规定。最高工作压力在 0.6MPa 以下的气态的液化石油气管道可采用钢号 Q235A 或 Q235B 的镀锌水、煤气输送钢管的厚壁管，其技术性能应符合现行的国家标准《低压流体输送用焊接钢管》（GB/T 3091—2015）的规定。管道宜采用焊接形式连接，管道与储罐、容器、设备及阀门宜采用法兰连接；阀门及附件的配置应按液化石油气系统设计压力提高一级；液化石油气储罐容器设备和管道上严禁采用灰铸铁阀门，寒冷地区应采用钢制阀门；液化石油气储罐必须设置安全阀。安全阀的开启压力应取储罐最高工作压 1.10～1.15 倍，其阀口总通过面积应符合国家现行标准《固定式压力容器安全技术监察规程》的规定液化石油气储罐安全阀的设置应符合以下条件：必须选用全启封闭弹簧式的安全阀；容积为 100m³ 或 100m³ 以上的储罐应设置两个或两个以上安全阀；安全阀应装设放散管，其管径不应小于安全阀出口的管径，放散管的管口应高出储罐操作平台 2m 以上，且应高出地面 5m 以上；安全阀与储罐之间必须装设阀门，阀门应选用单闸板闸阀，铅封开。

管道壁厚宜适当加厚。管道焊缝应全部经过无损探伤检查，并应进行特加强级绝缘层防腐。重要的河流两侧应设置阀室和放散管。为了防止河岸坍塌和受冲刷，在回填管沟时应分层夯实，并干砌或浆砌石护坡。穿越部分长度要大于河床和不稳定的河岸部分，且大于规定河床宽度。管道应埋在河床中，埋深应大于最大冲刷深度和锚泊深度。当有河道疏浚计划时，应按疏浚后的河床深度确定冲刷深度，对小河渠，埋深一般应超过河床底 1m。

（3）热力管道设计。

1）输送干线和输配干线。输送干线为自热源至主要负荷区且长度超过 2km，无分支管的干线。输配干线为有分支管接出的干线。

2）多热源供热系统。它指由多个热源及连接成一体的热力网和全部热用户组成的供热系统。多热源供热系统有三种运行方式：多热源分别运行、多热源解列运行、多热源联网运行。

热水热力网宜采用闭式双管制；以热电厂为热源的热水热力网，同时有生产工艺、采暖、通风、空调、生活热水多种热负荷，若生产工艺热负荷与采暖热负荷所需供热介质参数相差较大，或季节性热负荷占总热负荷比例较大，且技术经济合理，可采用闭式多管制；当热水热力网满足有水处理费用较低的丰富补给水资源和具有与生活热水热负荷相适应的廉价低位能热源的条件，且技术经济合理时，可采用开式热水热力网。

在生活热水热负荷足够大且技术经济合理时，开式热水热力网可不设回水管。蒸汽热力网的蒸汽管道，宜采用单管制。当符合下列情况时，可采用双管制或多管制：

① 当各用户所需蒸汽参数相差较大，或季节性热负荷占总热负荷比例较大，技术经济合理时，可采用双管或多管制。

② 当用户按规划分期建设时，可采用双管或多管制，虽热负荷发展分散建设。

（4）工业管道设计。对于工业管道，主要执行《工业金属管道设计规范（2008 年版）》（GB

50316—2000）、《压力管道规范工业管道》（GB/T 20801.1—2016～20801.6—2006）、《石油化工金属管道布置设计规范》（SH 3012—2011）等规范。

1）压力管道设计基本原则。就工业管道来说，管道都与设备、机器相连接，是整个装置的重要组成部分。各种压力管道必须与设备、机器一起综合考虑。压力管道部分设计应考虑以下几个方面：满足工艺要求、材料、结构形式、柔性、抗振能力，各种组件、附件等适当组合，全面达到生产要求；管道设计要为安装施工、操作管理、维护检修提供方便，保证足够的空间；满足防火、防爆等安全规范的要求，创造安全运行环境；管道走向合理，避免不必要的往返和转折，使总体设计经济合理；管道排列规范、美观，框架、管廊立柱对齐、纵横成行，管道横平竖直，除特殊需要外，不应歪斜管道布置方式。

2）选材原则。在选用管子材料时，一般先考虑采用金属材料，金属材料不适用时，再考虑非金属材料。金属材料优先选择钢制管材，后考虑选用有色金属材料。钢制管材中，先考虑采用碳钢，不适用时再选用不锈钢。在考虑碳钢材料时，先考虑焊接钢管，不适用时再选用无缝钢管。在选材时，还要考虑介质应力、介质温度、介质化学性质、管子本身功能和压力降等影响因素。

4.2.2　压力管道元件

1. 管子

（1）管子的分类。

1）按用途分类，见表 4-7。

表 4-7　按用途分类

输送用及传热用	流体输送、长输管道、石油裂化、化肥、锅炉、换热器等
结构用	普通结构、高强结构、机械结构等
特殊用	钻井、高压气体容器等

2）按材质分类，见表 4-8。

表 4-8　按材质分类

大分类	中分类	小分类	管子名称举例
金属管	铁管	铸铁管	承压铸铁管（砂型离心铸铁管、连续铸铁管）
金属管	钢管	碳素钢管	Q235 焊接钢管，10 钢、20 钢无缝钢管，优质碳素钢无缝钢管
金属管	钢管	低合金钢管	16Mn 无缝钢管、低温钢无缝钢管
金属管	钢管	合金钢管	奥氏体不锈钢管、耐热钢无缝钢管
金属管	有色金属管	铜及铜合金管	拉制及挤制黄铜管、紫铜管、铜基合金管（蒙乃尔等）、耐蚀耐热镍基合金（Hastelloy）
金属管	有色金属管	铅管	铅管、铅锑合金管
金属管	有色金属管	铝管	冷拉铝及铝合金管、热挤压铝及铝合金圆管
金属管	有色金属管	钛管	钛管及钛合金管（Ti-2Al-1.5Mn、Ti-6Al-6V-2Sn-0.5Cu-0.5Fe）
非金属管	—	橡胶管	输气胶管，输水、吸水胶管，输油、吸油胶管，蒸汽胶管
非金属管	—	塑料管	酚醛塑料管，耐酸酚醛塑料管，硬聚氯乙烯管，高、低密度聚乙烯管，聚丙烯管，聚四氟乙烯管，ABS 管，PVC/FRP 复合管，高压聚乙烯管
非金属管	—	石棉水泥管	—
非金属管	—	石墨管	不透性石墨管
非金属管	—	玻璃陶瓷管	化工陶瓷管（耐酸陶瓷管、耐酸耐温陶瓷管、工业陶瓷管）

（2）常用钢管。我国压力管道设计常用钢管见表4-9。

表 4-9 我国压力管道设计常用钢管

标准号	标准名称	尺寸系列/mm	材 料	制造方法
GB 3087—2008	低中压锅炉用无缝钢管	$D_0 = 10 \sim 426$ $t = 1.5 \sim 26$	10、20	热轧、冷拔
GB/T 3091—2015	低压流体输送用焊接钢管	1/8～6in,壁厚有普通、加厚两种 $D_0 = 177.8 \sim 1626$ $t = 4.0 \sim 16$	Q215A、B Q235A、B Q295A、B Q345A、B	埋弧焊或电阻焊
GB 5310—2008	高压锅炉用无缝钢管	$D_0 = 22 \sim 530$ $t = 2 \sim 70$	20G、12CrMoG、15CrMoG、1Cr18Ni9、1Cr19Ni11Nb 等	热轧、冷拔
GB 6479—2013	高压化肥设备用无缝钢管	$D_0 = 14 \sim 273$ $t = 2 \sim 70$	10、20g、16Mn、12CrMo、15CrMo、12Cr5Mo 等9种	热轧、冷拔
GB/T 8163—2008	输送流体用无缝钢管	$D_0 = 6 \sim 630$ $t = 0.25 \sim 75$	10、20、09MnV、16Mn	热轧、冷拔
GB 9948—2013	石油裂化用无缝钢管	$D_0 = 10 \sim 273$ $t = 1 \sim 20$	10、20、12CrMo、15CrMo、1Cr2Mo、1Cr5Mo、1Cr19Mo、Cr19Ni11Nb	热轧、冷拔
GB/T 9711.1—2017	石油天然气工业管线输送系统用钢管	$D_0 = 3 \sim 2032$ $t = 1.7 \sim 31.8$	L210、L245、L290、L320 等	自动电弧焊或电阻焊等
GB 13296—2013	锅炉、热交换器用不锈钢无缝钢管	$D_0 = 8 \sim 114$ $t = 1.2 \sim 1.3$	0Cr18Ni9、00Cr19Ni9、00Cr17Ni141Vb2 等 25 种不锈钢	热轧、冷拔

（3）钢管的尺寸系列。我国目前还没有压力管道设计用钢管尺寸系列（公称直径、外径、壁厚）的国家标准，只有钢管的生产标准尺寸系列（只有外径、壁厚两个系列），而现行压力管道设计用钢管的行业标准除了公称直径外，外径系列、壁厚系列不完全相同。

公称直径是用以表示管道系统中除用外径表示的组成件以外的所有组成件通用的尺寸数字。在一般情况下，公称直径是一个完整的数字，与组成件的真实尺寸接近，但不相等。国际上通常把钢管的公称尺寸称为公称直径，而不称为公称通径，主要是因为对于直径≥350mm（14in）管子的公称直径是指其外径而不是其内径。对于螺纹连接的管子及管件，因其内径往往与公称直径接近，也可称为公称通径。

根据钢管生产工艺的特点，钢管产品是按外径和壁厚系列组织的。目前世界各国的钢管尺寸系列尚不统一，各国都有各自的钢管尺寸系列标准。

钢管的壁厚计算方法，在 ASME B31.3、GB 50316、SH 3509 等标准、规范中均有详细的介绍。钢管壁厚的表示方法在不同的标准中并不相同，主要有以下两种。

以管子表号表示公称壁厚。此种表示方法以《焊接和无缝轧制钢管》（ASME B36.10）为代表并为其他许多标准所采用，常以"Sch"标示。管子表号是管子设计压力与设计温度下材料许用应力的比值乘以1000，并经圆整后的数值。

以钢管壁厚值表示公称壁厚，中国、ISO 和日本部分钢管标准采用了壁厚值表示钢管公称壁厚，如《石油化工钢管尺寸系列》（SH/T 3405—2017）。

（4）钢管的选择。在我国的钢管制造标准中，有结构用钢管和流体输送用钢管之分。

结构用钢管主要用于一般金属结构如桥、梁、钢构架等，它只要求保证强度与刚度，而对钢管的严密性不做要求。流体输送用钢管主要用于带有压力的流体输送，它除了要保证符合相应的强度与刚度要求外，还要求保证严密性，即在出厂前要求逐根进行水压试验。对压力管道来说，它输送的介质常常是易燃、易爆、有毒、有温度、有压力的介质，故应选用流体输送用钢管。

实际的工程设计、采购和施工中，经常有用结构用钢管代替流体输送用钢管的现象，这是绝对不可以的。

1）焊接钢管。常用的焊接钢管标准有：《低压流体输送用焊接钢管》（GB/T 3091—2015）；《石油天然气工业　管线输送系统用钢管》（GB/T 9711—2017）；《普通流体输送管道用直缝高频焊钢管》（SY/T 5038—2012）；《普通流体输送管道用埋弧焊钢管》（SY/T 5037—2012）；《流体输送用不锈钢焊接钢管》（GB/T 12771—2008）；《奥氏体不锈钢焊接钢管选用规定》（HG 20537.1～20537.4—1992）。目前，常用的焊接钢管根据其生产时采用的焊接工艺不同可以分为：连续炉焊（锻焊）钢管、电阻焊钢管和电弧焊钢管三种。

① 连续炉焊（锻焊）钢管《低压流体输送用焊接钢管》（GB/T 3091—2015）。连续炉焊（锻焊）钢管是在加热炉内对钢带进行加热，然后对已成型的边缘采用机械加压的方法使其焊接在一起而形成的具有一条直缝的钢管。其特点是生产效率高，生产成本低；但焊缝质量差，综合力学性能差。材料牌号为 Q195A、Q215A、Q235A 三种，适于设计温度为 0～100℃、设计压力≤0.6MPa 的水和压缩空气系统。

② 电阻焊钢管《普通流体输送管道用直缝高频焊钢管》（SY/T 5038—2012）。电阻焊钢管是通过电阻焊或电感应焊焊接方法生产的，带有一条直焊缝的钢管。其特点是生产效率高，自动化程度高，焊后的变形和残余应力较小；设备投资高，对焊接接头的质量要求也比较高；由于接头处难免有杂质存在，所以接头塑性和冲击韧性较低。材料牌号为 Q195A、Q215A、Q235A 三种，适用于设计温度≤200℃的水、煤气、空气、采暖蒸汽等。

《石油天然气工业　管线输送系统用钢管》（GB/T 9711—2017），材料牌号为 L175、L210、L245、L290、L320、L360、L450 等 15 种，主要用于石油天然气工业中可燃流体和非可燃流体（中、低压）。

③ 电弧焊钢管。电弧焊钢管是通过电弧焊焊接方法生产的钢管。其特点是接头达到完全的冶金结合，力学性能能够达到母材的力学性能。在经过适当的热处理和无损检查之后，电弧焊直缝钢管的使用条件可达到无缝钢管的使用条件而取代之。

标准为 SY/T 5037—2012，螺旋缝钢管材料牌号 Q195、Q215、Q235 三种，适用于设计温度≤200℃的水、煤气、空气、采暖蒸汽等。

标准为《流体输送用不锈钢焊接钢管》（GB 12771—2008）、《奥氏体不锈钢焊接钢管选用规定》（HG 20537.1—1992）、《管壳式换热器用奥氏体不锈钢焊接钢管技术要求》（HC 20537.2—1992）、《化工装置用奥氏体不锈钢焊接钢管技术要求》（HG 20537.3—1992）、《化工装置用奥氏体不锈钢大口径焊接钢管技术要求》（HG 20537.4—1992），直缝钢管材料牌号为 12Cr18Ni9、06Cr18Ni11Ti、06Cr17Ni12Mo2、022Cr17Ni12Mo2 共 12 种，适用于设计压力<5.0MPa，焊缝系数<1.0 时，不宜用于极度或高度危害介质。

2）无缝钢管。无缝钢管是采用穿孔热轧等热加工方法制造的不带焊缝的钢管。必要时，热加工后的管子还可以进一步冷加工至所要求的形状、尺寸和性能。目前，无缝钢管（DN15～DN600）是石油化工生产装置中应用最多的管子。

① 碳素钢无缝钢管。

标准：《输送流体用无缝钢管》（GB/T 8163—2008）；《高压化肥设备用无缝钢管》（GB 6479—2013）；《石油裂化用无缝钢管》（GB 9948—2013）；《低中压锅炉用无缝钢管》（GB 3087—2008）《高压锅炉用无缝钢管》（GB 5310—2008）。

GB/T 8163 材料牌号：10、20、09MnV、16Mn，适用于设计温度 <350℃、压力 <10MPa 的油品、油气和公用介质。

GB 6479 材料牌号：10、209、16Mn，适用于设计温度 -40~400℃、设计压力 10.0~32.0MPa 的油品、油气。

GB 9948 材料牌号：10、20，适用于不宜采用 GB/T 8163 钢管的场合。

GB 3087 材料牌号：10、20，适用于低、中压锅炉的过热蒸汽、沸水等。

GB 5310 材料牌号：20g，适用于高压锅炉的过热蒸汽介质。

一般流体输送用钢管必须进行化学成分分析、拉力试验、压扁试验和水压试验。GB 5310、GB 6479、GB 9948 三种标准的钢管，除了流体输送用钢管必须进行的试验外，还要求进行扩口试验和冲击试验。这三种标准的钢管的制造检验要求是比较严格的。GB 6479 标准还对材料的低温冲击韧性做出了特殊要求；GB 3087 标准的钢管，除了流体输送用钢管的一般试验要求外，还要求进行冷弯试验；GB/T 8163 标准的钢管，除了流体输送用钢管的一般试验要求外，还依据协议要求进行扩试验和冷弯试验。这两种标准的管子的制造要求不如前三种标准的严格。

一般情况下，GB/T 8163 标准的钢管适用于设计温度 <350℃、压力 <10.0MPa 的油品、油气和公用介质条件。对于油品、油气介质，当其设计温度 >350℃ 或压力 >10.0MPa 时，宜选用 GB 9948 或 GB 6479 标准的钢管。对于临氢操作的管道，或者在有应力腐蚀倾向环境中工作的管道，也宜使用 GB 9948 或 GB 6479 标准。凡是低温下（低于 -20℃）使用的碳素钢钢管应采用 GB 6479 标准，只有它规定了对材料低温冲击韧性的要求。

② 铬钼钢和铬钼钒钢无缝钢管。常用的铬钼钢和铬钼钒钢无缝钢管标准有：《石油裂化用无缝钢管》（GB 9948—2013）；《高压化肥设备用无缝钢管》（GB 6479—2013）；《高压锅炉用无缝钢管》（GB 5310—2008）。

2. 管件

管件在管系中起着改变走向、改变标高或改变直径、封闭管端以及由主管上引出支管的作用。在石油化工装置中，管道品种多、管系复杂、形状各异、简繁不等，所用的管件品种、材质、数量也就很多，选用时需要考虑的因素也很复杂。

（1）管件的用途及种类（表 4-10）。

表 4-10　管件的用途及种类

用　途	管　件　名　称
直管与直管连接	活接头、管箍
改变走向	弯头、弯管
分支	三通、四通、承插焊管接头、螺纹管接头、加强管接头、管箍、管嘴
改变管径	异径管（大小头）、异径短节、异径管箍、内外丝
封闭管端	管帽、丝堵
其他	螺纹短节、翻边管接头等

根据管件端部连接形式可将管件分为对焊连接管件（简称对焊管件）、承插焊连接管件（简称承插焊管件）、螺纹连接管件（简称螺纹管件）、法兰连接管件以及其他管件。

压力管道设计中，常用对焊管件、支管台、承插焊管件及螺纹管件的形式。法兰连接管件多用于特殊场合，使用范围及数量相对比较少。需要时可根据《钢制法兰管件》（GB/T 17185—

2012）的规定选用。

1）对焊管件。对焊管件通常用于 $DN \geqslant 50mm$ 的管道，广泛应用于易燃、可燃介质，以及高的温度、压力参数的其他介质管道。对焊管件比其他连接形式的管件连接可靠、施工方便、价格便宜、没有泄漏点。

常用的对焊管件包括弯头、三通、异径管（大小头）和管帽，前三项大多采用无缝钢管或焊接钢管通过推制、拉拔、挤压而成，管帽多采用钢板冲压而成。

① 弯头：长半径弯头（$R = 1.5DN$），一般情况下，应优先采用；短半径弯头（$R = 1.0DN$），多用于尺寸受限制的场合，其最高工作压力不宜超过同规格长半径弯头的 0.8。弯管（Bend）（$R = nDN$）用于缓和介质在拐弯处的冲刷和动能，可用到 R 分别等于 $3DN$、$6DN$、$10DN$、$20DN$，根据制造方法不同，又分为推制弯头、挤压弯头和焊制斜接弯头。推制弯头和挤压弯头常用于介质条件比较苛刻的中、小尺寸管道上，焊制斜接弯头常用于介质条件比较缓和的大尺寸管道上，同时要求其弯曲半径不宜小于 $1.5DN$。当斜接弯头的斜接角度大于 45°时，不宜用于剧毒、可燃介质管道上，或承受机械振动、压力脉动及由于温度变化产生交变载荷的管道上。

对焊弯头的几种形式如图 4-2 所示。

② 三通：包括等径三通、异径三通、Y 形三通。Y 形三通常常代替一般三通，用于输送有固体颗粒或冲刷腐蚀较严重的管上。三通的几种形式如图 4-3 所示。

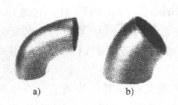

a) b)

图 4-2　对焊弯头

a) 长半径 90°弯头　b) 短半径 90°弯头

a) b) c)

图 4-3　三通

a) 等径三通　b) 异径三通　c) Y 形三通

③ 异径管（大小头）：通常有同心异径管、偏心异径管。异径管的两种形式如图 4-4 所示。

④ 管帽（封头）：有平盖封头、标准椭圆封头。平盖封头制作比较容易，价格也较低，但其承压能力不如标准椭圆封头，故它常用于 $DN \leqslant 100mm$、介质压力 $< 1.0MPa$ 的条件下。标准椭圆封头为带折边的椭圆封头，椭圆的内径长短轴之比为 2∶1，是应用最广的封头。

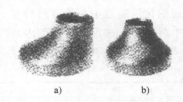

a) b)

图 4-4　异径管（大小头）

a) 偏心异径管　b) 同心异径管

2）承插焊管件。通常情况下，承插焊管件用于 $DN \leqslant 40mm$、管壁较薄的管子和管件之间的连接。包括弯头、三通、支管台、管帽、管接头、异径短节、活接头、丝堵、仪表管嘴、软管站快速接头、水喷头等。

在我国，主要的承插焊管件标准有国家标准《锻制承插焊和螺纹管件》（GB/T 14383—2008）、中国石油化工总公司标准《石油化工锻钢制承插焊和螺纹管件》（SH/T 3410—2012）。承插焊管件通常采用模压锻造后再机械加工成形工艺制造。

一般情况下，异径短节、螺纹短节等为插口管件；弯头、三通、管帽、支管台，活接头，管接头等为承口管件。承插焊是插口与承口之间的连接，因此，在应用中应考虑这些管件之间的搭配组合以及所需的结构空间。承插焊管件如图 4-5 所示。

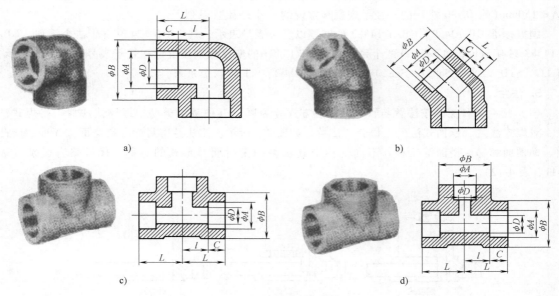

图 4-5　承插焊管件

3）螺纹管件。常用材料有锻钢、铸钢、铸铁、可锻铸铁，石油化工装置的工艺管道大多选用锻钢制锥管螺纹管件。螺纹连接多用于 $DN \leqslant 40\mathrm{mm}$ 的管子及其元件之间的连接。常用于不宜焊接或需要可拆卸场合。螺纹连接管件与焊接相比，其接头强度低，密封性能差，因此其使用时，常受下列条件的限制：①螺纹连接管件应采用锥管螺纹；②螺纹连接管件不推荐用在大于 200℃ 及低于 -45℃ 的温度下；③螺纹连接管件不得用在剧毒介质管道上；④按国标 GB 50316—2000（2008版），螺纹连接管件不得用于有缝隙腐蚀的流体工况中，不应使用于有振动的管道。

用于可燃气体管道上时，宜采用密封焊进行密封。螺纹管件如图 4-6 所示。

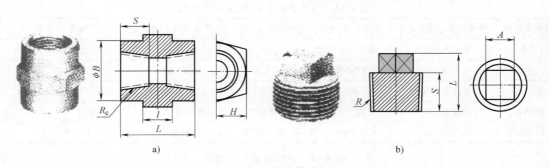

图 4-6　螺纹管件

a）管接头 3（SCR'D）　b）堵头 2（SCR'D）

（2）常用管件系列。国内各种管件标准，对焊无缝和钢板制对焊管件均等效采用 ASME B16.9 和 ASME B16.28。锻钢制承插焊和螺纹管件均等效采用 ASME B16.110，但各标准同类管件的结构尺寸不尽相同。管件的公称直径、外径和壁厚系列与对应的管子的尺寸系列是一致的。

国家管件标准《钢制对焊管件　类型与参数》（GB/T 12459—2017）、《钢制对焊管件　技术规范》（GB/T 13401—2017）和《锻制承插焊和螺纹管件》（GB/T 14383—2008）外径分为 A、B 两个系列：A 系列与《焊接和无缝轧制钢管》（ASME B36.10）的管子外径系列是一致的，即与

ASME B16.9 和 ASME B16.28 是一致的；B 系列是沿用过去我国炼油等行业使用的系列，B 系列中 $DN \leqslant 150mm$（除 DN80 外）的外径系列就是常说的"小外径"系列。

国家标准 GB 12459、GB/T 14383 的壁厚以管子表号表示，其中 GB 12459 有十二个系列，GB/T 14383 只有 Sch80 和 Sch160 两个系列，GB/T 13401 的壁厚分别按重量和管子表号两种方法表示，有 LG、STD、XS 和 Sch5s、Sch10s、Sch20s、Sch40、Sch80 八个系列。

3. 法兰

（1）法兰的种类。按法兰与管子的连接方式分为以下五种基本类型：螺纹式法兰、平焊式法兰、对焊式法兰、承插式法兰、松套式法兰，如图 4-7 所示。按法兰密封面分有宽面、光面、凹凸面、榫槽面和梯形槽面等几种。不同的标准其法兰的密封面及形式的名称、代号略有区别（表 4-11、表 4-12）。

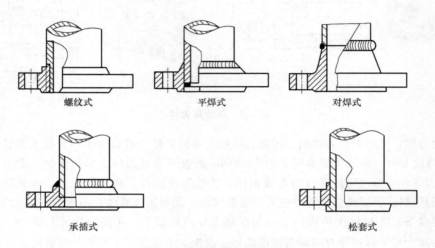

图 4-7 法兰与管子连接方式

表 4-11 法兰密封面名称及代号对照

密封面名称	中石化总公司（SH）	化工行业（HG）	机械行业（JB）	国家标准（GB）	美国 ASME
宽面	全平面（FF）	全平面（FF）	—	平面（FF）	全平面（FF）
光面	凸台面（RF）	突面（RF）	凸面	凸面（RF）	凸面（RF）
凹凸面	凹凸面（MF）	凹凸面（MFM）	凹凸面	凹凸面（MF）	凹凸面（L、M、F）
榫槽面	榫槽面（TC）	榫槽面（TG）	榫槽面	椎槽面（TG）	榫槽面（L、T、G）（S、T、G）
梯形槽面	环槽面（RJ）	环连接面（RJ）	环连接面	环连接面（RJ）	环连接面（RJ）

表 4-12 结构形式代号对照

序号	中石化总公司（SH）	化工行业（HG）	机械行业（JB）	国家标准（GB）
1	对焊（WN）	对焊（WN）	对焊（—）	对焊（—）
2	承插焊（SW）	承插焊（SW）		承插焊（—）
3	平焊（SO）	平焊（SO）	平焊（—）	平焊（—）
4	螺纹（PT）	螺纹（Th）		螺纹（—）
5	松套（LJ）	松套（PJ/LF）	松套（—）	松套（—）
6	法兰盖（—）	法兰盖（BL）	法兰盖（—）	法兰盖（—）
7		整体法兰（IF）	整体法兰（—）	整体法兰（—）

（2）法兰结构形式。

1）螺纹法兰。螺纹法兰是管子与法兰之间用螺纹连接，在法兰内孔加工螺纹，将带螺纹的管子旋合进去，不必焊接。因而具有方便安装、方便检修的特点。螺纹法兰的种类有两种。一种螺纹法兰公称压力较低，一般用在镀锌钢管等不宜焊接的场合，温度反复波动或高于 260℃ 和低于 -45℃ 的管道也不宜使用；另一种用于小管径高压工况，利用带外螺纹，加工成一定形状密封面，两个管端配透镜垫加以密封，这种法兰以往多用于合成氨生产。此外，在任何可能发生缝隙腐蚀、严重侵蚀或有循环载荷的管道上，应避免使用螺纹法兰。

2）平焊法兰是将管子插入法兰内孔中进行正面和背面焊接，具有容易对中、价格便宜等特点。多用于介质条件比较缓和的情况下，如低压非净化压缩空气、低压循环水。平焊法兰有板式平焊法兰与带颈平焊法兰两种。板式平焊法兰刚性较差，焊接时易引起法兰面变形，甚至在螺栓力作用下法兰也会变形，引起密封面转角而导致泄漏，因而一般用于压力、温度均较低，相对不太重要的管道上，石化工业中一般规定只宜用于 $PN \leqslant 1.0\text{MPa}$ 的水管、低压蒸汽管道和空气管道上。带颈平焊法兰的短颈使法兰刚度和其承载能力大有提高。法兰的制造工艺比对焊法兰要简单，平焊法兰与管子连接的焊接方式与板式平焊法兰一样为角焊缝结构，施工比较简单。带颈平焊法兰的公称压力等级由低到高，范围较广，完全适用于过去国内习惯使用板式平焊法兰的场合，但在有频繁的大幅度温度循环的管道上不应使用。

3）对焊法兰是将法兰焊颈端与管子焊接端加工成一定形式的焊接坡口后直接焊接，施工比较方便。由于法兰与管子焊接处有一段圆滑过渡的高颈，法兰颈部厚度逐渐过渡到管壁厚度，降低了结构的不连续性，法兰强度高，承载条件好，适用于压力、温度波动幅度大或高温、高压和低温管道。

4）承插焊法兰与带颈平焊法兰相似，是将管子插入法兰的承插孔中进行焊接，一般只在法兰背面有一条焊缝。常用于 $PN \leqslant 10.0\text{MPa}$，$DN \leqslant 40\text{mm}$ 的管道中。美国法兰标准 ASME B16.5 不推荐承插焊法兰用于具有热循环或较大温度梯度条件下的高温（$\geqslant 260℃$）或低温（$\leqslant -45℃$）的管道上。在可能产生缝隙腐蚀或严重侵蚀的管道上不应使用这种法兰。

5）松套法兰常用于介质温度和压力都不高而介质腐蚀性较强的情况。松套法兰一般与翻边短节组合使用，即将法兰圈松套在翻边短节外，管子与翻边短节对焊连接，法兰密封面（凹凸面、榫槽面除外）加工在翻边短节上。

6）整体法兰常常是将法兰与设备、管子、管件、阀门等做成一体，这种形式在设备和阀门上常用。

7）法兰盖又称盲法兰，设备、机泵上不需接出管道的管嘴，一般用法兰盖封死，而在管道上主要用于管道端部作为封头用。为了与法兰匹配，基本上有一种法兰就有相应的法兰盖。

（3）法兰密封面形式。

1）全平面密封面。这种密封面常与平焊形式配合，以适用于操作条件比较缓和的工况（ASME B16.5 仅 $PN2.0$ 的法兰有这种密封面）；常用于铸铁设备和阀门的配对法兰。我国石化工业管道很少用这种密封面的法兰。

2）凸台面密封面。这种法兰的法兰面上有凸出的密封面，国内机械行业标准法兰的凸台高度与 DN 有关，$DN15 \sim 32$ 为 2mm，$DN40 \sim 250$ 为 3mm，$DN300 \sim 500$ 为 4mm，大于或等于 $DN600$ 为 5mm，与公称压力无关。美式法兰的凸台高度则与公称压力有关，$PN \leqslant 300\text{psi}$ 的凸面高度一律为 1.6mm，$PN \geqslant 400\text{psi}$ 则为 6.4mm，与公称直径无关。

3）凹凸面密封面。这种密封面常与对焊和承插形式配合使用，由两个不同的密封面一凹一凸组成。这种密封面减少了垫片被吹出的可能性，但不能保护垫片不挤入管中，它不便于垫片的更换。在美式法兰中不常采用，在欧式法兰中常用在 $PN4.0$ 的法兰上，$PN6.4$、$PN10.0$ 的法兰也有用这种密封面的。

4）榫槽面密封面。这种密封面使用情况同凹凸面法兰。

5）环槽面密封面。这种密封面常与对焊形式配合（不与承插焊配合）使用，主要用在高温、高压或两者均较高的工况。在美式法兰中，常用在 $PN10.0$（部分）、$PN15.0$、$PN25.0$、$PN42.0$ 压力等级中。在欧式法兰中常用于 $PN10.0$、$PN16.0$、$PN25.0$、$PN32.0$、$PN42.0$ 压力等级中。

（4）法兰系列。管法兰主要有两个体系，一是以德国 DIN（包括苏联）为代表的法兰体系，公称压力为 0.1、0.25、0.6、1.0、1.6、2.5、4.0、6.3、10.0、16.0、25.0、32.0、40.0（MPa），公称直径范围为 6~4000mm，法兰类型有板式平焊、带颈对焊、螺纹、翻边松套、平焊环松套、对焊环松套、法兰盖等，密封面有全平面、突面、凹凸面、榫槽面、环连接面、透镜面等；另一体系是以美国 ASME B16.5 为代表的法兰体系，其公称压力为 150、300、400、600、900、1500、2500（psi），公称直径范围 15~600mm，法兰类型有带颈平焊、承插焊、螺纹、松套、带颈对焊和法兰盖，密封面有全平面、突面、大小凹凸面、大小榫槽面和环连接面。

我国目前使用的法兰标准较多，但归纳起来大体是源于国际上的两个体系。以往使用较多的机械行业标准（JB）法兰源于德国标准；中国石化法兰标准（SH）源于美国 ASME B16.5；国标法兰（GB）根据公称压力分别源于两个体系；中国化工行业法兰标准（HG）很清楚地分为欧洲与美洲系列，分别源于德国与美国的法兰标准，而且在欧洲系列中有两种接管外径尺寸，能适应不同外径系到的管道，因而适用性大大提高。表示法兰特征的应是法兰类型、公称压力、密封面形式、公称直径和材质。所有法兰标准均有各自的范围，因此必须查找有关法兰标准并核实后才能正确选用所需要的法兰。

4. 阀门

阀门是压力管道系统的重要组成部件，其主要功能是接通和截断介质，防止介质倒流，调节介质压力、流量，分离、混合或分配介质，防止介质压力超过规定数值，保证管道或设备安全运行等。选用阀门主要从装置的操作和经济两方面考虑。

（1）阀门分类。

1）根据动力分类。

① 自动阀门：依靠介质自身的力量进行动作的阀门，如止回阀、减压阀、疏水阀、安全阀等。

② 驱动阀门：依靠人力、电力、液力、气力等外力进行动作的阀门，如截止阀、节流阀、闸阀、蝶阀、球阀、旋塞阀等。

2）根据结构特征按关闭件相对于阀座移动的方向分类。

① 截门形：关闭件沿着阀座中心移动。

② 闸门形：关闭件垂直阀座中心移动。

③ 旋塞和球形：关闭件是柱塞或球，围绕本身的中心线旋转。

④ 旋启形：关闭件围绕阀座外的轴旋转。

⑤ 蝶形：关闭件的圆盘，围绕阀座内的轴旋转。

⑥ 滑阀形：关闭件在垂直于通道的方向滑动。

3）根据阀门的不同用途分类。

① 开断用：用来接通或切断管道介质，如截止阀、闸阀、球阀、蝶阀等。

② 止回用：用来防止介质倒流，如止回阀。

③ 调节用：用来调节介质的压力和流量，如调节阀、减压阀。

④ 分配用：用来改变介质流向、分配介质，如三通旋塞、分配阀、滑阀等。

⑤ 安全阀：在介质压力超过规定值时，用来排放多余的介质，保证管道系统及设备安全，如安全阀、事故阀。

⑥ 其他特殊用途：如疏水阀、放空阀、排污阀等。

4）根据不同的驱动方式分类。

① 手动：借助手轮、手柄、杠杆或链轮等，有人力驱动，转动较大力矩时，装有蜗轮、齿轮等减速装置。

② 电动：借助电动机或其他电气装置来驱动。

③ 液动：借助水、油来驱动。

④ 气动：借助压缩空气来驱动。

5）根据阀门的公称压力分类。

① 真空阀：绝对压力<0.1MPa 即 760mmHg 的阀门，通常用 mmHg 表示压力。

② 低压阀：公称压力 $PN \leqslant 1.6$MPa 的阀门（包括 $PN \leqslant 1.6$MPa 的钢阀）。

③ 中压阀：公称压力 $PN2.5 \sim 6.4$MPa 的阀门。

④ 高压阀：公称压力 $PN10.0 \sim 80.0$MPa 的阀门。

⑤ 超高压阀：公称压力 $PN \geqslant 100.0$MPa 的阀门。

6）根据阀门工作时的介质温度分类。

① 普通阀门：适用于介质温度 $-40 \sim 425$℃ 的阀门。

② 高温阀门：适用于介质温度 $425 \sim 600$℃ 的阀门。

③ 耐热阀门：适用于介质温度 600℃ 以上的阀门。

④ 低温阀门：适用于介质温度 $-40 \sim -150$℃ 的阀门。

⑤ 超低温阀门：适用于介质温度 -150℃ 以下的阀门。

7）根据阀门的公称通径分类。

① 小口径阀门：公称通径 $DN \leqslant 40$mm 的阀门。

② 中口径阀门：公称通径 $DN50 \sim 300$mm 的阀门。

③ 大口径阀门：公称通径 $DN350 \sim 1200$mm 的阀门。

④ 特大口径阀门：公称通径 $DN \geqslant 1400$mm 的阀门。

8）根据阀门与管道连接方式分类。

① 法兰连接阀门：阀体带有法兰，与管道采用法兰连接的阀门。

② 螺纹连接阀门：阀体带有内螺纹或外螺纹，与管道采用螺纹连接的阀门。

③ 焊接连接阀门：阀体带有焊口，与管道采用焊接连接的阀门。

④ 夹箍连接阀门：阀体上带有夹口，与管道采用夹箍连接的阀门。

⑤ 卡套连接阀门：采用卡套与管道连接的阀门。

（2）阀门型号。按照《阀门　型号编制方法》（JB/T 308—2004）编制阀门的型号。这个标准适用于工业管道的闸阀、截止阀、节流阀、球阀、蝶阀、隔膜阀、旋塞阀、止回阀、安全阀、减压阀、疏水阀，包括了各种基本的类型。

特别需要注意的是，由于阀门形式、用途的增加，此编号系统已不完全适应发展要求，故许多阀门厂已不再使用此编号系统，而按采购的阀门规格书的要求进行选用。国外厂家的阀门产品代码和我国不同，但是，阀门的型号编码规则是类似的。本书只介绍我国的阀门型号编码方法。阀门的型号由七个单元组成，用来表明阀门类别、驱动种类、连接和结构形式、密封面或衬里材料、公称压力及阀体材料。

按照《阀门　型号编制方法》的规定，阀门型号分为七个单元：

第一单元是类型代号，用字母表示（表4-13）。

第二单元是传动方式代号，用阿拉伯数字表示（表4-14）。

第三单元是连接形式代号，用阿拉伯数字表示（表4-15）。

第四单元是结构形式代号，用阿拉伯数字表示。

第五单元是阀座密封面或衬里材料代号，用字母表示（表4-16）。

第六单元是公称压力数值，公称压力是指阀门名义上能够承受的压力，实际上它的承压能力还要大些，而使用时为安全起见，控制在公称压力之内。公称压力代号用阿拉伯数字表示，其数值是以 MPa 为单位的公称压力值的 10 倍。

第七单元为阀体材料代号，用字母表示（表4-17）。

表 4-13 类型代号

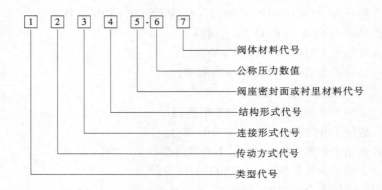

阀 门 类 型	代　号	阀 门 类 型	代　号
安全阀	A	球阀	Q
蝶阀	D	疏水阀	S
隔膜阀	G	柱塞阀	U
止回阀和底阀	H	旋塞阀	X
截止阀	J	减压阀	Y
节流阀	L	闸阀	Z
排污阀	P		

表 4-14 传动方式代号

传 动 方 式	代　号	传 动 方 式	代　号
电磁阀	0	锥齿轮	5
电磁-液动	1	气动	6
电-液动	2	液动	7
蜗轮	3	气-液动	8
正齿轮	4	电动	9

表 4-15 连接形式代号

连 接 形 式	代　号	连 接 形 式	代　号
内螺纹	1	焊接	6
外螺纹	2	对夹	7
两不同连接	3	卡箍	8
法兰	4	卡套	9

表 4-16　阀座密封面或衬里材料代号

阀座密封面或衬里材料	代　　号	阀座密封面或衬里材料	代　　号
锡基轴承合金（巴氏合金）	B	尼龙塑料	N
搪瓷	C	渗硼钢	P
渗氮钢	D	衬铅	Q
18-8 系不锈钢	E	Mo2Ti 系不锈钢	R
氟塑料	F	塑料	S
玻璃	G	铜合金	T
Cr13 系不锈钢	H	橡胶	X
衬胶	J	硬质合金	Y
蒙乃尔合金	M		

表 4-17　阀体材料代号

阀 体 材 料	代　　号	阀 体 材 料	代　　号
钛及钛合金	A	球墨铸铁	Q
碳钢	C	Cr18Ni12Mo2Ti 钢	R
Cr13 系不锈钢	H	塑料	S
CrSMo 钢	I	铜及铜合金	T
可锻铸铁	K	12Cr1MoV 钢	V
铝合金	L	灰铸铁	Z
1Cr18Ni9Ti 钢	P		

（3）阀门质量要求。

1）内漏问题。是否有内漏或内漏的大小是衡量阀门质量的主要技术指标。对于压力管道来说，处理的介质大都是可燃、易燃、易爆、有毒的介质。所以阀门关闭时，使用者希望通过阀板的泄漏（内漏）越少越好，甚至要求有些介质的泄漏为零。常用的评判阀门内漏的标准有 API 598、ASME B16.10 和《阀门的检验与试验》（JB/T 9092—1999）。

2）外漏问题。外漏是指通过阀杆填料和阀盖垫片处的介质外泄漏。它同样是衡量阀门质量的一个重要指标。对有些介质，外漏的要求甚至比内漏要求更严格，因为它直接泄入大气，会直接引起事故，或造成人身伤害。对于这种情况，有时不得不采用波纹管密封阀或隔膜阀来保证阀门的外漏为零。目前大多数采用美国环保局限定的限制外漏的标准，即不超过 500×10^{-6}。

3）材料质量。材料质量是衡量阀门强度可靠性和使用寿命的一个重要指标。众所周知，大多数 $DN \geqslant 50 \text{mm}$ 的阀门都是铸造阀体，如果质量不好，会直接影响到阀门的可靠性和使用寿命。ASTM 和我国的材料标准通常情况下的要求都是比较低的，为了保证在苛刻情况下材料能较好地满足操作条件的要求，这些标准中都设置许多选择性附加检验项目，设计人员如何根据使用条件来选择这些附加项目是一个技术性很强的问题，如果要求不当，会无意义地增加基建投资。

4）阀门出厂前试验要求。阀门出厂前要根据《阀门的检验与试验》（JB/T 9092—1999）进行壳体压力试验和密封试验。密封试验分上密封、低压密封和高压密封试验。根据阀门类别不同选择密封试验，闸阀和截止阀要进行上密封和低压密封试验。壳体压力试验，一般采用温度不超过 52℃ 的水或黏度不大于水的非腐蚀性流体，以 38℃ 时 1.5 倍的公称压力进行。低压密封试验，一般采用空气或惰性气体，以 0.5~0.7MPa 压力进行。《石油化工钢制通用阀门选用、检验及验收》（SH/T 3064—2003）对不同等级的压力管道提出相应的检验要求，比 JB/T 9092 要求更严格。

（4）阀门标志、参数及规格书。为了从阀门的外观看出它的结构、材质和基本特性，要求在阀体上铸造、打印或装上铭牌，表明阀门型号、公称直径、介质流向及厂名，并在阀体、手轮及法兰外缘上按规定涂相同颜色的漆。按照《阀门的标志和涂漆》（JB/T 106—2004）规定，表示阀体材料的油漆应刷在阀体不加工的表面上，其颜色与阀体材料的关系见表4-18。耐酸钢或不锈钢阀体，可以不涂漆。有色金属阀体，也不必涂漆。

表 4-18　漆颜色与阀体材料的关系

阀 体 材 料	刷 漆 颜 色	阀 体 材 料	刷 漆 颜 色
灰铸铁、可锻铸铁	黑色	耐酸钢或不锈钢	浅蓝色
球墨铸铁	银色	合金钢	蓝色
碳素钢	灰色		

公称直径是指阀门与管道连接处通道的名义内径，用 DN 表示，它表示阀门的规定大小。按照阀门材料和结构形式的要求，阀门能适用的介质如下：气体介质，如空气、蒸汽、氨、石油气和煤气等；液体介质，如油品、水、液氨等；含固体介质；腐蚀性介质和剧毒介质。强度试验压力是指按规定的试验介质，对阀门受压零件材料进行强度试验时规定的压力；密封试验压力是指按规定的试验介质，对阀门进行密封试验时规定的压力。

通用阀门规格书应包括下列内容：采用的标准代号；阀门的名称、公称压力、公称直径；阀体材料、阀体对外连接方式；阀座密封面材料；阀杆与阀盖结构、阀杆等内件材料，填料种类；阀体中法兰垫片种类、紧固件结构及材料；设计者提出的阀门代号或标签号；其他特殊要求。国内现行的阀门型号表示方法，对阀杆及内件材料、填料种类、法兰垫片种类、法兰紧固件材料种类等均无规定，不能全面说明阀门的属性。

（5）闸阀。闸阀又称闸板阀、闸门阀，是广泛使用的一种阀门。它的闭合原理是：闸板密封面与阀座密封面高度光洁、平整与一致，互相贴合，可阻止介质流过，并依顶楔、弹簧或闸板的楔形来增强密封效果。

1）闸阀的分类。

① 按阀杆上螺纹位置可将闸阀分为明杆式和暗杆式。明杆式闸阀（图4-8a）阀杆螺纹露在上部，与之配合的阀杆螺母装在手轮中心，旋转手轮就是旋转螺母，从而使阀杆升降。这种阀门，启闭程度可以从螺纹中看出，便于操作；对于阀杆螺纹的润滑和检查也方便；特别是螺纹与介质不接触，可避免腐蚀性介质的腐蚀，所以石油化工管道中常采用，但其外露螺纹容易粘上空气中的尘埃，会加速磨损，故应尽量安装于室内。暗杆式闸阀（图4-8b）阀杆螺纹在下部，与闸板中心螺母配合，升降闸板依靠旋转阀杆来实现，而阀杆本身看不出移动。这种阀门的唯一优点是，开启时阀杆不升高，适合于安装在操作位置受到限制的地方。它的缺点很明显，启闭程度难以掌握，且阀杆螺纹与介质接触，容易被腐蚀损坏。

② 按闸板构造可将闸阀分为平行式和楔式。平行式闸阀（图4-8c）密封面与竖直中心线平行，一般制成双闸板。撑开两个闸板，使其与阀座密封面可靠贴合，一般是用顶楔来实现的。除上顶式之外，还有下顶式，有的阀门也用弹簧。楔式闸阀密封面与竖直中心线成一角度，即两个密封面成楔形。楔形倾角的大小，要视介质的温度而定。一般来说，温度越高，倾角应越大，以防温度变化时卡住。楔形闸阀有双闸板和单闸板两种。

2）闸阀的共同特点及选用。闸阀的共同缺点是：高度大，启闭时间长，在启闭过程中，密封面容易被冲蚀；修理比截止阀困难；不适用于含悬浮物和析出结晶的介质；也难以用非金属耐腐蚀材料来制造。阀体与阀盖多采用法兰连接。阀体截面的形状主要取决于公称压力，如低压阀门的阀体多为扁平状，以缩小其结构长度；高、中压阀门阀体多为椭圆形或圆形，以提高其承压能力，减小壁厚。阀体形状还与阀体材料及制造工艺有关。

闸阀在管道中主要起切断作用，关闭件（闸板）沿阀座中心线的垂直方向移动。闸阀与截止阀相比，流阻小、启闭力小，密封可靠，是最常用的一种阀门。当部分开启闸阀时，介质会在闸

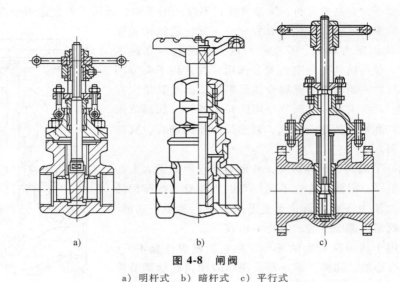

图 4-8　闸阀

a）明杆式　b）暗杆式　c）平行式

板背面产生涡流，易引起闸板的冲蚀和振动，阀座的密封面也易被损坏，故闸阀一般不作为节流用。与球阀和蝶阀相比，闸阀开启时间较长，结构尺寸较大，不宜用于直径较大的情况。介质可通过闸阀双向流动。

（6）截止阀。截止阀也称截门、球心阀、停止阀、切断阀，是使用最为广泛的一种阀门。它的闭合原理是依靠阀杆压力，使阀瓣密封面与阀座密封面紧密贴合，阻止介质流通。

1）截止阀的分类。截止阀可按通道方向分三类，直通式截止阀（图 4-9a）进、出口通道成一直线，但经阀座时要拐 90°；直角式截止阀（图 4-9b）进、出口通道成一直角；直流式（图4-9c）截止阀进、出口通道成一直线，与阀座中心线相交。

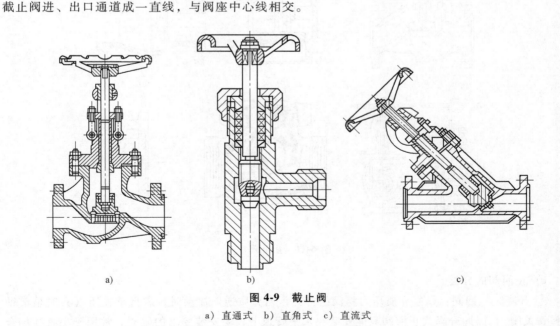

图 4-9　截止阀

a）直通式　b）直角式　c）直流式

2）截止阀的特点及选用。截止阀的动作特性是关闭件（阀瓣）沿阀座中心线移动，它的作用主要是切断，也可粗略调节流量，但不能作为节流阀使用。开闭过程中，密封面间摩擦力小，比较耐用；开启高度不大；制造容易，维修方便；不仅适用于中、低压，而且适用于高压、超高压。截止阀只允许介质单向流动，安装时有方向性。截止阀结构长度大于闸阀，同时流体阻力较大，长期运行时，其密封可靠性不强。与闸阀相比，截止阀具有一定的调节作用，故常用于调节阀组的旁路。截止阀在关闭时需要克服介质的阻力，因此其最大直径仅用到 $DN200$。对要求有一定调节作用的开关场合（如调节阀旁路、软管站等）和输送液化石油气、液态烃介质的场合，宜选用截止阀代替闸阀。

（7）节流阀。节流阀也称针形阀，外形与截止阀并无太大区别，仅阀瓣形状不同，因此用途也不同。它以改变通道截面积的形式来调节流量和压力，有直角式和直通式两种，都是手动的。最常见的节流阀阀瓣为圆锥形的，如图4-10所示。

节流阀通常用于压力降较大的场合，但它的密封性能不好，作为截止阀是不合适的。同样，截止阀虽能短时间粗略地调节流量，但作为节流阀也不合适，当形成狭缝时，高速流体会使密封面冲蚀磨损，失去效用。节流阀特别适用于节流，通过改变通道截面积，来调节流量或压力。

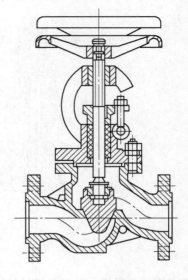

图 4-10　节流阀

（8）止回阀。止回阀（图4-11）又称单向阀，它只允许介质向一个方向流动，当介质顺流时阀瓣会自动开启，当介质反向流动时阀瓣能自动关闭。安装时，应注意介质的流动方向应与止回阀上的箭头方向一致。

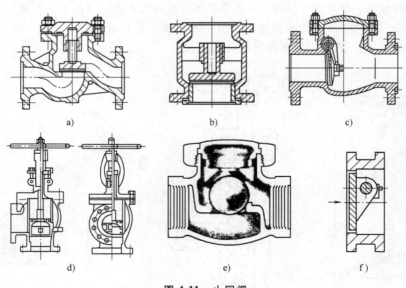

图 4-11　止回阀

1）止回阀的分类。

① 升降式止回阀：是靠介质压力将阀门打开，当介质逆向流动时，靠自重关闭（有时是借助于弹簧关闭），因此升降式止回阀只能安装在水平管道上，受安装要求的限制，常用于小直径场合（$DN \leqslant 40mm$）。

② 旋启式止回阀：是靠介质压力将阀门打开，靠介质压力和重力将阀门关闭，因此它既可以

用在水平管道上，又可用在竖直管道上（此时介质必须是自下而上流动），常用于 $DN \geqslant 50\text{mm}$ 的场合。

③ 对夹式止回阀：结构尺寸小，制造成本低，常用来代替升降式和旋启式止回阀。

④ 梭式止回阀：解决 $DN40$ 的升降式止回阀不能用在竖管上的问题。

⑤ 底阀：是在泵的吸入管的吸入口处使用的阀门。为防止水中混有的异物被吸入泵内，设有过滤网。使用底阀的目的是：开泵前灌注水使泵与入口管充满水；停泵后保持入口管及泵体充满水以备再次启动，否则泵就无法再次启动。底阀如图 4-12 所示。

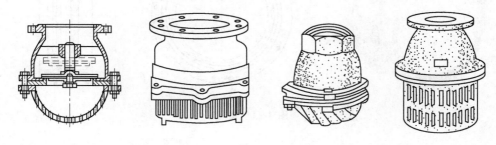

图 4-12 底阀

2）止回阀的特点及选用。对于要求能自动防止介质倒流的场合应选用止回阀；当 $DN \leqslant 40\text{mm}$ 时宜用升降式止回阀（仅允许安装在水平管道上）；当 $DN50 \sim 400\text{mm}$ 时，宜采用旋启式止回阀（不允许装在介质由上到下的垂直管道上）；当 $DN \geqslant 450\text{mm}$ 时，宜选用缓冲型（Tillting-Disc）止回阀；当 $DN100 \sim 400\text{mm}$ 时，也可以采用对夹式止回阀，其安装位置不受限制。

（9）蝶阀。蝶阀又称蝴蝶阀，顾名思义，它的关键性部件形似蝴蝶，可自由回旋。它的阀瓣是圆盘，围绕阀座内的轴旋转。旋角的大小可表示阀门的开闭度。

1）蝶阀类型（图 4-13）。蝶阀的外形与内部结构如图 4-14 所示。

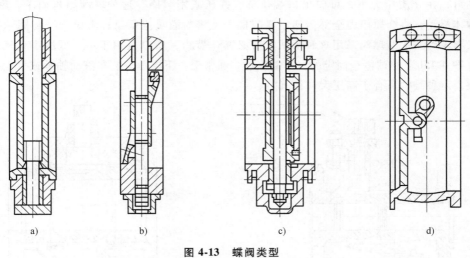

图 4-13 蝶阀类型

a）板式 b）斜板式 c）偏置板式 d）杠杆式

2）蝶阀的特点及选用。蝶阀具有轻巧的特点，比其他阀门要节省许多材料，且结构简单、开闭迅速（只需旋转 90°）。切断和节流都能用；流体阻力小，操作省力；在工业生产中，蝶阀日益得到广泛的使用。但由于它用料单薄，经不起高压、高温，通常只用于风路、水路和某些气路；

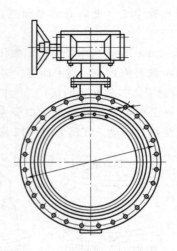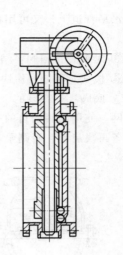

图 4-14 蝶阀

蝶阀可以制成很大口径。大口径蝶阀，往往用蜗轮-蜗杆、电力、液压来传动。密封性能不如闸阀可靠，在某些条件下可以代替闸阀。能够使用蝶阀的地方，最好不要使用闸阀，因为蝶阀比闸阀要经济，而且调节流量的性能也要好。对于设计压力较低、管道直径较大，要求快速启闭的场合一般选用蝶阀。

（10）球阀。球阀的动作原理与旋塞阀一样，都是靠旋转阀芯来使阀门打开或关闭。球阀的阀芯是一个带孔的球，当该孔的中心轴线与阀门进出口的中心轴线重合时，阀门开启；当旋转该球90°，使该孔的中心轴线与阀门进出口的中心轴线垂直时，阀门关闭。

1）球阀的分类。球阀可分为两大类：浮动球阀和固定球阀。浮动球阀（图4-15a）的球体有一定浮动量，在介质压力下，可向出口端位移，并压紧密封圈。这种球阀结构简单，密封性好。但由于球体浮动，将介质压力全部传递给密封圈，使密封圈负担很重；考虑到密封圈承载能力的限制，又考虑到若大型球阀采用这种形式，势必操作费力，所以只用于中、低压小口径阀门。固定球阀（图4-15b）的球体是固定的，不能移动。通常上、下支承处装有滚动轴承或滑动轴承，开闭较轻便。这种结构适合于高压大口径阀门。

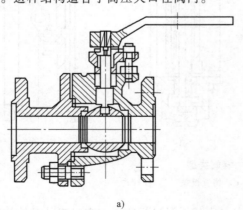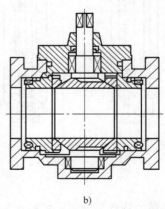

a)　　　　　　　　　　　　　　　b)

图 4-15 球阀

a）浮动式　b）固定式

阀座密封圈常用聚四氟乙烯（PTFE）制成，因为其摩擦因数小，耐腐蚀性能优异，耐温范围较大（-180~200℃）。阀座密封圈也可用聚三氟氯乙烯制成，它比前者耐腐蚀性能稍差，但机械强度高。橡胶制成的密封圈性能很好，但耐压、耐高温性能较差，只用于温度不高的低压管道。大型球阀，可以由机械传动装置来操作，还可以由电力、液力、气力装置来操作。球阀与旋塞阀一样，可以制成直角、三通、四通等形式。

2）球阀的特点及选用。球阀的最大特点是在众多的阀门类型中其流体阻力最小，流动特性最好。要求快速启闭的场合一般选用球阀。与蝶阀相比，球阀重量较大，结构尺寸也比较大，故不宜用于直径太大的管道；与旋塞阀相比，开关轻便，相对体积小，所以可以制成很大口径的阀门。球阀密封性可靠，结构简单，维修方便，密封面与球面常处于闭合状态，不易被介质冲蚀。与蝶阀一样，不能在石化生产装置上应用的原因是：其受介质长期冲蚀影响会发生热胀或磨损，造成密封不严。软密封球阀虽有较好的密封性能，但当它用于易燃、易爆介质管道上时，还需经过火灾安全试验和防静电试验。因此，石化生产装置上球阀应用得不多。直通球阀用于截断介质，三通球阀可改变介质流动方向或进行分配。球阀启闭迅速，便于实现事故紧急切断。球阀由于节流时可能造成密封件或球体的损坏，故一般不用球阀进行节流。全通道球阀不适于调节流量。

（11）旋塞阀。旋塞阀是一种结构比较简单的阀门，其启闭件制成柱塞状，通过旋转90°使阀塞的接口与阀体接口相合或分开。旋塞阀主要由阀体、塞子、填料压盖组成（图4-16）。

1）旋塞阀的分类。填料式旋塞阀用于表面张力和黏性较高的液体，密封效果较好；滑式旋塞阀的特点是密封性能可靠、启闭省力，适用于压力较高的介质，但使用温度受润滑脂限制，由于润滑脂可污染输送介质，故滑式旋塞阀不得用于高纯物质的管道。

2）旋塞阀的结构特点及选用。流体直流通过旋塞阀，阻力降小、启闭方便、迅速。旋塞阀在管道中主要用于切断、分配介质和改变介质的流动方向。它易于适应多通道结构，所以一个阀可以拥有两个、三个、甚至四个不同的流道，这样可以简化管道系统的设计，减少阀门用量以及设备中需要的连接配件。

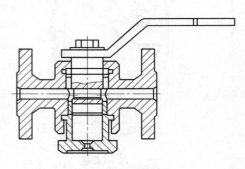

图 4-16　旋塞阀

根据旋塞阀的结构特点和设计上所能达到的功能，可以按下列原则选用：用于分配介质和改变介质流动方向，其工作温度≤300℃，公称压力 PN≤1.6MPa、公称通径≤300mm，建议选用多通路旋塞阀；用于油田开采、天然气田开采、管道输送的支管、精炼和清洁设备中，公称压力级≤Class300、公称通径≤300mm，建议选用油封式圆锥形旋塞阀；用于油田开采、天然气开采、管道输送的支管、精炼和清洁设备中，公称压力级≤Class2500、公称通径≤900mm、工作温度≤340℃，建议选用油封式圆锥形旋塞阀；在化学工业中，用于含有腐蚀性介质的管道和设备，要求开启或关闭速度较快的场合，对于以硝酸为基的介质可选用聚四氟乙烯套筒密封圆锥形旋塞阀；对于以醋酸为基的介质，可选用 Cr18Ni12Mo2Ti 不锈钢镶聚四氟乙烯套筒密封圆锥形旋塞阀；在煤气、天然气、暖通系统的管道中和设备上，公称通径≤200mm，宜选用填料式圆锥形旋塞阀。

（12）隔膜阀。隔膜阀的结构形式与一般阀门很不相同，它是依靠柔软的橡胶膜或塑料膜来控制流体运动的。

1）隔膜阀的分类。隔膜阀按结构形式可分为以下几类：

① 屋脊式又称突缘式，是最基本的一类。其结构如图4-17a所示。从图中可以看出，阀体是

衬里的。隔膜阀阀体衬里，就是为了发挥它的耐腐蚀特性。这类结构，除直通式之外，还可制成直角式，如图 4-17b 所示。

② 截止式，其结构形状与截止阀相似，如图 4-17c 所示。这种形式的阀门，流体阻力比屋脊式大，但密封面积大，密封性能好，可用于真空度高的管道。

③ 闸板式，其结构形式与闸阀相似，如图 4-17d 所示。闸板式隔膜阀流体阻力最小，适合于输送黏性物料。隔膜材料常用天然橡胶、氯丁橡胶、丁腈橡胶、异丁橡胶、氟化橡胶和聚全氟乙丙烯塑料（F46）等。

2）隔膜阀的特点及选用。隔膜阀流体阻力小，能用于含硬质悬浮物的介质。由于介质只与阀体和隔膜接触，所以无须填料函，不存在填料函泄漏问题。对阀杆部分无腐蚀的可能，适用于有腐蚀性、黏性、浆液介质。隔膜阀的缺点是耐压不高，一般在 0.6MPa 之内；耐高温性能也受隔膜的限制，一般能耐受的温度为 60~80℃，最高（氟化橡胶）也不超过 180℃。

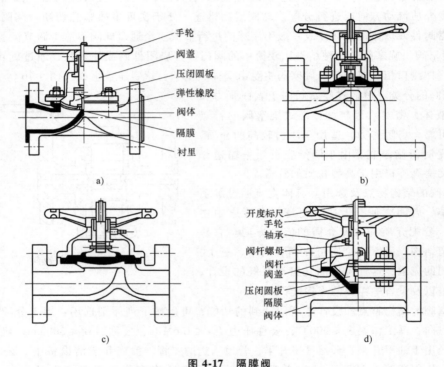

图 4-17 隔膜阀

a）屋脊式 b）直角式 c）截止式 d）闸板式

（13）减压阀。减压阀的作用是依靠敏感元件，如膜片、弹簧等来改变阀瓣的位置，将介质压力降低，从而达到减压的目的。减压阀与节流阀不同，虽然它们都利用节流效应降压，但是节流阀的出口压力是随进口压力和流量的变化而变化的。而减压阀能自动调节出口压力，使出口压力保持稳定。

1）减压阀的分类。按作用方式分直接作用式和先导式两种；按结构形式分薄膜式减压阀、弹簧薄膜式减压阀、活塞式减压阀、波纹管式减压阀、杠杆式减压阀。

2）减压阀的选用。选用减压阀时除考虑其公称直径、公称压力和工作温度外，还应考虑减压阀的出口压力范围。同时要考虑所选用的减压阀静态特性偏差和不灵敏性偏差。若要求灵敏度较高，则可选用弹簧薄膜式减压阀；若介质温度较高时，则应选用活塞式减压阀。

（14）蒸汽疏水阀。蒸汽疏水阀（简称疏水阀）的作用是自动排除加热设备或蒸汽管道中的蒸汽凝结水及空气等不凝气体，且不漏出蒸汽。由于疏水阀具有阻汽排气的作用，可使蒸汽加热设备均匀给热，充分利用蒸汽潜热，防止蒸汽管道中发生水击。

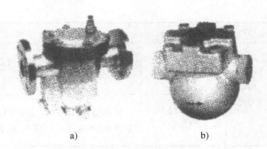

a)　　　　　　　　　b)

图 4-18　蒸汽疏水阀
a）自由浮球式　b）杠杆浮球式

1）蒸汽疏水阀的分类见表 4-19。自由浮球式蒸汽疏水阀外形如图 4-18a 所示，杠杆浮球式蒸汽疏水阀外形如图 4-18b 所示。

2）各种疏水阀的主要特征（表 4-20）。

表 4-19　蒸汽疏水阀的分类

基础分类	动作原理	中　分　类	小　分　类
机械型	蒸汽和凝结水的密度差	浮球式	杠杆浮球式 自由浮球式 自由浮球先导活塞式
		开口向上浮子式	浮桶式 差压式双阀瓣浮桶式
		开口向下浮子式	倒吊桶式（钟形浮子式） 差压式双阀瓣吊桶式
热静力型	蒸汽和凝结水的温度差	蒸汽压力式	波纹管式
		双金属片式	圆板双金属式
热动力型	蒸汽和凝结水的热力学特性	圆盘式	大气冷却圆盘式 空气保温圆盘式 蒸汽加热凝结水冷却圆盘式
		孔板式	脉冲式

表 4-20　各种疏水阀的主要特征

形　式		优　点	缺　点
机械型	浮桶式	动作准确、排放量大、抗水击能力强	排除空气能力差、体积大、有冻结的可能
	倒吊桶式	排除空气能力强、没有空气气阻、排量大、抗水击能力强	有冻结的可能
	杠杆浮球式	排放量大、排除空气性能良好、能连续（按比例动作）排除凝结水	体积大、抗水击能力差，排除凝结水时有蒸汽卷入
	自由浮球式	排量大、排除空气性能好、能连续（按比例动作）排除凝结水、体积小、结构简单、浮球和阀座易互换	抗水击能力比较差、排除凝结水时有蒸汽卷入
热静力型	波纹管式	排量大、排除空气性能良好、不泄漏蒸汽、不会冻结、可控制凝结水温度、体积小	反应迟钝、不能适应负荷的突变及蒸汽压的变化、不能用于过热蒸汽、抗水击能力差、只适用于低压场合
	圆板双金属式	排量大、排除空气性能良好、不会冻结、动作噪声小、无阀瓣堵塞事故、抗水击能力强、可利用凝结水的显热	很难适应负荷的急剧变化，在使用中双金属的特性有变化

（续）

形 式		优 点	缺 点
热动力型	脉冲式	体积小、重量轻、排除空气性能良好、不易冻结、可用于过热蒸汽	不适用于大排量、泄漏蒸汽、易有故障、背压允许度低（背压限制在30%）
	圆盘式	结构简单、体积小、重量轻、不易冻结、维修简单、可用于过热蒸汽、抗水击能力强	动作噪声大、背压允许度低（背压限制在50%）、不能在低压（0.03MPa以下）使用、蒸汽有泄漏、不适用于大排量

3）疏水阀的选用。在凝结水负荷变动到低于额定最大排水量的15%时，不应选用孔板式疏水阀，因为低负荷将引起部分新鲜蒸汽的泄漏损失。在凝结水一经形成后必须立即排除的情况下，不宜选用孔板式疏水阀，不能选用热静力型的波纹管式疏水阀，因两者均要求一定的过冷度（约1.7~5.6℃）。由于孔板式疏水阀和热静力型疏水阀不能将凝结水立即排除，所以不可用于蒸汽透平、蒸汽泵或带分水器的蒸汽主管，也不可用于透平外壳的疏水。上述情况均应选用浮球式疏水阀，必要时也可选用热动力型疏水阀。热动力型疏水阀有接近连续排水的性能，其应用范围较大，一般都可选用。但最高允许背压不得超过入口压力的50%，最低工作压力不得低于0.05MPa。要求安静的地方应选用浮球式疏水阀。间歇操作的室内蒸汽加热设备或管道，可选用排气性能好的倒吊桶式疏水阀。室外安装的疏水阀不宜用机械型疏水阀，必要时应有防冻措施（如停工放空、保温等）。疏水阀安装的位置虽各不相同，但根据凝结水流向及疏水阀的方向大致分为三种情况，如图4-19a所示的情况下可选用任何形式的疏水阀；如图4-19b所示的情况下不可选用浮桶式，可选用双金属式疏水阀；如图4-19c所示的情况下凝结水的形成与疏水阀位置的标高基本一致，可选用浮桶式、热动力型或双金属式疏水阀。疏水阀的进、出口压差大，动作频繁，易于损坏，对于产生凝结水量大的加热设备，可用液面控制阀代替疏水阀，一般可以得到良好的使用效果。

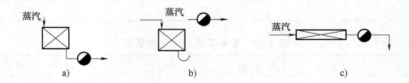

图4-19 疏水阀安装位置示意

（15）阀门类型的选择。阀门类型的选择一般应根据介质的性质、操作条件及其对阀门的要求等因素确定。表4-21与表4-22所列可作为阀门类型选择的参考。各种阀门的使用范围、材质及结构尺寸等见有关制造厂的产品说明书及样本。

表4-21 阀门类型选择（一）

阀门类型		流速调节形式			介 质				
类别	型号	截断	节流	换向分流	无颗粒	带悬浮颗粒		黏滞性	清洁
						带磨蚀性	无磨蚀性		
闭合式	截止阀 　直通式 　角式 　柱塞式	 可用 可用 可用	 可用 可用 可用		 可用 可用 可用	 可用			

（续）

阀门类型		流速调节形式			介　质				
类别	型号	截断	节流	换向分流	无颗粒	带悬浮颗粒		黏滞性	清洁
						带磨蚀性	无磨蚀性		
滑动式	闸阀								
	楔式刚性单闸板	可用			可用	适当可用	可用		
	楔式弹性单闸板	可用			可用		适当可用		
	楔式双闸板	可用			可用				
	平行式双闸板	可用			可用				
旋转式	旋塞阀								
	非润滑式（直通）	可用	适当可用		可用	可用			可用
	（三通、四通）	可用		可用	可用	可用			
	润滑式（直通）	可用	适当可用		可用	可用			
	（三通、四通）	可用		可用	可用	可用			
	球阀	可用		可用	可用	可用		可用	
	蝶阀	可用	可用		可用	可用	可用	可用	可用
挠曲式	隔膜阀								
	堰式	可用	可用		可用	可用			可用
	直通式	可用	适当可用		可用	可用			可用

表 4-22　阀门类型选择（二）

使 用 条 件	阀门基本形式					
	闸阀	截止阀	止回阀	球阀	旋塞阀	蝶阀
温度、压力						
常温-高压	●	●	●	○	◆	◆
常温-低压	○	●	●	○	○	●
高温-高压	○	●	●	▲	◆	◆
高温-低压	○	●	○	▲	▲	▲
中温-中压	○	○	○	●	○	●
低温	○	○	●	◆	◆	◆
公称直径/mm						
>1000	▲	◆	◆	◆	▲	○
>500	○	◆	▲	◆	◆	○
300～500	○	◆	●	▲	▲	○
<300	○	○	○	●	●	●
<50	●	○	●	○	○	◆

注：符号表示：○适用；●可用；▲适当可用；◆不适用。

（16）常用阀门的适用范围。常用阀门的适用范围见表 4-23～表 4-25。

表 4-23　常用阀门的适用范围

序号	阀门类型	阀体材质	适用温度/℃	适用介质	公称压力范围 PN/MPa	公称直径范围 DN/mm	备注
一	闸阀	碳钢	≤425	水、蒸汽、油品	1.6、2.5	15～1000	
		铬镍钛钢	≤200	硝酸类	4.0	15～600	
		铬镍钼钛钢	≤200	醋酸类	6.4	15～500	
		铬钼钢	≤550	油品、蒸汽	10.0	15～400	
					16.0	15～300	
		铬镍钛钢	≤50	水、蒸汽、油品	1.6、2.5、4.0	50～300	
		铬镍钛钢	≤650	烟气、空气	1.6、2.5、4.0	50～300	
		不锈钢及耐磨衬里	650～730	催化裂化催化剂、高温烟气、蒸汽	1.6、2.5、4.0	80～600	

（续）

符号	阀门类型	阀体材质	适用温度 /℃	适用介质	公称压力范围 PN/MPa	公称直径 范围 DN/mm	备注
二	截止阀	碳钢	≤425	水、蒸汽、油品	1.6、2.5、4.0	15～300	即为 氨阀类
		碳钢	≤425	水、蒸汽、油品	6.4～16.0	15～200	
		碳钢	-40～130	氨、液氨	2.5	15～200	
		铬镍钛钢	≤200	硝酸类	1.6、2.5、4.0、6.4	15～200	
		铬镍钛钢	≤100	硝酸类	10.0	15～200	
		铬镍钼钛钢	≤200	醋酸类	1.6、2.5、4.0、6.4	15～200	
		铬镍钼钛钢	≤100	醋酸类	10.0	15～200	
		铬钼钢	≤550	油品、蒸汽	1.6～2.5	15～300	
		铬钼钢	≤550	油品、蒸汽	4.0～16.0	15～200	
三	止回阀	碳钢	≤425	水、蒸汽、油品	1.6	50～600	
		碳钢	≤425	水、蒸汽、油品	2.5、4.0	15～600	
		碳钢	≤425	水、蒸汽、油品	6.4	15～500	
		碳钢	≤425	水、蒸汽、油品	10.0	15～400	
		碳钢	≤425	水、蒸汽、油品	16.0	15～300	
		铬镍钛钢	≤200	硝酸类	1.6、2.5、4.0、6.4	15～200	
		铬镍钼钛钢	≤200	醛酸类	1.6、2.5、4.0、6.4	15～200	
		铬钼钢	≤550	油品、蒸汽	1.6、2.5、4.0	50～600	
		铬钼钢	≤550	油品、蒸汽	6.4～16.0	50～300	
四	球阀						
1	软密封 球阀	碳钢	≤150	水、蒸汽、油品	1.6、2.5、4.0	15～200	
		碳钢	≤180	水、蒸汽、油品	1.6、2.5、4.0	15～200	
		碳钢	≤250	水、蒸汽、油品	1.6、2.5、4.0	15～200	
		铬镍钼钛钢	≤180	硝酸类	1.6、2.5、4.0	15～200	
		铬镍钛钢	≤180	硝酸类	6.4	15～150	
		铬镍钼钛钢	≤180	醋酸类	1.6、2.5	15～200	
		铬镍钼钛钢	≤180	醋酸类	4.0、6.4	15～150	
2	硬密封 球阀	碳钢	≤425	水、蒸汽、油品	1.6、2.5、4.0	150～200	
		碳钢	≤425	水、蒸汽、油品	6.4	15～150	
		优质碳钢	≤425	水、蒸汽、油品	10.0	50～300	
		铬镍钼钛钢	≤200	硝酸类	1.6、2.5、4.0	15～200	
		铬镍钛钢	≤200	硝酸类	6.4	15～150	
		铬镍钼钛钢	≤200	醋酸类	1.6、2.5、4.0	15～200	
		铬镍钼钛钢	≤200	醋酸类	6.4	15～150	
五	蝶阀						
1	软密封 蝶阀	碳钢	≤150	水、蒸汽、油品、煤气	1.0、1.6、2.5	50～150	手动操作 蜗轮手动 及电动
		碳钢	≤150	水、蒸汽、油品、煤气	1.6、2.5	50～1200	
		铬镍钛钢	≤200	硝酸等腐性介质	1.6、2.5	80～1000	
		铬镍钼钛钢	≤200	醋酸等腐性介质	1.6、2.5	80～1000	
2	金属密 封蝶阀	碳钢	≤425	水、蒸汽、油品	1.6、2.5	50～700	蜗轮手动
		铬镍钛钢	≤540	蒸汽、油品、空气等	1.6、2.5	300～1200	

表 4-24　常用阀体材料选用

材　　料			常 用 工 况		主要介质
类别	材料牌号	代号	PN/MPa	$t/℃$	
灰铸铁	HT200	Z	≤1.6	≤200	水、蒸汽、油类等
	HT250		氨≤2.5	氨≥-40	
可锻铸铁	KTH300-06 KTH330-08	K	≤2.5	≤300 氨≥-43	
球墨铸铁	QT400-18	Q	≤4	≤350	
高硅铸铁	NSTSi-1S	G	≤0.6	≤120	硝酸等腐蚀性介质
优质碳素钢	25	C	≤16	≤450	水、蒸汽、油类等
	25、35、40		≤32	≤200	氨、氮、氢气等
铬钼合金钢	15CrMo ZG20CrMo	I	$P_{54}10^①$	540	蒸汽等
	Cr5Mo ZGCr5Mo		≤16	≤550	油类
铬钼钒 合金钢	12Cr1MoV 15Cr1MoV ZG15Cr1MoV	V	$P_{57}14$	570	蒸汽等
镍、铬、钼、 钛耐酸钢	ZG0Cr18Ni12Mo2Ti ZG1Cr18Ni12Mo2Ti	R	≤20	≤200	尿素，醋酸等
铜合金	HSi80-3	T	≤1.6	≤2	水、蒸汽、气体等

表 4-25　常用密封面材料选用

材　　料		代号	常 用 工 况		适 用 阀 类
			PN/MPa	$t/℃$	
橡胶		X	≤0.1	≤60	截止阀、隔膜阀、蝶阀、止回阀
尼龙		N	≤32	≤80	球阀、截止阀等
聚四氟乙烯塑料		F	≤6.4	≤150	球阀、截止阀、旋塞阀、闸阀等
巴氏合金		B	≤2.5	-70~150	氨用截止阀
铜合金	HMn58-2	T	≤1.6	≤200	闸阀、截止阀、止回阀、旋塞阀等
不锈钢	20Cr13、30Cr13	H	≤3.2	≤450	中、高压阀门
硬质金	WC、TiC	Y	按阀体材料确定		高温阀、超高压阀
在本体 上加工	铸铁	W	≤1.6	≤100	气、油类用闸阀、截止阀等
	优质碳素钢		≤4	≤200	油类用阀门
	Cr18Ni12Mo2Ti		≤32	≤450	酸类等腐蚀性介质用阀门

5. 垫片

垫片借助螺栓的预紧载荷通过法兰进行压紧，发生弹塑性变形，填充法兰密封面与垫片间的微观几何间隙，增加介质的流动阻力，从而达到阻止或减少介质泄漏的目的。垫片的质量以及选用的合适度对密封副的密封效果影响很大。

（1）垫片的种类及适用范围。常用的垫片可以分为三大类，即非金属垫片、半金属垫片和金属垫片。

1）非金属垫片。

① 石棉橡胶垫片：通过向石棉中加入不同的添加剂压制而成。在美国，很多标准中都将石棉制品列为致癌物质而禁用，但在世界范围内，石棉仍以其弹性好、强度高、耐油性好、耐高温、易获得等优点得到广泛的应用。适用范围：$T \leq 260℃$，$PN \leq 2.0MPa$（SH/T 3401—2013）；$T \leq 400℃$，$PN \leq 4.0MPa$（GB/T 539—2008）；用于水、空气、氮气、酸、碱、油品等介质工况下。

② 聚四氟乙烯（PTFE）包覆垫片：适用范围：$T = 180 \sim 200℃$，$PN \leq 4.0MPa$；常用于低温或者要求干净的场合。

2）半金属垫片。半金属垫片有缠绕式垫片、包覆垫片和柔性石墨复合垫片三大类。

① 缠绕式垫片：缠绕式垫片是半金属垫片中最理想、也是应用最普遍的垫片。它压缩回弹性好、强度高，有利于适应压力和温度的变化，能在高温、低温、冲击、振动及交变荷载下保持良好的密封性能。缠绕钢带有 20、1Cr13、06Cr18Ni11Ti、06Cr17Ni12Mo2 等材料，非金属缠绕带有特制石棉、柔性石墨带和聚四氟乙烯带。

② 包覆垫片：密封性能不如缠绕式垫片，故压力管道中用得不多，它常用于换热器封头等大直径的法兰连接密封。

③ 柔性石墨复合垫片：由冲齿或冲孔金属芯板与膨胀石墨粒子复合而成。适用于凸面、凹凸面和榫槽面法兰。

3）金属垫片。金属垫片常用在高压力等级法兰上，以承受较高的密封比压。常用的金属垫片有平垫、八角形垫和椭圆形垫三种金属平垫片：常与凸台面、凹凸面、榫槽面法兰一起使用。一般情况下，金属垫片的材料应配合法兰材料选用，且要求垫片硬度比法兰密封面硬度低（不少于30HBW）。

（2）垫片选用的原则。选用垫片时，必须综合考虑法兰密封面形式、工作介质、操作条件和垫片本身性能等诸多因素，一般应遵循以下原则：

1）垫片的形式必须与法兰密封面形式相配。

2）垫片的材质。根据被密封介质、工作温度和工作压力确定垫片的材质。垫片与介质相接触，直接受到工作介质、温度和压力的影响，因而必须用能满足以下要求的材料制作：具有良好的弹性和复原性，较少应力松弛现象；有适当的柔软性，能与密封面很好地吻合，有较大的抗裂强度，压缩变形适当；有良好的物理性能，不因低温硬化脆变，不因高温软化塑流，也不会因与介质接触而产生膨胀和收缩；材料本身能耐工作介质的腐蚀，不污染工作介质和不腐蚀法兰密封面；有良好的加工性，制作容易且成本低廉，易于在市场上购买。

3）垫片的类型。高温、高压工况通常采用金属垫片；常压、低压、中温工况多采用非金属垫片；介于两者之间用半金属垫片。

4）垫片的厚度。当密封面加工良好、压力不太高时，宜选用薄垫片。在压力较高时，对应于螺栓的伸长，薄垫片的回弹太小，不能达到必要的复原量而易产生泄漏，因而压力较高时，应选用较厚的垫片。

5）垫片的宽度。垫片的宽度太窄则不能起密封作用，太宽则必须相应地增大预紧力。预紧力不够会影响密封效果，且垫片的宽度太宽必将增加生产成本。

6）材料品种的归并。在满足使用要求的前提下，应尽量归并材料品种，材料品种不必多样化。事实上各种垫片已有各自的系列尺寸和材质，只需根据工作介质和操作条件正确使用与法兰密封面相匹配的垫片。

（3）法兰、垫片、紧固件选配表。《钢制管法兰、垫片、紧固件选配规定（PN 系列）》（HG/T 20614—2009）给出了法兰、垫片、紧固件选配表（PN 系列）；《钢制管法兰、垫片、紧固件选配规定（CLASS 系列）》（HG/T 20635—2009）给出了法兰、垫片、紧固件选配表（CLASS 系列）。这些选配表把可以选配的垫片形式、使用压力、密封面形式、密封面表面粗糙度、法兰形式、垫片最高使用温度、紧固件形式、紧固件性能等级或材料牌号均列了出来。

6. 压力管道其他元件

（1）波纹管膨胀节。波纹管膨胀节常用于大直径高温管道上，用来吸收管道热胀而产生的长度伸长。在石化生产装置中，有一些高温大直径管道很难用自然补偿方法来吸收其热胀位移，或者用自然补偿法不经济，或者即使能够吸收其热胀位移，但管系反力已超出相连设备的允许值，在这些情况下就应考虑用膨胀节。

常用的膨胀节基本上可以分为两大类，即非约束型和约束型。非约束型金属波纹管膨胀节的特点是管道的内压推力（俗称盲板力）由固定点或限位点承受，因此它不适于与敏感机械设备相连的管道。非约束型波纹管膨胀节主要用于吸收轴向位移和少量的角位移。常用的非约束型波纹管膨胀节一般为自由型波纹管膨胀节。约束型波纹管膨胀节的特点是管道的内压推力没有作用于固定点或限位点处，而是由约束波纹膨胀节用的金属部件（拉杆）承受。它主要用于吸收角位移和拉杆范围内的轴向位移。常用的约束波纹管膨胀节有单式铰链型、单式万向铰链型、复式拉杆型、复式铰链型、复式万向铰链型、弯管压力平衡型和直管压力平衡型等。

（2）过滤器。过滤器是用于滤去管道中的固体颗粒，以达到保护机械设备或其他管道设备目的的管道设备。过滤器的种类很多，一般情况下有临时性过滤器和永久性过滤器之分，从形状上分有 Y 形、直流式三通、侧流式三通、加长三通等形式。

一般情况下，当管道 $DN \leqslant 80\text{mm}$ 时，应选用 Y 形过滤器。当 $DN \geqslant 100\text{mm}$ 时，应根据管道布置情况选用直流式或侧流式三通过滤器。当需要较大的过滤面积时，可选用加长三通过滤器。常用的过滤器过滤等级为 30 目，当与之相连的机械对过滤器的滤网有更高的要求时，应根据要求选择相应的滤网目数。

（3）阻火器。阻火器常用在低压可燃气体管道上，而管道的末端为明火端或者有可能产生明火的设施。当管道的介质压力降低时，可能会因介质的倒流而将明火引向介质源头而引起着火或爆炸。在这些管道的靠终端处安装阻火器，能防止或阻止火焰随介质的倒流而窜入介质的源头。管道必须通过消防部门的认证。如图 4-20 所示的管道网型阻火器专用于加热炉的燃料气管道上，以防止因回火。当喷嘴回火时，阻火器内金属网由于器壁效应转化为热能使火焰熄灭。

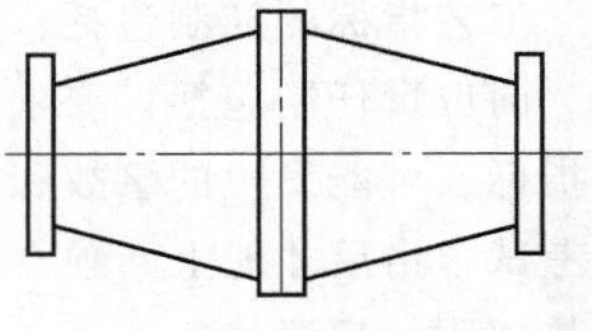

图 4-20　管道阻火器

（4）消声器。消声器通常用于介质放空管的终端，以消除可能因高压高速介质的放空而产生的噪声。通常包括蒸汽排气消声器、气体排空消声器、油浴式消声过滤器、电动机消声器等，如图 4-21 所示。

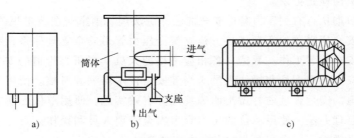

图 4-21　消声器

a）蒸汽排气消声器　b）油浴式消声过滤器　c）封闭式电机消声器

（5）视镜。视镜通常用于冷却水管道和润滑油管道等，通过其透明的视窗可以观察到管道内循环冷却水或润滑油的流动情况，如图4-22所示。

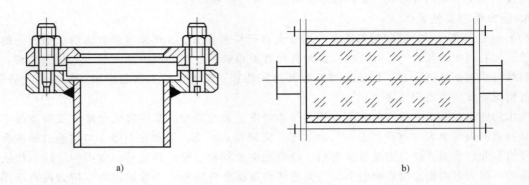

a) b)

图4-22　视镜

a）带颈视镜　b）玻璃视镜

4.3　压力管道安全管理

4.3.1　压力管道的正确使用

压力管道的可靠性首先取决于其设计、制造和安装的质量。由于介质和环境的侵害、操作不当、维护不力，往往会引起在用压力管道材料性能的恶化、失效而降低使用性能和减少使用周期，甚至发生事故。压力管道的安全可靠性与正确使用的关系极大，只有强化控制工艺操作指标和工艺纪律，坚持岗位责任制，认真执行巡回检查，才能保证压力管道的使用安全。

工艺指标的控制包括：操作压力和温度的控制、交变载荷的控制和腐蚀性介质含量的控制。

岗位责任制包括：要求操作人员熟悉本岗位压力管道的技术特性、系统结构、工艺流程、工艺指标、可能发生的事故和应采取的措施；操作人员必须经过安全技术和岗位操作法的学习培训，经考试合格后才能上岗独立进行操作；在运行过程中，操作人员应严格控制工艺指标，正确操作，严禁超压、超温运行。

巡回检查包括：使用单位应根据本单位工艺流程和各装置单元分布情况划分区域，明确职责，制定严格的压力管道巡回检查制度。制度要明确检查人员、检查时间、检查部位、应检查的项目，操作人员和维修人员均要按照各自的责任和要求定期按巡回检查路线完成每个部位、每个项目的检查工作，并做好巡回检查记录。

使用单位应当贯彻执行有关压力管道安全的法律、法规、国家安全技术规范和国家现行标准；配备满足压力管道安全所需要的资源条件，建立健全压力管道安全管理体系，在管理层设有一名人员负责压力管道安全管理工作。派遣具备相应资格的人员从事压力管道的安全管理、操作和维修工作。压力管道安全管理人员和操作人员应当经安全技术培训和考核。使用单位应建立安全管理制度，对压力管道的安全管理内容做出明确规定并有效实施。使用单位已建立压力管道技术档案和压力管道标识管理办法。使用单位的压力管道安全管理人员和操作人员能够严格遵守有关安全法律、法规、技术规程、标准和企业的安全生产制度。

长输管道和公用管道使用单位必须制定公共安全教育计划并组织实施，以使用户、居民和从事相关作业的人员了解压力管道的安全知识，提高公共安全意识。输送可燃、易爆或者有毒介质压力管道的使用单位应建立事故预防方案（包括应急措施和救援方案）及巡线检查制度，根据需要组建抢险队伍，并且定期演练。

承担新建、扩建、改建压力管道任务的设计单位、元件制造单位和安装单位应当具备相应的资格。新建、扩建、改建的压力管道应当对安装安全质量进行监督检验，压力管道的安全状况等级应当达到 1 级或者 2 级的要求。在用压力管道应当进行定期检验，并且安全状况等级达到 1 级、2 级或者 3 级。对安全状况等级未达到 3 级的在用压力管道，应进行安全评定或者风险评估。在用压力管道需要进行一般修理、改造时，其修理、改造方案由使用单位技术负责人批准；在用压力管道需要进行重大修理、改造时，向负责使用登记部门的安全监察机构申报，并由经核准的监检机构进行监督检验；使用有安全标记的压力管道元件；定期进行检验。

4.3.2　压力管道的维护保养

维护保养的主要内容就是日常的维护保养措施。

（1）要经常检查压力管道的防腐措施，保证其完好无损，要避免对管道表面的碰撞，保持管道表面的光洁，从而减少各种电离、化学腐蚀。

（2）阀门的操作机构要经常除锈上油，并配置保护塑料套管，定期进行活动，保证其开关灵活。

（3）安全阀、压力表要经常擦拭，确保其灵活、准确，并按时进行检查和校验。

（4）要定期检查紧固螺栓完好状况，做到齐全、不锈蚀、丝扣完整，连接可靠。

（5）压力管道因外界因素产生较大振动时，应采取隔断振源、加强支撑等减振措施。发现摩擦等情况应及时采取措施。

（6）静电跨接、接地装置要保持良好的完整性，及时消除缺陷，防止故障的发生。

（7）停用的压力管道应排除内部的腐蚀性介质，并进行置换、清洗和干燥，必要时做惰性气体保护，外表面应涂刷防腐油漆，防止环境因素腐蚀。对有保温层的管道要注意保温层下的防腐和支座处的防腐。

（8）禁止将管道及支架作为电焊的零线和起重工具的锚点、撬抬重物的支撑点。

（9）及时消除"跑、冒、滴、漏"现象。

（10）管道的底部和弯曲处是系统的薄弱环节，这些地方最易发生腐蚀和磨损，因此必须经常对这些部位进行检查，以便在发生损坏之前，采取修理和更换措施。

4.4　压力管道的安全装置及附件

在生产中，要避免管道内介质的压力超过允许的操作压力而造成灾害性事故的发生。在设计中，一般是利用泄压装置来及时排放管道内的介质，使管道内介质的压力迅速下降。管道中采用的安全装置及附件主要有安全阀、爆破片、视镜、阻火器，或在管道上加装安全水封和安全放空管。

4.4.1　安全阀

安全阀用在压力管道上，作为超压保护装置。当管道压力高过允许值时，阀门开启全量排放，以防止管道压力继续升高，当压力降低到规定值时，阀门及时关闭，保护设备和管路的安全运行。

压力管道中常用的安全阀有弹簧式安全阀和隔离式安全阀。弹簧式安全阀可分为封闭式弹簧安全阀、非封闭式弹簧安全阀、带扳手的弹簧式安全阀；隔离式安全阀就是在安全阀入口串联爆破片装置。在采用隔离式安全阀时，对爆破片有一定的要求，首先要求爆破过程不得产生任何碎片，以免损伤安全阀，或影响安全阀开启或起跳与回座的性能；其次要求爆破片抗疲劳和承受背压的能力强等。

4.4.2 爆破片

当压力管道中的介质压力大于爆破片的设计承受压力时，爆破片破裂，介质释放出管道，压力迅速下降，起到保护主体设备和压力管道的作用。

爆破片的规格很多，有反拱带槽型、反拱带刀型、反拱脱落型、正拱开缝型、普通正拱型。应根据操作要求允许的介质的压力、介质的相态、管径的大小等来选择合适的爆破片。有的爆破片最好和安全阀串联，如反拱带刀型爆破片；有的爆破片不能和安全阀串联，如普通正拱型爆破片。从爆破片的发展趋势看，带槽型爆破片的性能在各方面均优于其他形式。尤其是反拱带槽型爆破片，具有抗疲劳能力强，耐背压、允许工作压力高和动作响应时间短等优点。

4.4.3 视镜

视镜多用在排液或受槽前的回流、冷却水等液体管路上，以观察液体流动情况。

1. 视镜的种类

常用的视镜有：钢制视镜、不锈钢视镜、铝制视镜、硬聚氯乙烯视镜、耐酸酚醛塑料视镜、玻璃管视镜等。

2. 视镜的选用

应根据输送介质的化学性质、物理状态及工艺对视镜功能的要求来选用视镜。视镜的材料基本上和管子材料相同。如碳钢管采用钢制视镜，不锈钢管子采用不锈钢视镜，硬聚氯乙烯管子采用硬聚氯乙烯视镜，需要变径的可采用异径视镜，需要多面窥视的可采用双面视镜，需要视镜代替三通功能的可选用三通视镜。管道视镜的操作压力 ≤ 0.25MPa。钢制的视镜，操作压力 ≤0.6MPa。

4.4.4 阻火器

阻火器是一种防止火焰蔓延的安全装置，通常安装在易燃易爆气体管路上，其作用是当某一段管道发生事故时，不致影响另一段的管道和设备。某些易燃易爆的气体（如乙炔气）的充灌瓶与压缩机之间的管道上，要求设三个阻火器。

1. 阻火器的种类

阻火器的种类较多，主要有：碳素钢壳体镀锌铁丝网阻火器、不锈钢壳体不锈钢丝网阻火器、钢制砾石阻火器、碳钢壳体铜丝网阻火器、波形散热片式阻火器、铸铝壳体铜丝网阻火器等。

2. 阻火器的选用

（1）阻火器的壳体要能承受介质的压力和允许的温度，还要能耐介质的腐蚀。

（2）填料要有一定强度，且不能和介质起化学反应。

（3）主要是根据介质的化学性质、温度、压力来选用合适的阻火器。

一般介质，使用压力 ≤1.0MPa，温度<80℃时均采用碳钢镀锌铁丝网阻火器。特殊的介质如乙炔气管道，特别是压力>0.15MPa的高压乙炔气管道上，采用特殊的阻火器。

4.4.5 其他安全装置

压力管道的安全装置除了爆破片和安全阀之外，还有压力表、安全水封及安全放空管等。压力表的作用主要是显示压力管道内的压力大小。安全水封既能起到安全泄压的作用，又能在发生火灾事故时阻止火势蔓延。放空管主要起到安全泄压的作用。

4.5　压力管道安全技术

4.5.1　压力管道安全设计概述

1. 一般要求

管道设计要与装置全部设计统一考虑，必须符合管道仪表流程图，要有适当的支撑，保证足够的强度，对工作温度较高的管道要进行柔性分析，有激振源的管道要做动力分析，使管道既有足够的强度，又能吸收热膨胀位移，还有良好的抗振性。在经常出现飓风或地震分区级别高的地区，还要考虑抵御风载和地震载荷的能力。

管道的敷设主要有架空和埋地两种类型，在选择敷设类型时可根据具体情况确定。化工和石油化工企业的工业管道大都采用架空敷设，便于施工、操作、检查、维修，也较为经济。大中型装置的架空管道都用管廊、管架和管墩成排敷设，对于分散的管道可用支吊架。长输管道一般采用埋地敷设，它利用了地下空间。缺点是检查和维修困难，尤其是需排液的管道，困难更大。工业管道采用地下敷设的较少，即便采用地下敷设也大都用管沟，而不是直接敷设在地下。

2. 防火安全设计

将管道敷设在管廊中时，为充分利用空间，一般机泵就置于管廊下，管廊的上面放置引风机，管廊的两侧是主体设备。管廊与它们要保持一定的距离，这个距离要满足有关防火的规范标准。涉及的问题是：装置中的物质火灾危险性如何？防火要求如何？与其他设备的防火间距应多大？材料的耐火等级与耐火保护如何？这些问题在《石油化工企业设计防火规范》（GB 50160—2008）中都有详细而明确的规定。

据统计，石油化工企业装置发生火灾并持续燃烧的时间多数在 1h 左右，所以必须加耐火保护层。标准规定耐火层的耐火极限不应低于 1.5h。

3. 防爆安全设计

一般情况下发生爆炸必须具备三个条件：①存在可燃气体、易燃液体的蒸气或薄雾；②上述物质与空气混合，其浓度达到爆炸极限；③存在足以点燃爆炸性混合物的火花或高温。

只要设法使这三个条件不同时出现，就可以防止爆炸事故。可通过防止设备和管道泄漏、用惰性气体将易燃物质与空气隔离、联锁保护等措施来达到目的。

在总体设计中，还要设法限制和缩小危险区的范围。将不同等级的爆炸危险区与非爆炸危险区隔开；采用露天布置和加强室内通风使爆炸危险物质浓度低于爆炸极限，用可燃物质报警装置监测爆炸危险物浓度。

4. 其他安全设计

（1）输送易燃易爆介质的埋地管道需要穿越电缆沟，且管道温度又较高时，必须采取隔热措施，以使外表面温度低于 60℃。

（2）经过道路的管道必须有一定的架空高度，只有人员通行的净高不小于 2.2m，通行大型车辆的净高要留 4.5m，跨越铁路的净高则不小于 5.5m，以免在车辆通行时撞到管道，也有利于出现意外事故时车辆的出入。

（3）法兰的位置避免处于人行通道和机泵上方。输送腐蚀性介质管道上的法兰要设安全防护罩。

（4）便于检修、运行操作。一般将泵布置在管廊的下面，这样可以有效利用空间，而且可缩短泵与管廊的距离，节省管材。为便于泵的安装、操作、检修，至少要有 3.5m 的净空高度，在管廊下布置设备时还要增加管廊下的净空高度。管廊在道路上空穿越时，净空高度应符合如下标准：穿越装置内检修道时，净空高度不低于 4.5m；穿越主干道和铁路时，净空高度不低于 5.5m；穿越管廊下的检修通道时，净空高度不低于 3m。

（5）管道在常温条件下安装，在高温运行时，管道的金属材料受热膨胀。对于工作温度较高的管道，安装与工作时较大的温度差可能在管道的某些位置产生很大的应力。管道温度波动产生的交变应力，将导致裂纹扩展，造成安全事故。因此，生产中的一些管线应用柔性分析方法使其安全性得到改善。

（6）管道振动在工业管道中是一种常见现象，严重的振动加速裂纹扩展，威胁运行安全。一般常用如下方法来消除振动：在管壁外加装刚性环紧箍，以改善原来管壁的圆度；加装刚性环，使钢管的原来自然振动频率改变，从而使钢管与管内水流的压力波频率错开，不形成共振，从而消除振动。

4.5.2　管道的材料选用

材料选择合理也是管道安全的重要因素，在材料选用时需要注意以下几个方面。

（1）首先，应根据操作条件来判断压力管道类型，不同类别的压力管道的重要性不同，发生事故后因其带来的危害程度不同，故对材料的要求也不同。其次，应考虑操作条件对材料的选择要求，腐蚀程度、介质温度都是选择材料的重要参数。

（2）对介质的成分进行细致的研究。由于有些含量极少的成分随时间而累积，由本来没有明显损害而逐渐变得能威胁管道的正常运行。有时候生产过程出现不稳定而使某些有害物质含量超标，使管道受到意外损伤。所以，需要对介质的成分进行研究分析。

（3）在使用之前，需要认真检查管件和管道附件的材料。

4.5.3　管道的施工安装

管道施工安装一般都采取现场安装，环境和工作条件比较差，管道施工的地方几乎没有房屋，气温、湿度都无法控制，有的高架管线必须在高空作业，管子的位置既不能随意移动，也不能旋转，给安装作业带来很大的困难。实践证明，必须十分注意管道的施工质量，以确保管道安全运行。按设计图安装施工是最基本的要求，必须严格执行。对安装结束的管道一定要进行严格的质量检验，合格后才能投入使用。

4.5.4　管道的运行维护

1. 运行前的检查

（1）竣工文件检查。竣工文件是指装置（单元）设计、采购及施工完成之后的最终设计图文件资料，它主要包括设计竣工文件、采购竣工文件和施工竣工文件三部分。

1）设计竣工文件。设计竣工文件的检查主要是查设计文件是否齐全、设计方案是否满足生产要求、设计内容是否有足够而且切实可行的安全保护措施等内容。在确认这些方面满足开车要求时，才可以开车，否则应进行整改。

2）采购竣工文件。检查采购竣工文件主要是检查采购竣工文件是否齐全、是否与设计文件相符等，并核对采购变更文件。

① 采购文件中应有相应的采购技术文件。

② 采购文件应与设计文件相符。

③ 采购变更文件应得到设计人员的确认。

④ 产品随机资料应齐全，并应进行妥善保存。

3）施工竣工文件。需要检查的施工竣工文件主要包括下列文件：

① 重点管道的安装记录。

② 管道的焊接记录。

③ 焊缝的无损探伤及硬度检验记录。

④ 管道系统的强度和严密性试验记录。

⑤ 管道系统的吹扫记录。

⑥ 管道隔热施工记录。

⑦ 管道防腐施工记录。

⑧ 安全阀调整试验记录及重点阀门的检验记录。

⑨ 设计及采购变更记录。

⑩ 其他施工文件。

⑪ 竣工图。

检查的内容主要是查看它是否符合设计文件要求，是否符合相应标准的要求。

（2）现场检查。现场检查可以分为设计与施工漏项、未完工程、施工质量三方面的检查。

1）设计与施工漏项。设计与施工漏项可能发生在各个方面，出现频率较高的问题有以下几个方面：

① 阀门、跨线、高点排气及低点排液等项目遗漏。

② 操作及测量指示点太高以致无法操作或观察，尤其是仪表现场指示元件的指示点。

③ 缺少梯子或梯子设置较少，巡回检查不方便。支吊架偏少，以致管道挠度超出标准要求，或管道不稳定。

④ 管道或构筑物的梁、柱等影响操作通道。

⑤ 设备、机泵、特殊仪表元件（如热电偶、仪表箱、流量计等）、阀门等缺少必要的操作检修场地，或空间太小，使操作检修不方便。

2）未完工程。未完工程的检查适用于中间检查或分期分批投入开车的装置检查。对于本次开车所涉及的工程，必须确认其已完成并不影响正常开车。对于分期分批投入开车的装置，未列入本次开车的部分，应进行隔离，并确认它们之间互不影响。

3）施工质量。施工质量问题可能发生在各个方面，因此应全面检查。可着重从以下几个方面进行检查：

① 管道及其元件。

② 支吊架。

③ 焊接。

④ 隔热防腐。

（3）建档和标识及数据采集。

1）建档。压力管道的档案中至少应包括下列内容：管线号、起止点、介质（包括各种腐蚀性介质及其浓度或分压）、操作温度、操作压力、设计温度、设计压力、主要管道直径、管道材料、管道等级（包括公称压力和壁厚等级）、管道类别、隔热要求、热处理要求、管道等级号、受监管道投入运行日期、事项记录等。

2）标识与数据采集。管道的标识可分为常规标识和特殊标识两大类。特殊标识是针对各个压力管道的特点，有选择地对压力管道的一些薄弱点、危险点，或管道在热状态下可能发生失稳（如蠕变、疲劳等）的典型点、重点腐蚀检测点、重点无损探测点及其他作为重点检查的点等所做的标识。在选择上述典型点时，应优先选择压力管道的下列部位：弹簧支吊架点、位移较大点、腐蚀比较严重的点、需要进行挂片腐蚀试验的点、振动管道的典型点、高压法兰接头、重设备基础标高、其他认为有必要标识记录的点。

对于压力管道使用者来说，作为安全管理的手段之一，就是对于这些影响压力管道安全的地方，设置监测点并予以标识，在运行中加强观测。确定监测点之后，应登记造册，并采集初始（开工前的）数据。

2. 运行中的检查和监测

运行中的检查和监测包括运行初期检查、巡线检查及在线监测、末期检查及寿命评估三部分。

（1）运行初期检查。当管道初期升温和升压后，设计、制造、施工中潜在的问题都会暴露出来。此时，操作人员应会同设计、施工等技术人员，对运行的管道进行全面系统的检查，以便及时发现并解决问题。在对管道进行全面系统的检查过程中，应着重从管道的位移情况、振动情况、支承情况、阀门及法兰的严密性等方面进行检查。

（2）巡线检查及在线监测。在装置运行过程中，由于操作波动等其他因素的影响，或压力管道及其附件在使用一段时期后，因遭受腐蚀、磨损、疲劳、蠕变等损伤，有可能发生压力管道的破坏，故应对在役压力管道进行定期或不定期的巡检，及时发现可能产生事故的苗头，并采取措施，以免造成较大的危害。

对压力管道进行巡线检查，全面进行检查。除此之外，还可着重从管道的位移、振动、支撑情况、阀门及法兰的严密性等方面进行检查。

除了进行巡线检查外，对于重要管道或管道的重点部位还可利用现代监测技术进行在线监测，即可利用工业电视系统、声发射检漏技术、红外线成像技术等对在线管道的运行状态、裂纹扩展动态、泄漏情况等进行不间断的监测，并判断管道的安定性和可靠性，从而保证压力管道的安全运行。

（3）末期检查及寿命评估。压力管道经过长时期运行，因遭受到介质腐蚀、磨损、疲劳、老化、蠕变等的损伤，一些管道已处于不稳定状态或临近寿命终点，因此更应加强在线监测，并制定好应急措施和救援方案，做好抢险救灾的准备工作。

在做好在线监测和抢险救灾准备的同时，还应加强在役压力管道的寿命评估，从而变被动安全管理为主动安全管理。

压力管道寿命的评估应根据压力管道的损伤情况和检测数据进行，总的来说，主要是针对管道材料已发生的蠕变、疲劳、相变、均匀腐蚀和裂纹等几方面进行评估。

4.6 压力管道检测

4.6.1 压力管道检测检验的目的

随着我国工业的发展，有毒、有害、易燃、易爆的液体、气体的应用日益增多，并多用管道输送到用户。管道敷设有埋设地下及架空形式。因地形复杂，线路长，管道及发生泄漏，不仅浪费能源，且往往造成灾害性事故，尤其是城市煤气输送管道埋设于人群生活区内，一旦泄漏危害性大，因而开展压力管道的安全监督检验工作至关重要。

压力管道检验除了检查设计、制造、安装时可能遗留下来的缺陷外，更重要的是检查管道在运行中产生的缺陷。使用中产生的缺陷包括腐蚀、裂纹、应力腐蚀开裂、腐蚀疲劳、各种损伤及材料的时效老化。

压力管道检验是为了及时发现并消除隐患，是防止发生压力管道事故的有效措施，合理选用检验手段是保证检测的准确性，尽量避免"漏检""错检"，确保管道安全经济运行的关键。检验手段要根据预知与预测所产生缺陷的特点和管道的实际情况来选用。

4.6.2　压力管道检测检验的内容

1. 压力管道安装质量检验的内容

（1）技术资料。包括：①管道安装单位须到各地锅炉压力容器和特种设备安全监察处办理安装许可审批手续，获得批准后才能进行管道安装；②对设计单位的资料和设计的技术文件进行审查。

（2）技术准备。重点是设计图会审和技术交底、安装单位的施工方案讨论及工艺文件的审查，为以后的监检工作提供方便。

（3）材料。必须审查材料、焊接材料、管件和阀门的原始质量证明书、合格证等。

（4）管道的加工和组装。监督检查人员应抽查坡口的加工质量、焊缝布置、对口错边量以及定位焊的质量。

（5）管道的焊接。监督检查人员在监督检查过程中应重点审查焊接工艺评定报告、焊工资格、焊接工艺和焊接工艺纪律的执行，焊后对口错边量及表面质量。

（6）热处理。重点审查热处理工艺、曲线和报告。

（7）无损检测。重点审查人员资格、探伤工艺和探伤底片，抽查的底片数量应大于30%。

（8）管道下沟回填。重点检查管道的防腐层制作、下沟回填前的防腐层质量，以及管道的埋藏深度。

（9）保护工程。管道的阴极保护是防止管道腐蚀的重要措施，要对保护工程的质量和资料进行审查并予以确认。

（10）耐压试验。强度试验前对资料进行审查，符合要求后方可同意试压。

（11）严密性试验。试验监检人员应在场，确认结果有效。

（12）竣工验收。监检人员应审查，管道的交工和存档的技术文件，提出整改意见，以确保管道的安装符合设计图、规范和标准的要求。

2. 压力管道的定期检验

输送易燃、易爆、高温、高压介质的压力管道工作的可靠性，不但影响整个工作系统的正常运转，也关系到生产的安全，所以压力管道使用过程中必须严格执行定期检验制度，应及时解决检查中发现的问题，确保安全。

对管道进行定期检验首先要商定检验日期，指定检测部位；查阅原始资料，了解管道的结构、规格材质、壁厚以及安装质量和历次检修、检验质量状况，审查有关运行记录，详细了解使用过程中的突变情况，最后制定切实可行的检验方案。

4.6.3　压力管道检测检验技术

压力管道常见的检测方法有：宏观检查、壁厚测定、表面无损检测、内部无损检测、理化检验和压力试验。

1. 宏观检查

宏观检查用来确定管道表面、绝热层、涂层、覆盖层以及相关金属构件的情况，并核查管道偏离、振动和泄漏的迹象，它包括直观检查和量具检查。

（1）直观检查主要凭借鉴定检验人员的视觉、听觉和触觉，对管道内、外表面进行检查，以判断其是否存在缺陷。检验要点如下。

1）进行内部外观检查时，为便于观察，最好采用手电筒贴着管道表面平行照射，使管道表面的微浅坑、鼓包、变形的凹凸不平现象清楚地显示出来，即使表面裂纹这种不易被发现的缺陷也能显示出黑色的线痕。

2）当检查的部位比较狭窄，无法直接观察时，可利用反光镜或内窥镜伸入管道内进行检查。

3）当怀疑管道表面有裂纹时，可用砂布将被检部位打磨干净，然后用浓度为10%的硝酸酒精溶液将其浸湿，擦净后用5~10倍放大镜进行观察。

4）对于具有可拆卸法兰而无法进到管道内用肉眼检查的小口径管道，可将手从法兰口伸入，触摸管道的内表面，检查内壁是否光滑，有无凹坑、鼓包。

5）当发现管道支承部位有腐蚀产物集结时，应抬起支架进行检验。如果在运行状态下，应小心操作。可用钢丝刷刷、刮刀刮、锤敲等方法补充对支架的检验。

6）检验是否存在吊架断裂或损坏、弹簧支承失效、支承底板在支承元件上位移或者其他非正常情况；检验垂直支架的支脚，确保脚内没有充水，避免管道外腐蚀和支架内腐蚀；检验水平支架的支脚，确保水平方向上的轻微位移不会向管道组成件的外表面引入潮气。

7）检验波纹管膨胀节有无超出设计的异常变形、偏心或位移。

8）注意检验不适于长期运行的管道组成件以及错误安装概率大的管道组成件。

9）锤击检验可以确定管道壁和附件的减薄处，检查铆钉、螺栓支承及类似部件的牢固程度，检查绝热层的结合程度，局部检验时用来清除聚集的氧化皮。检验用的锤子重量为0.5~1.5kg，根据声音、击打的感觉、击打时锤痕的不同来确定有无缺陷。带压情况下不推荐锤击检验，另外，锤击敲下的氧化皮或碎片能引起堵塞。

（2）量具检查是采用简单的工具和量具对直观检查所发现的缺陷进行测量，以确定其严重程度。量具检查是直观检查的补充手段，如测量管道及其组成件的结构尺寸、变形程度、偏心度、位移量，以及腐蚀、咬边、磨损、鼓包的深度（高度）、裂纹长度等。

2. 壁厚测定

壁厚测定对了解介质对管道的腐蚀情况，估算管道系统的剩余寿命极其重要。在选择和调整测厚点的数量和位置时，应考虑工艺装置可能或曾经受到的腐蚀形式。理论上，均匀腐蚀的管段有一个测厚点即可。实际上，腐蚀永远不可能均匀，因此就需要更多的测厚点。测厚点的位置应根据管内介质的物理状况及流向，选在易受冲刷的部位或可能积液的部位。测定点数要能满足受检设备检验判断的需要，如在测定时发现管道壁厚有异常时，应在异常点附近增加测点，确定异常区域大小，必要时采用其他检测手段辅助检测。宏观检查和壁厚测定是压力管道检验最常用的方法，是进一步选用其他检验手段的基础。

3. 表面无损检测

表面无损检测是检测宏观检查中不易发现或漏检的表面缺陷和近表面缺陷的重要手段，是宏观检查的补充，通常采用磁粉检测（MT）和渗透检测（PT），其中MT在确定管道是否处于令人满意的状态时十分有用，它不仅能有效检出表面缺陷，还能发现近表面缺陷。PT可视为MT的替代方法。

在下列情况下，应进行表面无损检测抽查：

1）宏观检查中发现裂纹或有可疑情况的部位。

2）内表面焊缝有裂纹部位的相应外表面焊缝部位。

3）低温管道焊缝有咬边部位及其他磨损部位。

4）需要补焊的部位。

5）奥氏体不锈钢管道绝热层破损或可能渗入雨水的部位，应进行 PT 检测。

6）处于应力腐蚀环境中的管道。

7）有疲劳破坏倾向的管道的焊接接头和容易造成应力集中的部位。

4. 内部无损检测

内部无损检测用来检测工件（焊缝）埋藏缺陷，如裂纹、气孔、夹渣、未焊透、未熔合等。通常采用射线检测（RT）和超声波检测（UT）。有下列情况之一者，要进行 RT 或 UT 检查，必要时还应互检。

1）制造、安装中返修过的焊接接头和安装时固定口的焊接接头。

2）表面检测发现裂纹的焊接接头。

3）错边量和咬边严重超标的焊接接头。

4）泵、压缩机进出口第一道焊接接头或相近的焊接接头。

5）使用中发生泄漏的部位及附近的焊接接头。

6）需进行安全评定的管道部位。

7）支吊架损坏部位附近的管道焊接接头。

8）异种钢焊接接头。

9）硬度异常的焊接接头。

10）用户和检验员认为有必要检查的部位。

5. 理化检验

在使用中需要确定材质以及具有产生材料劣化条件或迹象的管道，需结合具体情况分析，必要时可采用化学成分分析、光谱分析、硬度测定和金相检验等理化检验手段进一步检验。

（1）化学成分分析的选用。

1）材质不明时确定材质。

2）确定材质是否发生变化，如脱碳等。

3）使用寿命接近或超过设计寿命的管道。

4）检验后需补焊或焊补修理，验证其材质，以便选择焊接材料和确定焊接工艺。

取样一般采用刮削法。取样部位视情况而定，若要确定或验证材质，则在管道外表面取；若要确定材质是否发生变化，则在管道内表面取。取样时应注意对取样表面的处理，彻底清洗，以防残留介质影响元素分析的准确性。

（2）光谱分析的选用。

在不需要详细确定材料的化学成分，而仅需确定是否为碳素钢、低合金钢或是不锈钢时，可用光谱分析对原材料进行定性鉴别，便于强度检验。

（3）硬度测定和金相检验的选用。

1）工作温度>370℃的碳素钢和铁素体不锈钢管道，选用硬度测定和金相检验。

2）工作温度>450℃的钼钢和铬钢管道，选用硬度测定和金相检验。

3）工作温度>430℃的低合金钢和奥氏体不锈钢管道，选用硬度测定和金相检验。

4）工作温度>220℃的输送临氢介质的碳钢和低合金钢管道，选用硬度测定和金相检验。

5）工作介质含湿 H_2S 或介质可能引起应力腐蚀的碳钢和低合金钢管道，选用硬度检验。

金相检验应在高温、腐蚀严重区、应力集中区多点检验，其他部位有代表性地选点检验。

6. 压力试验

（1）经全面检验的管道一般应进行压力试验，试验前应经强度校核合格。

（2）有下列情况之一时，应进行压力试验：a. 焊接改造的；b. 使用条件变更的；c. 停用两年以上重新投用的；d. 检验员指定的。

压力试验的温度水平、压力水平和评定标准应符合有关规定。

（3）对于不能进行压力试验的管道检验，除按规定进行必要的项目检验外，还应进行以下项目检验：a. 对所有焊接接头和角焊缝（包括附件上的焊接接头和角焊缝）进行 MT 或 PT 检测；b. 对焊接接头 100%RT 或 100%UT 检测；c. 进行泄漏性试验。

埋地管道的检验与其他管道不同，因为腐蚀土壤环境可以造成严重的外部腐蚀。由于难以接近管道的受影响区域，使管道的检验难以进行。其检验要点如下：

1）通过勘察埋地管道路径来识别泄漏区域，主要包括地面轮廓的变化，土壤颜色的改变，路面沥青的变软、形成小水坑、水坑里冒水泡和散发出显著的气味等。亦可采用管道智能漏磁检测装置（俗称"管道猪"）来确定管道的内、外部状况，其中能够测量壁厚的"管道猪"可以确定管道的外部状况。

2）对于有阴极保护但涂层不佳的管道，应每 5 年进行一次管道-土壤电位检测；对于没有阴极保护的管道或由于外部腐蚀导致泄漏的部位，应沿管道路径方向进行电位检测。应在腐蚀电流活跃的部位进行挖掘，以确定其腐蚀破坏程度。

应利用连续电位图或小间隔检测，定位腐蚀电流活跃部位。对管道-土壤的电位进行周期性的测量和分析，以检查阴极保护装置对埋地管道有足够的保护能力。

3）挖掘检查可以确定埋地管道的外部状况，开挖的位置是按风险评价的结果确定，对损伤风险高的管段进行开挖检测，不进行全线开挖。挖掘时，应小心挖掘管道四周的土壤，以避免破坏管道及其涂盖层，当接近管道时应人工挖掘。如果挖到一定的深度，应按照有关安全规定，在管沟两侧适当支撑，以防塌方。挖掘时，若发现涂盖层或包装材料损坏，应将其剥离，检查内部的金属状况；若发现管道腐蚀，应对其余管道进行挖掘检验，直到弄清损坏的程度，若平均壁厚小于或等于最小使用厚度时，则应对管道进行修理或更换。

在采用周期性挖掘方法对认为最易腐蚀的部位进行检验时，检验长度应为 2.0～2.5m，并对所挖掘的全长进行腐蚀形式、腐蚀程度（点蚀或全面腐蚀）和涂盖层状况检验。对挖掘的管道应进行无损检测。

4）如果管道外部装有套管，应对套管进行检验，以确定水或土是否进入套管。套管两端应伸出地平线；如果套管自身不排水，则套管末端应是密封的；承压管道应有适当的涂盖层和包扎物。

5）当管道的阴极保护电位递减，或者涂盖层缺陷处发生的外部腐蚀泄漏时，应进行管道涂盖层损坏检测。可以通过 PCM 或 SL2098 等埋地管道外防腐层检测仪器进行检测，借此可以发现涂盖层的破损点和针孔、防腐欠佳等缺陷，同时还可得到管道走向、埋深等信息。

6）通过测量土壤电阻率来确定土壤的腐蚀性，并可根据土壤电阻率确定管道的检验周期。例如，对于没有有效阴极保护的埋地管道，土壤电阻率小于 $2000\Omega \cdot cm$；检验周期为 5 年，在 $2000\sim10000\Omega \cdot cm$ 之间的；检验周期为 10 年，大于 $10000\Omega \cdot cm$ 的，检验周期为 15 年。

7）定期进行密封试验。对于无阴极保护的管道，可以选择或补充密封试验（试验压力为最高工作压力的 1.1 倍）。密封试验持续 8h。若在稳压过程中，压力降低超过了 5%，应对管道进行内、外部检查，寻找泄漏并确定腐蚀程度。

4.7　压力管道常见事故与预防

4.7.1　压力管道事故类型及特点

压力管道事故按设备破坏程度分为爆炸事故、严重损坏事故和一般损坏事故。

爆炸事故是指压力管道在使用中或压力试验时，受压部件发生破坏，设备中介质蓄积的能量迅速释放，内压瞬间降至外界大气压力以及压力管道泄漏而引发的各类爆炸事故。

严重损坏事故是指由于受压部件、安全附件、安全保护装置损坏以及因泄漏而引起的火灾、人员中毒以及压力管道设备遭到破坏的事故。

一般损坏事故是指压力管道在使用中受压部件轻微损坏而不需要停止运行进行修理以及发生泄漏未引起其他次生灾害的事故。

由于压力管道具有使用广泛、敷设隐蔽、管道组成复杂、环境恶劣、距离长难于管理等特点，因此压力管道事故特点有以下几点。

（1）压力管道在运行中由于超压、过热，或腐蚀、磨损，而使受压元件难以承受，发生爆炸、撕裂等事故。

（2）当管道发生爆管时，管内压力瞬间突降，释放出大量的能量和冲击波，危及周围环境和人身安全，甚至能将建筑物摧毁。

（3）压力管道发生爆炸、撕裂等重大事故后，有毒物质的大量外溢会造成人畜中毒和火灾、爆炸等恶性事故。

4.7.2　压力管道事故原因分析

压力管道发生事故后，一般会造成严重的事故后果，一般说来，主要有如下几种。

（1）爆管事故。压力管道在其试压或运行过程中由于各种原因造成的穿孔、破裂致使系统被迫停止运行的事故被称为爆管事故。

（2）裂纹事故。压力管道在运行过程中由于各种原因产生不同程度的裂纹，从而影响系统的安全的事故，称为裂纹事故。裂纹是压力管道最危险的一种缺陷，是导致脆性破坏的主要原因，应该引起高度重视。裂纹的扩展很快，若不及时采取措施就会发生爆管。

（3）泄漏事故。压力管道由于各种原因造成的介质泄漏称为泄漏事故。由于管道内的介质不同，如果发生泄漏，轻则造成浪费能源和环境污染，重则造成燃烧爆炸事故，危及人民生命财产的安全。

4.7.3　压力管道事故应急措施

（1）发生重大事故时应启动应急预案，保护现场，并及时报告有关领导和监察机构。

（2）压力管道发生超压时要立即关闭进气阀；对于无毒非易燃介质，要打开排空管排气；对于有毒易燃易爆介质要打开放空管，将介质通过接管排至安全地点。

（3）压力管道本体泄漏时，要根据管道、介质的不同使用专用堵漏技术和堵漏工具进行堵漏。

（4）易燃易爆介质泄漏时，要对周边明火进行控制，切断电源，严禁一切用电设备运行，防止火灾、爆炸事故产生。

4.7.4　压力管道事故预防处理措施

由于压力管道安全监察与管理起步晚，压力管道事故总量仍在增加，根据统计和分析，压力管道事故的原因主要涉及以下五个方面：

（1）设计原因。主要是选材不当，应力分析失误（尤其是未能考虑管道热应力），管道振动加速裂纹等缺陷扩展导致失效，管道系统结构设计不符合法规标准和工艺要求，管道组成件和支承件选型不合理。

（2）制造（阀门等附件）原因。主要指管道组成件制造缺陷。其中阀门、管件（三通、弯头）、法兰、垫片等是事故的源头，管子厚薄不均，管材存在裂纹、夹渣、气孔等严重缺陷，密封性能差，都会引起泄漏爆炸。

（3）安装原因。主要包括安装单位质量体系失控，焊接质量低劣，违法违章施工，错用材料和未实施安装质量监检。

（4）管理不善。主要包括使用管理混乱，管理制度不全，违章操作，不按规定定期检验和检修。

（5）管道腐蚀。腐蚀是导致管道失效的主要形式。主要原因是选材不当，防腐措施不妥，定期检验不落实。

因此，压力管道事故涉及设计、制造、安装、使用、检验、修理和改造七个环节，要将压力管道事故控制到最低限度，确保压力管道经济、安全运行，必须对压力管道实行全过程管理：

（1）对压力管道设计、制造、安装、检验单位实施资格许可，这是保证压力管道质量的前提。资格许可是依据国家法律法规对设计、制造、安装、检验等单位实施的强制性措施，是对其质量体系运转情况、有关法规标准的执行情况、资源配置情况及其质量进行的综合评价，它不同于通常的自愿的体系认证工作，因此，是体系认证工作不能替代的。

（2）对压力管道元件依法实行型式试验。型式试验是检验其是否符合产品标准，是控制元件质量最直接的措施。事故分析表明，27.2%的压力管道事故是由元件质量低劣造成的，因此，使用和安装单位必须选用经国家安全注册并取得钢印的管道元件，从源头杜绝事故的发生。

（3）对新建、扩建、改建的压力管道安装质量实施法定监督检验。压力管道安装是最重要的环节，压力管道安装质量监督检验是对压力管道设计、制造系统的质量控制情况总的监督验证，它不仅对安装单位质量体系运转情况进行监督检查，而且还从设计、管道元件及管道材质、焊接工艺评定和焊接质量、无损检测、压力试验等各环节进行严格检验，是确保安装质量的主要手段。压力管道安装单位应到省（市）级锅炉压力容器安全监察机构办理开工审批手续。

（4）落实使用系统的安全监察和管理。使用单位应严格按照相关要求，落实压力管道安全专（兼）职人员和机构，落实安全管理制度包括巡线检查制度和各项操作规程，落实定期检验和检修计划，操作人员应经培训考核后持证上岗，压力管道逐步注册登记。对易产生腐蚀的管道，应正确选材、设计以及选用良好的防护涂层，特殊情况下选用耐腐蚀的非金属材料，埋地管线应同时采用阴极保护。

（5）严格依法执行在用压力管道定期检验制度。定期检验是及时发现和消除事故隐患、保证压力管道安全运行的主要措施。目前，工业管道定期检验起步较早，检验法规标准日趋完善，定检率不断提高。而公用管道和长输管道由于埋地、架空、穿越河流山川等，以及检验法规不全、检测手段落后的原因，定检率较低，埋下较多的事故隐患。因此，未来的在用压力管道检测应重点在埋地管道检测、在线检测、寿命预测、安全评估、远程监控和防护研究上取得进展，使压力管道检验更加科学、可靠。

（6）建立一套监察有序、管理科学的压力管道法规标准体系。尽快颁布实施在用压力管道检验等法规，使压力管道安全监察和管理逐步走上法制化、规范化的道路。

4.8 压力管道典型事故案例分析

4.8.1 西安市大庆西路蒸汽供热管道爆炸事故

1. 事故概况

2001 年 1 月 12 日 22 时 20 分，陕西省西安市西郊大庆西路与团结北路交汇处，西郊集中供热工程的蒸汽管道第 26 号检查井蒸汽管道中公称直径为 800mm 的等径三通发生了爆炸事故。爆炸致使急剧喷出的高压蒸汽将第 26 号检查井盖板（钢筋混凝土现浇）冲起，同时，爆炸冲击波又将南边约 40m 与其相通的第 27 号检查井的预制水泥盖板冲起（26 号与 27 号检查井之间用一直径约 2.2m 的混凝土管沟相连通），炸起的水泥块散落在方圆 45m 的范围内，部分道路损坏，公交电车滑触线断裂，并造成 3 人轻伤，4 辆汽车受损，西郊部分供热停止。直接经济损失达 10 余万元，同时造成较大的社会影响。

2. 事故原因分析

（1）这次爆炸事故的直接原因是陕西省石油化工建设公司西安分公司在焊制大口径三通工作中存在着严重问题。经查 26 号检查井内，公称直径 800mm 的供汽管道三通支管与干管连接处焊缝被撕开，形成宽度约 200mm 的裂口，供汽管下部弯管托架也将管道撕开，法兰螺栓有的未上螺帽，有的未被紧固。另外，施工工艺不当，焊工随意施焊，焊接坡口全部未熔合，焊缝未经无损检测等，也是主要原因。

（2）工程建设监理单位西安煤炭建设监理中心，对现场制作三通的焊接、安装、施工质量，现场监控不力，尤其是对管段焊口无损检测抽检不当，导致在该三通上有重大缺陷的焊缝漏检。

（3）设计单位机械工业第七设计研究院，在工程设计中采用了公称直径 800mm 的等径三通的方案，而在无标准图集可采用的情况下，未向建设单位提供非标准件（三通）的制作图样及相关技术文件。

（4）西安市建设工程质量安全监督站燃气热力分站，在质检工作中没有认真履行监督职责。

（5）西安西郊集中供热工程建设指挥部对工程的质量管理把关不严，在未经有关部门验收的情况下，擅自将该管段投入使用。

3. 预防同类事故的措施

（1）事故发生后陕西航空工业压力容器检测站对 26 号检查井的 2 号及 3 号焊口进行射线探伤，探伤报告显示，焊缝内有未焊透、未熔合、气孔等缺陷，不符合有关技术标准要求。因此，西郊集中供热工程建设指挥部应会同有关单位对已建成的管网进行全面质量检查，在确认质量可靠的情况下尽快恢复使用。

（2）从事故中认真吸取教训，增强质量意识，加强施工质量管理和职工的责任心教育，确保施工质量。

（3）市政府应尽快颁布压力管道安全管理办法，规范压力管道的安全管理工作。

（4）建议市政府将这次事故通报各有关单位，以提高各单位的安全质量意识，防止类似事故重复发生。

4.8.2 辽宁省大连市西岗区两起煤气管道泄漏中毒事故

1. 事故概况

2002 年 12 月 12 日 22 分左右，辽宁省大连市西岗区工人村发生煤气管道泄漏重大事故（见图

4-23、图 4-24），造成 40 人中毒。事故发生时，工人村工三街与工五巷交叉路口处的埋地 $DN100$ 低压煤气管道发生断裂，其断点与供热沟相距 1.2m。从断裂处泄漏的煤气通过土层沿供热管沟进入居民家中，造成居民煤气中毒，其中，中度中毒 3 人，轻度中毒 37 人。

图 4-23　压力管道泄漏事故现场

供热管沟　　管道断裂点　　废弃的排水井

图 4-24　泄漏事故管道

该煤气管道在工人村小区内沿工五巷南侧人行道铺设，横穿工三街。埋深 0.6m（至管顶），管道断裂点附近有废弃的排水井，井壁距管道 0.22m，管道在靠近井壁的一边完全被一堆废弃水泥凝固块包住，并与井壁连在一起，管道下边靠近井壁的半边被水泥凝固块支撑，另一边为软土。成为管道的偏斜支撑；距离断口东侧 2.73m 有一制水井，该煤气管道被砌筑在供热管沟的墙壁和制水井井壁之中。

2002 年 12 月 15 日 8 时 30 分左右，辽宁省大连市西岗区林茂一巷发生煤气管道泄漏重大事故，造成 7 人中毒死亡。12 月 15 日 6 时左右，大连市西岗区林茂一巷 3 号楼与林茂一巷 11 号楼之间马路下埋地铸铁煤气管道发生断裂，断裂处与小区暖气管沟相连，致使煤气沿暖气管沟进入 6~10 号楼的居民家中，造成人员中毒事故，致使 7 人死亡。该煤气管道为 $DN200$ 灰铸铁管，壁厚约 8mm，埋深 0.62m（至管顶），外加长 1.8m 的 $DN250$ 钢套管垂直穿越一沿路南侧敷设的采暖地沟，沟内顺地沟方向敷设两根 $DN100$ 采暖钢管，位于事故煤气管道上方，其中一根采暖管直接压在煤气套管上，在地沟北外侧煤气套管端部下有一根 $DN150$ 金属水管，与煤气套管垂直零距离交叉。煤气管道断裂点正好位于该水管上方，也正好是煤气套管端点处。三种管道呈十字交叉分布，上下紧贴，未见间隙。现场可见煤气管道断裂口长约 180mm，裂口最大宽度约 10mm。

2. 事故原因分析

（1）车载是造成管道断裂的主要载荷，裂纹达到极限状态管道就会断裂。车载产生的压力使管道产生疲劳裂纹。

（2）灰铸铁管内部存在各种缺陷，力学性能不合格，降低了管道抗外力的能力。

（3）气温骤变对管道产生温度应力，加速了管道的断裂。

（4）由于管道埋深过浅，致使管道受到较大冲击力和温度应力。

（5）后续施工不当，使管道多处形成刚性支撑，是加速管道发生断裂的原因。

煤气管道断裂引起泄漏中毒事故是综合原因共同作用所致，既有自然的因素（车载、气温骤降），又有相关单位在后续施工过程中，没有严格按照技术规范要求施工留下事故隐患的原因。

3. 预防同类事故的措施

（1）加强对新建、扩建、改建和重大修理改造地下设施的设计、施工、监理、验收等管理工作。加强对燃气工程设计、施工队伍的资质审查和管理，坚决杜绝无证或超资质等级的设计和施工，设计、施工必须严格执行国家技术规范和标准。

（2）制定老旧管道更新计划，注意优先更新敷设在各种道路和各种通道下的煤气管道，新设和更新的地下燃气管网一律采用钢管或国家规定的新型管材，确保地下燃气管网安全运行。

（3）城市规划、土地、城建等部门审批的建设项目不得占压燃气管线，对占压燃气设施的建筑，一律限期拆除；要严格落实燃气安全工作分级、分部门管理的体制。

（4）进行道路施工时，必须与燃气部门取得联系，共同确认道路下燃气设施的情况；在燃气管网先于道路施工的区域，燃气管道一定要与路面采取同一标高基准，以避免后续施工的道路标高的变化改变地下燃气管道的埋深。加强档案管理，所有地下设施及道路的设计施工资料应按规定存档保存，以便查阅。

（5）在燃气设施附近或与燃气设施交叉的地下沟槽、井室、洞涵、隧道等设施，必须采取防止燃气渗入的措施。如用水泥砂浆罩面或水泥勾缝，在适当位置安装排气筒，地下设施与室内连通处必须采取密封措施，安装燃气检测和自动报警装置等。

第5章

起重机械安全

5.1 起重机械概述

5.1.1 起重机械

起重机械，是指使重物垂直升降或者垂直升降与水平移动同时进行的机电设备，其范围规定为额定起重量≥0.5t的升降机，额定起重量≥1t，且提升高度≥2m的起重机，以及承重形式固定的电动倒链（俗称葫芦，下同）等。

起重机械是现代工业企业中实现生产过程机械化、自动化，减轻繁重体力劳动，提高劳动生产率的重要工具和设备。随着科学技术和生产的发展，起重机械不断地完善和发展。先进的电气和机械技术逐渐在起重机上应用，其趋向是增进自动化程度，提高工作效率和使用性能，使操作更加简便省力，更加安全可靠。

起重机械由驱动装置、工作机构、取物装置和金属结构组成。起重机作业是间歇性的周期作业，其工作循环是取物装置借助金属结构的支撑，通过多个工作机构把物料提升，并在一定空间范围内移动，按要求将物料安放到指定位置，空载回到原处，准备再次作业，从而完成一个物料搬运的工作循环。从安全角度来看，与一般机械在较小范围内的固定作业方式不同，特殊的功能和特殊的结构形式使起重机本身存在诸多危险因素。

5.1.2 起重机械的分类

起重机械大致可以分为四个基本类型。

（1）轻小型起重设备。包括：千斤顶（螺旋千斤顶、齿条千斤顶、液压千斤顶）、滑车（手动滑车、电动滑车）、起重葫芦（手板葫芦、手拉葫芦、电动葫芦、气动葫芦）、绞车（卷绕式绞车、摩擦式绞车、绞盘）、手动倒链、电动倒链和悬挂单轨系统。轻小型起重设备特点是构造比较紧凑简单，一般只有一个升降机构，只能使重物做单一的升降运动，因而称为起重设备。

（2）桥式类型起重机。包括：桥式起重机、特种起重机、门式起重机、半门式起重机、梁式起重机、龙门起重机、装卸桥等。桥式类型起重机的特点是具有起升机构，大、小车运行机构。除重物的升降运动外，还能做前后和左右的水平运动。三种运动的配合，可使重物在一定的立方形空间内起重和搬运。

（3）臂架式类型起重机。包括塔式起重机、门座式起重机、半门座式起重机、浮式起重机、流动式起重机（履带式起重机、汽车起重机、轮胎式起重机、特殊地盘起重机）、甲板起重机、桅杆起重机、悬臂起重机和铁路起重机等。臂架式类型起重机特点是具有起升机构、变幅机构、旋转机构和行走机构。依靠这些机构的配合动作，可使重物在一定的圆柱形或椭圆柱形空间内起重和搬运。

（4）升降机。包括：载人或载货电梯、连续工作的乘客升降机等。升降机虽然只有一个升降动作，但远比简单起重机复杂，特别是载人的升降机，要求有完善的安全装置和其他附属装置。

5.1.3　起重机械的基本参数

起重机的基本参数是用来说明起重机械的性能和规格的一些数据，也是提供设计计算和选择使用起重机械时的主要依据。

1. 起重量 G

起重量 G（过去常用字母 Q 表示），是指被起升重物的质量，单位为千克（kg）或吨（t）。一般分为额定起重量、最大起重量、总起重量、有效起重量等。

（1）额定起重量 G_n。额定起重量，是指起重机能吊起的重物或物料连同可分吊具或属具（如抓斗、电磁吸盘、平衡梁等）质量的总和。

（2）最大起重量 G_{max}。对于幅度可变的起重机，其额定起重量是随幅度变化的。最小幅度时，起重机安全工作条件下允许提升的最大额定起重量，也称最大起重量 G_{max}。

（3）总起重量 G_t。总起重量是指起重机能吊起的重物或物料，连同可分吊具和长期固定在起重机上的吊具或属具（包括吊钩、滑轮组、起重钢丝绳以及在臂架或起重小车以下的其他起吊物）的质量总和。

（4）有效起重量 G_p。有效起重量是指起重机能吊起的重物或物料的净质量。如带有可分吊具抓斗的起重机，允许抓斗抓取物料的质量就是有效起重量，抓斗与物料的质量之和则是额定起重量。

2. 跨度 S

桥架型起重机运行轨道轴线之间的水平距离称为跨度，用字母 S 表示（过去常用字母 L 表示），单位为米（m）。

3. 轨距 K

轨距也称轮距，按下列三种情况定义。

1）对于小车，轨距为小车轨道中心线之间的距离。

2）对于铁路起重机，轨距为运行线路两钢轨头部下内侧 16mm 处的水平距离。

3）对于臂架型起重机，轨距为轨道中心线或起重机行走轮踏面（或履带）中心线之间的距离。

4. 基距 B

基距也称轴距，是指沿纵向运动方向的起重机或小车支承中心线之间的距离。

5. 幅度 L

起重机置于水平场地时，空载吊具垂直中心线至回转中心线之间的水平距离称为幅度 L（过去常用字母 R 表示），单位为米（m）。幅度有最大幅度和最小幅度之分。当臂架倾角最小或小车离起重机回转中心距离最大时，起重机幅度为最大幅度；反之为最小幅度。非旋转类型的臂架起重机的幅度是指吊具中心线至臂架后轴或其他典型轴线的距离。

6. 起重力矩 M

起重力矩是幅度 L 与其相对应的起吊物品重力 G 的乘积，即 $M = GL$，单位是吨米（t·m）。

7. 起重倾覆力矩 M_A

起重倾覆力矩，是指起吊物品重力 G 与其至倾覆线距离 A 的乘积。

8. 轮压 P

轮压是指一个车轮传递到轨道或地面上的最大垂直载荷。按工况不同，分为工作轮压和非工作轮压。

9. 起升高度 H 和下降深度 h

起升高度，是指起重机水平停机面或运行轨道至吊具允许最高位置的垂直距离，单位为米（m）。对吊钩或货叉，可将至其支承表面的高度计为 H。对其他吊具，如抓斗等，应将它们的最低点的高度计为 H。对于桥式起重机，应是空载置于水平场地上方，从地平面开始测定其起升高度。某些起重机，吊具需要深入到运行轨道或地平面以下作业，应考虑下降深度。下降深度，是指吊具最低工作位置与起重机水平支承面之间的垂直距离。对于桥式起重机，应是空载置于水平场地上方，从地平面开始测定其下降深度。吊具最高和最低工作位置之间的垂直距离称为起升范围，用字母 D 表示，$D = H + h$。

10. 运行速度 v

运动速度也称工作速度，按起重机工作机构的不同分为多种。

（1）起升（下降）速度 v_n。它是指稳定运动状态下额定载荷的垂直位移速度，单位为 m/min。

（2）回转速度 ω。它是指稳定运动状态下起重机转动部分的回转角速度，单位为 r/min。

（3）起重机（大车）运行速度 v_k。它是指稳定运行状态下起重机在水平路面或轨道上带额定载荷的运行速度，单位为 m/min。

（4）小车运行速度 v_t。它是指稳定运行状态下小车在水平轨道上带额定载荷行驶的速度，单位为 m/min。

（5）吊重行走速度 v。它是指在坚硬地面上起重机吊额定载荷平稳运行的速度，单位为 m/min。其与起重机运行速度的主要区别是运行的条件不同，轮胎起重机设计时，要考虑这一指标。

（6）变幅速度 v_f。它是指稳定运动状态下，起重臂挂最小额定载荷在变幅平面内从最大幅度至最小幅度的水平位移平均速度，单位为 m/min。变幅速度有时也用变幅时间衡量，它是指起重臂对应于最大幅度的起重量从最大幅度至最小幅度所需的时间，单位为 min。

11. 下挠度

下挠度是指在额定载荷下梁或杆件向下产生的弹性变形量。测量时，应从加载前的实际位置算起，单位为 mm。

12. 制动距离

制动距离，是指工作机构从操作制动开始到停住，吊具或大、小车所经过的距离，单位为 mm。

5.1.4 起重机械的工作级别

划分起重机的工作级别是为了在设计起重机时采用具有先进的技术经济指标，以保证起重机既经济又安全地工作，并且使用户能根据工作级别合理地选择符合其使用要求的起重设备。

1. 起重机的利用等级

根据我国起重机设计规范，起重机的利用等级按起重机设计寿命期内总的工作循环次数 N 分为 $U_0 \sim U_9$ 共 10 级，见表 5-1。

表 5-1　起重机的利用等级

利用等级	总的工作循环次数 N	附注
U_0	1.6×10^4	
U_1	3.2×10^4	不经常使用
U_2	6.3×10^4	
U_3	1.25×10^5	
U_4	2.5×10^5	经常轻闲地使用
U_5	5×10^5	经常中等地使用
U_6	1×10^6	不经常繁忙地使用
U_7	2×10^6	
U_8	4×10^6	繁忙地使用
U_9	$>4 \times 10^6$	

2. 起重机的载荷状态

载荷状态表明起重机受载的轻重程度，它与两个因素有关，即起升载荷与额定载荷之比（P_{Qi}/P_{Qmax}），和各个起升载荷 P_{Qi} 的作用次数 n_i 与总的工作循环次数 N 之比（n_i/N）。表示（P_{Qi}/P_{Qmax}）和（n_i/N）关系的图形称为载荷谱，名义载荷谱系数 K_Q 由下式确定：

$$K_Q = \left| \frac{n_i}{N} \left(\frac{P_{Qi}}{P_{Qmax}} \right)^m \right| \tag{5-1}$$

式中　K_Q——名义载荷谱系数；

　　　n_i——载荷 Q_i 的作用次数；

　　　N——总的工作循环次数，$N = \sum n_i$；

　　　P_{Qi}——第 i 个起升载荷，$Q_i = Q_1$，Q_2，$\cdots$；

　　　P_{Qmax}——最大起升载荷；

　　　m——指数，此处取 $m = 3$。

起重机的载荷状态按名义载荷谱系数分为四级，见表 5-2。

表 5-2　起重机的载荷状态及其名义载荷谱系数 K_Q

载荷状态	名义载荷谱系数	说　明
G_1 轻	0.125	很少起升额定载荷，一般起升轻微载荷
G_2 中	0.25	有时起升额定载荷，一般起升中等载荷
G_3 重	0.5	经常起升额定载荷，一般起升较重载荷
G_4 特重	1.0	频繁起升额定载荷

当起重机的实际载荷变化已知时，则先按式（5-1）计算实际载荷系数，并按表 5-2 选择不小于此计算值的最接近的值作为该起重机的载荷系数。如果在设计起重机时不知其实际的载荷状态，则可按表 5-2 "说明" 栏中的内容选择几个合适的载荷状态级别。

3. 起重机工作级别的划分

按起重机的利用等级和载荷状态，起重机工作级别分为 $A_1 \sim A_8$ 共 8 级，见表 5-3。

表 5-3 起重机工作级别的划分

载荷状态	名义载荷谱系数 K_Q	利用等级									
		U_0	U_1	U_2	U_3	U_4	U_5	U_6	U_7	U_8	U_9
G_1轻	0.125			A_1	A_2	A_3	A_4	A_5	A_6	A_7	A_8
G_2中	0.25		A_1	A_2	A_3	A_4	A_5	A_6	A_7	A_8	
G_3重	0.5	A_1	A_2	A_3	A_4	A_5	A_6	A_7	A_8		
G_4特重	1.0	A_2	A_3	A_4	A_5	A_6	A_7	A_8			

一台起重机各机构的工作级别可能各不相同,整机和金属结构部分的工作级别由其主要机构(一般是主起升机构)的工作级别确定。

5.1.5 起重机械的特点

1)危险性大。被搬运的物料个大、体重,起重搬运过程是重物在高空中的悬吊运动过程,而且,重物多种多样,载荷是变化的。有的能吊运的重物重达上百吨,体积大且不规则,还有散粒、热熔和易燃易爆危险品等,使吊运过程复杂而危险。

2)移动性。起重机械通常具有庞大的结构和比较复杂的机构,作业过程中常常是几个不同方向的运动同时操作,技术难度较大。四大机构多维运动、庞大金属结构的整体移动以及各机构大量的可动零部件,使起重机的危险点多而分散,给安全防护带来困难。

3)范围大。金属结构横跨作业场所,高居其他设备、设施和施工人群之上,起重机可实现部分或整体在较大范围内移动运行,使危险的影响范围加大。

4)群体作业。整个工作循环需要地面指挥人员、司索工和起重机驾驶员等几方面人员的紧密配合。哪个环节出现问题,都可能导致事故发生。

5)环境条件复杂。地面设备多,人员密集,吊物物种繁多;在室外,受气候条件和场地限制的影响。流动式起重机还涉及地形和周围环境等多种因素。

5.2 起重机械的构造

5.2.1 桥式起重机

1. 桥式起重机的类型

桥式类型起重机有桥式起重机、电动单梁起重机、龙门起重机、装卸桥和各种专用起重机等。单梁龙门起重机如图 5-1 所示。

2. 桥式起重机的构造

桥式起重机是由桥架、驾驶室(包括操纵机构和电气设备)大车运行机构和起重小车(包括起升机构和运行机构)四大部分组成的。

(1)桥架。桥式起重机的桥架是金属结构,它一方面承受着满载的起重小车的轮压作用,另一方面又通过支承桥架的运行车轮,将满载的起重机全部重量传给了厂房内固定跨间支柱上的轨道和建筑结构。桥架的结构形式不仅要求自重轻,有足够的强度、刚性和稳定性,还应考虑先进制造工艺的应用,达到结构合理、质量好和成本低的要求。

桥式起重机的桥架,是由两根主梁、两根端梁、走台和防护栏杆等构件组成的。起重小车的轨道固定在主梁的盖板上,走台设在主梁的外侧。通常是悬臂固定在主梁上,依靠焊在主梁腹板

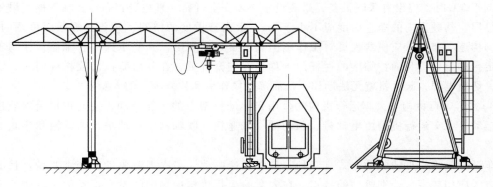

图 5-1 单梁龙门起重机

上的撑架来支托，其高低位置取决于车轮轴线的位置。走台的外侧设有栏杆，以保证检修人员的安全。同理，端梁的两外侧也设有栏杆。为了使桥架运输和安装方便，常把端梁制成两段，分别与两根主梁焊接在一起制成半个桥架，待运到使用地点以后，再将两个半桥架用高强度螺栓连接在一起，成为一台完整的桥架。

桥架的跨度，就是两根端梁中心线之间的距离，跨度的大小，是决定主梁高度的因素之一。

桥架的结构形式很多，有箱形结构、箱形单主梁结构、四桁架式结构和单腹板开式结构等。箱形结构具有制造工艺简单、节省工时、通用性强、机构安装和维修方便等一系列优点，因而是目前国内外常用的结构形式。箱形单主梁结构，是用一根宽翼缘箱形主梁代替两根主梁，因此减轻了自重，是较新型的结构形式。四桁架式结构，制造工艺复杂，需要的工时多，外形尺寸又大，所以目前较少生产。单腹板开式结构，水平刚性和抗扭刚性都较差，而且在使用中上部翼缘主焊缝还有开裂的可能，故目前很少采用。

桥架主梁的结构形式很多，因为箱形结构的主梁具有整体刚性大、制造、装配、运输和维修条件好等很多优点，被国内外广泛采用。桥架主梁的材料多为普通的碳素钢 Q235，也有用低合金钢制造的。起重机在吊物时主梁会产生下挠，所谓下挠，就是主梁向下弯曲。为了增强主梁的承载能力，组成桥架的两个主梁，都制成均匀向上拱起的形状。有了预制的上拱度，就可消除或减少小车在运行中的附加阻力和自行滑动。

随着使用年限的增加，桥式起重机主梁的上拱度会逐渐减小，直至消失，原始上拱度与剩下的上拱度之差，就是主梁上拱度的减小量。据粗略调查，桥式起重机在经常满载的情况下，使用 1~2 年，其上拱度消失 20% 左右，使用 5 年后，其上拱度消失 40% 左右，使用 10 年左右，一般开始出现下挠。所以，在使用中应该定期进行检查测量，如果其下挠度超过规定的界限，应停止使用，并及时予以修复。

（2）驾驶室。驾驶室是一个金属结构的小室，内部装有起重机各机构的电气控制设备及保护配电盘、紧急开关、电铃按钮和照明设备等。驾驶室是起重机驾驶员对起重机的各机构的运转进行操纵的地方，它可靠地悬挂在桥架靠近端梁附近一侧的走台下面，一般都设在无导电裸线的一侧。

对驾驶室的要求：从安全的角度出发应具有一定的强度，其顶部能承受 25kN/m² 的静载荷。开式驾驶室应设有高度不小于 1050mm 的栏杆，并应形成可靠的围护。除流动式起重机外，驾驶室外面有走台时，门应向外开；没有走台时，门应向里开。驾驶室底面与下方地面、通道、走台等距离超过 2m 时，一般应设置走台。从保护驾驶员的健康和安全操作出发，在高温、多尘、有毒等环境中工作的起重机应采用封闭式驾驶室。工作温度高于 35℃ 的起重机，应设有降温装置；当工作温度低于5℃时，应设有采暖设备，采暖设备必须安全可靠。直接受到高温热辐射的驾驶室，应设有隔热层。驾驶室内的净空高度应不小于2m，室内有适度的空间，并备有舒适而可调的座椅。驾驶室的构造与布置，应使驾驶员对工作范围具有良好的视野，并便于操作和维修；在驾驶室通往桥架走台的舱口门和通往端梁的栏杆门上均装有安全开关，在开启舱口门或栏杆门时，安全开关动作，切断电源，起重机就无法动作，从而确保操作者和检修人员的人身安全。

（3）大车运行机构。大车运行机构的作用是驱动桥架上的车轮转动，使起重机沿着轨道做纵向水平运动。大车运行机构由电动机、制动器、减速箱、联轴器、传动轴、轴承箱和车轮等零部件组成。

大车运行机构常见的驱动方式有三种：集中低速驱动、集中高速驱动和分别驱动。目前分别驱动的方式应用较多。分别驱动的特点：在大车的运行机构中，中间没有很长的传动轴，而在走台的两端各有一套驱动装置，左右对称布置。每套驱动装置由电动机通过制动轮、联轴器、减速箱与大车车轮连接。

分别驱动与集中驱动相比较，具有下列优点：由于省去了很长的传动轴，减轻了自重，安装与维修较方便。实践证明，使用效果良好。

（4）起重小车。起重小车是桥式起重机的一个重要组成部分。它包括：小车架、起升机构、小车运行机构和车轮四个部分。其构造特点：所有机构都是由一些独立组装的部件所组成，如电动机、减速器、制动器、卷筒部件、定滑轮组件以及小车车轮组等部件，这些部件之间都采用齿轮联轴节相互连接。

在起重小车上还有一些安全保护装置，如上升高度限制器（重锤式高度限制器和接在卷筒轴端的螺杆式高度限制器）、小车行程限位器、缓冲器（弹簧缓冲器、橡胶缓冲器、液压缓冲器）、防护栏杆、排障板等。

1）小车架。小车架是支承和安装起升机构和小车运行机构各部件的机架，同时又是承受和传递全部起重载荷的构件。因此，要求小车架具有足够的强度和刚性，以保证小车架承受载荷后不致影响机构的正常工作。

小车架一般都用钢板焊接而成，也有采用型钢拼焊而成的，其构造由起升机构和小车运行机构布置的要求而定。

2）起升机构。起升机构是用来升降重物的，由取物装置钢丝绳卷绕系统及驱动装置等部分组成。

起重量超过10t的，通常设置两个起升机构，起重量大的称为主起升机构，起重量小的称为副起升机构。副起升机构的起重量常为主起升机构的20%~30%；主起升机构的起升速度较慢、副起升机构的起升速度较快，但其结构形式基本上是一样的，主副起升机构可分别工作，也可协同工作。

3）运行机构。在中、小起重量的起重机中，其小车运行机构的传动形式有两种：一种为减速箱在两个主动车轮中间，另一种是减速箱种装在小车的一侧。减速器装在两个主动车轮中间，使传动轴所承受的扭矩比较均匀；减速箱装在小车一侧，使安装与维修工作比较方便。

小车有四个车轮，其中两个主动车轮与驱动装置相连接，另两个是从动轮，能自由转动。四个车轮通过角形轴承箱装在小车架横梁的两端。

4）车轮。车轮又称走轮，是支承起重机自重和将载荷传递到轨道上并在起重机轨道上使起重机行驶的装置。

车轮的类型。车轮按轮缘形式可以分为双轮缘的车轮、单轮缘的车轮和无轮缘的车轮三种。轮缘的作用是导向、防止脱轨。桥式起重机的大车车轮通常都采用双轮缘的车轮；小车车轮都采用单轮缘的车轮；近年来也采用无轮缘的车轮。为了防止脱轨，可在车轮两侧另装水平轮，水平轮既可起导向作用，又能降低轮缘摩擦阻力。

车轮的踏面有圆柱形的、圆锥形的和鼓形的三种，在钢轨上行走的起重机均采用前两种，只有在工字梁下翼缘上运行的起重机才采用后一种。

车轮直径大小主要根据轮压来确定。轮压大的，直径就大；轮压小的，直径就小。但车轮直径不能过大，因为这将使传动机构复杂化，增加设备费用，因此，大吨位的起重机，常用增加车轮的数目来使每个车轮的轮压降低。为了使各车轮轮压分布均匀，常采用铰接均衡架装置。

车轮的材料，一般采用 ZG340-640 铸钢，也可采用 65Mn 和 ZG35CrMnSi，并进行表面淬火，硬度不低于 300~380HBW，淬硬深度达到 15~20mm。表面硬度直接影响到车轮的使用寿命和承载能力。

车轮组的形式。起重机的车轮组形式大体有两种：一种是车轮装在固定的心轴上，另一种是车轮装在转轴或转动心轴上。

起重机的车轮应该按规定时间进行检查。

用小锤敲击车轮的踏面轮缘和轮辐，检查是否有裂纹，若发现有裂纹，则应及时更换。

车轮的踏面必须平整，若因磨损而形成阶台，则应经过车削或磨削去掉阶台。

车轮的轮缘磨损以后，应进行修整，当磨损量超过原厚度的 30%时，则应及时更换。

对起重机进行大修时，必须将车轮组全部拆卸解体，清洗检查所有轴承，加入润滑脂，再重新装配。

若车轮轮轴与轮孔配合松动，应该更换轮轴，若车轮轮轴与联轴节或齿轮孔配合松动，一般应更换联轴器或齿轮，如果键槽损坏，则应更换轮轴。

若发现角型轴承箱有裂缝，应该更换；若角形轴承箱轴承孔与轴承外径配合松动，超过原公差 1 倍以上，应采用镀覆金属法修复或更换新的。

轨道用作承受起重机车轮的轮压并引导车轮运行的。所有起重机的轨道都是标准的或特殊的型钢或钢轨，它们应符合车轮的要求，同时也应考虑到固定方法。

桥式起重机常用的轨道有起重机专用钢轨、铁路钢轨和方钢三种。

中、小型起重机的小车常用 P 型铁路钢轨，也可采用方钢，大型起重机采用 P 型与 QU 型起重机专用钢轨；大车轨道采用 P 型与 QU 型起重机专用钢轨，这些轨道用压板和螺钉固定。

5.2.2　门式起重机

1. 门式起重机的类型

门式起重机是一种应用十分广泛的起重设备。它主要用于室外的货场、料场，进行件货、散货的装卸工作。门式起重机种类繁多，特点各异。

按照整体结构形式，门式起重机可分为全门式起重机、半门式起重机、双悬臂门式起重机和单悬臂门式起重机四种类型；按照主梁形式，门式起重机可分为单主梁门式起重机、双梁门式起重机、铁路集装箱用门式起重机和电站用启门门式起重机四种类型；按照吊具形式，门式起重机可分为吊钩门式起重机、抓斗门式起重机、电磁门式起重机、两用门式起重机、三用门式起重机和双小车门式起重机六种类型。L 形单主梁门式起重机如图 5-2 所示。

2. 门式起重机的构造

门式起重机尽管种类繁多，但其构造却大同小异，都包含电气设备、小车、大车运行机构、门架和大车导电装置五大部分。抓斗门式起重机有时还设置煤斗车。

（1）门式起重机的电气设备。门式起重机的动力源是电力，靠电力进行拖动、控制和保护。

门式起重机的电气设备是指轨道面以上起重机的电气设备，大部分安设在驾驶室和电气室内。

（2）门式起重机的小车。门式起重机小车一般由小车架、小车导电架、起升机构、小车运行机构、小车防雨罩等组成，以实现小车沿主梁方向的移动、取物装置的升降、吊具自身的动作，并适应室外作业的需要。小车形式根据主梁形式的不同而异，主要有以下几种：

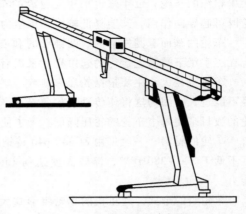

图 5-2　L 形单主梁门式起重机

1）双梁门式起重机的小车。双梁门式起重机的小车形式，与桥式起重机小车形式基本相同，都属于四支点形式。

2）单主梁门式起重机的小车。单主梁门式起重机的小车，分为垂直反滚轮式小车和水平反滚轮式小车两种。垂直反滚轮式小车又称两支点小车，水平反滚轮式小车又称为三支点式小车。为了防止小车突发性倾翻，垂直反滚轮式小车和水平反滚轮式小车的车架尾部都设有刚性的安全钩。

3）具有减振装置的小车。运行速度>150m/min的装卸桥小车，为了减小冲击，设置了减振装置。这种小车，为保证启动、制动时驱动轮不打滑，一般都采用全驱动形式，四个车轮均为驱动轮。

（3）门式起重机的大车运行机构。门式起重机的大车运行机构都是采用分别驱动的方式。车轮分为主动车轮和被动车轮。车轮的个数与轮压有关，主动车轮占总车轮数的比例，是以防止启动和制动时车轮打滑为前提而确定的。一般门式起重机的驱动为1/2驱动，也有1/3驱动、2/3驱动或全驱动的。

（4）门式起重机的门架。门式起重机的门架，是指金属结构部分，主要包括主梁、支腿、下横梁、梯子平台、走台栏杆、小车轨道、小车导电支架、驾驶室等。门式起重机的门架可分为单主梁门架和双梁门架两种。

1）单主梁门架。单主梁门架，由一根主梁、两个支腿（或两个刚性腿，或一个刚性腿加一个挠性腿）、两个下横梁、自地面通向驾驶室和主梁上部的梯子平台、主梁侧部的走台栏杆、小车导电滑架、小车轨道、驾驶室、电气室等部分组成。

2）双梁门架。双梁门式起重机的门架，主梁多为两根偏轨梁，两主梁间有端梁连接，形成水平框架。主梁一般为板梁箱形结构，也有桁架结构。其支腿设有上拱架，与下横梁一起形成一次或三次超静定框架。双梁门式起重机不单独设置走台，主梁上部作为走台用，栏杆、小车导电滑架皆安装在主梁的盖板上。桁架式主梁若为四桁架式，走台铺设在上水平桁架上；若为"Ⅱ"字梁式，走台设在两片竖直桁架的中间部位。

3）单主梁门架、双梁门架中主梁的分段。门式起重机单主梁、双梁门架中的主梁，由于有悬臂，都比较长，可达60m左右。因为铁路运输和公路运输的条件所限，常常在设计制造中将其分为两段甚至三段。一般来说，超过33m的主梁需分段，每段长度≤33m。分段处设有主梁接头。使用单位在安装起重机时，将主梁连接起来。箱形结构的主梁多采用连接板和高强度螺栓连接。被连接的主梁部分和连接板均需进行喷砂处理。桁架式主梁可分段制作，或者主梁各杆件到使用现场组装。

（5）大车导电装置。大车导电装置，是用来将地面电源引接到起重机上以实现起重机拖动、控制和保护的。大车导电装置种类比较多，导电形式由使用单位订货时指明。

1）电拖滑线导电装置。从起重机设计来说，这种导电装置比较容易实现，但从使用单位来说，则需设立数根电线杆，将地面电源线架起，建设费用较高，且由于电源线架空较高（约10m以上），维修比较困难。

2）电缆卷取装置。这种装置对使用单位来说，只要在地面预埋电缆并引出起重机全行程所需的电缆即可，较易实现。起重机上设卷取装置，将引出电缆缠绕到卷取装置上，随起重机的运行进行卷缆和放缆，实现起重机的电气驱动与控制。电缆卷取装置一般称电缆卷筒，大致有重锤式电缆卷筒、一般电动机驱动的电缆卷筒、力矩电动机驱动的电缆卷筒、无电动机驱动的电缆卷筒等几种。

3. 门式起重机的机构

门式起重机与桥式起重机一样，主要包括起升机构、小车运行机构和大车运行机构。

（1）起升机构。

1）起升机构的主要形式及构成。

① 吊钩门式起重机的起升机构。吊钩门式起重机的起升机构与桥式起重机的起升机构基本相同。

② 抓斗门式起重机的起升机构。抓斗门式起重机的起升机构，由四绳抓斗的开闭机构和抓斗的起升机构组成。它与吊钩起升机构的区别是四绳抓斗机构的钢丝绳缠绕倍率为1，无定滑轮，卷筒钢丝绳直接连到抓斗上，一卷筒上两根绳为开闭绳，另一卷筒上两根绳为起升绳。

③ 电磁门式起重机的起升机构和三用门式起重机的起升机构。电磁门式起重机的起升机构是在吊钩门式起重机的起升机构基础上发展起来的，它在减速器输出轴上加一个惰轮，在卷筒旁设置一个带外齿的电缆卷筒，电磁吸盘挂在吊钩上，随之升降。电磁吸盘上设电源插座，电缆一端插入电磁吸盘，另一端缠绕到电缆卷筒上，电缆随吊钩同步升降。为保证其同步性，要求速比匹配准确。

如果吊钩上不挂电磁盘，挂上马达抓斗就成为三用门式起重机的起升机构。只不过电磁门式起重机可挂电磁吸盘，而三用门式起重机既可挂电磁吸盘，又可挂马达抓斗。

④ 两用门式起重机的起升机构。两用门式起重机的起升机构是指吊钩起升机构和四绳抓斗机构的组合，这是两个独立的机构，其吊钩起升机构和抓斗起升、开闭机构同前。

2）起升机构的特点。具体有如下几点：

① 门式起重机的起升机构，无论是双梁起重机小车，还是单主梁起重机小车，都只有上述几种形式。

② 门式起重机的起升机构与桥式起重机的起升机构形式类同，采用的零部件也差别不大。

③ 单主梁门式起重机的起升机构的布置，必须保证在小车不承载时小车自重的重心在主梁外侧，且重心到主轨道距离不少于150mm，并设有防止意外倾翻的安全钩。

（2）小车运行机构。门式起重机的小车运行机构，分为双梁小车运行机构和单主梁小车运行机构两种。

1）双梁小车运行机构。门式起重机的双梁小车运行机构与桥式起重机的小车运行机构相同。

2）单主梁小车运行机构。单主梁小车有垂直反滚轮式和水平反滚轮式，它们的小车运行机构是类似的。单主梁小车运行机构由电动机、制动器、套装减速器、传动轴、联轴器、轴承箱、车轮、导向轮、垂直反滚轮、有安全钩的平衡梁、水平轮等组成。如果条件允许、空间不受限制，最好在套装减速器与电动机之间加一个传动轴。这两种小车的主轨道上都是有两个车轮，一个为主动车轮，一个为被动车轮，驱动机构只有一套。

（3）大车运行机构。

1）大车运行机构的车轮布置。一般的门式起重机的大车运行机构车轮有四个，布置在下横梁的四个角上。同一轨道上两轮中心距称为轮距，一般来说，轮距与跨度之比在 1/6～1/4。当车轮轮压大时，可采取增加四个角上车轮数量的形式，两个车轮组成一个平衡台车与下横梁铰接。如果四个车轮同在一个角上，可由两个平衡台车组成一个大的平衡台车与下横梁铰接。

车轮的布置形式很多，应由设计者根据整机轮压计算情况并考虑使用单位对基础的要求来确定。

2）大车运行机构的驱动形式。门式起重机的大车运行机构采用的是分别驱动的形式。当不需设平衡台车时，其驱动形式为两种：一种是采用标准立式减速器的形式，另一种是采用安装减速器的形式。

门式起重机的大车运行机构还有其他驱动形式，当前国际上一般采用"三合一"结构的驱动形式，即减速器、制动器、电动机合为一体。"三合一"的形式也有多样的，电动机还可以在减速器上方，以减小车轮轴向尺寸。这种"三合一"结构对零部件的加工要求较高。

5.2.3 流动式起重机

流动式起重机是臂架类型起重机械中无轨运行的起重设备。它具有自身动力装置驱动的行驶装置，转移作业场地时不需拆卸和安装。由于其机动性强、应用范围广，近年来得到了迅速发展。特别是近几十年来由于液压传动技术、控制工程理论及微型计算机在工程设备中的广泛应用，明显提高了流动式起重机的工作性能和安全性能，使它在所有起重设备中的使用量越来越大，而且某些专用的流动式起重机也应运而生。

1. 流动式起重机的分类

流动式起重机按其运行方式、性能特点及用途，可分为四种类型。即汽车起重机、轮式起重机、履带式起重机和专用流动式起重机。其中汽车起重机应用最为广泛。高速越野轮式起重机如图 5-3 所示。

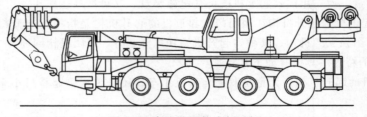

图 5-3 高速越野轮式起重机

2. 流动式起重机的结构

流动式起重机是通过改变臂架仰角来改变载荷幅度的旋转类起重机。与一般的桥式、门式起重机不同。流动式起重机的结构由起重臂、回转平台、车架和支腿四部分组成。

（1）起重臂。这是起重机最主要的承载构件。由于变幅方式的不同，流动式起重机的起重臂可分为桁架臂和伸缩臂两种。

1）桁架臂。这种臂架由只受轴向力的弦杆和腹杆组成。由于采用挠性的钢丝绳变幅机构，变幅拉力作用于起重臂前端，使桁架主要受轴向压力，自重引起的弯矩很小。因此，桁架臂自重较轻。若起重臂很长，又要转移作业场地，则需将起重臂折成数节，运输到新作业场地后再组装，准备时间较长，不能立即投入使用。因此，这种起重臂多用于不经常转移作业场地的起重机，如轮式起重机、履带式起重机上。

2）伸缩臂。这种起重臂由多节箱形焊接板结构套装在一起而成。各节臂的横截面多为矩形、五边形或多边形。通过装在臂架内部的伸缩液压缸或由液压缸牵引的钢丝绳使伸缩臂伸缩，从而改变起重臂的长度。所以，这种形式的起重臂既可以满足流动式起重运行时臂架长度较小以保证起重机有很好的机动性的要求，又可尽量缩短起重机从运行状态进入起重作业状态的准备时间。因此，汽车起重机、全路面起重机、现代轮式起重机和有些履带式起重机均采用这种形式的臂架。

由于臂架长度是连续可变的，所以伸缩臂均采用与桁架式起重臂的变幅机构不同的液压缸，从而使伸缩臂呈悬臂受力状态。这就要求这种臂架有很大的抗弯强度。所以，伸缩臂的自重较大。为了缓解这一问题，伸缩臂多装有一节或多节可折叠式桁架式副臂。这一方法已在大多数流动式起重机上应用。

（2）回转平台。回转平台通常称为转台。它的作用是起重机工作时为起重臂的后铰点、变幅机构或变幅液压缸提供足够的约束，将起升载荷、自重及其他载荷的作用通过回转支承装置传递到起重机底架上。因此，转台要有足够的强度和刚度，并且要为各机构及配重的安装提供方便。另外，对于运行速度较高的流动式起重机，转台还要能承受整个回转部分自重及起重机运行时的动载作用。

（3）车架。车架是整个起重机的基础结构，其作用是将起重机工作时作用在回转支承装置上的载荷传递到起重机的支承装置（支腿、轮胎、履带）上。因此，车架的刚度、强度将直接决定起重机的刚度和强度。

对于轮式起重机、履带式起重机和采用专用底盘的汽车起重机，车架也是运行部分的骨架。而采用通用底盘的汽车起重机，车架（也称副车架）是专为承受起重机工作时的载荷作用而设置的，通过固定部件固定在通用汽车底盘上。

另外，对于有支腿的流动式起重机，车架也是支腿的安装基础。

（4）支腿。支腿结构是安装在车架上可折叠或收放的支承结构。它的作用是在不增加起重机宽度的条件下为起重机工作时提供较大的支承跨度。从而在不降低流动式起重机机动性的前提下提高其起重特性。

老式的支腿多为折叠式或摆动支腿，通过人工收放。目前，液压技术广泛应用，大部分流动式起重机的支腿均采用液压传动，按其结构特点可分为 H 形支腿、X 形支腿、蛙式支腿、辐射式支腿几种。

3. 流动式起重机的机构组成

以轮式起重机为例介绍。

（1）轮式起重机的起升机构。轮式起重机的起升机构由动力装置、减速装置、卷筒及制动装置等组成。动力装置除用来驱动起升机构外，也用来驱动行走机构、回转机构和变幅机构。这样的驱动形式称为集中驱动，具有工作可靠、操纵较麻烦的特点。

轮式起重机的动力装置常采用内燃机装置，其发动机多数是柴油机。

有的轮式起重机的发动机带动发电机，供电给电动机，再通过减速器带动起升机构。

由于液压理论的提高以及密封技术的进步，液压传动得到了广泛的应用。在液压传动的起升机构中，一般采用液压马达及减速器带动起升机构的方案。

轮式起重机起升机构的制动器多布置在低速轴上，其所需的制动力矩虽稍大些，但制动时比较平稳。特别是布置在低速轴上时，可以利用卷筒侧板作为带式制动器的制动轮，使得结构比较紧凑。

（2）轮式起重机的变幅机构。变幅机构是改变起重机工作半径的机构，它扩大了起重机的工作范围，有利于提高起重机的生产率。

只允许在空载条件下变幅的机构叫作非工作性变幅机构。而把能在带载的条件下变幅的机构叫作工作性变幅机构。为满足装卸工作需要和提高起重机的生产率，要求轮式起重机能在吊装重物时改变起重机的幅度。其所用的变幅机构要求有较大的驱动功率。除此之外，还应装有限速和防止超载的安全装置，其制动装置更应安全可靠。

必须指出，轮式起重机在各种工作幅度下所允许起吊的重量是不一样的。在小幅度时，允许起吊较大的载荷，而在大幅度时，允许起吊的载荷大致按反比例关系减小。

（3）轮式起重机的回转机构。回转机构是轮胎式起重机中必不可少的机构，有了回转机构，才能将起重物件送到一定半径范围内的任一位置。它能使整个回转平台在回转支承装置上进行360°的回转，这种回转运动可以是顺时针方向的，也可以是逆时针方向的。

原动机通过起减速作用的传动装置带动回转机构，回转小齿轮与回转支承装置上的大齿圈啮合，从而实现回转平台的回转运动。

起重机的回转部分是由回转支承装置支承的。轮式起重机一般多采用转盘式回转支承装置。转盘式回转支承装置有支承滚轮式和滚动轴承式两种。支承滚轮式回转支承装置，构造、加工比较简单，但重量较大，其承载能力也比较大。滚动轴承式回转支承装置的特点是回转时摩擦阻力矩小，高度低，承载能力大。借助滚动轴承式回转支承装置，轮式起重机的重心有所降低，使得整台起重机的稳定性能有所改善。滚动轴承式回转支承装置的滚动体有单排结构的，也有双排结构的。将回转机构布置在回转平台上并随其一起绕回转支承装置的大齿圈回转时，大齿圈的滚圆是固定在底盘车架上的，此时，回转小齿轮既绕着大齿圈运动，又相对自身的齿轮轴自转。这种布置形式使得回转机构的维修比较方便。

也可以把大齿圈的滚圈与回转平台连接在一起，而把回转机构固定在底盘车架上，于是，通过小齿轮可以带动大齿圈回转。这种布置方式的缺点是维修不太方便。

轮式起重机在行驶时，应将回转平台固定在一定的位置，可使用机械的插销定位装置，这样，回转平台便不会左右摆动。

（4）轮式起重机的行走机构。轮胎式起重机通常是由发动机经行走机构将所产生的动力传递给驱动车轮的。轮胎式起重机一般采用后轮驱动。

轮式起重机上实际上只有一台发动机，其起升、变幅、回转、行走等动作都是由这台发动机经过不同的传动路线将其所产生的动力传递到各个部位的。驾驶员操纵相应的离合器，便可获得所需的动作。由于行走部位位置较低，因而从总传动箱到驱动车轮之间的传动齿轮较其他机构要多。

轮式起重机行走时的转向，一般由驾驶员操纵方向盘使位于轮式起重机前部的转向桥上的车轮转向。在转向时，驱动车轮因差速器的作用使内侧车轮走得慢些，外侧车轮走得快些，于是，整台轮式起重机的行驶方向便一致了。

轮式起重机自身的质量较大，有的重达35t。如此巨大的质量，不是任何轮胎都能支撑的。于是可采用增加轮胎帘布层、车轮数量或驱动轮轴的办法，使其承载能力增加。

轮式起重机自重大，故其行驶速度不宜太高，一般控制在每小时10km左右。

5.2.4 履带式起重机

1. 履带式起重机的分类

履带式起重机因其本身具有自重大、稳定性好、可不用外伸支腿、能在松软泥泞的工作场地行驶、操作简易、维修方便等优点而被广泛用于建筑施工、铁路装卸等部门，是目前起重作业中不可缺少的起重机械。W1001型履带式起重机如图5-4所示。

2. 履带式起重机的构造

（1）履带式起重机的传动系统。传动系统的作用是将从动力源取得的动力，按需要分别传送给各工作机构，以适应各工作机构的运行。

传动系统一般有机械式传动、液压传动、电-液传动等类型。

（2）履带式起重机的工作机构。履带式起重机的工作机构包括卷扬机构、回转机构和行走机构和辅助机构等。其中卷扬机构又分为主卷扬机构和起重臂卷扬机构；回转机构中又包括了回转台系统。

（3）起重臂卷扬机构。起重臂卷扬机构主要由蜗轮和蜗杆自锁机构、起重臂升降制动器、卷扬筒等组成。

（4）回转机构。回转机构主要由回转垂直轴、爪形离合器、回转制动器和回转大、小传动齿轮等组成。

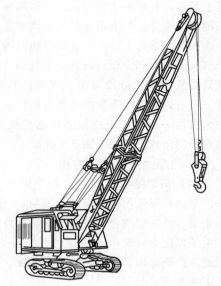

图 5-4　W1001 型履带式起重机

回转垂直轴的上部花键上装有可上下滑动的爪形离合器，它与垂直轴上可自由转动的齿轮、上端面的爪形离合器互相啮合，制动鼓装在爪形离合器处，回转垂直轴的下端装有回转小齿轮，它与回转台下部的大齿轮（俗称齿圈）互相啮合，处在与爪形离合器的同一位置上，同时，还安装有回转制动器。

（5）行走机构。行走机构可分为机械式和液压式。行走机构主要由行走垂直轴、行走水平轴、左右转向机构、履带机构和行走制动器组成。

（6）辅助机构由柴油机、主离合器、减速器、换向器和操纵机构等组成。

1）柴油机。柴油发动机是起重机工作的原动力，关于柴油发动机的构造可参见有关内燃机构造图册。

2）主离合器。主离合器又称总离合器，它是把发动机的动力传递给各工作机构的总闸。由于各工作机构阻力大，发动机启动时不易带动，所以用主离合器给以隔开，待发动机转速增高后，通过主离合器接上发动机，使发动机的动力传递到各工作机构中去。

3）减速器。减速器的作用主要是降低转速，增大扭矩，使之适应起重机各工作机构所需要的转速与扭矩。

减速器为普通圆齿减速器，它由输入轴、中间轴、输出轴构成，每根轴上装有不同齿数比的啮合齿轮，以获得减速。输出轴除中部（箱内）安装有传动齿轮外，其两端（箱外）分别安装着输出传动齿轮和叶片泵。

4）换向器。换向器的作用是把动力输入的单一方向改变为两个方向。

换向机构主要由两根相互垂直的轴（换向水平轴和换向垂直轴）和三个锥形齿轮组成。

5）操纵机构。操纵机构主要由液压操纵系统和电气操纵系统两大部分组成。

液压操纵系统由油泵（叶片泵）、操纵阀、工作油缸、蓄油器、油管、油箱等组成，它的作用主要是操纵各工作机构进行工作。电气操纵系统主要由直流电动机、发电机、调节器、蓄电池、辅助照明设备和音讯设备等组成。

5.2.5　门座式起重机

1. 门座式起重机的分类

门座式起重机是以其门形机座而得名的。这种起重机多用于造船厂、码头等场所。在门形机座上装有起重机的旋转机构，门形机座实际上是起重机的承重部分。门形机座的下面装有运行机构，可在地面设置的轨道上行走。在旋转机构的上面还装有起升机构的臂架和变幅机构。四个机构协同工作，可完成设备或船体的分段安装，或者进行货物的装卸作业。门座式起重机通常由外部电网经软电缆供电，其四大机构一般均采用三相感应电动机分别驱动。10t港口用门座式起重机如图5-5所示。

2. 门座式起重机的结构

（1）门架结构。门座式起重机的门形机座又叫作门架，一般是用钢材焊接而成的。门架承受着自身的重量、货物的质量和风的载荷，此外，各种运动所产生的惯性力以及由此引起的力矩也均由门架承受。因此，门架必须有足够的刚性和强度。门架一般采用以下三种形式。

（2）八杆门架。这种门架顶部是钢质圆环、中部有八根由型钢或钢板焊制而成的支杆，下部的门座则用钢板焊成箱形结构。八杆式门架的特点是门架的重量轻、结构简单、制造比较方便。

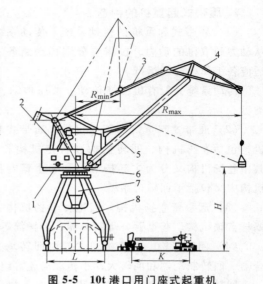

图 5-5　10t 港口用门座式起重机
1—驾驶室　2—人字架　3—拉杆　4—象鼻梁
5—臂架　6—平台　7—转柱　8—门架

（3）交叉门架。交叉门架的顶部常是箱形断面的圆环，在这个圆环上装有圆形轨道及齿轮。其中部常有两层水平放置的十字梁，用以支撑四条立腿。上层的十字梁主要用来装置转柱的下支承座。

交叉门架的构件少、刚性好，制造也比较简单，是目前用得较多的一种门架。这种门架的十字梁及门腿都受到较大的弯矩，因此都采用较大的截面，这样的结果是使起重机的自重增加，也势必增大了车轮的轮压。

（4）圆筒门架。圆筒门架的中间部分是大直径的钢筒。在其顶面上装有相应尺寸的滚动轴承和大齿轮。在大直径钢筒内部可装设登高用的电梯。这种门架的外形简单、自重轻、制造和安装都比较方便。门架各支腿支承力的大小和起重机部分在门架上的位置有关，特别是与臂架转过的角度有关。

3. 门座式起重机的起升机构

起升机构是由电动机、制动器、减速器、卷筒和钢丝绳卷绕系统组成的。对于起重量较大的起重机，除主起升机构外，还有副起升机构。主起升机构的起重量大，但起升速度较慢。副起升机构起重量较小，但起升速度较快。副钩的起重量一般是主钩起重量的25%左右。

门座式起重机的取物装置可以是吊钩，也可以是抓斗。为了使门座式起重机用途更广泛，通常把起升机构设计成双卷筒结构，每一个卷筒都用一台电动机来驱动。两只卷筒上的绳槽的方向是相反的，左边的卷筒作为支持绳卷筒，使用左旋钢丝绳，右边的卷筒用作闭合绳卷筒，使用右旋钢丝绳。取物装置的升降是通过改变电动机的转向来实现的。

用抓斗作为取物装置时，把支持绳接到支持绳卷筒上，把闭合绳接到闭合绳卷筒上。采用吊钩作为取物装置时，吊钩常用带有滑轮组的夹套支持。

在门座式起重机的卷筒与人字架顶端的滑轮间，装有超负荷报警器。当起吊的负载达到额定起重量的90%时，报警器即发出信号，提醒驾驶员应谨慎操作。如果起吊的负载超过额定起重量时，超负荷报警器能自动切断起升机构的电源并发出禁止性报警信号。

在门座式起重机卷筒两端装有限制起升高度和下降深度的行程开关。当吊具起升到极限高度时，行程开关能自动切断起升的电源，但仍能执行下降的任务。

为了使起升的货物在一定的高度悬停，起升机构都装有制动器。起升机构的制动器一般是液压枪杆式。这种制动器是常闭式制动器，平时制动器的制动轮被紧紧地抱住，仅在需要执行起升或下降动作时，液压通过推杆松开制动轮，实现吊具的起升或下降。制动器应勤加检查，每周不得少于一次。吊运危险物品的起升机构，要设置两个制动器，确保制动安全可靠。

4. 门座式起重机的变幅机构

在门座式起重机中，从其回转中心线至取物装置中心线的径向水平距离，称为工作幅度。利用臂架起伏来改变工作幅度的机构叫作变幅机构。门座式起重机是通过运行机构、回转机构和变幅机构三者联合动作来改变货物的位置，从而完成装卸任务的。

门座式起重机的变幅机构的臂架是在负载情况下进行变幅的，称为工作性变幅机构。对工作性变幅机构，除了要求能克服各种阻力外，还要求机构的刚性强、变形小，有高效率的传动能力，因为是在负载下进行变幅的，所以各种阻力显然要比空载变幅时大得多。

门座式起重机的变幅机构一般由起伏摆动的臂架平衡系统、货物升降补偿装置和变幅驱动装置三部分组成。

（1）臂架平衡系统。在变幅过程中，臂架系统的重心应不出现或极少出现升降现象。要实现上述要求，可采用绳索补偿法、组合臂架补偿法。目前，门座式起重机上大都采用组合臂架补偿法的臂架平衡系统。组合臂架补偿法利用臂架端点在变幅过程中沿接近水平线的轨迹移动来保证其重心极少地出现升降现象。

组合臂架系统由臂架、象鼻架、刚性拉杆所组成。上述三种杆件与机架一起构成了一个平面四连杆机构。拉杆与象鼻架一端铰接，另一端铰接于回转部分的构架上，位置固定不变。载重绳绕过象鼻架端点上的滑轮，通过臂架端或象鼻架尾部滑轮卷在起升机构的卷筒上。

采用这种补偿机构后，臂架下方有较大的空间，有利于起重机各种机构的布置。尽管它存在结构复杂、重量较大等缺点，但其结构强度高、吊运速度快，因而得到普遍应用。

门座式起重机在最大幅度时臂架的倾斜角 α 一般在 $40°\sim50°$，在最小幅度时，臂架的倾斜角 α 一般为 $75°\sim85°$。

（2）变幅驱动装置。门座式起重机臂架的变幅驱动装置种类很多，常见的有齿条传动变幅驱动装置、扇形齿轮传动变幅驱动装置、液压传动变幅驱动装置、螺杆螺母传动变幅驱动装置。

1）齿条传动变幅驱动装置。齿条传动变幅驱动装置的齿条通过装于机房顶上的减速器直接带动臂架。齿条的齿形常制成针齿形状，因为在工作中齿条较易磨损，使得启动和制动时有冲击发生，很不平稳，所以各项安全设置应灵敏、可靠。必须每周检查齿条的磨损程度是否超过规定的允许值。否则就会有臂架超过行程而坠落的危险。

齿条传动变幅驱动装置能承受双向力，结构较小，因此比较紧凑，自重也较轻，工作效率也相当高。

2）扇形齿轮驱动装置。这种装置使用结构简单，可完成臂架的起伏动作。这种结构只适用于配重置于臂架延长线上的臂架。在这种驱动装置中，齿轮是等速旋转的，因而臂架以等角速度起伏，但起吊货物的水平移动速度随臂架倾斜角的增加而逐渐增加，也随管架倾斜角的减少而逐渐降低。扇形齿轮驱动装置只用在小型、低速起重机上。

3）液压传动变幅驱动装置。臂架由装于机房顶部的液压系统的活塞推杆直接推动。这种装置具有结构紧凑、自重轻、能承受双向力、工作平稳等特点。因液压传动中的构件如活塞、缸筒、推杆及各种阀门的制造和安装，都要求有一定的精度，因此，需要熟练和高级技工才能完成液压传动中的构件（如活塞、缸筒、推杆及各种阀门）的制造和安装。起重机驾驶员更应该加强这部分的维护保养，确保装置性能良好。

液压驱动系统中除油泵外，还有驱动油泵用的电动机，盛放液压油的油箱、活塞及油缸、管道、阀门和仪表等。

4）螺杆螺母传动变幅驱动装置。螺杆螺母传动变幅驱动装置能承受双向力。其优点是外形尺寸小，自重较轻，变幅过程比较平稳。其缺点是变幅平稳所带来的效率较低。

5. 门座式起重机的回转机构

门座式起重机的回转机构保证所吊重物沿圆弧进行水平移动，俗称分波。它与起升机构、变幅机构配合动作，可使所吊重物到达幅度所及的空间范围。

回转机构由回转支承装置和驱动装置两部分所组成。

（1）回转支承装置。目前采用的回转支承装置有转盘式回转支承装置、转柱回转支承装置和定柱回转支承装置三种。

1）转盘式回转支承装置。采用这种回转支承装置的起重机，其回转部分安装在一个大转盘上，转盘由滚动元件支承，与回转部分一起回转。根据滚动元件的结构转盘式回转支承装置又可分为支承滚轮式，滚子夹套式和滚动轴承式三种。

支承滚轮式回转支承装置是在转盘下面装置若干个滚轮，滚轮压在圆形轨道上，并由圆形轨道承担垂直负荷。在滚子夹套式回转支承装置中，转盘和底座上都装有轨道。滚动体可以是滚珠、滚柱或滚轮，它们置于两个轨道之间。滚动轴承式回转支承装置采用特制的滚动轴承替代滚动体和滚道。转盘就固定在轴承的旋转座圈上。其固定座圈则与起重机的门座相固接。

2）转柱回转支承装置。转柱回转支承装置由倒锥形大支柱、支撑滚轮组成的上支座及轴承组成的下支座三部分组成。倒锥形大支柱的底部支承在底部轴承上，使底部轴承受垂直方向的压力。支承滚轮轨道装在转柱上或门座桁架上。水平滚轮一般装有偏心的轴套，只需转动滚轮的心轴，就可以调整水平滚轮与滚道之间的间隙，从而达到所需要的数值。上、下支座都是承受载荷的部件，因载荷的数量很大，故应按规定时间予以保养，使这些部件得到充分的润滑。否则磨损将加剧。

3）定柱回转支承装置。定柱回转支承装置与转柱回转支承装置不同，它有一个与起重机回转部分固定在一起的圆锥形罩。这个圆锥形罩覆盖在固定不转的圆锥形立柱上。上支座由圆锥形罩上端的圆柱内壁和圆锥形立柱上端延伸的圆柱部分构成。圆锥形罩的下端与定柱下部组成下支座，其滚轮数可适当增加以减小滚轮水平方向的轮压。

（2）回转驱动装置。门座式起重机的回转驱动装置由电动机、减速器、齿轮、制动器及电气操纵装置等部分组成。其驱动装置与驾驶室都设置在起重机的转盘上。电动机经减速器输出轴的小齿轮与装在门架上固定部位的大齿圈啮合。电动机转动时，小齿轮沿大齿圈滚动，带动整个转盘围绕回转中心回转，即起重机完成了回转运动。

目前采用的回转驱动装置的结构有以下四种：

1）立式电动机、立式圆柱齿轮减速器传动。

2）立式电动机、立式行星减速器传动。

这两种形式的驱动机构结构紧凑，因此所占的面积较小，且效率较高，因而使用者日益增加。

3）卧式电动机、圆柱及圆锥齿轮传动。

虽然这种驱动机构效率高，也有利于使用标准的减速箱，但占地面积较大，给设计人员带来了布置上的困难。

4）卧式电动机、蜗轮减速器直接带动。

这种传动方式布置比较紧凑、占地面积减小，但传动效率低，因此，目前已很少采用。

6. 门座式起重机的运行机构

使门座式起重机在轨道上运行的机构叫作门座式起重机的运行机构。门座式超重机的运行机构一律采用分别驱动的方案。在门架的四条支腿下部装置了均衡台车，用以支承整台门座式起重机的重量。每辆均衡台车的车轮数较多，为了保证起重机能沿着轨道运行，要求有一半车轮由驱动机构来驱动。

运行机构中的部件还可根据用途分为驱动部分和支承部分。属于驱动部分的有电动机、减速器、齿轮、制动器等部件。而均衡梁、销轴、车轮等组成的均衡台车则为支承部分。

（1）驱动机构。采用分别驱动的方式，使其自重减轻、维修方便、工作可靠，特别是起重机变形对驱动装置影响较小，但由于使用的电动机、减速器、制动器的数量相应地有所增加，故造价有所提高。

根据上面提出的有一半车轮由驱动机构来驱动的要求，门座式起重机的四条支腿至少装有两套驱动装置，也可装置四套驱动装置，即在每一条支腿下都有一套驱动机构，称为全部驱动方式。这种方式有足够的驱动力。

对于具有两套驱动装置的门座式起重机而言，其驱动装置的布置可有三种形式。第一种是把两套驱动装置安置在同一根轨道上的两条支腿上；第二种是把两套驱动装置安置在不同轨道与轨道中心线对称的两条支腿上；第三种是把两套驱动装置安置在成对角线的两条支腿上。在上述三种方式中，以采用对角驱动的方式为佳。这种布置方式可保证臂架转动时对角轮压之和变化不太大，使得整体的运行没有多大困难。

（2）均衡台车。在门座式起重机的四条支腿下，安装着的车轮数目相等。为了保证车轮承受的轮压比较接近，采用了均衡台车结构。

均衡台车的车轮都是铸钢的。车轮具有圆柱形的双轮缘，这对防止脱轨及延长其使用寿命有一定的好处。

由于门座式起重机自重大，因此均衡台车的轴承应每周加钙基润滑脂一次，保证摩擦表面不致出现干摩擦的现象，这样对延长销轴及轴承的使用寿命是有利的。

（3）运行机构的检查。对运行机构的检查，其目的在于确保整台起重机的安全。一般要对门座式起重机的轮压进行检查。如果轮压超过规定或地基过软，就可能在整机运行中发生整机倾斜甚至翻倒的事故。门座式起重机一般用于露天场地，当冬季到来时，轨道表面可能有露水甚至有冰，造成主动轮与轨道表面之间黏附力过小，不能克服各种阻力之和，使车轮原地打滑。这种情况一般出现在冬季清晨。此时，可在轨道表面撒上一层干砂来增加主动轮与轨道表面的黏附力。

运行机构的制动器应保证门座式起重机准确地停到所需位置，而且制动时间应尽可能地短，这样整台门座式起重机的滑移距离就会小一些。

运行机构的制动器应天天检查。因为当制动器失灵时，行走中的门座式起重机往往因自身的惯性作用继续滑移，可能发生起重机设备事故或人身事故。特别要检查起重机的制动器电磁铁是否因振动而被卡住不动。此外，要检查电磁铁的线圈是否因天气的关系而受潮。

5.2.6 塔式起重机

塔式起重机常用于房屋建筑和工厂设备安装等用途，具有适用范围广、回转半径大、起升高度高、操作简便等特点。起重臂安装在塔身上部，高出建筑物，并可安装在靠近建筑物的一侧，因此它的有效幅度要比履带式起重机和轮式起重机的有效幅度大得多。

塔式起重机的起重高度一般为 40~60m，最高的甚至超过 200m，一般可在 20~30m 的旋转半径范围内吊运构件和工作物。塔式起重机在我国建筑安装工程中得到广泛使用，成为一种主要的施工机械。塔式起重机如图5-6所示。

1. 塔式起重机的特点

塔式起重机是一种间歇动作的机械。它的基本特点是：臂架与塔身形成一个角形的空间，直接靠近在建的构筑物或建筑物。这种形式能使它的有效工作幅度超过其他起重机械。塔式起重机与其他起重机相比较，具有以下特点。

（1）工作幅度大，工作面广。

（2）可吊运高度高，吊运性能好。

（3）视野开阔，塔式起重机驾驶室随着建筑物上升而上升，驾驶员可以看到装配作业的全过程，因此有利于操作等。

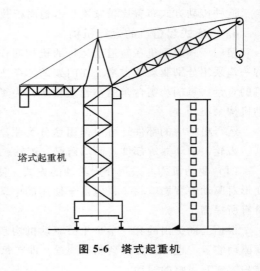

塔式起重机

图 5-6 塔式起重机

2. 塔式起重机的金属结构

塔式起重机由下列基本构件所组成：起重臂、塔身、塔帽和支架、平衡臂和回转台、底座、套架、附着装置等。由于结构形式不同，其组成部分也不一样。

（1）起重臂。起重臂主要有压杆式、小车式两种。压杆式起重臂的载荷始终在起重臂的顶端。随着起重臂仰角的变化而变幅，起重臂始终受压，故称为压杆式起重臂。

小车式起重臂的载荷，由在起重臂上行走的小车担负，靠小车行走进行变幅。这种起重臂既受弯又受压。

压杆式起重臂的结构形式可分为实腹式、桁架式两种。按其断面形状又可分为三角形压杆式起重臂、四边形压杆式起重臂；按全长范围内截面面积的大小又可分成等截面压杆式起重臂、变截面压杆式起重臂。

起重臂的长度决定于塔式起重的工作范围及有效幅度。压杆式起重臂与小车式起重臂的水平宽度 B 约等于起重臂长 L 的 1/10 左右，起重臂垂直高度 H 约等于起重臂长 L 的 1/30 左右。

不论采用实腹式还是桁架式起重臂，都要求设法减轻起重臂的重量，减少起重臂自重，以增加起重量，这对起重机的使用有重要意义。

（2）塔身。按照受力状况塔身可分为中心受压、偏心受压两种。

上回转装置的起重机，塔身为偏心受压，此时除风载荷引起的弯矩外，起重力矩或平衡重力矩都使塔身受弯，整个塔身相当于偏心受压杆件。上回转装置的塔身，其高度可以随着建筑物升高而升高，可将整个塔身做成许多标准节段，在施工中进行逐节安装。

下回转装置的起重机，塔身为中心受压，但严格地讲，纯粹中心受压的塔身是没有的，由于风载作用使塔身受弯，这就相当于偏心受压了。下回转装置的塔身，其高度往往固定不变，整个塔身做成几段拼接出来。下回转装置也可通过下加节来提高起重机的起升高度，但由于不能附着，所能增加的高度也是有限的。

塔身与塔臂一样可分成实腹式、桁架式两种。实腹式实际上是用于上回转装置塔身的标准节段中。桁架式结构用得较多，几乎各种形式的塔身都采用桁架式结构，现代塔式起重机的塔身，绝大多数采用桁架式的。

桁架式塔身的腹杆体系有单斜杆、单斜杆加横杆、十字交叉腹杆和 K 形腹杆。单斜杆体系挡风面积最小，制造简便，用得最多，最经济。

　　塔身联结方法一般有法兰联结、销轴联结、剪切螺栓联结、轴瓦式联结、高强度螺栓联结。

　　（3）塔帽和支架。塔帽和支架的结构形式很多，主要与起重臂及变幅、回转支承的位置有关。

　　塔帽和支架是起重臂和平衡臂的支承结构。起重臂一端直接支承在塔身上或间接支承在塔身上，另一端就通过拉绳与塔帽或支架连接。因此，塔帽或支架所受的载荷，除风载荷外，主要是由起重臂或平衡臂的拉绳传来的载荷。

　　塔帽或支架高度与起重机的参数（起重能力与幅度）以及起重臂拉绳、平衡臂拉缩的吊点位置有关。高度过大，对塔帽或支架结构本身不利，用钢量也有所增加。塔帽或支架过低，对拉绳、起重臂和平衡臂结构受力不利。

　　塔帽或支架在起重臂平面内主要受单向或双向拉绳之力，拉绳内力来自起重臂或平衡臂，塔帽或支架在垂直于起重臂平面方向内的力，则主要是风力。因此，塔帽或支架做成空间桁架结构，或门式结构。

　　（4）平衡臂和回转平台。平衡臂和回转平台的功能相似，都是放置平衡重和起升机构的。

　　设置平衡重的目的，是利用平衡重引起的后倾力矩来抵消塔式起重机的一部分前倾力矩，从而减轻塔身的负载。平衡重的设置应使起重机的塔身在工作状态下和非工作状态下的弯矩都尽可能的小，平衡重数量要尽量少，以减轻起重机重量和减少塔身压力。

　　平衡臂长度与回转平台尺寸和平衡重数量及其位置有关，一般情况下，平衡臂长度约为幅度的 1/3~1/2。原则上要求平衡臂（回转平台）长度尽可能短。平衡臂最常用的是反三角形桁架结构形状，由于平面桁架形结构简单，制造方便，所以有时也采用平面桁架形结构。

　　回转平台除了放置平衡重外，其功能与平衡臂相同。此外，它还承受塔帽支架与起重臂传来的力。回转平台与塔帽支架、起重臂一起相对塔身（或底座）进行回转，因此，回转平台的受力情况与构造都比平衡臂要复杂。

　　（5）底座。底座的作用是把大齿圈以上的载荷传到地面上去。底座有固定式与活动式两种。

　　固定式底座一般用在建造高层建筑的塔式起重机中，活动式底座则用在建造较低建筑物的塔式起重机中。活动式底座就是带有行走装置的一种基础底板，行走轮有 4 只、8 只、12 只或 16 只等。

　　轻型塔式起重机一般只有 4 只行走轮，轮距 2~3m，结构较简单，塔身支承在横梁上，由横梁将力传给纵梁，纵梁再与行走轮联系起来。

　　中型塔式起重机的行走装置一般采用 8 只行走轮，轮距 3~5m，塔身坐落在底座上。从底座四个角伸出四条支腿与行走轮联结，支腿与底座用铰连接，便于拆装与运输。为了保持四条腿的正确位置和起重机的稳定性，可在底座两侧或四侧加设撑杆，在行走时不致转动。

　　底座与支腿用钢板拼焊成箱形和工字结构，下回转起重机的底座要与回转大、小齿圈联结，其联结的一面端面需车平。

　　（6）套架。自升塔式起重机一般都有一只套架，套架的作用是在自升过程中支承结构以上部分的重量，通过套架将负重传给塔身来实现自升（即顶升时的传力作用）。

　　套架是一种空间桁架结构，其外形与塔身基本一致，若塔身是圆筒形，套架也做成圆筒形，若塔身是四边形，套架也做成四边形。

　　套架的受力比较复杂，在使用过程中，要求套架不仅要有足够的强度，还要有一定的刚性。

　　（7）附着装置。附着装置用于自升塔式起重机中，一般采用两道或三道附着装置，第一道附着装置一般多设在离地 15~20m 处，以后每隔 15~20m 设置一道，顺次移置。直到塔身加高到允许的最大高度。附着装置的构造形式有两种：一是在附着高度处的塔身上加一节塔身节，通过连接销及销座使附着杆的一端与建造物相连，另一端用螺栓固定在塔身节上。

　　另一种附着装置呈框形结构，以便在塔身的任意高度处固结，附着杆的一端用销轴与附着装置联结，另一端与建筑物联结。附着杆的布置有呈 M 形的，也有呈 N 形的。

5.2.7 桅杆起重机

桅杆起重机俗称"抱杆"或"桅杆"，它是一种常用而又简单的起重装置。按构成桅杆的材料组成，可分为木起重杆和金属起重杆。金属起重杆又分为金属管式起重杆和金属桁架结构起重杆。按桅杆的结构组成特点可分两大类，一类是独杆式桅杆起重机，另一类是回转式桅杆起重机，也称系缆式起重机（俗称"台立克"）。桅杆起重机如图 5-7 所示。

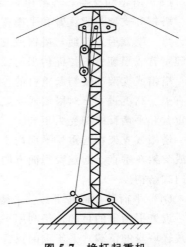

图 5-7 桅杆起重机

1. 独杆式桅杆起重机

独杆式桅杆起重机，只有一根独立的桅杆。在桅杆顶部，有一块顶板，用以固定牵拉绳。在接近桅杆顶部的地方，焊有滑轮支架，用以悬挂滑车。桅杆下端做成球面，一方面使支反力通过中心，另一方面可使桅杆处于倾斜状态使用。下端支承在枕木上，起升绳通过导向滑轮绕到卷扬机的卷筒上。也有些独杆式起重机下部置有钢底板，目的是扩大受压面积。

（1）管式桅杆起重机。管式桅杆起重机是由无缝钢管制成的，其上部和底部与前面所述相同。管式桅杆制作时，如管材长度不够，或现有桅杆需要接长，可采用焊接方法对接。其焊口应倒坡口，焊缝处用角钢加固。选用角钢的尺寸一般为 1/5～1/6 桅杆的外径；角钢的长度为 1～1.5 倍桅杆外径。

（2）格构式桅杆起重机。格构式独杆式起重机是由四根主弦杆、横撑和斜撑腹杆组成的方形断面，并把它们焊成一体。截面有等截面和不等截面之分。由于它是由很多段连接组成的，因此可根据实际工作需要，组成不同长度的桅杆。格构式桅杆起重机的结构由型钢组成，在连接处（节点）用钢板扩大各构件的焊缝长度。现在逐步用薄壁钢管作为主弦杆和腹杆。

金属格构式桅杆起重机的特点是，起吊能力大，可以起吊几十吨到几百吨的重物。一般可采用一支桅杆单独或两支桅杆联合吊装，也可以多支桅杆同时联合抬吊一个重物。

2. 回转式桅杆起重机

回转式桅杆起重机，是由一根主桅杆（立柱）在其顶部通过变幅滑轮组悬吊着起重桅杆（回转动臂）。起重桅杆可以变幅或左右回转一定的角度，比独桅杆式桅杆起重机有较好的起吊性能。由于回转式桅杆起重机不仅能垂直起吊物体，而且在起重桅杆活动范围内可将物体在空间水平移动，因此是一种比较灵活、应用广泛的起重机械。

这种桅杆起重机的主桅杆，多是由四根角钢或薄臂钢管焊成的正方形截面格构式结构。主桅杆起重机中间截面较大，两端较小，是个变截面结构。为了便于拆装连接，通常做成 6～8m 一段，组装时用精制螺栓连接起来，在接头处用钢板加固，形成一段腰带，增加接头刚度，防止变形。为了检修方便，在主桅杆一侧装有梯子。

5.3 起重机械安全管理

5.3.1 起重机械使用及操作安全管理

（1）安全管理制度。安全管理规章制度的项目包括：驾驶员守则和起重机械安全操作规程；

起重机械维护、保养、检查和检验制度；起重机械安全技术档案管理制度；起重机械作业和维修人员安全培训、考核制度；起重机械使用单位应按期向所在地的主管部门申请在用起重机械安全技术检验，更换起重机械准用证的管理等。

（2）技术档案。起重机械安全技术档案的项目包括：设备出厂技术文件；安装、修理记录和验收资料；使用、维护、保养、检查和试验记录；安全技术监督检验报告；设备及人身伤亡事故记录；设备的问题分析及评价记录。

（3）定期检验制度。在用起重机械安全定期监督检验周期为两年（电梯和载人升降机安全定期监督检验周期为一年）。此外，使用单位还应进行起重机的自我检查，每日检查、每月检查和年度检查。

1）年度检查。每年对所有在用的起重机械至少进行一次全面检查。停用一年以上、遇四级以上地震或发生重大设备事故、露天作业的起重机械经受九级以上的风力后的起重机，使用前都应做全面检查。

其中，可以吊运相当于额定起重量的重物进行载荷试验，并按额定速度进行起升、运行、回转、变幅等操作，检查起重机正常工作机构的安全和技术性能、金属结构的变形、裂纹、腐蚀及焊缝、铆钉、螺栓等连接情况等。

2）每月检查。检查项目包括：安全装置、制动器、离合器等有无异常，可靠性和精度；重要零部件（如吊具、钢丝绳滑轮组、制动器、吊索及辅具等）的状态，有无损伤，是否应报废等；电气、液压系统及其部件的泄漏情况及工作性能；动力系统和控制器等。停用一个月以上的起重机构，使用前也应做上述检查。

3）每日检查。在每天作业前进行，应检查各类安全装置、制动器、操纵控制装置、紧急报警装置；轨道的安全状况；钢丝绳的安全状况。检查发现有异常情况时，必须及时处理，严禁带病运行。

（4）作业人员的培训教育。起重作业是由指挥人员、起重机驾驶员和司索工配合的集体作业，要求起重作业人员不仅应具备基本文化和身体条件，还必须了解有关法规和标准，学习起重作业安全技术理论和知识，掌握实际操作和安全救护的技能。起重机驾驶员必须经过专门考核并取得合格证者方可独立操作。指挥人员与司索工也应经过专业技术培训和安全技能训练，了解所从事工作的危险和风险，并有自我保护和保护他人的能力。

（5）安全使用基本要求。

1）对于起重机的内燃机、电动机和电气、液压装置部分，在使用中应执行有关规程的规定。

2）操作人员在作业前，必须对工作现场环境、行驶道路、架空电线、建筑物以及构件重量和分布情况进行全面了解。

3）现场施工负责人应为起重机械作业提供足够的工作场地，消除或避开起重臂起落及回转半径内的障碍物。

4）各类起重机应装有音响清晰的喇叭、电铃或汽笛等信号装置。在起重臂、吊钩、平衡重等转动体上应标以色彩鲜明的标志。

5）起重吊装的指挥人员必须持证上岗，作业时，应与操作人员密切配合，执行规定的指挥信号。操作人员应按照指挥人员的信号进行作业，当信号不清或错误时，操作人员可拒绝执行。

6）对于操纵室远离地面的起重机，在正常指挥有困难时，地面及作业层（高空）的指挥人员均应采用对讲机等有效的通信联络进行指挥。

7）在露天有六级及以上大风或大雨、大雪、大雾等恶劣天气时，应停止起重吊装作业。雨雪过后作业前，应先试吊，确认制动器灵敏可靠后才可进行作业。

8）起重机的变幅指示器、力矩限制器、起重量限制器以及各种行程限位开关等安全保护装置，应完好齐全、灵敏可靠，不得随意调整或拆除。严禁利用限制器和限位装置代替操纵机构。

9）操作人员进行起重机回转、变幅、行走和吊钩升降等动作前，应发出音响信号示意。

10）起重机作业时，起重臂和重物下方严禁有人停留、工作或通过。吊运重物时，严禁从人上方通过。严禁用起重机载运人员。

11）操作人员应按规定的起重性能作业，不得超载。在特殊情况下需超载使用时，必须经过验算，有保证安全的技术措施，并写出专题报告，经企业技术负责人批准，有专人在现场监护下才可作业。

12）严禁使用起重机进行斜拉、斜吊和起吊地下埋设或凝固在地面上的重物以及其他不明重量的物体。现场浇注的混凝土构件或模版，必须全部松动后才可起吊。

13）起吊重物应绑扎平稳、牢固，不得在重物上再堆放或悬挂零星物件。易散落物件应使用吊笼栅栏固定后方可起吊。标有绑扎位置的物件，应按标记绑扎后起吊。吊索与物件的夹角宜采用45°~60°，且不得小于30°，吊索与物件棱角之间应加垫块。

14）起吊载荷达到起重机额定起重量的90%及以上时，应先将重物吊离地面200~500mm后，检查起重机的稳定性、制动器的可靠性、重物的平稳性、绑扎的牢固性，确认无误后，才可继续起吊。对易晃动的重物，应用拉绳拴牢。

15）重物起升和下降的速度应平稳、均匀，不得突然制动。左右回转应平稳，当回转未停稳前，不得做反向动作。非重力下降式起重机，不得带载自由下降。

16）严禁起吊重物长时间悬挂在空中，若作业中遇突发故障，应采取措施将重物降落到安全的地方，并关闭发动机或切断电源后进行检修。当突然停电时，应立即把所有控制器拨到零位，断开电源总开关，并采取措施使重物降到地面。

17）起重机不得靠近架空输电线路作业。起重机的任何部位与架空输电导线的安全距离不得小于规定距离。

5.3.2 起重机检验安全管理

（1）起重机械的拥有人应确保起重机械测试及检验得以进行，并指定有资格的起重机械检验员对起重机进行检验，该检验员必须是接受过培训，有经验且有足够能力进行起重机械测试及检验的人员。

（2）起重机械的拥有人应保证起重机械在过去的12个月内曾由一名有资格的检验员进行过最少一次的彻底检验，该有资格的检验员应在证明书内说明该受检起重机是否处于安全状态。

（3）起重机械（起重机、起重滑车或绞车除外），必须在使用前由拥有人保证由一名有资格的检验员对起重机械进行超载试验，并做彻底检验，并将试验及检验状况记录在指定格式的证明书上。

（4）起重机、起重滑车或绞车的拥有人，应在过去的四年内，曾派一名有资格的检验员对设备进行超载试验和彻底检验。

（5）若起重机械曾经重大修理、重新架设、失灵、翻倒或倒塌，则拥有人必须重新对其进行超载试验和彻底检验。

（6）起重机械的拥有人必须对起重机械定期进行检查。检查人必须是拥有人指定，是受过专业训练、具有实际经验，而且有足够能力执行该职责的有资格人员。起重机械应在七天内至少检查一次，明确该起重机械所处的操作状态是否安全。

5.4　起重机械的安全装置及附件

为了进一步保护起重机械设备和防止发生人身事故，在起重机的有关部件上，安装了一些安全装置，目前所用的安全装置主要有：各类限位器、起重量限制器、偏斜调整和显示装置、缓冲器、防风防滑装置等。

5.4.1　限位器

1. 起升高度限位器

它用来限制起升高度，当起升到上极限位置时，限位器发生作用，使起升重物停止上升，以防发生起重物继续上升、钢丝绳被拉断、重物下坠的事故。此时若再去操纵手柄则只能得到起升重物下降的动作。

起升高度限位器主要有重锤式和螺杆式两种。重锤式起升高度限位器由限位开关和重锤所组成，使用方便。但因钢丝绳在重锤中穿过，因而在作业时，钢丝绳常与重锤摩擦，有时会磨断钢丝绳。螺杆式起升高度限位器准确可靠，重量也较轻，不但可以限制起升高度，还可以限制下降深度。

2. 行程限位器

行程限位器实际上由顶杆和限位开关组成。当行程到达极限位置后，顶杆触动限位开关的转动柄，它的转动可切断电源，使机构停止工作。起重机的大、小车为了控制行程的范围都装有行程开关。

5.4.2　偏斜调整和显示装置

当门式起重机、装卸桥的运行机构工作时，桥架两端支腿的运行速度常常不同步，导致一端支腿超前，另一端支腿滞后，造成起重机偏斜的情况。这样就会造成起重机金属结构损伤或损坏，并使起重机啃道；严重时，还会损伤运行机构，构成工作事故隐患。跨度大的起重机因刚度较小，较易发生起重机行走偏斜。为此，跨度 ≥40m 的装卸桥和门式起重机，应装或宜装偏斜调整和显示装置，常见的偏斜调整装置形式有三种：凸轮式偏斜调整装置、链轮式偏斜调整装置、钢丝绳式偏斜调整装置。

5.4.3　缓冲器

当起重机运行到终端，一旦发生与设在终端的挡板相撞的情况，可依靠缓冲器吸收碰撞的能量。缓冲器的外形尺寸应尽量小一些，而所能吸收的能量尽可能大一些，碰撞后的反坐力也应小些，这样就可以保证起重机能平稳地停车。

缓冲器的种类很多，在起重机上常采用橡胶缓冲器、弹簧缓冲器和液压缓冲器。

1. 橡胶缓冲器

橡胶缓冲器的结构简单，但它所能吸收的能量比较小，最大也不过 215kg·m。因此，只用在起重机运行速度不超过 50m/min 的场合，主要起阻挡作用。

2. 弹簧缓冲器

弹簧缓冲器的结构也比较简单，使用可靠，维修方便。当起重机撞到弹簧缓冲器时，其能量主要转变为弹簧的压缩能，因而具有较大的反弹力。

3. 液压缓冲器

液压缓冲器能吸收较大的撞击能量，其行程可做得短些，尺寸也较小。液压缓冲器最大的优点是没有反弹作用，故工作平稳可靠。液压缓冲器的构造比较复杂，对液压缸筒和活塞的制造精度要求较高，以免液体渗漏。此外，所用的缓冲液必须经过很好的过滤，绝不允许有杂质存在，否则将在工作时磨损活塞或液压缸筒，给维修工作带来困难。

5.4.4 防风防爬装置

起重机防风防爬装置主要有三类，即防风锚定装置、防风铁鞋和夹轨器。

1. 防风锚定装置

防风锚定装置主要有链条式和插销（板）式两种。这种防风装置，一般是在起重机作业后和暴风到来之前，将起重机锚固起来，因而比较安全可靠，但不能解决紧急情况下的防风问题。

2. 防风铁鞋

防风铁鞋作为一种防风装置可抵抗 9~10 级的大风，比较适合在内陆地区使用。按控制方式，防风铁鞋可分为手动控制防风铁鞋和电动控制防风铁鞋两种，比较简单的方法是将铁鞋直接放在车轨下面。

3. 夹轨器

夹轨器在防风装置中应用最广泛，可用于各种类型的起重机。它的工作原理是通过钳口夹住轨道，使起重机不能滑移，从而达到防风的目的。夹轨器的钳口多用中碳钢和高碳钢制成，热处理硬度 HBW>350。为了增加摩擦系数，钳口制成齿状。按控制方式分类，夹轨器可分为手动螺杆夹轨器、电动夹轨器和手、电两用夹轨器。

（1）手动螺杆夹轨器。有水平螺杆式手动夹轨器和垂直螺杆式手动夹轨器两种。手动螺杆夹轨器构造简单、紧凑，因而价格便宜，操作和维修都比较方便。但夹紧力则受到限制，安全可靠性能相应较差。操作人员应经常检查螺纹、销轴、销孔的磨损情况，以免夹紧力不足。

（2）电动夹轨器。有弹簧式电动夹轨器和楔形重锤式电动夹轨器两种。弹簧式电动夹轨器的夹紧力较大，但调整费时。特别是限位开关的动作要适当。否则，会出现夹紧力不足或停止电动机工作太晚而造成零件损坏的情况。楔形重锤式电动夹轨器操作简便。其限位开关动作的调整也比较方便，但重锤的自重大，易与滚轮发生磨损。

5.4.5 防后倾装置

用柔性钢丝绳牵引起重臂进行变幅的起重机，当遇到突然卸载等情况时，会产生瞬时使起重臂后倾的力，从而造成吊臂超过最小幅度，发生起重臂后倾的事故。因此，流动式起重机和动臂式塔式起重机上应安装防后倾装置。

防后倾装置大多由两部分组成。一部分是通过安装在起重臂下铰点附近的变幅限位开关限制变幅位置，有时起重臂通过一个连杆机构带动幅度指示器，并在幅度盘上设置限位开关，进行限位，另一部分是通过一个机械装置对起重臂进行止挡。保险绳和保险杆是两种常用的防后倾装置。保险绳一端固定在转台上，另一端固定在起重臂上，通过钢丝绳的长度，限定起重臂的倾角。这种防后倾装置的缺点是不能起到缓冲和减振作用，冲击、振动较大。为减缓振动和冲击，常采用保险杆。保险杆的工作原理是将保险杆的上端铰接在起重臂上，下端铰接于转台上；保险杆是一个套筒伸缩机构，随起重臂的倾、俯而伸、缩；在套筒中安装有缓冲弹簧，对起重臂有缓冲、减振和限位作用。保险杆也有采用液压或油气结合方式的，这种方式的减振、缓冲性能比弹簧要好。

5.4.6 回转锁定装置

回转锁定装置是指臂架起重机处于运输、行驶或非工作状态时锁住回转部分，使之不能转动的装置。

回转锁定器有机械锁定器和液压锁定器两种。机械式锁定器的结构比较简单，通常是采用锁销插入方法、压板顶压方法或螺栓紧定方式等。液压式锁定器通常用双作用活塞式油缸对转台进行锁定。

5.4.7 超载保护装置

起重量限制器和起重力矩限制器统称为超载保护装置。超载保护装置按其功能的不同，可分为自动停止型和综合型两种；按结构形式分，有电气型和机械型两种。

当起升重量超过额定起重量时，自动停止型超载保护装置能限制起重机向不安全的方向（起升、伸臂、降臂等）继续动作，而允许起重机向安全的方向动作；当起升重量达到额定起重量的90%左右时，综合型超载保护装置能发出声响或灯光预警信号，起升重量超过额定起重量时，能停止起重机向不安全方向继续动作，并发出声光报警信号，同时能允许起重机向安全方向动作。

电气型超载保护装置能通过机械能与电能之间的转换，实现保护功能。即把检测到的载荷等机械量转换成相应的电信号，再进行放大、比较、运算和处理。习惯上称作电子式、电气式、机电式和微机式超载保护装置的产品都属于这一种。机械型超载保护装置通过机械能之间的转换与开关配合实现保护功能，机械型超载保护装置产品比较简单，采用杠杆、偏心轮、弹簧或液压系统检测载荷，通过行程开关（控制阀）使产品动作。

1. 起重量限制器

起重量限制器主要用来防止起重量超过起重机的负载能力，以免钢丝绳断裂和起重设备损坏。

起重量限制器的种类较多，常用的有杠杆式起重量限制器、弹簧式起重量限制器和数字载荷控制仪。随着电子技术的发展，起重机的安全装置逐步现代化。数字载荷控制仪主要用于起重设备的超载保护。它可以根据事先调节好的起重量来报警，一般把它调节为额定起重量的90%。而把自动切断电源的起重量调节为额定起重量的110%。数字载荷控制仪通用性较好、精度高，结构紧凑，工作稳定。

2. 起重力矩限制器

在动臂式起重机中，一个重要的参数是起重机的工作幅度。起重量对起重机的动臂销轴中心来说，还有一个起重力矩。如果起重量不变，当工作幅度越大时，起重力矩就越大。如果起重力矩不变，那么，当工作幅度减小时起重量就可以增加。在设计起重机时应确定一条起重重量与工作幅度之间的关系曲线，即起重机特性曲线，并以此为依据来设计起重力矩限制器。常用的起重力矩限制器有机械式起重力矩限制器和电子式起重力矩限制器。

5.4.8 防冲撞装置

随着工业的发展，需要使用起重机的工作越来越多，因而常常在一条轨道上安置几台起重机同时工作。为了防止起重机在轨道上运行时碰撞邻近的起重机，可在起重机上安装防止冲撞的装置。当起重机运行到危险距离范围时，防冲撞装置便发出警报进而切断电路，使起重机停止运行，避免起重机之间的相互碰撞。常利用超声波、电磁波、光波的反射作用来制造防止冲撞的装置。

1. 光线式防碰装置

典型的光线式防碰装置，由发射器、接收器、控制器和反射板组成，利用光波的直线传播和反射性能检测距离。光线式产品方向性好，检测精度高，不受烟、尘、蒸汽、外来光和外磁场影响。反射板可用铝板或不锈钢板，也有用特殊玻璃微珠制成的反射板。当温度较高时，激光管阈值电流上升，功率下降，检测距离下降。因此，在45℃以上的环境条件下使用时，必须进行特殊设计。

2. 超声波防碰装置

超声波防碰装置的工作原理是超声测距原理，有声呐式和回鸣式两种。

5.4.9　危险电压报警器

臂架式起重机在输电线附近作业时，若操作不当，臂架、钢丝绳等过于接近甚至碰触电线都会造成感电或触电事故。为了防止这类事故发生，安置危险电压报警器是十分必要的。

危险电压报警器的输电线路为三相交流电，各相间的相位差为120°。空间电场分布是交变电场，从理论上讲，与各相线距离相等的点的电位应为零。但在实际线路布设中，不存在电位为零的点，根据电场分布特性，只要检测出电位的绝对值和电位梯度，与预先设置的基准电压比较，就可以判断臂架与电线的距离，及时发出警报。

5.4.10　其他安全装置

1. 驾驶室和平台设施

起重机的驾驶室应用角铁、钢板等不可燃的材料制成，牢固地连接在起重机上，不得晃动。起重机驾驶室的高度应不低于2m，周围还应有高度不小于1050mm的栏杆。驾驶室外面有走台时，门应向外开；驾驶室外面没有走台时，门应向内开，但都可采用滑动式拉门。地板上应有绝缘橡胶覆盖，驾驶室视野要宽广，室内应备有二氧化碳灭火器材。驾驶室面积除容纳应有的操作人员外，还应留有两名检修人员的工作面积。配电板与驾驶员操作之间的距离不应小于0.6m，桥式起重机驾驶室边墙板与吊钩中心的距离不应小于1.1m。

在工作场所的空气中有蒸汽、有害气体粉尘时，驾驶室应封闭并装有玻璃，同时应有通风装置，若驾驶室内温度过高，还应考虑采用防暑降温措施。

有驾驶室的行车，应设置供驾驶员进出的、装有不低于1050mm栏杆的脚踏平台，它的地板面应和驾驶室的地板平齐，二者的间隙应为60~100mm。

2. 走道

桥式起重机沿大梁两侧应设置走道，走道靠近起重机运行的一侧应设牢固的栏杆，栏杆高度应不小于1050mm，栏杆与房柱之间的距离应大于0.5m，当房柱与起重机端梁之间的距离小于0.5m时，应禁止通行。

为了防止驾驶员、检修人员在上下起重机端梁时发生挤伤事故，在端梁的上车地点应安装断电装置和联系信号装置，当人员上下时，应先用信号通知正在操作的驾驶员停车，然后切断电源，迫使停电，使人员能安全上下。

3. 扶梯

扶梯宽度应不小于600mm，各级之间的距离应小于300mm，倾斜的扶梯应装设栏杆。对于垂直或倾斜角超过75°的扶梯，当其高度超过5m时，自2m高度处应装置弧形的安全圈，各圈的间距不应超过500mm，应用5根均匀分布的纵向连杆连接。由扶梯到弧形圈顶部的距离不小于700mm，且不应大于800mm。

4. 危险牌显示

每台起重机上都需要有明显的标牌，标明最大起重量，并挂在醒目易见的地方一般常挂在大车梁架上，若厂房太高太大，挂在大车上看不清楚、不明显时，可标在吊钩的滑轮罩上，有时为了提醒人们的注意，在起重机上可悬挂"有电""有人工作，请勿合闸""吊车已坏，不可使用"等危险警告牌。

危险牌的书写要求语气肯定，字迹明显。

5. 安全接地装置

为了防止因电气设备损坏，使起重机金属结构带电而发生触电事故，电器设备的金属外壳和起重机金属结构上，应有安全接地或接零装置，并应连接牢固可靠。

6. 安全电压

为了防止发生触电事故，地面操作开关和行灯应用 36V 以下的安全电压和装有备用行灯、电钻等手持式电动工具的单相三眼、三相四眼插座。

7. 安全防雷装置

如果露天起重机不在附近防雷设备的保护范围内，应装防雷安全装置，预防因雷击而发生的事故。其避雷针的保护范围，一般保护角度不大于 45°，其接地电阻一般不大于 4Ω。

5.5　起重机械安全技术

5.5.1　起重机械的安全使用

1. 安全操作一般要求

（1）驾驶员接班时，应对制动器、吊钩、钢丝绳和安全装置进行检查，发现性能不正常时，应在操作前排除。

（2）开车前，必须鸣铃或报警，在操作中接近人时，亦应给以断续铃或报警。

（3）操作应按指挥信号进行，对紧急停车信号，不论由何人发出都应立即执行。

（4）当确认起重机上或其周围无人时，才可以闭合主电源，当电源断路装置上加锁或有标牌时，应由有关人员除掉后才可闭合主电源。

（5）闭合主电源前，应使所有的控制器手柄置于零位。

（6）工作中突然断电时，应将所有的控制器手柄扳回零位，在重新工作前，应检查起重机动作是否都正常。

（7）在轨道上露天作业的起重机，当工作结束时，应将起重机锚定。当风力大于 6 级时，一般应停止工作，并将起重机锚定。对于门座式起重机等在沿海工作的起重机，当风力大于 7 级时，应停止工作，并将起重机锚定。

（8）驾驶员进行维护保养时，应切断主电源并挂上警示牌或加锁，若有未消除的故障，应通知接班驾驶员。

2. 安全技术要求

（1）有下述情况之一时，驾驶员不应进行操作：

1）超载或物体重量不清，如吊拔重量或拉力不清的埋置物体，以及斜拉、斜吊等。

2）结构或零部件有影响安全工作的缺陷或损伤，如制动器安全装置失灵，吊钩螺母防松装置损坏、钢丝绳损伤达到报废标准等。

3）捆绑吊挂不牢或不平衡而可能滑动，重物棱角处与钢丝绳之间未加衬垫等。

4）被吊物体上有人或浮置物。

5）工作场地昏暗，无法看清场地、被吊物情况和指挥信号等。

（2）驾驶员操作时，应遵守下述要求：

1）不得利用极限位置限位器停车。

2）不得在有载荷的情况下调整起升、变幅机构的制动器。

3）吊运时，不得从人的上方通过，起重臂下不得有人。

4）起重机工作时，不得进行检查和维修。

5）所吊重物接近或达到额定起重能力时，吊运前应检查制动器，并用小高度、短行程起吊后，再平稳地吊运。

6）对于无下降极限位置限位器的起重机，吊钩在最低工作位置时，卷筒上的钢丝绳必须保持有设计规定的安全圈数。

7）起重机工作时，臂架、吊具辅具、钢丝绳、缆风绳及重物等与输电线的最小距离不应小于表5-4的规定。

表 5-4　与输电线的最小距离

输电线路电压 V/kV	<1	1~35	≥60
最小距离/m	1.5	3	$0.01(V-50)+3$

8）对于流动式起重机，工作前应按说明书的要求平整停机场地、牢固可靠地打好支腿。

9）对无反车制动性能的起重机，除特殊紧急情况外，不得利用打反车进行制动。

（3）用两台或多台起重机吊运同一重物时，钢丝绳应保持垂直，各台起重机的升降、运行应保持同步。各台起重机所承受的载荷均不得超过各自的额定起重能力。若达不到上述要求，应降低额定起重能力至原额定起重能力的80%。也可由总工程师根据实际情况降低额定起重能力使用。吊运时，总工程师应在场指导。

（4）有主、副两套起升机构的起重机，主、副钩不应同时开动（对于设计允许同时使用的专用起重机除外）。

3. 起重工一般安全要求

（1）指挥信号应明确，并符合规定。

（2）吊挂时，吊挂绳之间的夹角宜小于120°，以免吊挂绳受力过大。

（3）绳、链所经过的棱角处应加衬垫。

（4）指挥物体翻转时，应使其重心平稳变化，不应发生指挥意图之外的动作。

（5）进入悬吊重物下方前，应先与驾驶员联系并设置支承装置。

（6）多人绑挂时，应由一人负责指挥。

4. 安全检验和检查周期要求

（1）下列情况应对起重机按有关标准检验：

1）正常工作的起重机，每两年进行一次。

2）经过大修、新安装及改造过的起重机交付使用前。

3）闲置时间超过一年的起重机重新使用前。

4）经过暴风、地震和重大事故后，可能使强度、刚度、构件的稳定性和机构的重要性等受到损害的起重机。

（2）工作繁重、环境恶劣时，经常性检查周期每月不得少于一次，定期检查周期每年不得少于一次。

5.5.2　起重机械的安全作业

1. 吊运前的准备

吊运前的准备工作包括：正确佩戴个人防护用品，包括安全帽、工作服、工作鞋和手套。高处作业还必须佩戴安全带和工具包；检查清理作业场地，确定搬运路线，清除障碍物。进行室外作业前，要了解当天的天气预报。对于流动式起重机，要将支撑地面垫实垫平，防止作业中地基沉陷；对使用的起重机和吊装工具、辅件进行安全检查。不使用报废元件，不留安全隐患；熟悉被吊物品的种类、数量、包装状况以及周围联系，根据有关技术数据（如质量、几何尺寸、精密程度、变形要求），进行最大受力计算，确定吊点位置和捆绑方式；编制作业方案：对于大型、重要的物件的吊运或多台起重机共同作业的吊装，事先要在有关人员的参与下，由指挥、起重机驾驶员和司索工共同讨论，编制作业方案，必要时报请有关部门审查批准。预测可能出现的事故，采取有效的预防措施，选择安全通道，制定应急对策。

2. 起重机驾驶员通用操作要求

有关人员应认真交接班，对吊钩、钢丝绳、制动器、安全防护装置的可靠性进行认真检查，发现异常情况及时报告。

开机作业前，应确认以下情况处于安全状态才可开机：所有控制器置于零位；起重机上和作业区内没有无关人员，作业人员已撤离到安全区；起重机运行范围内无未清除的障碍物；起重机与其他设备或固定建筑物的最小距离在 0.5m 以上；电源断路装置已加锁或有警示标牌；已按要求平整好场地，流动式起重机已牢固可靠地打好支腿。

开车前，必须鸣铃或示警；在操作中接近人时，应给断续铃声或示警。

驾驶员在正常操作过程中，不得利用极限位置限制器停车；不得利用打反车进行制动；不得在起重作业过程中进行检查和维修；不得带载调整起升、变幅机构的制动器，或带载增大作业幅度；吊物不得从人头顶上方通过，吊物和起重臂下不得站人。

严格按指挥信号操作，对紧急停止信号，无论由何人发出，都必须立即执行。

吊载接近或达到额定值，或起吊危险品（液态金属、有害物、易燃易爆物）时，吊运前认真检查制动器，并用小高度、短行程试吊，确认没有问题后再吊运。

起重机各部位、吊载及辅助用具与输电线的最小距离应满足安全要求。

有下述情况时，驾驶员不应操作：起重机结构或零部件（如吊钩、钢丝绳、制动器、安全防护装置等）有影响安全工作的缺陷和损伤；吊物超载或有超载可能，吊物质量不清、埋置或冻结在地下、被其他物体挤压，在操作中不得歪拉斜吊；吊物捆绑不牢，或吊挂不稳，重物棱角与吊索之间未加衬垫；被吊物上有人或浮置物；作业场地昏暗，看不清场地、吊物情况或指挥信号。

工作中突然断电时，应将所有控制器置零，关闭总电源。重新工作前，应先检查起重机工作是否正常，确认安全后方可正常操作。

有主、副两套起升机构的，不允许同时利用主、副钩工作（设计允许的专用起重机除外）。

用两台或多台起重机吊运同一重物时，每台起重机都不得超载。吊运过程应保持钢丝绳垂直，保持运行同步。吊运时，有关负责技术人员和安全技术人员应在场指导。

露天作业的轨道起重机，当风力大于 6 级时，应停止作业；当工作结束时，应锚定住起重机。

3. 司索工安全操作要求

司索工主要从事地面工作，例如准备吊具、捆绑挂钩、摘钩卸载等，多数情况还担任指挥任务。司索工的工作质量与整个搬运作业安全关系极大。其操作要求如下：

（1）准备吊具。对吊物的重量和重心估计要准确，如果是目测估算，应将估算值增大 20% 来选择吊具，每次吊装都要对吊具进行认真的安全检查，如果是旧吊索应根据情况降级使用，绝不可侥幸超载或使用已报废的吊具。

（2）捆绑吊物。对吊物进行必要的归类、清理和检查，吊物不能被其他物体挤压，被埋或被冻的物体要完全挖出。切断吊物与周围管、线的一切连接，防止造成超载；清除吊物表面或空腔内的杂物，将可移动的零件锁紧或捆牢，形状或尺寸不同的物品不经特殊捆绑不得混吊，以防坠落伤人；吊物捆扎部位的毛刺要打磨平滑，尖棱利角应加垫物，以防起吊吃力后损坏吊索；表面光滑的吊物应采取措施来防止起吊后吊索滑动或吊物滑脱；吊运大而重的物体应加诱导绳，诱导绳长度应能使司索工既可握住绳头，同时又能避开吊物正下方，以便发生意外时司索工可利用该绳控制吊物。

（3）挂钩起钩。吊钩要位于被吊物重心的正上方，不准斜拉吊钩，防止提升后吊物翻转、摆动；吊物高大需要借助垫物攀到高处来挂钩、摘钩时，垫物一定要稳固垫实，禁止使用易滚动的物体（如圆木、管子、滚筒等）做垫物。攀高时必须佩戴安全带，防止人员坠落跌伤；挂钩要坚持"五不挂"，即起重或吊物重量不明不挂，重心位置不清楚不挂，尖棱利角和易滑工件无衬垫物不挂，吊具及配套工具不合格或报废不挂，包装松散、捆绑不良不挂，将安全隐患消除在挂钩操作之前；当多人吊挂同一吊物时，应由一专人负责指挥，在确认吊挂完备，所有人员都离开并站在安全位置以后，才可发出起钩信号；起钩时，地面人员不应站在吊物倾翻、坠落可波及的地方；如果作业场地为斜面，则应站在斜面上方（不可在死角），防止吊物坠落后继续沿斜面滚动伤人。

（4）摘钩卸载。吊物运输到位前，应选择好安置位置，卸载时不要挤压电气线路和其他管线，不要阻塞通道；针对不同吊物种类应采取不同措施加以支撑、垫稳、归类摆放，不得将不同种类物品混在一起码放、互相挤压、悬空摆放，防止吊物滚落、侧倒、塌垛；摘钩时应等所有吊索完全松弛再进行，确认所有绳索从钩上卸下再起钩，不允许抖绳摘索，更不许利用起重机抽索。

（5）搬运过程的指挥。无论采用何种指挥信号，必须规范、准确、明了；指挥者所处位置应能全面观察作业现场，并使驾驶员、司索工都可清楚地看到；在作业进行的整个过程中（特别是重物悬挂在空中时），指挥者和司索工都不得擅离职守，应密切注意观察吊物及周围情况，若发现问题，应及时发出指挥信号。

4. 高处作业的安全防护

起重机金属结构高大，驾驶室往往设在高处，很多设备也安装在高处结构上，因此，起重驾驶正常操作、高处设备的维护和检修以及安全检查，都需要登高作业。为防止人员从高处坠落，防止高处坠落的物体对下面人员造成打击伤害，在起重机上，凡是高度不低于2m的一切合理作业点，包括进入作业点的配套设施，如高处的通行走台、休息平台、转向用的中间平台，以及高处作业平台等，都应予以防护。安全防护的结构和尺寸应根据人体参数确定。其强度、刚度要求应根据走道、平台、楼梯和栏杆可能受到的最不利载荷确定。

5.5.3　起重机械的定期保养

起重机械应在规定日期内进行维护和修理，防止其过度磨损或意外损坏引起伤害事故。通常执行预防性、计划性、预见性三种性质的检修保养工作制度。应经常地、细心地对起重机械进行检查。做好起重机械的调整、润滑、紧固、清洗等工作，保持机械的正常运转，称之为保养。

起重机械的保养分为日常保养、一级保养和二级保养。

1. 日常保养

（1）清扫驾驶室和机身上的灰尘和油污。

（2）检查制动器间隙是否合适。

（3）检查联轴节上的键及连接螺栓是否紧固。

（4）检查电铃、各种安全装置是否灵敏可靠。

（5）检查制动带及钢丝绳的磨损情况。

（6）检查控制器的触头是否密贴吻合。

2. 一级保养（每月一次）

（1）给滚动轴承加油。

（2）检查控制屏、保护盘、控制器、电阻器及各接线座、接线螺钉是否紧固。

（3）检查所有的电器设备的绝缘情况。

（4）检查减速器的油量、制动液压电磁铁的油量及润滑情况。

3. 二级保养（每半年一次）

（1）除去润滑脂表面的脏污，清洗滚动轴承，加润滑脂。

（2）检查所有电器设备的绝缘情况。

（3）检查控制屏、保护盘、控制器、电阻器及各接线座、接线螺钉是否紧固。

（4）检查减速箱的油量、液压电磁铁油量与润滑情况，若发现油质变坏、应更换润滑油，若油量不足，则加油至标准值。

（5）检查钢丝绳的磨损情况以及在卷筒上的固定情况。

5.6　起重机械检测检验

5.6.1　起重机械检测检验的目的

起重机械是现代工业生产不可缺少的设备，广泛地用于企业各种物品的起重、运输、装卸、安装等作业中。从安全角度分析：起重机械机构庞大复杂；工作范围和活动空间大；吊运的物品多种多样；载荷变化大；作业环境复杂；起重机械上活动暴露的零件多；起重作业需要多人配合，难度大。由于以上危险因素的存在，起重机械的伤亡事故较多，因此，加强对起重机械的检查检验工作，保证其安全运行，对企业的安全生产十分重要。

5.6.2　起重机械检测检验的内容

起重机械的所有零部件，如吊钩、电磁铁、真空吸盘、集装箱吊具及高强螺栓、钢丝绳套管、吊链、滑轮、卷筒、齿轮、制动器、车轮、锚链和安全钩等，以及金属结构的本体和焊缝，如主梁腹板、盖板和翼缘板等对接焊缝，均不允许存在裂纹等损伤，在试验后各机构也不允许出现裂纹和永久变形等损伤；大部分摩擦部件，如抓斗铰轴和衬套、吊具、钢丝绳、吊链环、滑轮、卷筒、齿轮、车轮等表面磨损量也都有严格的规定；某些部件及其焊缝，如吊钩、真空吸盘、集装箱吊具金属结构、金属结构原料钢板、各机构焊接接头等内部缺陷的当量尺寸也有明确规定；某些专用零部件，如钢丝绳等，也有专用的质量要求；有的对表面防腐涂层厚度也有规定。具体要求可参考相关起重机械及零部件的技术规范，必须根据相应的技术要求针对不同的检测对象采用适当的检测方法和检测工艺。

根据起重机械材料、焊缝及零部件易出现的缺陷类型，可选用相应的无损检测方法，如对整机的金属结构、电气控制和安全防护装置等，可用目视检测方法；对零部件，如母材或焊缝内部缺陷，主要用射线和超声波检测方法；对表面裂纹等缺陷，主要用磁粉或渗透探伤方法，也可采用漏磁裂纹检测装置；对壁厚减薄，可用卡尺等度量工具测量，也可以用超声测厚仪进行测量；对漆层厚度，可用涡流膜层厚度测量仪测量；金属磁记忆检测仪可对钢结构的应力状况进行检测；声发射技术可检测起重机械材料内部因腐蚀、裂纹等缺陷产生的声发射（应力波）情况；应力应变测试可对整机静态和运动等状态下的应力分布及变化情况进行测试；振动测试可对整机的自振频率和振型分析进行测试。随着无损检测技术的发展，可用于起重机械上的无损检测技术和方法也将越来越多。起重机械种类繁多，不同的起重机械应按其设计、制造、检验、试验和验收等技术条件进行检测。针对不同部件和特殊结构易产生缺陷的类型要采用相应的无损检测方法，并以相应的检测工艺和标准进行探伤和评价。

5.6.3　起重机械检测检验技术

起重机械的检测方法有：目视检测、射线检测、超声波检测、磁粉检测、渗透检测、电磁检测（包括涡流膜层测厚、漏磁裂纹检测等）、金属磁记忆检测等。

1. 目视检测

目视检测是为了检测起重机械的整体质量和各功能部件的性能。主要检测内容有：

（1）机械部分。金属结构的几何尺寸测量、表面质量检查、载荷试验、机械装置试验和安全保护装置试验等。

（2）电气部分。电控装置、电气保护装置、保护接地、照明及信号电路检验等。检验方法主要采用量具测量和机构试运行等。

2. 射线检测

一般在起重机械制造和安装阶段对钢结构部分的对接焊缝进行射线检测，在用设备则较少采用。起重机械多采用钢板材料制造，与锅炉、压力容器等承压设备相比，壁厚较薄，可采用 X 射线对焊接质量进行检查。

起重机械射线检测的对象主要是厚度均匀、形状较规则的钢板或钢管制工件和部件的对接焊缝，如吊钩钩片及悬挂夹板的焊缝、集装箱专用吊具的主要受力构件金属结构焊缝、桥式和门式起重机主梁翼缘板和腹板的对接焊缝、主梁上下盖板和腹板的拼接对接焊缝、桥架的组装焊缝以及塔式起重机中主要钢结构的对接焊缝等。

检测时，应根据被检对象的材质、板（壁）厚、形状等和所要求的标准规范选择适当的参数，如胶片类型、增感屏材料和厚度、透照方式、射线源至工件的距离、管电压、管电流和曝光时间等，即可得到合格的底片，然后按标准对底片进行评定，确定其质量等级。

3. 超声波检测

超声波方法可对材料的对接或角接焊缝的内部缺陷进行检测，故在起重机械的焊缝质量检查中，超声波检测是较为常用的方法，可检测如锻造吊钩内部的裂纹、白点和夹渣等缺陷，自由锻造吊钩坯料、吊钩钩柄圆柱部分的内部裂纹、白点及夹渣物等缺陷，片式吊钩钩片及悬挂夹板的内部裂纹等缺陷，起重真空吸盘主要受力构件的裂纹等内部缺陷，集装箱专用吊具金属结构主要受力构件焊缝质量和高强度螺栓质量，桥、门式起重机原材料钢板质量，主梁盖板与腹板的拼接和对接焊缝质量，主梁翼缘板和腹板对接焊缝质量，塔式起重机主要结构的对接焊缝以及门座式起重机主要受力构件焊缝质量等。

超声波探伤平板对接焊缝时，应根据板厚与焊接形式选择适当的斜探头，并根据检测标准和被测件的厚度选择合适的对比试块，以人工缺陷的当量制作相应的距离-波幅曲线来对缺陷当量进行判识。检测时，斜探头应垂直于焊缝中心线放置在检测面上，在焊缝两侧做锯齿形扫查和斜向扫查等，同时也可配合采用转角、环绕等扫查方式，以便更有效地发现和确定缺陷，然后在焊缝表面做出标记，记录缺陷的长度、深度及所在区域。

在超声波检测角焊缝时，首先在选择检测面和探头时应考虑到各类缺陷的可能性，使声束尽可能垂直于该焊接接头结构的主要缺陷。根据结构形式，角焊缝有五种检测方式，即：①接板内侧直探头检测；②主板内侧直、斜探头检测；③接板外侧斜探头检测；④接板内侧斜探头检测；

⑤主板外侧斜探头检测。根据检测对象和几何条件的限制，选择一种或几种组合方式实施检测。角焊缝以直探头检测为主，必要时增加斜探头检测。

T形焊缝的超声波检测，同样需要根据被检缺陷的种类来选择检测面和探头，使声束尽可能垂直于该类焊缝结构的主要缺陷。根据焊缝结构形式，T形焊缝有三种检测方式，即：①翼板外侧斜探头直射法探测；②腹板侧斜探头直射法或一次反射法探测；③翼板外侧沿焊缝用直探头或双晶直探头或斜探头探测。可根据检测对象和几何条件的限制选择一种或几种组合实施检测。

4. 磁粉检测

表面和近表面裂纹是起重机械的重要检测内容，起重机械的钢结构和零部件及焊缝表面都不允许存在裂纹，鉴于一般起重机械材料多是钢材，磁粉检测也就成为其最常用的无损检测手段之一。

磁粉探伤时，先要对受检表面进行清洁和干燥处理，要求表面不得有油脂、铁锈、氧化皮或其他黏附磁粉的物质。一般以打磨处理为主，打磨后要求工件表面粗糙度 $Ra \leqslant 25 \mu m$。在对工件进行灵敏度测试合格后即可对工件进行磁化检测，磁化时间一般为 $0.5 \sim 2s$，同时施加适量的磁悬液，应保证磁粉浓度均匀，并在停止施加磁悬液至少 1s 后才可停止磁化。对每个受检区域应进行两次 90°方向的磁化检测，以降低漏检率。将胶带纸粘在磁痕上，再将粘有磁痕的胶带纸揭下可作为记录保存，用以评定焊缝缺陷程度。如果检测部位所处环境较昏暗或观察条件不佳时，可采用灵敏度更高的荧光磁粉。

5. 渗透检测

起重机械主要检测的缺陷类型是裂纹，其中表面开口裂纹的危险性最大。而有时因为材料和结构形状等原因，有些部件或部位不利于磁探仪的操作，用其他无损检测方法也难以取得理想的检测效果，此时，渗透检测便成为唯一可选的无损检测方法。渗透检测前一般必须对检测表面进行清洁和干燥处理，表面不得有影响渗透效果的铁锈、氧化皮、焊接飞溅杂质、铁屑、毛刺及各种防护层等。要求被检工件的表面粗糙度 $Ra \leqslant 12.5 \mu m$。在对检测剂灵敏度和检测工艺进行对比试块的测试合格后，即可进行渗透（一般持续时间不小于 10min）、清洗、干燥 $5 \sim 10min$、显像（一般不小于 7min）等检测程序。如果检测部位所处环境较昏暗或观察条件不佳时，也可采用灵敏度更高的荧光渗透剂。

6. 电磁检测

（1）涡流膜层测厚。起重机械的表面漆层厚度测量主要利用涡流的提离效应，即涡流检测线圈与被检金属表面之间的漆层厚度（提离）值会影响检测线圈的阻抗值，对于频率一定的检测线圈，通过测量检测线圈阻抗（或电压）的变化就可以精确测量出膜层（提离）的厚度值。

涡流膜层测厚受基体金属材料（电导率）和板厚（与涡流的有效穿透深度相关）的影响，为克服此影响，一般选用较高的涡流频率，当频率>5MHz 时，不同电导率基体材料和板厚对检测线圈阻抗的影响差异将变得很小。涡流是空间电磁耦合，一般无须对检测表面进行处理，但为使膜层厚度的测量更加精确，建议对测量表面进行适当的清理，以去除可能对检测精度有影响的油漆防护层上的杂质。

（2）裂纹检测。使用电磁法检测裂纹时，用一交变磁场对金属试件进行局部磁化，试件在交变磁场作用下，会产生感应电流，并生成附加的感生磁场。当试件有缺陷时，其表面会产生泄漏磁场梯度异常，用磁敏元件拾取泄漏复合磁场的畸变就能获得缺陷信息，如裂纹的位置和深度等。裂纹检测的空间电磁耦合，一般无须对检测表面进行处理，并可穿透非导体防护涂层和铁锈，甚至较薄的非铁磁性金属覆盖层，可用于对钢结构母材及焊缝的裂纹检测，检测精度与常规磁粉相当，适合对起重机械进行快速裂纹扫查。但该方法依据磁场信号进行判定，若磁粉检测后未进行有效的退磁操作，将对检测部位的磁场信号产生干扰，故检测时机应选在磁粉检测之前。

钢丝绳一般采用漏磁方法进行检测。

7. 金属磁记忆检测

金属磁记忆用于对金属结构的应力集中状况进行检测。通过测量金属构件处磁场切向分量的极值点和法向分量的过零点来判断应力集中区域，并对缺陷的进一步发生和发展进行监控和预测。

磁记忆是一种弱磁检测方法，无须对工件进行磁化，其应力集中部位在地磁场的作用下即可显示出磁记忆信号。但是一旦对工件进行了磁粉检测而又未进行有效的退磁操作，则微弱的磁记忆信号将被磁化后的剩余磁场信号淹没，所以检测时机应放在磁粉检测之前。

8. 声发射检测

在进行起重机械声发射检测时，在设备的关键部位，一般选择设计的应力值较大或易发生腐蚀、裂纹或实际使用过程中曾出现过缺陷（如裂纹）的部位布置传感器。对起重设备施加额定载荷（动载）和试验载荷（静载），起重机械则进行正常运行或保持静止，此时材料内部的腐蚀、裂纹等缺陷源会产生声发射（应力波）信号，信号处理后将显示出产生声发射信号的包含严重结构缺陷的区域。另外，频谱分析等手段还可为起重机械的整体安全性分析提供支持。声发射检测相对于其他无损检测技术而言，具有动态、实时、整体和连续等特点，声发射技术不仅可对存在的缺陷进行检测，还可对缺陷的活度进行判断，进而为起重机械的有效安全监测提供准确的依据。

9. 应力测试

应力测试是型式试验中结构试验的主要项目，通过测试起重机械结构件的应力和变形，来确定结构件是否满足起重性能和工作要求。

在进行静态应力测试时，在加载后机构应制动或锁死，动态应力测试一般在额定载荷下按测试工况运行，各部件的最大应力不应超过设计规定值。测试前由结构分析确定危险应力区的类型，即均匀高应力区、应力集中区和弹性挠曲区，并据此来确定测试点和应变片的位置和种类，制定测试方案。根据应力状态和类型选择电阻应变片，一般单向应力用单向应变片，二向应力、扭转应力和应力集中区等必须用由三个应变片组成的应变花。应变片标距为 1~30mm，以尽量小为宜，灵敏度系数必须明确。各测点部位需磨光并用丙酮清洗，再粘贴应变片，粘贴前后的电阻值相差 ≤2%，应变片与被测件绝缘电阻要求为 100~200MΩ。将电阻应变仪调整到零应力状态后加载，卸载后必须回零，并应做多次加载和卸载，使电阻应变片达到稳定，因自重无法消除而不能得到零应力状态时，应在测试中加进计算的自重应力。

超载工况时的应力值仅作为结构完整性考核用，不作为安全判断依据；额定载荷时的结构最大应力按危险应力区的类型作为安全判断的依据。

10. 振动测试

振动特性（动刚度）是指起重机械的消振能力，通常以主梁自振周期（频率）或衰减时间来衡量。自振频率（特别是基频）和振型是综合分析和评价结构刚度的重要指标。主梁在载荷起升离地或下降过程中突然制动时，会产生低频率大振幅的振动，影响驾驶员的心理和正常的作业。对电动桥、门式起重机，当小车位于跨中时的满载自振频率要求不小于 2Hz。

进行振动测试时，在主梁跨中上（或中下）盖板处任选一点作为垂直方向振动检测点，小车位于跨中位置，把应变片粘在检测点上，并将引线接到动态应变仪输入端，输出端接示波器，起升额定载荷至额定起升高度的 2/3 处，稳定后全速下降，在接近地面处紧急制动，从示波器记录的时间曲线和振动曲线上可测得频率，即为起重机械的动刚度（自振频率）。

5.7 起重机械常见事故类型及预防

起重机械是机械设备中蕴藏危险因素较多,发生事故概率较大的典型危险机械之一。国内外每年都有大量的因起重机械作业造成的人身伤亡事故,损失颇大。

随着国民经济的发展,起重机械的数量在不断增大,同时起重机械正向大型化、高速化、自动化和多功能、复杂化的方向发展。随之而来的起重伤害事故、危险因素也越来越多,特别是先进工业国家的社会进入了老龄化社会,中高龄职工受害的比例明显增加;发展中国家又因安全管理体制不够健全、改进缓慢、安全教育不够,发生起重机事故情况更是严重。

多年来,多起起重机械事故经验表明,积极防范、力求减少与避免起重机械事故发生是每一个与起重机械有关人员的神圣职责,只有先掌握起重机事故的类型特点和发生事故的原因,才能制定出防范事故发生的措施。

5.7.1 起重机械事故类型及特点

1. 事故类型

从事故和伤害形式来看,起重机械常见事故可分为以下几大类:重物失落事故、挤伤事故、坠落事故、触电事故、机体毁坏事故和特殊类型事故等。

(1)重物失落事故。起重机械重物失落事故是指在起重作业中,吊车载荷、吊具等重物从空中坠落所造成的人身伤亡和设备毁坏的事故,简称失落事故,常见的失落事故有以下几种类型。

1)脱绳事故。脱绳事故是指重物从捆绑的吊装绳索中脱落发生的伤亡毁坏事故。造成脱绳事故的主要原因是重物的捆绑方法与要领不当,造成重物滑脱;吊装重心选择不当,造成偏载起吊或吊装重心不稳使重物脱落;吊车载荷遭到碰撞、冲击而摇摆不定,造成重物失落等。

2)脱钩事故。脱钩事故是指重物、吊装绳或专用吊具从吊口脱出而引起的重物失落事故。造成脱钩事故的主要原因是吊钩缺少护钩装置;护钩保护装置功能失效;吊装方法不当及吊钩钩口变形引起开口过大等原因所致。

3)断绳事故。断绳事故是起升绳和吊装绳因破断造成的重物失落事故。造成起升绳破断的主要原因多为超载起吊拉断钢丝绳;起升限位开关失灵拉断钢丝绳;斜吊、斜拉造成乱绳挤伤切断钢丝绳;钢丝绳因长期使用又缺乏维护保养造成疲劳变形、磨损损伤等达到或超过报废标准仍然使用等造成的破坏事故。造成吊装绳破断的主要原因多为吊钩上吊装绳夹角太大(>120°),使吊装绳上的拉力超过极限值而拉断;吊装钢丝绳品种规格选择不当,或仍使用已达到报废标准的钢丝绳捆绑吊装重物造成吊装绳破断;吊装钢丝绳与重物之间接触处无垫片等保护措施,因而造成棱角割断钢丝绳而出现吊装绳破断事故。

4)吊钩破断事故。吊钩破断事故是指吊钩断裂造成的重物失落事故。造成吊钩破断事故的原因多为吊钩材质有缺陷,吊钩因长期磨损断面减小已达到报废极限标准却仍然使用,或经常超载使用造成疲劳破坏以致断裂破坏。

起重机械失落事故主要是发生在起升机构取物缠绕系统中,除了脱绳、脱钩、断绳和断钩外,每根起升钢丝绳两端的固定也十分重要,如钢丝绳在卷筒上的极限安全圈是否能保证在两圈以上;是否有下降限位保护;钢丝绳在卷筒装置上的压板固定及楔块固定是否安全可靠。另外钢丝绳脱槽(脱离卷筒绳槽)或脱轮(脱离滑轮)事故也会造成失落事故。失落事故是起重机械事故中最常见的,也是较为严重的。如某机加工车间3名工人在吊装加工完的1.7t法兰盘时,边吊边推拉重物,造成重物脱钩失落(吊钩无护钩安全装置),造成砸死2人砸伤1人的严重事故。

（2）挤伤事故。挤伤事故是指在起重作业中，作业人员被挤压在两个物体之间，所造成的挤伤、压伤、击伤等人身伤亡事故。造成此类事故的主要原因是起重作业现场缺少安全监督指挥管理人员，现场从事吊装作业和其他作业的人员缺乏安全知识和自我保护意识，或进行野蛮操作等人为因素所致。发生挤伤事故多为吊装作业人员和检修维护人员。

1）吊具或吊车载荷与地面物体间的挤伤事故。车间、仓库等室内场所，地面作业人员处于大型吊具或吊车载荷以及其设备、墙壁、墙柱等障碍物之间的狭窄场所，在进行吊装、指挥、操作或从事其他作业时，由于指挥失误或误操作，使作业人员躲闪不及被挤压在大型吊具（吊车载荷）与各种障碍物之间造成挤伤事故，或者由于吊装不合理，造成吊车载荷剧烈摆动冲撞作业人员致伤。

2）升降设备的挤伤事故。电梯、升降货梯、建筑升降机的维修人员或操作人员，因不遵守操作规程，发生的挤压在轿箱、吊笼与井壁、井架之间而造成挤伤事故也时有发生。

3）机体与建筑物间的挤伤事故。这类事故多发生在从事高空桥式起重机维护检修人员中，被挤压在起重机端梁与支撑、承轨梁的力柱或墙壁之间，或在高空承轨梁侧通道通过时被运行的起重机撞击致伤。

4）机体回转击伤事故。这类事故多发生在野外作业的汽车式、轮式和履带式起重机作业中，往往由于此类作业的起重机回转时配备部分将吊装、指挥者和其他作业人员撞伤或把上述人员挤压在起重机与建筑物之间致伤。

5）翻转作业中的撞伤事故。从事吊装、翻转、倒个作业时，由于吊装方法不合理、装卡不牢、吊具选择不当、重物倾斜下坠、吊装选位不佳、指挥及操作人员站位不好、吊车载荷失稳、吊车载荷摆动冲击等，均会造成翻转作业中的砸、撞、碰、挤、压等各种伤亡事故，这种类型事故在挤压事故中尤为突出。

（3）坠落事故。坠落事故主要是指从事起重作业的人员，从起重机体等高空处发生向下坠落至地面的摔伤事故，包括零部件从高空坠落使地面作业人员致伤的事故。

1）从机体上滑落摔伤事故。这类事故多发生在高空起重机上的维护、检修作业中，检修作业人员缺乏安全意识，抱着侥幸心理不系安全带，由于脚下滑动、被障碍物绊倒或起重机突然启动造成的晃动，使作业人员失去平衡从高空坠落于地面而摔伤。

2）机体撞击坠落事故。这类事故多发生在检修作业中。因缺乏严格的现场安全监督制度，检修人员遭到其他作业的起重机端梁或悬臂撞击，从高空坠落摔伤。

3）轿箱坠落摔伤事故。这类事故多发生在载客电梯、货梯或建筑升降机升降运转中，起升钢丝绳破断、钢丝绳固定端脱落，造成乘客及操作者随轿箱、货箱一起坠落而造成人员伤亡事故。

4）维修工具、零部件坠落砸伤事故。在高空起重机上从事检修作业中，常因工作人员不小心，使维修更换的零部件或维护检修工具从起重机机体上滑落，造成在地面的作业人员被砸伤和机器设备受损等事故。

5）振动坠落事故。这类事故不经常发生，起重机个别零件部件因安装连接不牢。如螺栓未能按要求拧入一定的深度，螺母锁紧装置失效，或因年久失修个别连接环节松动，当起重机遇到冲击或振动时，就会出现某零部件因连接松动从机体上脱落，进而坠落砸伤地面作业人员。

6）制动下滑坠落事故。这类事故产生的主要原因是起升机构的制动器性能失效，多为制动器磨损严重而未能及时调整或更换造成刹车失灵，或制动轴断裂造成重物急速下滑而坠落于地面，砸伤地面作业人员或机器设备。坠落事故形式较多，近些年发生的严重事故多是吊笼、简易客梯及货梯的坠落事故。如某一楼房排水维修作业用的一吊笼在起升到空中后，由于起升钢丝绳固定端松动脱绳，造成乘坐吊笼的两位维修人员与吊笼同时坠落，造成1人死亡，1人重伤。

（4）触电事故。触电事故是指从事起重操作和检修作业的人员，由于触电遭受电击所发生的人身伤亡事故。按室内、室外不同场合和起重机的不同类型，触电事故可以分为以下两大类型。

1）室内作业的触电事故。室内起重机的动力电源是电击事故的根源，遭受触电电击伤害者多为操作人员和电气检修作业人员，从人的因素分析，发生触电原因多为缺乏起重机基本安全操作规程知识，缺乏起重机基本电气控制原理知识，缺乏起重机电气安全检查要领，不重视必要的安全保护措施，如不穿绝缘鞋、不带试电笔进行电气检修等。从起重机自身的电气设施角度看，发生触电事故多为起重机电气系统从周围相应环境缺乏必要的触电安全保护。

2）室外作业的触电事故。随着土木工程的发展，在室外施工现场从事起重运输作业的自行式起重机，如随车起重机、汽车起重机、轮式起重机和履带式起重机越来越多，虽然这些起重机的动力源并非电力，但出现触电事故的并不少见。这主要是作业现场往往有裸露的高压输电线，由于现场安全指挥监督混乱，常有自行起重机的臂架或起升钢丝绳摆动触及高压输电线使机体连电，进而造成操作人员或吊装作业人员间接遭到高压电击伤。如在我国和日本，近些年都已连续发生数起野外施工作业时自行式起重机悬臂触及高压电线，造成操作人员触电死亡的案例。

（5）机体毁坏事故。机体毁坏事故是指起重机因超载失稳等产生机体断裂、倾翻造成机体严重损坏及人身伤亡的事故。常见机体毁坏事故有以下几种类型。

1）断臂事故。各种类型的悬臂起重机，由于悬臂设计不合理、制造装配有缺陷以及长期使用已有疲劳破坏隐患等原因，一旦超载起吊就有可能造成断臂或悬臂严重变形等毁机事故。

2）倾翻事故。这是自行式起重机的常见事故，自行式起重机倾翻事故大多是由起重机作业前安全装置动作失灵、悬臂伸长与规定起重量不符、超载起吊等因素造成的。

3）机体摔毁事故。在室外作业的门式起重机、门座式起重机、塔式起重机等，由于无防风夹轨器、固定锚链等，或者上述安全设施失效，当遇到强风时，往往会造成起重机被大风吹跑、吹倒、甚至从栈轿上翻落等严重的机体摔毁事故。

4）相互撞毁事故。在同一跨中的多台桥式类型起重机由于相互之间无缓冲碰撞保护措施，或缓冲碰撞保护设施毁坏失效，引起起重机碰撞毁坏。还有在野外作业的多台悬臂起重机群中，悬臂回转作业中因相互撞击而出现碰撞事故。

（6）特殊类型事故。特殊类型事故包括：脱绳事故、脱钩事故、断绳事故、吊钩破断事故。

2. 特点

起重机伤害事故的特点有以下几点：

1）事故大型化、群体化，一起事故有时涉及多人，并可能伴随大面积设备设施的损坏。

2）事故类型集中，一台设备可能发生多起不同性质的事故。

3）事故后果严重，往往造成人员伤亡的恶性事故。

4）伤害涉及的人员可能是驾驶员、司索工和作业范围内的其他人员，其中司索工被伤害的比例最高。

5）在安装、维修和正常起重作业中都可能发生事故，其中，起重作业中发生的事故最多。

6）在建筑、冶金、机械制造和交通运输等行业中事故较多，与这些行业起重设备多、使用频率高、作业条件复杂有关。

7）重物坠落是各种起重机共同的易发事故；汽车式起重机易发生倾翻事故；塔式起重机易发生倒塔折臂事故；室外轨道起重机易在风载作用下发生脱轨翻倒事故；大型起重机易发生安装事故等。

5.7.2　起重机械事故原因分析

1）重物坠落。吊具或吊装容器损坏、物件捆绑不牢、挂钩不当、电磁吸盘突然失电、起升机构的零件故障（特别是制动器失灵、钢丝绳断裂）等都会引发重物坠落。处于高位置的物体具有势能，当其坠落时，势能迅速转化为动能，成吨重的吊车载荷意外坠落，或起重机的金属结构件破坏、坠落，都可能造成严重后果。

2）起重机失稳倾翻。起重机失稳有两种类型：一是由于操作不当（例如超载、臂架变幅或旋转过快等）、支腿未找平或地基沉陷等原因使倾翻力矩增大，导致起重机倾翻；二是由于坡度或风载荷作用，使起重机沿路面或轨道滑动，导致脱轨翻倒。

3）金属结构的破坏。庞大的金属结构是各类桥架起重机、塔式起重机和门座起重机的主要构成部分，作为整台起重机的骨架，不仅承载起重机的自重和吊重，而且构建了起重作业的立体空间。金属结构的破坏常常会导致严重伤害，甚至造成群死群伤的恶果。

4）挤压。起重机轨道两侧缺乏良好的安全通道或与建筑结构之间缺少足够的安全距离，使运行或回转的金属结构机体对人体造成挤压伤害；运行机构的操作失灵或制动器失灵引起溜车，造成碾压伤害等。

5）高处坠落。人员在离地面大于2m的高度进行起重机的安装、拆卸、检查、维修或操作等作业时，从高处跌落造成的伤害。

6）触电。起重机在输电线附近作业时，其任何组成部分或吊物与高压带电体距离过近，感应带电或触碰带电物体，都可以引发触电伤害。

7）其他伤害。其他伤害是指人体与运动零部件接触引起的绞、碾、戳等伤害；液压起重机的液压元件破坏造成高压液体的喷射伤害；飞出物件的打击伤害；装卸高温液体金属、易燃易爆、有毒、腐蚀等危险品，由于坠落或包装捆绑不牢破损引起的伤害等。

5.7.3　起重机械事故应急措施

（1）由于台风、超载等非正常载荷造成起重机倾翻事故时，应及时通知有关部门和起重机械制造、维修单位的维护保养人员到达现场，进行施救。当有人员被压埋在倾倒的起重机下面时，应先切断电源，采取千斤顶、起吊设备、切割等措施，将被压人员救出，在实施处置时，必须指定一名有经验的人员进行现场指挥，并采取警戒措施，防止起重机倒塌、挤压事故的再次发生。

（2）发生火灾时，应采取措施施救被困在高处无法逃生的人员，并应立即切断起重机械的电源，防止电气火灾的蔓延扩大；灭火时，应防止二氧化碳等使人窒息的事故发生。

（3）发生触电事故时，应及时切断电源，对触电人员进行现场救护，预防因电气而引发的火灾。

（4）发生从起重机械高处坠落的事故时，应采取相应措施，防止再次发生高处坠落事故。

（5）若载货升降机发生故障，致使货物被困轿厢内，操作员或安全管理员应立即通知维保单位，由维护保养单位专业维修人员进行处置。维护保养单位不能很快到达的，须由经过训练、取得特种设备作业人员证书的作业人员，依照规定步骤释放货物。

5.7.4　起重机械事故预防处理措施

（1）加强对起重机械的管理。认真执行起重机械各项管理制度和安全检查制度，做好起重机械的定期检查、维护、保养，及时消除隐患，使起重机械始终处于良好的工作状态。

（2）加强对起重机械操作人员的教育和培训，严格执行安全操作规程，提高操作技术能力和处理紧急情况的能力。

（3）起重机械操作过程中要坚持"十不吊"原则，即：

1）指挥信号不明或乱指挥不吊。

2）物体质量不清或超负荷不吊。

3）斜拉物体不吊。

4）重物上站人或有浮动物件不吊。

5）工作场地光线昏暗，无法看清场地、被吊物及指挥信号不吊。

6）遇有拉力不清的埋置物时不吊。

7）物件捆绑不牢或吊挂不牢不吊。

8）重物棱角处与吊绳之间未加衬垫不吊。

9）结构或零部件有影响安全工作的缺陷或损伤时不吊。

10）钢（铁）水装得过满不吊。

（4）加强触电安全防护措施。如安全电压、加强绝缘、屏护、安全距离、接地与接零、漏电保护等措施。

5.8　起重机械典型事故案例分析

5.8.1　甘肃省天水市天府大厦工地塔机倒塌重大事故

1. 事故概况

2001 年 12 月 24 日 14 时 25 分，位于甘肃省天水市建设路第三小学附近的天府大厦工地塔式起重机开始进行吊装作业。14 时 25 分左右，在空吊斗升起的过程中，塔式起重机基础节南侧两根弦杆断裂，塔式起重机瞬间向北侧倒塌，平衡配重砸在塔式起重机北侧天水市秦成区建设路第三小学南教学楼的屋顶上，砸穿屋顶及第三层和第二层楼板。落到一楼，3 个班级的教室被砸穿，塔身倒塌于教学楼南墙屋面圈梁，起重臂翻转至平衡配重同一侧，其端部落至教学楼北侧的操场（图 5-8～图 5-10），事故造成 5 人死亡（其中学生 4 人和起重机驾驶员 1 人），3 人重伤、16 人轻伤。

图 5-8　起吊臂倒塌状况

2. 事故原因分析

（1）不按标准加工制作塔式起重机基座（基础节）是造成这起事故的根本原因。

QTZ-40C 塔式起重机基础节，是一次性使用的标准组合件。而该建筑公司从前一个工地将该塔式起重机拆装到大厦施工工地，已是第三次安装使用，一直没有置备符合安装标准的基础节，只是把前一次浇入混凝土的基础节上半部分约 200mm 切割下来，残余部分与现场制作的部分焊在一起使用。现场制作未按标准要求加工，擅自将原基础节每根弦杆角钢L 125×L 125×12 和 φ30 圆钢各一根的设计，私自改为角钢L 95×L 95×10 两根，且将原基础节四根斜腹杆支撑取消。现场勘察发现，基础节上部南面的两个弦杆被拉断，其中西南面弦杆在拉断截面上有陈旧性裂纹的痕迹和锈斑。东北面的弦杆是在倒塌时被撕断的。因此表明，当基础节不能承受载荷时，导致了塔式起重机整体倒塌。

图 5-9　塔基倒塌现场

图 5-10　塔基配重砸穿教室楼板现场

（2）塔基安装人员非法安装，非法借用某公司塔式起重机拆装许可证，且安装前没有对基座进行检查确认，盲目对接塔机主体，不能满足安装的质量要求。

（3）施工单位的违章操作，为起重机倒塌埋下隐患。

该塔式起重机施工单位曾于 2001 年 10 月底，即事故前两个月，违章用起重机起吊埋在地下的降水井套筒，第一次起吊时拉断麻绳，第二次起吊时又拉断预埋铁管两侧的焊环，仍未将预埋管件拉出，属严重违章。此事发生后，塔身产生晃动，已给基座造成一定程度的损伤，施工单位既未检查，也未采取有效防护措施，也是构成事故的原因之一。

3. 预防同类事故的措施

（1）政府监管部门要依法坚决打击非法安装的行为，严格安装单位和人员的执业资质审查，严禁私下转包，严肃追究责任。

（2）现场设备检验机构严格按标准检查，特别对主要承重件、连接件、安全防护装置严格检验，不达标者不得使用。起重机在转移到新的工作场地后，必须将符合标准的基础节浇筑在基坑内。以保证整个塔机的承重完整传递。

（3）施工单位要加强对操作人员的上岗培训，严禁违章操作，认真进行设备检查保养，及时处理隐患。

5.8.2　黑龙江齐齐哈尔简易升降机坠落重大事故

1. 事故概况

2003 年 10 月 28 日 11 时 27 分，黑龙江省齐齐哈尔市卜奎大街万山红综合楼建筑工地，23 名建筑工人准备吃午饭，于 12 层（高度为 54m）违章乘坐施工升降机下楼，施工升降机中还有一辆手推货车。当施工升降机下降到 10 层时，吊笼失控后加速坠落至地面，造成 2 人当场死亡，3 人在医院抢救过程中死亡，18 人重伤的重大事故。

该施工升降机整机型号为 SS100，额定载重量为 1t，其主要配套件电动卷扬机，交流电磁铁制动器型号为 MZD1—200，整机出厂日期为 2001 年 7 月。施工升降机吊笼沿轨道下落，坠落至地面，有部分变形。电动卷扬机和控制室在吊笼以东约 40m。电动卷扬机制动器完全损坏，制动轮碎裂为数块（约 6 块），断口为新鲜断口，未见陈旧裂纹痕迹，制动器摩擦片破裂为数块（见到 3 块），未见剧烈摩擦的痕迹，制动臂散架变形，制动弹簧严重扭曲，防坠落装置变形，防过载限位有明显的磨损痕迹，显然为经常超载使用所致（图 5-11、图 5-12）。

图 5-11　坠落的升降机

图 5-12　制动部件破坏解体

2. 事故原因分析

（1）升降机严重超载，致使卷扬机制动器的制动力矩不足，不能阻止吊笼在严重超载情况下坠落，加之下坠过程中系统的传动部件运动速度远超出产品设计条件及有关技术规范，造成零部件破坏解体，吊笼失控后加速坠落至地面，是导致该事故发生的直接原因。

（2）主要原因有以下几点。

1）施工现场管理混乱。此台施工升降机为货梯，严禁载人，多人违章乘坐货用升降机无人制止。

2）操作人员违章操作，承载人员 23 人及其他物品，严重超载。

3）操作者未经培训，无操作资质。

3. 预防同类事故的措施

（1）明确各管理部门职责，加强对建筑工地起重机械使用和监督管理，严格执行有关国家法律法规和安全技术规范。加强对操作人员资格培训、考核和监督管理。

（2）明确现场施工管理责任，对承包或转包的施工单位强化责任，加强安全管理，把严禁违章工作落到实处。

（3）设备技术检查到位，特别是对安全附件和联锁保护装置的实际状况加强检查，绝不允许带病运行。

（4）加强对施工升降机制造企业的质量监督，提高设计水平，确保安全性能，严禁使用国家明令淘汰的安全保护装置及附件。

第6章

电梯安全

6.1 电梯概述

6.1.1 电梯

　　电梯是指通过动力驱动,利用沿刚性轨道运行的箱体或者沿固定线路运行的梯级(踏步),进行升降或平行运送人、货物的机电设备,包括载人(货)电梯、自动扶梯、自动人行道等。

　　电梯诞生100多年来给人们的生活、生产带来了诸多的便利,但同时也可能给人带来灾难,如因设计不合理、产品不合格而造成的人身伤害事故;因安装不合格而导致的电梯伤人事故;因作业人员违章操作而造成的伤人事故等。百年来,人们为了电梯的安全运行做了不懈的努力,使得电梯安全运行设施不断完善,电梯的安全性能不断增强,相应的规章制度、法律、标准不断健全。但由于人的不安全行为或电梯产品质量的不合格,电梯处于不安全状态,电梯造成人身伤害的事故还是时有发生。

　　电梯是机械、电气、电子技术一体化的产品。其机械部分如同人的身体,是执行机构;各种电气线路如同人的神经,是信号传感系统;控制系统则好比人的大脑,分析外来信号和自身状态,并发出指令让机械部分执行。各部分密切协同,使电梯能可靠运行。

　　目前,国内电梯产业仍存在不完善之处。国家质量监督检验检疫总局在(国质检特〔2013〕14号)文件中发布了《关于进一步加强电梯安全工作的意见》,文件指出:"随着我国城镇化的发展,电梯数量快速增长,电梯使用愈加频繁,电梯安全直接关系人民群众的生命安全和生活质量,越来越引起群众、媒体和各级政府的关注。近年来,各级质检部门通过完善规范和标准、加强监督检查和检验检测、开展隐患排查和专项整治等一系列措施,使得我国电梯事故万台死亡人数趋于平稳下降,安全态势持续保持总体稳定。但是,由于部分电梯使用管理和维保不到位、作业人员违规操作、乘客或监护人自身安全意识淡漠等问题,电梯事故还时有发生,特别是困人故障反映较多,有的还造成较大社会影响。随着电梯数量激增、部件逐渐老化,以及我国电梯普遍存在的长时段、大客流、高负荷的使用情况,电梯的安全风险越来越大,安全形势依然严峻。总局对电梯安全工作高度重视,召开局长办公会专题研究加强和改进电梯安全工作的措施。"

　　(1)明确电梯使用管理的责任主体。住宅电梯是"多业主共有财产",所有权涉及众多住宅业主,使用管理也涉及业主、物业公司、维修保养单位等多个主体,需要明确电梯使用管理的责任主体。各地要在使用登记、监督检查和检验检测等工作中,要求电梯产权所有者确定每台电梯的使用管理责任单位,并由其承担电梯使用管理的首负责任。

（2）建立以制造企业为主体的电梯维护保养体系。积极推动由电梯制造企业或其授权的单位进行电梯的维护保养，电梯制造企业要为其授权的维护保养单位承担责任并对维护保养人员进行专业培训。逐步建立由电梯制造企业对电梯的设计制造、安装调试、维护保养等承担主体责任，并对电梯的质量安全终生负责的新机制。同时，提高电梯维保单位的许可准入门槛，建立维护保养退出机制，推进专业维护保养单位规模化和规范化发展。

（3）积极发挥社会检验力量的作用。试点并推行质监部门检验机构为主体、社会检验机构为补充的电梯检验格局，逐步提高电梯检验社会化水平。积极探索将目前电梯定期检验定性为社会性的技术服务，协调有关部门将电梯检验收费纳入经营服务性收费，不再列入行政事业收费。同时，要加强监督抽查，确保检验质量。

（4）提高电梯技术保障能力和手段。申请财政设立经费科目，加强电梯监督抽查、风险监测和预警等，支持电梯物联网技术的研发和应用等。统筹科技和项目经费，开展电梯重要零部件及安全保护装置可靠性研究、老旧电梯风险评估技术方法的研究和试点等，提高电梯安全技术保障能力。加强电梯标准化工作，组织制定统一的电梯物联网技术标准，研究制定电梯零部件更换报废标准等。

（5）推动建立多元共治的电梯安全工作机制。电梯安全工作涉及多个环节、多个部门，质监部门在依法履职的同时，要积极配合住房和城乡建设、财政等部门提高楼宇电梯配置标准，促进老旧电梯维修、更新改造资金的有效落实，配合保监会推进电梯质量安全责任保险工作。积极推动立法，争取当地党委、政府支持，推动建立政府领导，住房和城乡建设、财政、安监、质检、保监等相关部门分工协作、多元共治的电梯安全工作新机制。积极争取当地政府支持建立专门的电梯应急指挥平台，建立 12365 和 110、119 的联动机制，修改电梯使用标识，明示使用管理的责任单位和应急救援电话，增强电梯应急处置能力，及时有效应对突发事件。

6.1.2　电梯的分类

1. 按用途分类

（1）乘客电梯。代号 K，用于运送乘客。必要时，在载重能力及尺寸许可的条件下，也可运送物件和货物。一般用于高层住宅、办公大楼、招待所、宾馆、饭店及部分生产车间。要求安全舒适，装饰新颖美观，可以手动或自动控制操纵。常见的是有司机操纵和无司机操纵两用。轿厢的顶部除吊灯外，大都设置排风机，在轿厢的侧壁上设有回风口，以加强通风效果。

（2）载货电梯。代号 H，用于运送货物。要求结构牢固、安全性好。为减少动力装置的投资和保证良好的平层精度，常取较低的额定速度。轿厢的容积通常比较宽大，一般轿厢深度大于宽度或两者相等，载重量较大。载货专用，不准乘人，操作人员在厢外操作。

（3）客货（两用）电梯。代号 L，载货电梯有司机操纵，装卸人员可随电梯上下，既具有足够的载货能力，又具有客梯所具有的各种安全装置。它与乘客电梯的区别在于轿厢内部装饰结构不同，常称此类电梯为服务电梯。

（4）病床电梯。代号 B，医院用来运送病人及医疗器械等。轿厢窄而深，常要求前后贯通开门，对运行稳定性要求较高，启动、停止时应平稳，运行中噪声应力求减小，一般有专职司机操纵。

（5）住宅电梯。代号 Z，供居民住宅楼使用的电梯。主要运送乘客，也可运送家用物件或生活用品，多为有司机操纵，额定载重时为 400kg、630kg、1000kg 等，其相应的载客人数为 5 人、8人、13 人等，速度在低速与快速之间。其中，载重量 630kg 的电梯，轿厢还允许运送残疾人员乘坐的轮椅和童车；载重量达 1000kg 的电梯，轿厢还能运送家具和手把可拆卸的担架。

（6）杂物电梯。代号 W，专门用于运送 500kg 以下的物件，不准乘人。

（7）船用电梯。代号 C，固定安装在船舶上为乘客、船员或其他人员使用的提升设备，它能在船舶的摇晃中正常工作，速度一般 ≤1m/s。

（8）观光电梯。代号 G，井道和轿壁至少有一侧透明，乘客可观看到轿厢外景物的电梯。

（9）汽车用电梯（即汽车电梯）。代号 Q，用于运送车辆的电梯。如高层或多层车库、立体仓库等处都有使用，这种电梯的轿厢面积都大，要与所装用的车辆相匹配，其构造则应十分牢固，有的无轿顶，升降速度一般都较低（小于1m/s）。

（10）建筑施工用电梯。代号 J，用于运送建筑施工人员和材料。

此外，还有专门用途的电梯，如冷库电梯、防爆电梯、矿用梯等。

2. 按驱动方式分类

（1）曳引式电梯。由曳引电动机驱动电梯运行，结构简单、安全，行程及速度均不受限制。有交流电梯和直流电梯两种。交流电梯有单速、双速、调速之分，一般用于低速梯、快速梯；直流电梯采用直流发电机和直流电动机，或交流电整流设备和直流电动机组成的机组，一般用于快速梯、高速电梯。

（2）液压式电梯。用液压油缸顶升。其特点是载重量大、省电、机房可远离井道、噪声小、安全、无须终点限位开关。但行程受到限制，且速度慢，若供住宅用，最高可达七层，故一般只用作大型货梯。有垂直柱塞顶升式和侧柱塞顶升式两种形式。

（3）齿轮齿条式电梯。用齿轮与齿条传动提升。齿条固定在构架上，电动机-齿轮传动机构装在轿厢上，靠齿轮在齿条上的爬行来驱动轿厢升降，常用于室外建筑工程。

3. 按提升速度分类

（1）低速梯。速度为 0.25m/s、0.5m/s、0.75m/s、1m/s，以货梯为主。

（2）快速梯。速度为 1.5m/s、1.75m/s，以客梯为主。

（3）高速梯。速度为 2m/s、2.5m/s、3m/s，用作高层客梯。

4. 按操纵方式分类

（1）轿内手柄开关操纵，自动平层，手动开关门。

（2）轿内手柄开关操纵，自动平层，自动开关门。

（3）轿内按钮选层，自动平层，手动开关门。

（4）轿内按钮选层，自动平层，自动开关门。

（5）集选控制（可以有人驾驶，也可以无人驾驶），自动平层，自动开关门。

（6）交流调整集选控制（可以有人驾驶，也可以无人驾驶），自动平层，自动开关门。

（7）直流快速集选控制（可以有人驾驶，也可以无人驾驶），自动平层，自动开关门。

（8）门外按钮控制，一般用于简易电梯或有特殊用途电梯。

5. 按有无蜗轮减速器分类

（1）有齿轮电梯。采用蜗轮蜗杆减速器，用于低速梯和快速梯。

（2）无齿轮电梯。曳引轮、制动轮直接固定在电动机轴上用于高速、超高速电梯。

6. 按有无司机分类

（1）有司机运行电梯。由专门司机操纵控制的电梯。

（2）无司机运行电梯。由乘客自行操纵、控制的电梯，具有集选控制功能。

（3）有司机与无司机联合运行电梯。可变换控制电路，平时由乘客自行操纵，客流量大或必要时，改由司机操纵、集中运送的电梯。

7. 按机房位置分类

（1）机房设置在井道的顶部，由钢丝绳驱动的电梯。

（2）机房设置在井道的底部的电梯。例如液压式电梯或场地有特殊要求的钢丝绳驱动式电梯。

8. 其他类别

（1）自动扶梯。带循环运动梯路向上或向下倾斜输送乘客的固定电力驱动设备。分轻型和重型两类，每类又按装饰分为全透明无支撑自动扶梯、全透明有支撑自动扶梯、半透明或不透明有支撑自动扶梯、室外用自动扶梯等几种，一般用于大型商场、大楼、机场、港口等处。

（2）自动人行道。带有循环运行（板式或带式）走道，用于水平或倾斜角不超过 12°输送乘客的固定电力驱动设备。主要用于机场、车站和码头、工厂生产自动流水线等处。

（3）液压梯。用液压作为动力以驱动轿厢升降，有乘客梯、载货梯之分，一般用于速度低、载重量大的情况。

（4）气压梯。用压缩空气作为动力以驱动轿厢升降，也有乘客梯、载货梯之分。

6.1.3　电梯主要参数

电梯的主要性能指标包括速度特性、工作噪声及平层准确度。

1. 速度特性

对于速度特性指标，《电梯技术条件》（GB 10058—2009）对加减速度最大值及垂直、水平振动速度的合格标准做了如下规定：加、减速的最大值$<1.5m/s^2$；垂直振动加速度$\leqslant 25cm/s^2$；水平振动加速度$\leqslant 15cm/s^2$。

2. 工作噪声

（1）机房噪声。电梯工作时，机房内的噪声级不应大于规定值（除接触器的吸合声等峰值外）。我国规定，噪声计在机房中离地面 1.5m 处选五点进行测量，平均值$\leqslant 80dB$（A）。

（2）轿厢内噪声。电梯在运行中，轿厢内的噪声级不应超过规定值。我国规定噪声计安放在轿厢内部平面中央，离地 1.5m 处，其测量值$\leqslant 55dB$（A）。

（3）门开闭噪声。电梯开关门过程中的噪声级，不应大于规定值。我国规定噪声计放在层楼上，离地 1.5m，在门宽度中央距门 0.24m 处，其测量值$\leqslant 65dB$（A）。

3. 平层准确度

平层准确度是指轿厢到站停靠后，其地坎上平面与厅门地坎上平面垂直方向的误差。

当电梯分别以空载和满载做上、下正常运行时，停靠同一层站的最大误差值应满足下列要求：

1）交流双速电梯，当$v\leqslant 0.63m/s$时，差值$\leqslant \pm 15mm$（v为电梯额定速度，下同）。

2）交流双速电梯，当$v\leqslant 1m/s$时，差值$\leqslant \pm 30mm$。

3）交、直流调速电梯，当$v\leqslant 2.5m/s$时，差值$\leqslant \pm 15mm$。

6.1.4　电梯的规格和型号

1. 基本规格

电梯的基本规格，用来确定某台电梯的服务对象、运送能力、工作性能及对井道、机房等土建设计的要求，一般含有以下内容：

（1）电梯的用途。指客梯、货梯、住宅电梯等。

（2）额定承载量或额定人数。制造或设计规定的电梯承载量（kg）或乘搭电梯人数，是电梯的主要参数。

（3）额定速度。制造和设计规定的电梯运行速度，单位为 m/s，也是电梯的主要参数。

（4）拖动方式。指电梯采用的曳引机动力的种类，可分为交流电力拖动、直流电力拖动、液力拖动等方式。

（5）控制方式。对电梯的运行实行的操纵方式，可分为按钮控制、并联控制、集选控制等方式。

（6）轿厢尺寸。轿厢内部尺寸和外廓尺寸，以深度乘以宽度表示。内部尺寸由电梯种类和额定载重量决定。外廓尺寸关系到井道的设计。

（7）开门方式。轿门与厅门的结构形式分为中分式、双折式、旁开式或直分式等。

（8）层站高度。各层之间的高度。

（9）总行程高度。电梯由底层端站运行至顶层端站的高度。

（10）停站数。电梯停靠的楼层站数，停站数只能小于或等于楼层数。

2. 电梯的型号

（1）电梯型号的编制方式如图6-1所示。

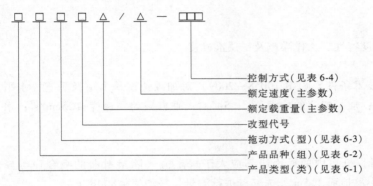

控制方式（见表6-4）
额定速度（主参数）
额定载重量（主参数）
改型代号
拖动方式（型）（见表6-3）
产品品种（组）（见表6-2）
产品类型（类）（见表6-1）

图6-1 电梯型号的编制方式

（2）字母代号表示的内容见表6-1～表6-4。

表6-1 类型代号表

产品类别	代表汉字	拼音	采用代号
电梯	梯	TI	T
液压梯			

表6-2 品种（组）代号表

产品品种	代表汉字	拼音	采用代号
乘客电梯	客	KE	K
载货电梯	货	HUO	H
客货（两用）电梯	两	LIANG	L
病床电梯	病	BING	B
住宅电梯	住	ZHU	Z
杂物电梯	物	WU	W
船用电梯	船	CHUAN	C
观光电梯	观	GUAN	G
汽车用电梯	汽	QI	Q

表 6-3 拖动方式代号表

拖动方式	代表汉字	拼音	采用代号
交流	交	JIAO	J
直流	直	ZHI	Z
液压	液	YE	Y

表 6-4 控制方式代号表

控制方式	代表汉字	采用代号
手柄开关控制、自动门	手、自	SZ
手柄开关控制、手动门	手、手	SS
按钮控制、自动门	按、自	AZ
按钮控制、手动门	按、手	AS
信号控制	信号	XH
集选控制	集选	JX
并联控制	并联	BL
梯群控制	群控	QK

注：控制方式采用微处理机时，以汉语拼音字母 W 表示，排在其他代码后面。如采用微处理机的集选控制方式，代号为 JXW。

（3）产品型号示例。

1）TK 1000/1.6-JX。表示交流调速乘客电梯，额定载重量为 1000kg，额定速度 1.6m/s，集选控制。

2）THY 1000/0.63-AZ。表示液压载货电梯，额定载重量为 1000kg，额定速度 0.63m/s，按钮控制，自动门。

3）TKZ 1000/1.6-JX。表示直流乘客电梯，额定载重量为 1000kg，额定速度 1.6m/s，集选控制。

6.1.5 电梯的特点

（1）电梯是一种繁忙的交通工具，其启动、制动、正反转非常频繁，最高可达每分钟 120 次。

（2）电梯的操作部位很多，有多少楼层，就有多少呼梯按钮，轿厢内也就有多少选层按钮。若操作者不固定，那么任何人都可以按动这些按钮。

（3）电梯的可动部件很多。

（4）每个楼层的层门都有开关运动，如果因为物体阻碍使得任意一个层门未能关严，电梯都会停止运行。

6.2 电梯的构造

电梯是一种复杂的机电产品，一般由电梯机房、轿厢、层站部分及井道部分四个基本部分组成。电梯的基本结构如图 6-2 所示。

6.2.1　电梯机房

机房位于电梯井道的最上方或最下方，供装设曳引机、控制柜、限速器、选层器、配线板、电源开关及通风设备等。

机房设在井道底部的，称为下置式曳引方式。由于此种方式结构较复杂，钢丝绳弯折次数较多，缩短了钢丝绳的使用期限，增加了井道承重，且保养困难，因此，只有在机房不可能设在井道顶时才采用。

机房设在井道顶部的，称为上置式曳引方式。这种方式设备简单，钢丝绳弯折次数少、成本低、维护简单，被普遍采用。如果机房既不可能设置在底部，也不可能设置在顶部，可考虑选用机房侧置式。

1. 曳引机

曳引机是装在机房内的主要传动设备，它由电动机、制动器、减速器（无齿轮电梯无减速器）、曳引轮等机件组成，是靠曳引绳与曳引轮的摩擦来实现轿厢运行的驱动机器，曳引机可分为有齿轮曳引机（用于轿厢速度 $v<2\mathrm{m/s}$ 的电梯）与无齿轮曳引机（用于轿厢速度 $v\geqslant 2\mathrm{m/s}$ 的电梯）两种类型。它是使电梯轿厢升降的起重机械。

（1）电动机。电动机是拖动电梯的主要动力设备。它的作用是将电能转换为机械能，产生转矩，此转矩输入减速器，减慢转速增大转矩，带动其输出轴上所装的曳引轮旋转（无齿轮电梯不用减速器，而是由电动机直接带动曳引轮旋转），然后由曳引轮上所绕的曳引钢丝绳将曳引轮的旋转运动转化为钢丝绳的直线移动，使轿厢上下升降运动。

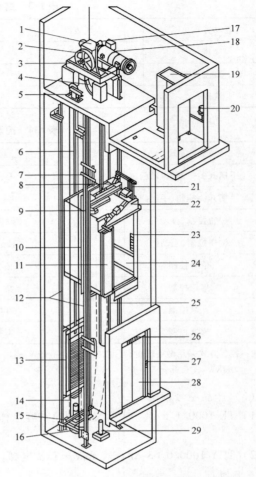

图6-2　电梯的基本结构

1—有齿轮曳引机　2—曳引轮　3—机器底盘　4—导向轮
5—限速器　6—曳引钢丝绳限位　7—开关终端打板
8—轿厢导靴　9—限位开关　10—轿厢框架　11—轿厢门
12—导轨　13—对重　14—补偿链　15—链条导向装置
16—限速器张紧装置　17—电磁制动器　18—电动机
19—控制柜　20—电源开关　21—井道传感器　22—开门机
23—轿内操纵箱　24—轿厢　25—悬挂电缆
26—层楼指示器　27—呼梯按钮　28—层门　29—缓冲器

电梯上常用的电动机如下：

1）单速笼型异步电动机，这种电动机只有一种额定转速，一般用于杂物电梯等。

2）双速双绕组笼型异步电动机，这种电动机高速绕组用于启动、运行，低速绕组用于电梯减速过程和检修运行，在国产电梯中使用较多。

3）双速双绕组线绕转子异步电动机，这种电动机的结构，在发热和效率方面均优于笼型异步电动机。

4）曳引机用直流电动机，对于有齿轮直流电梯，则常采用的型号为ZTD型的直流电动机，用于快速电梯和高速电梯。

（2）制动器。制动器是电梯曳引机当中重要的安全装置。制动器的作用是在断电后使运行中的电梯立即停止运行，并使停止运行的电梯轿厢在任何停车位置定位，不再移动，直到工作需要并通电时才能使轿厢再一次运行。

电梯曳引机上一般都采用常闭式双瓦块型直流电磁制动器，它的性能稳定、噪声较低、工作可靠，即便是交流电动机拖动的曳引机构，也可配用直流电磁制动器，由专门的整流装置供电（直流电梯由励磁电源供电）。

对于有齿轮曳引机，制动器应装在电动机与减速器连接处的带制动轮的联轴器上。对于无齿轮曳引机，制动轮常与曳引轮铸成一体，直接装在电动机轴上。当曳引机通电时，制动器即松闸；切断电动机的电源，制动器立即合闸，使轿厢立即停止在停机位置不动。当制动器合闸时，制动闸瓦应紧密地贴合在制动轮的工作面上，制动轮与闸瓦的接触面积应大于闸瓦面积80%。松闸时，两侧闸瓦应同时离开制动轮，其间隙应不大于0.7mm，且四周间隙数值应均匀且相同。

（3）曳引减速器。对于低速或快速电梯，轿厢的额定速度为 0.5~1.75m/s，但是常用的交流或直流电动机的同步转速为 1000 r/min，这种电动机属中高速小扭矩范围，不能适应电梯的低速大扭矩的要求。必须通过减速器降低转速增大扭矩，才能适应电梯的运行需要。

在许多类型的减速器中，蜗杆减速器最适宜作为电梯曳引机的减速装置。这是由于蜗杆减速器结构最紧凑，减速比（即传动比）较大，运行较平稳和噪声较小。其缺点是效率较低和发热量较大。常用蜗杆减速器有蜗杆下置式传动减速器、蜗杆上置式减速器和立式蜗杆减速器三种，其中以蜗杆下置式传动减速器较为可靠和常用。

（4）曳引轮。钢丝绳曳引电梯的轿厢和对重是由钢丝绳绕着曳引轮而悬挂在曳引轮左、右两侧。钢丝绳与曳引轮上的绳槽接触。它们之间产生的摩擦力也可称为曳引力。曳引轮在曳引机拖动下产生的回转运动，通过钢丝绳转化为直线移动，并通过曳引作用，将运动传给轿厢与对重，使其能绕曳引轮并沿曳引轮两侧做直线升降移动。

曳引轮材料为球墨铸铁，在它的圆周上车制有绳槽，常用绳槽的槽形有半圆槽、V 形槽和凹形槽（也称为带切口半圆槽）三种。

由于槽形的不同、钢丝绳与曳引轮间的曳引力也不同，因此应选择合适的曳引轮绳槽的槽形。

（5）曳引钢丝绳。

1）乘客电梯或载货电梯的曳引用钢丝绳的结构和直径的规定见表 6-5。

表 6-5 乘客电梯或载货电梯的曳引用钢丝绳的结构和直径的规定

钢丝绳的结构	公称直径/mm
6×19S+NF	6, 8, 10, 11, 13, 16, 19, 22
8×19S+NF	8, 10, 11, 13, 16, 19, 22

2）悬挂轿厢和对重的曳引钢丝绳还应符合下述要求：

① 钢丝绳的公称直径应不小于 8mm。

② 当钢丝绳采用双强度时，外层钢丝抗拉强度应为 $140kN/mm^2$，内层钢丝的抗拉强度应为 $180kN/mm^2$。

③ 钢丝绳的结构、伸长、圆度、柔性、试验等特性应符合标准的规定。

④ 悬挂轿厢和对重的钢丝绳至少应为两根。若采用回绕法（即 2:1 绕法），则应计算钢丝绳实际使用根数而不是其下垂数。

2. 限速器

限速器设置在井道顶部适当位置，在轿厢向下超速运行时起作用。限速器的动作应发生在轿厢下降速度大于等于额定速度的 115% 时。这时，限速器将限速钢丝绳轧住，同时断开安全钳开关，使主机和制动器同时失电制动，并拉动安全钳拉杆使安全钳动作，用安全钳钳块将轿厢轧在导轨上，掣停轿厢，防止发生重大事故。

3. 极限开关

（1）极限开关的功能特点。这种开关一般装在机房内，当电梯轿厢运行到达井道的上、下端站极限工作位置时，由于端站限位开关失效而超过轿厢极限工作行程 50~200mm 时，此极限开关就应动作，切断电梯的主电源而停住轿厢。常用的极限开关是一种经特殊设计的刀开关，它可以作为电源开关使用，也可与电源开关串联连接。当轿厢超过极限位置时，附装在轿厢架上的越程撞弓与井道内所设置的越程打脱架碰撞，使打脱架动作并拉动越程开关钢丝绳迫使极限开关动作，切断主回路，使轿厢停止运行。

这是电梯中端站减速开关及端站限位开关以外的最后一道防线。其动作主要是依靠机械动作来拉动刀开关。它对轿箱上、下端站的超越极限工作位置都能适用。由于极限开关只在上、下端站减速开关和上、下端站限位开关都失效时才会起作用，动作机会较少，所以不易损坏，但每次动作后必须到机房内用手动复位，才能使电梯继续运行。

（2）极限开关设置和使用要求。极限开关应是用机械的动作来保证切断电梯主电源的开关装置，不允许利用空气开关或其他电气控制方式来操作，此种开关必须能带负荷合闸或松闸，并且不能自动复位。一次越程动作断电后，必须查明轿厢越程的原因，排除故障后，才能将极限开关复位和接通电源。

有关规定如下：

1）电梯应设有极限开关，并应设置在尽可能接近端站时起作用而无误动作危险的位置上。极限开关应在轿厢或对重（如果有的话）接触缓冲器之前起作用，并在缓冲器被压缩期间保持其动作状态。

2）极限开关的控制要求如下：

① 正常的端站减速开关和极限开关必须采用独立的控制装置。

② 对于强制驱动的电梯，极限开关的控制应利用与电梯驱动主机的运动相连接的一种装置；或利用处于井道顶部的轿厢和对重，如果没有对重，则利用处于井道顶部和底部的轿厢。

③ 对于曳引驱动的电梯，极限开关的控制应直接利用处于井道的顶部和底部的轿厢；或利用一个与轿厢间接连接的装置，如：钢丝绳皮带或链条。

3）极限开关的操作要求如下：

① 对卷筒驱动的电梯，当需要时用机械方法直接切断电动机和制动器的供电回路，应采取措施使电动机不得向制动器线圈供电。

② 对曳引驱动的单速或双速电梯，极限开关应能通过一个符合规定的电气安全装置，切断向两个接触器线圈直接供电的电路。接触器的各触点在电动机和制动器的供电电路中应串联连接。每个接触器应能够切断带负荷的主电路。

③ 对可变电压或连续变速电梯，极限开关应能使电梯驱动主机迅速停止运转。

④ 极限开关动作后，只有经过专职人员调整后，电梯才能恢复运行。

⑤ 如果在每一端设有数个限位开关，其中应至少有一个能防止电梯在两个方向的运动。并且，至少这个限位开关应由专职人员来调整。

4. 控制柜（俗称电台）

控制柜设置在机房内与曳引机相近位置。控制柜内装有各种继电器和接触器，通过各种控制线和控制电缆与轿厢上的各控制器件连接。当按动轿厢或层站操纵盘上的各种按钮时，控制柜上各种相应的继电器就吸合或断开，操纵电梯的启动与运转、停车与制动、正转与反转、快速与慢速，以达到预定的自动控制性能和安全保护性能的要求。

5. 信号屏

当电梯层站较多（一般超过 7 站以上时），就应增设信号屏。信号屏背后应设有层楼指示、召唤、选层等作用的继电器，当按下任何一站层门旁的召唤按钮时，相应的继电器就吸上自保。使召唤灯点亮，当继电器复位时召唤灯熄灭。在信号控制电梯中召唤继电器屏也用作记忆层外的召唤命令，当电梯轿厢经过或达到该楼层时，就能使之自动停靠，在停靠的同时使继电器复位。当楼层数很多时（一般为 16 层以上时），信号屏根据需要可分为楼层指示屏、召唤屏和选层屏。对于层站较少的电梯，这些信号屏将都并入控制屏而只设一只控制柜。

6. 选层器和楼层指示器

（1）选层器。它具有与轿厢同步运动的部分，作用是判定记忆下来的内选、外呼和轿厢的位置关系，确定运行方向，决定减速，确定是否停层，预告停车指示轿厢位置，消去应答完毕的呼梯信号，控制开门和发车等。

选层器可分为机械式选层器、电动式选层器、继电器式选层器、电子式选层器四种。

（2）楼层指示器（即走灯机）。它一般设置在楼层较少的电梯中。有时不设选层器而设置楼层指示器。楼层指示器由曳引机主轴一端引出运动，通过链轮、链条、齿轮传动带动电刷旋转、楼层指示器机架圆盘上有代表各停站层的定触头，电刷旋转时与这些触头连通，就点亮了层门上的指示灯、轿内指示灯和使用自保的召唤继电器，在电梯到站时复位之用。在楼层指示器作用下，当轿厢位于任一层楼时，相应于该楼的选层继电器吸上接通或断开一组触头，达到控制电梯停车和换向的目的。

7. 导向轮

导向轮也称为过桥轮或抗绳轮，是用于调整曳引钢丝绳在曳引轮上的包角和轿厢与对重的相对位置而设置的滑轮。这种滑轮常用 QT 450-10 球墨铸铁铸造后加工。它的绳槽可采用半圆槽，槽的深度应大于钢丝绳直径的 1/3。槽的圆弧半径应比钢丝绳半径大 1/20。导向轮的节圆直径与钢丝绳直径之比应为 40∶1，这与曳引轮是一样的。

导向轮的构造分为两种，一种是导向轮轴为固定心轴，在其轮壳中配有滚动轴承，心轴两端用垫板和 U 形螺钉定位固定的方式；另一种是导向轮轴也是固定心轴，轮壳中也配有滚动轴承，但心轴两端用心轴座、螺栓、双头螺栓等定位的方式。

6.2.2 轿厢

轿厢是电梯中装载乘客或货物的金属结构件，它借助轿厢架立柱上、下四个导靴沿着导轨做垂直升降运动，完成载客或载货的任务。

轿厢由轿厢架、轿厢底、轿厢壁、轿厢顶和轿厢门等组成。除杂物电梯外，常用电梯的轿厢的内部净高度应大于 2m。

1. 轿厢架

轿厢架又称为轿架，是轿厢中承重的结构件。轿厢架有两种基本类型。

（1）对边形轿厢架。适用于具有一面或对面设置轿门的电梯。这种形式的轿架受力情况较好，是大多数电梯所采用的构造方式。

（2）对角形轿厢架。常用在具有相邻两边设置轿门的电梯上，这种轿厢架受力情况较差，特别是重型电梯应尽量不采用。

轿厢架的构造，不论是对边形轿厢架还是对角形轿厢架，均由上梁、下梁、立柱、拉杆等构件组成，这些构件一般都采用型钢或经折边而成的型材，通过搭接板用螺栓连接，可以拆装，以便进入井道组装。轿厢架的整体或每个构件的强度要求都较高，在电梯运行过程中，一旦产生超速而导致安全钳轧住导轨掣停轿厢，或轿厢下坠与底坑内缓冲器相撞时，要保证轿厢架及构件不致发生损坏。对轿厢架的上梁、下梁，还要求在受载时发生的最大挠度应小于其跨度的1/1000。

2. 轿厢底

轿厢底由底板及框架组成，框架一般用槽钢和角钢制成，有的用板材压制成形后制作，以减轻自重。底板直接与人和货物接触，对于货梯，因其承受集中载荷，底板一般用4~5mm的花纹钢板直接铺设；对于客梯，常采用多层结构，即底层为薄钢板，中间是原夹板，面层铺设塑胶板或地毯等。

3. 轿厢壁

一般轿厢的厢壁用厚度为1.5mm钢板经折边后制作，为装饰上的要求，轿厢壁可做成钢板涂塑的，或粘贴铝合金板带嵌条，在高级的电梯粘贴镜面、不锈钢做装饰。有时为了减轻自重，在货梯或杂物梯上，也可将轿厢壁板上半部采用钢板拉伸网制作。轿厢壁应具有足够的强度，从轿厢内任何部位垂直向外，在$5cm^2$圆形或方形面积上，施加均匀分布的大小为300N的力，其弹性变形不大于15mm。

4. 轿厢顶

轿厢顶上应能支撑两个人。在轿厢顶上任何位置应都能承受2000N的垂直力而无永久变形。此外，轿厢顶上应有一块不小于$0.12m^2$的站人用的净面积，其短边长度至少应为0.25m。对于轿厢内操作的轿厢，轿厢顶上应设置活板门（即安全窗），其尺寸应不小于0.3m×0.5m。该活板门应有手动锁紧装置，可向轿厢外打开，活板门打开后，电梯的电气联锁装置就断开，使轿厢无法开动，以保证安全。同时，轿厢顶还应设置检修开关、急停开关和电源插座，以满足检修人员在轿厢顶上工作时使用的需要，在轿厢顶靠近对重的一面设置防护栏杆，其高度不超过轿厢架的高度。

5. 导靴（即轿厢脚）

装在轿厢架上横梁两侧和下横梁安全钳座下部，每台轿厢共装四套，是为了防止轿厢（或对重）运行过程中偏斜或摆动而设置的。

导靴是引导轿厢和对重服从于导轨的部件。轿厢导靴安装在轿厢上梁和轿厢底部安全钳座下面；对重导靴安装在对重架上部和底部。

按其在导轨工作面上的运动方式划分，导靴可分为滑动导靴和滚动导靴。按其靴头的轴向位置是固定的还是浮动的，又可将滑动导靴分成固定滑动导靴和弹性滑动导靴。

（1）固定滑动导靴。主要由靴衬和靴座组成。靴座要有足够的强度和刚度。靴衬分为单体式靴衬和复合式靴衬。单体式靴衬的衬体是用减摩材料制成的。复合式靴衬的衬体由强度较高的轻质材料制成，工作面覆盖一层减摩材料。由于固定滑动导靴的靴头是固定死的，因此靴衬底部与导轨端部要留有间隙，所以运动时会产生较大的振动和冲击，一般适用于运行速度在1m/s以下的电梯。但是固定滑动导靴具有较好的刚度，承载能力强，因而被广泛用于低速大吨位的电梯。

（2）弹性滑动导靴。由靴座、靴头、靴衬、靴轴、压缩弹簧或橡胶弹簧、调节套或调节螺母组成。弹性滑动导靴与固定滑动导靴的不同点就在于靴头是浮动的，在弹簧力的作用下，靴衬的底部始终压贴在导轨端面上，因此能使轿厢保持较稳定的水平位置。弹性滑动导靴在电梯运行时，在导轨间距的变化及偏重力的变化下，其靴头始终做轴向浮动，因此导靴在结构上必须允许靴头有合适的伸缩间隙值。

（3）滚动导靴。以三个滚轮代替滑动导靴的三个工作面。三个滚轮在弹簧力的作用下，压贴在导轨三个工作面上，电梯运行时，滚轮在导轨面上滚动。滚动导靴以滚动摩擦代替滑动摩擦，大大减少了摩擦损耗能量。同时还在导轨的三个工作面方向都实现了弹性支承，并能在三个方向上自动补偿导轨的各种几何形状误差及安装误差。滚动导轨能适应高的运行速度，在高速电梯上得到广泛应用。

6. 平层感应器

在采用电气平层时常用于簧管式平层感应器，装在轿厢顶侧适当位置，当电梯运行进入平层区域时，由井道内固定在导轨背面的平层感应钢板（也称为遮磁板）插入固定在轿厢架上的感应器而发出信号，使电梯自动平层。

7. 安全钳

安全钳装在轿厢下横梁旁侧，它在轿厢下行时因超载、断绳、失控等原因而发生超速下降或坠落时动作，将轿厢轧住，使其掣停在导轨上。

8. 反绳轮

反绳轮是设置在轿厢顶和对重顶的动滑轮及设置在机房的定滑轮。根据需要，曳引绳绕过反绳轮可以构成不同的曳引比。反绳轮的数量可以是 1 个、2 个或 3 个等，由曳引比而定。

曳引机的位置通常设在井道上部，有利于采用最简单的绕绳方式，具体有如下三种方式：

（1）轿厢顶部和对重顶部均无反绳轮，曳引绳直接拖动轿厢和对重。传动特点为 1：1 传动方式。

（2）轿厢顶部和对重顶部设置反绳轮，反绳轮起到动滑轮的作用。传动特点为 2：1 传动方式。

（3）轿厢顶部和对重顶部设置反绳轮，机房上设导向滑轮。传动特点为 3：1 传动方式。

对于 2：1 和 3：1 传动方式，曳引机只需承受电梯的 1/2 和 1/3 的悬挂重量，降低了对曳引机的动力输出要求，但由于增加了曳引绳的曲折次数，因而降低了绳索的使用寿命。同时在传动中增加了摩擦损失，一般用在货梯上，大吨位的货梯也有采用更大的传动比（如 6：1）。

9. 轿厢操纵箱

轿厢内轿厢门附近应设有轿厢操纵箱，内部包括主操纵盘、副操纵盘、轿厢内指层器等。主操纵盘上装有轿厢行驶开关、停层开关、关门开关等供驾驶电梯正常工作用的操纵开关以及供特殊情况下使用的应急开关、电源开关。对于轿厢外操纵的电梯，操纵箱一般装在每层楼的层门旁侧井道墙上。

（1）操纵开关。用于控制轿厢的升降运行，分为手柄开关和按钮开关两种。

（2）电源开关。用于控制操纵开关的电源，当控制开关失灵或电气线路故障时，可用电源开关切断电源，使轿厢停止运行。

（3）应急按钮和急停开关。当电梯的层门门锁开关或操纵开关失灵而导致轿厢停在两个层站之间的任一位置时，应先使电梯转入检修工作状态，然后按一下应急按钮，使轿厢平层，以便及时使乘客离开轿厢。但这个开关只能用于应急操纵，平时不应使用。当电梯需要立即停车时，可按下急停开关应能立即停住电梯。

（4）轿内楼层显示器。也称为轿内指层灯，向轿内乘客及驾驶人员指示轿厢位置之用。

（5）呼梯显示器。也可称为呼唤箱或铃牌箱，装在操纵箱上面，它能把乘客在层站上的召唤信号传递到轿厢内来（点亮信号灯或鸣响蜂鸣器），使驾驶员据此操纵电梯的停层。

6.2.3　层站部分

1. 电梯门

（1）门的分类。按安装位置分为层门和轿厢门。层门装在建筑物每层层站的门口。轿厢门挂在轿厢上坎，并与轿厢一起升降。按开门方式分类，有水平滑动门和垂直滑动门两类。

水平滑动门分为中分式门和旁开式门，中分式门有单扇中分式门、双折中分式门，旁开式门有单扇旁开式门、双扇旁开（双折）式门、三扇旁开（三折）式门，如图6-3所示。

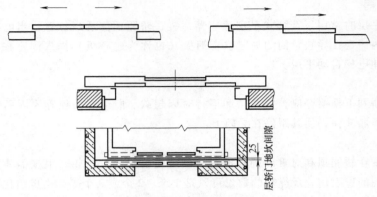

图6-3　门的类型与方式

（2）层门与轿厢门的配置关系。层门、轿门有各种配置关系。层门、轿门为中分式封闭门的如图6-4所示。层门、轿门为双折式封闭门的如图6-5所示。层门、轿门为中分双折式封闭门的如图6-6所示。

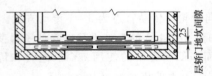

图6-4　层门、轿门中分式封闭

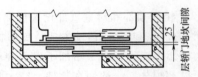

图6-5　层门、轿门双折式封闭

（3）门的选择。

1）客梯的层门、轿门一般采用中分式封闭门，如图6-4所示。因为中分式封闭门，其开关门的速度快，使用效率高。井道宽度较小的建筑物内，客梯的层门、轿门也可选用双折式封闭门，如图6-5所示。

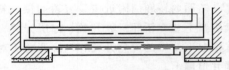

图6-6　层门、轿门中分双折式封闭

2）货梯一般要求门口宽敞，便于货物和车辆进出装运。另外，货梯运行不频繁，所以设置的门无论是自动开门或是手动开门，均采用旁开门结构，如图6-5所示。对于要求门足够大的载货电梯和汽车电梯，则采用垂直滑动门。垂直滑动门应符合以下条件：

为保证人员和货物的进出安全，轿厢门是封闭的，而层门则是带孔或是网板结构，网孔或网板尺寸不得大于10mm×60mm。

门扇关闭平均速度不应大于0.3m/s，且门的关闭动作是在电梯驾驶人员连续控制下进行的。

轿厢门关闭2/3以上时，层门才能开始关闭。

（4）门的结构。电梯门扇一般用1.5mm厚的钢板折边而成，并在门扇背面涂敷阻尼材料（油灰泥子等），可减小门的振动，提高隔声效果。为防止撞击产生变形，应在门的适当部位增设加强筋，以提高门的强度和刚度。

在电梯门上部装有特制的门滑轮，门与门滑轮为一体挂在层门和轿厢门上坎。门上坎设置与门滑轮相适应的滚动导轨。

为保证层门、轿厢门在开关过程中的平稳性，在门的下部设置门导靴，确保门导靴在规定的地坎槽中滑移。

（5）开关门机构。电梯的开关门方式有手动和自动两种。为使电梯运行自动化以及减轻电梯驾驶员的劳动强度，需要设置自动开关门机构，电梯实现计算机化后，其有着更多、更复杂的控制功能。

（6）层门门锁。层门门锁是由机械联锁和电气联锁触点两部分结合起来的一种特殊的门电锁。当电梯上所有层门上的门电锁的机械锁钩全部啮合，同时层门电气联锁触头闭合，电梯控制回路接通，此时电梯才能启动运行。如果有一个层门的门电锁动作失效，电梯就无法开动。常用层门门锁有手动层门门锁和自动层门门锁两种。

1）手动层门门锁。通常安装在层门关闭口的门导轨支架上并装有锁壳，在相应的层门上装有拉杆，安装后应启闭灵活。另外，在装有门锁拉杆的基站层门上，装有手开层门锁（三角钥匙锁）。此锁供电梯司机或管理人员在层站上开启层门使用。

2）自动层门门锁。此种门锁有两种形式。一种为间接接触式门锁，由于安全可靠性较差，不宜推广使用。另一种为直接接触式门锁，乘客电梯均装此种自动层门门锁，安装在电梯每层楼的层门上。轿厢门是由自动开关门机直接带动，而层门是由定位于轿厢上的开门刀带动，并与轿厢门同时打开或关闭。

（7）证实层门闭合的电气装置。

1）每个层门的电气锁都应是联锁的，如果一个层门（或多扇层门中的任何一扇门）开着，在正常操作情况下，应不可能启动电梯，也不可能使它保持运行。

2）在与轿厢门联动的水平滑动层门的情况中，倘若这个装置是依赖于层门有效关闭的话，则它可以用来证实锁紧状态。

3）对于铰链式层门，此装置应装于门的关闭边缘处或装在验证层门关闭状态的机械装置上。

4）对于用来验证层门锁紧状态和关闭状态的装置的共同要求如下：

① 在门打开或未锁住的情况下，从人们正常可接近的位置，用一个单一的不属于常规操作的动作应不可能开动电梯。

② 验证锁紧元件位置的装置必须动作可靠。

（8）门保护装置。对于自动门电梯应有一种装置，在门关闭后不小于 2s 时间内，防止轿厢离开停靠站。从门已关闭后到外部呼梯按钮起作用之前，应有不小于 2s 时间，让进入轿厢的使用者能按压其选择的按钮（集选控制运行有轿厢门的电梯例外）。轿门由动力进行关闭，则应有一个关门时反向开门的装置。为不使乘客被自动关闭的门所夹持或碰痛，常采用门保护装置。

2. 层门楼层显示器

即楼层指示灯，装在层门上面或侧面，向层站上乘客指示电梯行驶方向及轿厢所在楼层。也有不用指示灯而用指针的机械式楼层显示器。图 6-7 所示为层站上的外呼装置和信号装置示意图。

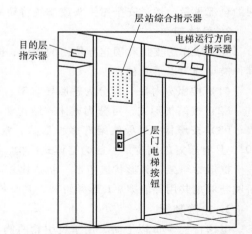

图 6-7　层站上的外呼装置和信号装置

3. 层门呼梯按钮

装在层门侧面，分为单按钮和双按钮两种。在上端站或下端站应装设单按钮，其余层站应装设双按钮。

6.2.4 井道部分

1. 导轨

导轨是为电梯轿厢和对重提供导向的构件。

电梯导轨的种类，以其横向截面的形状区分，常见的有四种，如图 6-8 所示。对于后三种导轨的工作表面，一般均不经过加工，通常用于运行平稳性要求不高的低速电梯，如杂物梯、建筑工程梯等。

电梯导轨使用 T 形为多，如图 6-9 所示。此种导轨具有良好的抗弯性能和可加工性。T 形导轨的主要规格参数是底宽 b、高度 h 和工作面厚度 k，如图 6-9 所示，图中 x、y 为坐标轴。

图 6-8 导轨的种类

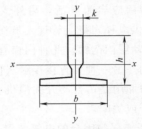

图 6-9 T 形导轨参数

对于不装安全钳的对重导轨或杂物电梯的导轨，允许用表面平滑并经过校直的角钢等型钢做导轨。

T 形导轨的接头应做成凹凸榫型。两根导轨接头处用连接板和螺栓连接定位。其连接刚度不得低于导轨其他部分的刚度。

导轨通常敷设于井道壁上的导轨撑架上。用特殊的压导板通过圆头方颈螺栓、垫圈、螺母加以固定。每个导轨至少设有两个导轨架，其间隔应小于 2.5m。电梯运行时，导轨限制轿厢和对重沿着严格的铅垂直线上下升降移动。当安全钳动作时，导轨应具有足够的强度和刚度承受满载轿厢的全部重量，通过安全钳钳头或楔块将轿厢轧住在导轨上，并能经受所发生的冲击载荷。

2. 导轨架

导轨架作为支撑和固定导轨用的构件，固定在井道壁或横梁上，承受来自导轨的各种作用力。其种类可分为以下几种：

（1）按服务对象，可分为轿厢导轨架、对重导轨架、轿厢与对重共用导轨架等。

（2）按结构形式，可分为整体式结构和组合式结构。

（3）按形状分，导轨架有多种形状，常见的有山形导轨架，其撑臂是斜的，倾斜角为 15°或 30°，具有较好的刚度。一般为整体式结构，常用于轿厢导轨架。

框形导轨架，其形状成矩形，制造比较容易，可制成整体式或组合式，常用于轿厢导轨架和轿厢与对重共用导轨架。L 形导轨架，其结构简单，常用于对重导轨架。

3. 补偿装置

电梯行程 30m 以上时，由于曳引轮两侧悬挂轿厢和对重的钢丝绳的长度有变化，需要在轿厢底部与对重底部之间装设补偿装置，用来平衡因曳引钢丝绳在曳引轮两侧长度分布变化而导致的载荷过大变化。它有补偿链和补偿绳两种形式。

（1）补偿链。以铁链为主体，悬挂在轿厢与对重下面。为降低运行中铁链碰撞引起的噪声，在铁链中穿上麻绳，如图 6-10 所示。此种装置结构简单，但不适用于高速电梯，一般用于速度小于 1.75m/s 的电梯。

（2）补偿绳。以钢丝绳为主体，悬挂在轿厢或对重下面，具有运行较稳定的优点，常用于速度大于 1.75m/s 的电梯，如图 6-11 所示。

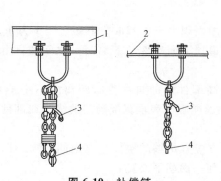

图 6-10　补偿链

1—轿厢底　2—对重底　3—麻绳　4—铁链

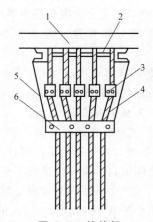

图 6-11　补偿绳

1—轿厢梁　2—挂绳梁　3—钢丝绳卡钳
4—钢丝绳　5—钢丝　6—定位卡板

（3）平衡补偿链悬挂。补偿链悬挂安装时，轿厢底部采用 S 形悬钩及 U 形螺栓连接固定。

（4）新型平稳补偿链结构。新型的结构在补偿链的中间有低碳钢制成的环链，中间填塞金属颗粒以及具有弹性的橡胶、塑料混合材料，且形成表面保护层。此种补偿链质量密度高，运行噪声小，可适用于各类快速电梯。

4. 对重

对重的作用是以其重量去平衡轿厢侧所悬挂的重量，以减少曳引机功率和改善曳引性能。

对重由对重架和对重块组成。对重架上安装有对重导靴。当采用 2∶1 曳引方式时，在架上设有对重轮，此时应设置防护装置，以避免悬挂绳松弛时脱离绳槽，并能防止绳与绳槽之间进入杂物。有的电梯在对重上设置安全钳，此时，安全钳设在架的两侧。对重架通常以槽钢为主体，有的对重架制成双栏结构，可减小对重块的尺寸，便于搬运。对于金属对重块，当电梯速度不大于 1m/s 时，则用两根拉杆将对重块紧固住。对重块用灰铸铁制造，其造型和重量均要适合安装维修人员的搬运。对重块装入对重架后，需要用压板压牢，防止其在电梯运行中发生窜动。

5. 控制电缆

轿厢内所有电气开关、照明、信号的控制线要与机房、层站连接，均需通过控制电缆，一般在井道中间位置由接线盒引出接头，通过控制电缆从轿厢底部接入轿厢，也可从机房控制柜直接引入井道。

6. 限位开关及减速开关

（1）限位开关控制电梯轿厢运行时不允许超过上、下端站一定的位置，如果轿厢越位碰到限位开关，就会切断电梯控制回路，使电梯停止运行。限位开关装在井道上部和底坑中，开关上装有橡胶滚轮，轿厢上装有撞弓，轿厢在正常行程范围内其撞弓不会碰到限位开关，只有发生故障或超载、打滑时才会碰到该限位开关而切断控制回路。

（2）减速开关装在限位开关前面，上端站减速开关在上端站限位开关下方。下端站减速开关在下端站限位开关上方，当轿厢运行到上端站或下端站进入减速位置时，轿厢上的撞弓应先碰到减速开关，该开关动作将快车继电器切断使轿厢减速以防止越位。这种装置也属于机械碰撞转换为电气动作，所以也称为机械强迫减速装置。

7. 井道的顶部空间和底坑尺寸要求

（1）井道的顶部空间。包括：

1）当对重完全压实在缓冲器上时，应同时满足下面三个条件。

① 轿厢导轨长度应能提供 $\geqslant 0.1+0.035v^2$（m）的进一步制导行程，v 为轿厢额定速度（m/s）。

② 轿厢顶部最高位置的水平面面积，即轿顶站人用净面积大于 $0.12m^2$，其短边至少为 $0.25m$，与井道顶部最低位置部件水平面（包括托梁或固定在井道顶下面部件的下端面）之间的自由垂直距离至少为 $0.1+0.035v^2$（m）。

③ 井道顶部的最低部件与固定在轿顶上设备的最高部件间的自由垂直距离应不小于 $0.3+0.035v^2$（m），井道顶部最低部件与轿厢导靴、滚轮、钢丝绳附件和垂直滑动门的横梁或部件的最高部分之间的自由垂直距离应不小于 $0.1+0.03v^2$（m）。

与以上三个条件同时需满足的附加条件为：轿厢上方应有足够的空间，该空间的大小以能放进一个不小于 0.5m×0.6m×0.8m 的立方体为准（可以任何一面朝下放置）。

2）当轿厢全部压住其缓冲器时，对重导轨长度应能提供不小于 $0.1+0.035v^2$（m）的进一步制导行程。

3）对备有补偿绳、张紧轮并装有防跳装置（制动或锁紧装置）的电梯，计算间距时 $0.035v^2$（m）值可用张紧轮可能移动量（随使用的绕法而定）再加上轿厢行程的 1/500 代替，考虑到钢丝绳的弹性，替代的最小值为 0.2m。

（2）底坑。包括：

1）井道下部应设底坑，底坑内设有缓冲器、导轨底板及排水装置。底坑的底部应光滑平整，不得漏水和渗水。

2）除层门外，若有通向底坑的门，应符合安全门的技术要求。如底坑深度超过 2.5m，建筑物的布置允许对应设置底坑进口门。为了便于检修人员安全地进入底坑，如果没有其他通道，应设置从层门进入底坑的永久通道。但此通道不得凸出至电梯运行空间。

3）轿厢完全压实在缓冲器上时，应同时满足下述条件：

① 底坑中应有能放进一个不小于 0.5m×0.6m×1.0m 的立方体为准的空间，立方体可用其任意一面着地放置。

② 底坑的底部与轿厢最低部分间的净空距离应不小于 0.5m。该底部与导靴或滚轮、安全钳楔块、护脚板或垂直滑动门的部件间的净空距离不超过 0.1m。

6.3 电梯安全管理

6.3.1 电梯安全要求

电梯的安全是由组成电梯的各部分零部件的功能和状态来保证的，是通过对电梯组织各部分和安全装置的安全要求以及安全信息的顺利传递来实现的。

电梯的基本使用功能是在建筑物内垂直升降运输人员和物料。这是由电梯合理的结构形式和组成零部件具有足够的机械强度来保证的，即在额定满载情况下，考虑全部静载荷、动载荷，以及意外采用紧急措施所产生的载荷作用下，电梯不发生破坏。与安全关系较大的部位和元件有：井道、机房、轿厢、层门和曳引绳等。

电梯安全保护可分为机械保护、电气保护和安全防护三个方面。机械保护有限速器、安全钳、层门自闭安全装置、缓冲器等。其中有些装置与电气保护装置配合共同承担保护任务。电气安全保护装置除一些与机械保护装置协同工作外，还有一些是用于电气系统的自身保护，如电动机短路保护、接地接零保护等。安全防护中有机械设备的防护装置，如对外旋转轴、转动的齿轮的保护，以及各种护栏、护栅等安全防护装置。

6.3.2　电梯安全管理

电梯的安全工作基于两个方面，一方面是设备安全，另一方面是人员安全。设备应符合国家规定的安全要求，人员应通过安全技术考核。为了规范电梯行业，加强电梯管理，有关方面先后制定颁布了一系列法规和规范性文件。

1. 选购的安全审查

电梯出厂时，必须附有制造企业关于该电梯产品或者配件的有关证明，包括以下内容：

（1）出厂合格证。合格证上除标有主要参数外，还应当标明驱动主机、控制机、安全装置等主要部件的型号和编号。

（2）使用维护说明书。

（3）装箱清单等出厂随机文件。

（4）门锁、安全钳、限速器、缓冲器等重要的安全部件，必须具有有效的型式试验合格证书。

2. 电梯的使用运行安全要求

（1）设置专人负责电梯的日常管理，记录电梯运行状况和维修保养工作内容。建立、健全各项安全管理制度，积极采取先进技术，降低事故率。

（2）确定合理的电梯运行时间，加强日常维修保养。特别是制动器、限速器、超载报警装置。

（3）安装、维修保养人员和电梯驾驶员均应持有有效的特种作业操作证上岗，并定期参加复审。

（4）电梯维修时必须悬挂警示牌，维修结束后，确定恢复正常后才可载重运行。

（5）在便于接到报警信号的位置设立电梯管理人员的岗位。制定紧急救援方案和操作程序。

（6）电梯机械部分发生严重腐蚀、变形、裂纹等缺陷，电器控制系统紊乱，存在严重不安全因素时，应及时检修。

（7）在用电梯的定期检验周期为1年。

3. 对电梯驾驶员的要求

电梯是一个多层及高层建筑的上下垂直运输设备，频繁地上下、启动、停止，乘客经常处于加速度及颠簸状态。为了确保乘客与设备的安全，电梯驾驶员需经过专门培训，并应考试合格，经安全监督部门审核取得操作证者，才能驾驶电梯，无证者不准上岗。

电梯驾驶员应选派有初中以上文化、身体健康的人员来担任。严格控制心脏病、高血压、精神病患者和耳聋眼花、四肢残疾、低能者担任电梯驾驶员。

电梯驾驶员应有一定的机械与电工基础知识，懂得电梯的基本构造，主要零部件的形状，安装位置和作用，了解电梯启动、加速、减速、平层等运行原理和电梯保养及简单故障排除的方法。

电梯驾驶员应知道自己驾驶电梯的服务对象、井道层站数、楼层高度及总提升高度、电梯在建筑物中所处的位置、通道及紧急出口。还应知道本电梯的主要技术参数，如电梯速度、载重量、轿厢尺寸、开门宽度以及驱动操纵方式。

电梯驾驶员还要掌握电梯的各种安全保护装置的构造、工作原理和安装位置，熟练掌握本电梯操纵方法，知道安全窗、应急按钮、急停开关的作用和正确使用方法，并能对电梯运行中突然出现的停车、失控、冲顶、蹾底等情况临危不惧，采取正确的处理方法。

4. 电梯班前检查

（1）外观检查。具体有如下几点：

1）电梯驾驶员在开启电梯层门进入轿厢之前，首先要看清电梯轿厢是否确实停稳在本楼层，然后进入轿厢，切勿盲目闯入造成踏空坠落事故。

2）进入轿厢检查轿厢是否清洁，层门、轿门地坎槽内有无杂物、垃圾，轿内照明灯、电风扇、装饰吊顶、操纵箱等器件是否完好，所有开关是否在正常位置上。

3）打开电源开关层站召唤按钮、指示灯、讯响器以及层门、轿内楼层指示灯工作是否正常。

4）进机房检查曳引机、电动机、限速器、极限开关、控制屏、选层器等外观是否正常，机械结构有无明显松动现象和漏油状况，电气设备接线有否脱落，接头有否松动，接地是否可靠。

（2）运行检查。运行检查也称为试运行，当驾驶员完成外观检查后，应关好层门和轿厢门，启动电梯从某层出发，上下循环运行一两次并检查以下几点。

1）在试运行中要作单站停车、直放和紧急停车试验，并检查其操纵箱上各开关按钮动作是否正常、召唤按钮、信号指示、销号、楼层指示等功能是否正常。若电梯有与外部通信联络装置，如电话、警铃等，也需正常可靠。

2）运行中要注意电梯上下运行导轨润滑，有无撞击声或异常声响和气味。

3）检查门、电锁门联锁开关工作正常，门未闭合时电梯不能启动，层门关闭后应不能从外面开启，门开启关闭灵活可靠，无颤动响声。

4）运行中要检查电梯制动器工作是否正常，电梯停站后轿厢应无滑移情况，轿厢平层应准确，平层误差应在规定范围之内。

5. 电梯运行中注意事项

（1）驾驶员在服务时间内要坚守自己的岗位，不擅自离开，如果必须离开时，必须将电源开关关闭并关好层门。

（2）驾驶员应仪表大方，讲文明礼貌，不与乘客争吵，服务时间不做私活、不与人闲谈。

（3）驾驶员应负责监督控制轿厢的载重量，乘客电梯载重量每人平均以75kg计算。计算方法是将额定载重量除以75将余数去掉，如1000kg乘客电梯应为1000/75≈13，其中包括驾驶员。根据国家有关标准，电梯额定载重量与可乘人数见表6-6。

表 6-6　额定载重量与可乘人数

额定载重量/kg	630	800	1000	1250	1600
可乘人数（人）	8	10	13	16	21

对无质量标记的货物估计质量不要过低，当发现电梯启动缓慢，上行速度减慢，下行速度变快，说明电梯超载，应将电梯停止，减少运载货物后再行启动。

（4）电梯在运载货物时，应将货物放在轿厢中间，不要放在轿厢一边或某一角落。

（5）在没有采取防范措施的情况下，轿厢内不允许装载易燃易爆的危险品。

（6）在手动开关门电梯驾驶中，不得利用门电锁开关使电梯启动及停止。

（7）层门、轿门电锁及其他安全开关，都不可用其他物件塞住使其失效而不起安全作用，严格禁止在层门、轿门敞开的情况下按应急按钮来启动电梯。

（8）在轿厢尚未停妥时（包括自平与慢速），不可开启轿门与层门使乘客出入。

（9）在电梯运行中，不得突然改变轿厢运行方向，如要改变运行方向时，必须先将轿厢停止后，然后再向反方向启动。

（10）电梯运行中，应注意乘客勿要倚靠在轿门上，对交栅门，更应注意乘客的手脚及携带物品不要伸出轿门外。

6. 电梯停驶后的注意事项

（1）当每日工作完毕后，驾驶员应将电梯返回到底站或基站停放。

（2）驾驶员应作好当日电梯运行记录，对存在的问题应及时告知有关部门及检修人员。

（3）做好轿厢内和周围的清洁工作。

（4）关闭电源开关、轿内照明、轿门与层门。

6.4　电梯安全装置

电梯业内人士以往把限速器、安全钳、缓冲器、门联锁称为安全四大件。按《电梯制造与安装安全规范》国家标准第 1 号修改单（GB 7588—2003/XG1—2015）的规定，轿厢上行超速保护装置和含有电子元件的安全电路，也是安全部件。其实，制动器也是电梯安全运行的至关重要的安全部件。如果制动器制动力矩不足或其制动机构有卡阻现象，则会造成电梯溜车甚至"飞"梯，对安全运行构成威胁。可通过安全装置消除或减小电梯运行时的危险。安全装置可以是单一装置，也可以是多个安全装置联锁。

（1）超载限制器是控制电梯在额定载荷下运行的安全装置。装置利用称重原理测定轿厢内载荷，当载荷在额定载荷以下时，电梯正常工作；当载荷超过额定值时，切断电梯控制回路，使电梯停止工作，从而防止电梯超载。

（2）电梯限速器是控制电梯下降超速的安全装置。限速器一般安装在电梯机房楼板上或井道顶部，通过限速器钢丝绳与安装在轿厢两侧的安全钳拉杆相连，电梯的运行速度通过钢丝绳反映到限速器的转速上。在电梯运行时，钢丝绳将电梯的垂直运动转化为限速器的旋转运动。当轿厢超速运行时，限速器就会使超速开关动作，切断控制回路，使曳引机停转，制动器制动，迫使电梯运行停止；如未能使电梯停止，电梯继续加速下行（例如制动器失效时），限速器进而卡住钢丝绳，使钢丝绳无法运动，由于电梯继续下行，钢丝绳将拉动安全钳拉杆使安全钳楔块向上运动，将轿厢卡在导轨上，同时安全钳联动开关动作，切断控制电路。这样就可防止电梯继续超速下行。

（3）电梯安全钳是在轿厢或对重向下运行速度达到限速器动作的速度时，或在悬挂装置断裂的情况下，强制轿厢或对重运动停止并保持静止的一种机械安全装置。安全钳装在轿厢或对重架上，利用钳扣压紧接触面，靠摩擦或自锁来夹紧导轨。常见的有渐进式安全钳、瞬时动作安全钳、具有缓冲作用的瞬时动作安全钳等。安全钳的动作必须由限速器操纵，禁止用电气、液压或气压装置来操纵。

（4）电梯缓冲器是当轿厢或对重超速时，在限位器动作、安全钳尚未制动，而轿厢或对重更快速接近轨道端部时，可将轿厢或对重的动能全部吸收。缓冲器是位于行程端部的一种弹性停止装置，分轿厢缓冲器和对重缓冲器两种。

（5）自动门锁和联动装置是对电梯安全有重要作用的安全装置。层门的门锁在关闭状态下，从层门外不能扒开层门，只有在门锁锁紧时，才能接通电梯的控制回路使电梯升降。通过门锁和联动装置使轿门和相应的层门同时动作，而其他楼层的层门关闭。层门闭合则轿厢运动，只要有一个层门门锁打开，电梯就停止运动。

6.4.1　机电联动安全保护装置

机电联动安全保护装置是指电梯运行过程中或发生不安全状态时，通过机械和电气器件的联合动作，把机械信号转变为电信号以实现安全保护作用的装置，如限速器与安全钳、层门机械锁与验证闭合的电气装置、终端限位开关、极限开关等。

1. 限速器及安全钳

正常运行的轿厢，一般发生轿厢坠落事故的可能性很少，但也不能完全排除这种可能性。一般常见的有以下几种可能：

1）曳引钢丝绳因各种原因折断。

2）蜗轮蜗杆的轮齿、轴、销折断。

3）曳引摩擦轮绳槽严重磨损，造成当量摩擦系数急剧下降，而平衡失调，轿厢又超载，则钢丝绳和曳引轮打滑。

4）轿厢超载严重，平衡失调，制动器失灵。

5）因某些特殊原因，例如平衡对重偏轻，轿厢自重偏轻，造成钢丝绳对曳引轮压力严重减少，致使轿厢侧或对重侧平衡失调，从而钢丝绳在曳引轮上打滑。这五种可能中只要发生一种，就可能发生轿厢或对重急速坠落的严重事故。

因此，按照国家有关规定，无论是乘客电梯、载货电梯、医用电梯，都应装置限速器和安全钳。当轿厢下行速度超速时，要求限位器动作，夹住安全钳钢丝绳而使安全钳动作，从而阻止轿厢下滑，直到停止下降。同时，切断控制电源，迫使电动机停转，确保运行安全。高速电梯在对重侧也装有上述装置，也能起到上述作用。

2. 轿厢上行保护装置

曳引驱动电梯上应装设符合要求的轿厢上行超速装置，这种装置应作用于电梯的轿厢、对重、钢丝绳（悬挂绳和补偿绳）、曳引轮（或与曳引轮同轴的部件）中的一种或几种上。新标准还把该装置列为安全部件，应进行型式试验。

轿厢上行保护装置是防止轿厢冲顶的安全保护装置，是对电梯安全保护系统的进一步完善。在对重重于轿厢的状态下，造成轿厢冲顶的原因有以下几种：

1）制动器电磁铁及其机构卡阻，造成制动器失灵、抱闸失效，或制动力严重不足。

2）曳引机蜗轮、蜗杆的齿轮、轴、键等发生折断，造成曳引轮与制动器脱开。

3）曳引轮绳槽磨损严重，造成曳引绳在曳引轮上作用。

3. 层门安全保护装置

每个电梯层门上都应装设层门锁闭装置（钩子锁）、验证层门闭合的电气装置（电联锁开关）、验证被动门关闭位置电气开关（副门锁开关）、紧急开锁装置和层门自动关闭装置（强迫关门）等五种。

4. 验证轿门闭合装置

验证轿门闭合装置的作用是：当轿厢门关闭到位后，电梯才能正常启动运行；当运动中的轿厢门离开闭合位置时，轿厢立即停止运行或不能启动。有些客梯轿厢在开门区内平层和再平层时允许轿门在开启状态下走车平层。这一安全装置也是非常重要的。如果缺少这一装置或装置失效，电梯会在轿门开启的状态下运行，就有可能使轿厢中的乘客与井道或层门发生碰撞，造成人身伤害。所以不论何种类别和型号的电梯都必须有这一装置。

6.4.2 电气安全保护装置

电梯是以电为动力源的机电一体化的起重设备，在电梯标准中有许多与电相关的规定。最常用的电气安全装置有：层门、轿门、安全门、检修门、安全窗等锁闭和验证安全装置；限速器、安全钳保护开关、缓冲器复位开关；限速绳、选层器断带保护开关；行程极限开关、停止开关等。

电梯安全控制回路，应是安全电路，不能因电路本身的故障造成人身伤害事故。电气安全装置中的电气器件应是对安全有保障的安全触点、安全开关、安全继电器。安全电压按国家的有关规定设置，不应超出其规定，采用安全电压供电的场所，必须使用安全电压供电。另外，还有用于检查电梯各安全部件是否处于安全状态的电气安全装置。

1. 安全电路、安全触点、安全电压

（1）安全电路。为防止电梯出现不安全状态后发生事故，电气安全装置中应采用安全触点及安全电路，其功能是当电梯出现不安全状态时，可以防止未运行的电梯启动，也可以使正在运行的电梯立即停止运行并制动。当不安全状态被排除后，电气安全装置恢复安全状态，电梯可投入运行。

安全电路可以由安全开关、安全触点、安全继电器组成，也可由非安全触点与安全继电器组成。采用安全触点、安全开关、安全继电器组成的安全电路简单、实用、安全、可靠。对于采用非安全触点组成的安全电路，则必须在电气电路中验证非安全触点的安全可靠性，这种组合电路使用电器件较多，控制环节多，故障点自然也增多。

设计安全电路时应采用冗余技术、异相技术，并应具备故障自检测功能。安全电路应选用基本安全器件，如安全触点、安全继电器等。具体的安全电路中应有隔离变压器防干扰，变压器二次侧应接地，电路控制器件（线圈）一端应接地，开关功能件（触点）接到电源不接地一端，电源端设熔断器及短路、过载等保护器件。含有电子元件的安全电路被认定为安全部件，应按照标准对其进行检验。

安全电路中采用的中间继电器应是常闭触点，每个触点都是独立的。如果常开触点中有一个闭合，则全部常闭触点必须断开；如果有一个常闭触点闭合，则全部常开触点必须断开。触点有分隔室，防止触点臂短路，还应满足标准对爬电距离与空气间隙的要求。

国家标准规定电梯安全回路应是独立的，该电路中不准并联其他电器件和控制电路。电气安全回路的定义是：串联所有电气安全装置的回路。在用电梯中有在层门联锁中并联应急按钮等电器元件，这不符合安全要求，会造成开门走车引发事故。

（2）安全触点。电梯电气安全装置中，所使用的安全开关均应是安全触点传送的电气信号，如层门联锁触点、安全钳保护开关、限速器超速保护开关、张紧绳保护开关、轿顶和轿底停止开关等。安全触点是安全电路的基本元件之一。安全触点的静触点始终保持静止状态，动触点由驱动元件推动，当动触点、静触点在接触的初始状态时，两触点间产生一个初始压力，随着驱动元件的推进，动触点与静触点间产生一个最终压力，使触点有良好的接触，直至推动到位终止，触点在受压状态下工作。安全触点动作时，两点断路的桥式触点有一定行程余量，断开时触点应能可靠地断开，即当所有触点的断开元件处于断开位置时，且在有效行程内，动触点和施加驱动力的驱动机构之间无弹性元件（例如弹簧）施加作用力，即为触点获得了可靠的断开。驱动机构动作时，必须通过刚性元件迫使触点断开，断开后触点间距应不小于4mm，对于多分断点安全触点，其间距不得小于2mm。除上述外，安全触点还应具备符合要求的绝缘性能、电气间隙等。电气安全系统是静态的，只在出现危险状态时才动作，所以安全触点工作时都处于常闭状态，当受外力作用时，触点应可靠断开，也有人将安全触点称为强制断开触点。

在用电梯中有许多电梯的层门联锁触点和安全钳开关都采用了安全触点，现介绍如下：

1）层门联锁安全触点。层门联锁安全触点是分体式的，它的桥式动触点装在主门扇上，触点和驱动元件是刚性连接，中间没有弹性元件或过渡性传动元件，驱动元件直接作用于动触点。静触点装在门框架上。正常时，层门处于关闭状态，其机械锁紧装置啮合7mm以上时，安全触点处于常闭状态，动触点、静触点接通控制电路；当层门开启时，门扇的运动带动动触点，使闭合中的动触点与静触点分开，此时，即便动触点、静触点有熔接现象，门扇开启的力也能将触点断开。

在用电梯中还有用微动开关或行程开关作为安全触点使用的，这不符合国标要求。微动开关动触点与驱动元件不是刚性连接，触点的分断是由弹片实现的，容易造成短路或触点不能分开。行程开关是驱动元件经传动元件使动、静触点分开，是非刚性直接驱动方式，传动元件（如弹簧）出故障易造成触点不能断开而起不到安全作用。上述电器件不仅故障率高，还发生过因触点不能断开造成开门走车的伤人事故，这是非常危险的。

2）安全触点开关。安全钳开关等电气安全装置应采用安全触点开关。

驱动杆与常闭动触点为刚性连接，正常状态下，常闭静触点与常闭动触点处于闭合状态，并接通电路。当驱动杆沿箭头方向受力时，常闭动触点随驱动杆动作与常闭静触点分开从而断开电路，断开后触电间距 H 应不小于 4mm。这种驱动元件直接作用于常闭动触点的结构，满足国标对安全触点的要求。

（3）安全电压。安全电压是指人体与电接触时，对人体皮肤、呼吸器官、神经系统、心脏等各部位组织不会造成任何损害的电压。安全电压值的规定，世界各国有所不同，瑞典和法国为24V，美国为 40V，瑞士和波兰为 50V。在我国，电梯属于位于建筑物场所的有高度触电危险的设备，其安全电压值为 36V，绝对安全电压值为 12V。

2. 电动机短路保护装置

我国在用电梯采用的短路保护有熔断器短路保护和自动断路器短路保护两种。

（1）熔断器短路保护。曳引电动机和电路的短路保护是由熔断器来完成的。熔断器利用低熔点、高电阻金属不能承载过大电流的特点，对电气设备起保护作用。

（2）自动断路器短路保护。自动断路器中有一过电流线圈，该线圈和负荷电路相串联。正常运行时，过电流线圈的磁力不能使铁心吸合，而当短路电流大到一定值时，过电流线圈立即吸引铁心，铁心带动自动断路器内的传动机构，使触点分断，从而起到保护作用。

短路保护的安全要求有以下几点。

1）当采用熔断器做短路保护时，熔断体容量选取应适宜，容量过大或过小都会影响电梯正常运转，还会使故障扩大、设备受损。不能用铜丝代替熔体，也不得使用未标明额定电流的熔体。

2）在半导体器件的电路中应采用快速熔断体，不能用普通熔断体替代。

3）当熔断器熔断体熔断后，必须查明原因，待故障被排除后，方可更换相同的熔断体，否则可能会损坏设备或使故障扩大。

3. 电动机过载保护装置

电梯使用的电动机容量比较大，几千瓦至十几千瓦甚至更大。为防止电动机过载烧毁绕组而设置过载保护装置。我国在用电梯电动机过载保护装置有自动断路器、热继电器、热敏电阻和限时运行控制器四种形式。

（1）自动断路器过载保护。电梯供电电路中装有可切断电源的主开关，该开关常采用自动断路器，也称为空气开关，该开关既有短路保护功能，还有过载保护功能。自动断路器内的过电流脱扣器多采用热双金属片与电磁脱扣器串联，当电路过载时，双金属片弯曲将搭钩顶开，使主触头分断，从而起到保护作用。自动断路器在过载时的分断和短路时的分断，其传动机构是同一个，只是过载时由双金属片受热变形后产生的力使自动断路器的脱扣传动机构动作，将触点分断。国标规定：自动断路器过载保护应是手动复位式的。

（2）热继电器过载保护装置。在用电梯电路中常采用双金属片式热继电器，适用于交流电压不大于 500V、电流不大于 160A 的长期工作或间断长期工作的一般交流电动机过载保护，同时还具有断相保护功能。

在交流双速电梯中，电动机快速绕组和慢速绕组电路中分别装有热继电器。当电动机过载超过整定值一定时间，双金属片动作，其触点断开，切断安全电路，从而达到过载保护的目的。热继电器有两相和三相两种。在电动机为星形联结的电路中，当发生一相断路时，另外两相电流会同时增大，选用的相式热继电器即可起到保护作用。如果电动机是三角形联结，当发生一相断电时，由于在二相绕组中发生局部严重过载，仅一相电流增大，如果这一相正好没有接在热继电器上，将起不到保护作用，所以三角形联结的电动机必须使用具有断相保护功能的三相式热继电器。

（3）热敏电阻过载保护。有的电梯曳引电动机采用由热敏电阻和半导体温度继电器组成的控制电路做过载保护。热敏电阻一般置于电动机定子绕组中，当电动机过载发热时，热敏电阻阻值发生变化，致使继电器动作而切断控制电路，达到过载保护的目的。

（4）限时运行保护。为防止电动机过载烧毁电动机绕组，在电功机低速运行状态时设置限时运行，这种保护措施在新、老在用电梯中都有采用，限时运行可分为人工限时和自动限时两种。

1）人工限时。有的电梯生产厂家除在电梯电路中设置了自动断路器和热继电器过载保护装置外，为避免长时间运行造成电动机过载，还在其产品说明书中明文规定，电梯慢速行驶不得超过 3min。

2）自动限时。有的电梯生产厂家把曳引电动机低速运行最高时限设定为一个定值（如3min），当电动机慢速运行超过设定值时，控制电路使电动机自动停止运行，达到保护的目的。

过载保护的安全要求有以下几点：

1）交流电梯曳引电动机的快速绕组和慢速绕组直流电梯的直流电动机均应设置过载保护。

2）当采用热继电器或自动断路器做过载保护时，整定值应调整适当，过大不起作用，过小会误动作。

3）三角形联结的曳引电动机必须选用具有断相保护功能的三相式热继电器，作为过载保护装置。

4. 断相、错相保护

《电梯技术条件》（GB/T 10058—2009）中规定："各类电梯应具备供电系统断相、错相保护装置或保护功能。"断相保护是为防止曳引电动机单相或低电压运行而被烧毁。错相保护是针对交流双速电梯、交流调速电梯因电源相序的改变造成电梯轿厢冲顶或蹾底而言的。对于变频调速电梯改变电源相序不影响上下运行方向，因为电源经转换器后已变成直流电，电动机旋转方向的改变是依靠计算机改变逆变器的触发角而改变相序来实现的，交流供电系统的相序改变不会影响电梯的运行方向。

5. 电气设备的接地保护

我国低压供电系统一般都采用中性点直接接地的三相四线制（即 TN—C—S 系统）和三相五线制（即 TN—S 系统）方式供电。从安全防护方面考虑，电梯电气设备采用接零保护。在中性点接地系统中，当一相接地时，接地电流成为很大的单相短路电流，保护设备能准确而迅速地动作来切断电源，从而保障人身和设备安全。接零保护的同时，零线还要在规定的地点采取重复接地。重复接地是将零线的一点或多点通过接地体与大地再次连接。当发生接地短路时，能降低零线的对地电压；当零线发生断路时，能使故障程度减轻。

在电梯安全供电方面目前还存在一些不可忽视的问题，比如将三相四线制供电系统时作为电源引入电梯机房后，将工作零线与保护零线混合使用。有的用敷设的金属管（槽）外皮作为工作零线使用，有的将保护零线经电气设备外壳互相串接后再接地，这是十分危险的，容易造成触电或损坏电气设备。保护零线应从总电源处 PE 线上分别接到电气设备金属外壳。

有条件的地方，最好采用三相五线制的 TN—S 系统，将保护零线直接从配电室引入电梯机房。

该系统中工作零线 N 和保护零线 PE 是分开设置的，工作零线提供单相用电设备的电流回路，保护零线是用电设备的安全保护回路。如果采用三相四线制供电的接零保护 TN—C—S 系统，严禁电梯设备单独接地。引入机房的 PEN 线除应承受工作电流和短路电流外，还应具备足够的机械强度，防止其断线造成危害。该线应采用多股铜绞线，其导线截面面积单台电梯不小于 $6mm^2$，两台及以上不小于 $10mm^2$，生产厂家有要求的应满足。电梯电源进入机房以后，"零线和地线应始终分开"，该分离点的接地电阻值不应大于 4Ω。

电梯电气设备，如曳引电动机、控制柜、接线盒、布线钢管、布线槽、自动门电动机的金属外壳以及轿厢、层门的金属部分等，均应进行保护接零。对于钢导管跨接地线连接方法，非镀锌钢导管用螺纹连接时跨接地线可以用熔焊；在施工中也有采用传统的锡焊接。对于镀锌钢导管或可挠金属电线保护管的跨接地线，应采用专用卡跨接接地线（跨接线应为软铜线且截面面积不小于 $4mm^2$）。

跨接使用独芯绝缘铜线时，其截面面积不小于 $2.5mm^2$，使用裸体铜导线时其截面面积不小于 $4mm^2$，这是为了保证跨接线有一定的机械强度。当采用随行电缆芯线作保护零线时，导线应并联使用且不得少于两根。

在用电梯中，电气设备的保护接零还存在跨接线连接方法不正确，使用非黄绿双色线代替专用线以及线径不合要求等问题。

当电梯采用 TN—C—S 系统供电时，零线上不准装设熔丝，以防人身和设备的安全受到损害。对于备用电气设备的接地电阻应不大于 4Ω。电梯生产厂家有特殊抗干扰要求的，应按照厂家的要求安装，但不得违反国家标准。对接地电阻应定期检测，动力电路和安全装置电路接地电阻不得小于 $0.5M\Omega$，照明、信号等其他电路的接地电阻不小于 $0.25M\Omega$。

6. 检修运行与轿顶优先

为便于检修和维护，应在轿顶装一个易于接近的控制装置。目前国内外生产的电梯不仅在轿顶设有检修运行装置，在轿厢操作盘内和机房控制柜上有的也设有检修运行装置。

（1）检修运行应满足下列条件：

1）轿厢运行速度不应超过 $0.63m/s$，且只能点动运行。

2）检修运行时应切断正常运行电路、外呼电路及层显电路。

3）电梯运行（检修运行）应依靠安全装置，即安全电路均处于正常状态，尤其是电梯各层门、轿门必须全部关闭到位，否则不能运行。

4）检修运行时，曳引电动机易发热，长时间慢速运行易损坏电动机绕组。电梯生产厂家对检修运行时间有的规定为连续检修运行时间不应超过 30s。也有的生产厂家把检修运行保护设置在电路内，对电动机进行保护。

5）检修运行必须保证轿顶优先。

（2）轿顶优先。轿顶应装设一个检修运行装置，若轿内、机房也设有检修运行装置，应确保轿顶优先。当轿顶检修开关处于检修位置时，或者轿厢内和机房检修开关与轿顶检修开关同时处于检修位置时，只有轿顶慢上、慢下按钮起作用，而轿厢内和机房慢速按钮均不起作用。当轿顶检修开关处于正常位置时，机房和轿厢内慢速按钮才起作用。这一规定是为了确保轿顶检修操作人员的安全，实践证明，由于轿顶不优先，曾发生过人身伤害事故。

（3）轿顶检修运行装置的安全技术。轿顶检修运行装置俗称轿顶操作盒，盒上装有检修运行开关、上下行按钮和能切断主电路控制电路的停止开关以及电源插座、照明灯。生产厂家把这几个电气部件组装在一个操作盒上以方便使用。对于各个电气元器件都有安全技术要求：

1）检修运行开关应是双稳态的，一个状态是"正常运行"，另一个状态是"检修"。该开关通过转换位置实现电梯运行状态，该开关还应有一个防护圈以保安全。其旁边应标有"正常"或"检修"字样。

2）上、下行按钮开关应为自复式，其旁边应使用中文标明上、下行方向。

3）停止开关应是双稳态的红色蘑菇状的符合安全触点要求且有自锁功能的开关，这是为了醒目和安全且易于操作。国标中规定，该开关应设在检修人员进入轿顶位置不超过 1m 处，因该开关装在操作盒上，所以它决定了操作盒的位置。

4）电源插座应是 2P+PE 式，电压为 250V，即一个单相两孔加一个单相三孔。其接线应为左"零"右"相"上为"地"（面对插座），即 H 接工作零线、L 接相线、E 接保护零线。在实际工作中曾发现有人将三孔插座中的上孔（E）和左孔（H）短接起来，使工作零线和保护零线共用一根工作零线。

5）操作箱上照明灯开关应控制相线，采用螺口灯头时，其经过开关控制的相线，应接在螺口灯头中间的舌片上。采用 220V 供电时，其灯泡容量不超过 100W 时可采用胶木座灯口，超过 100W 时应采用瓷质灯口。采用 36V 供电时，灯泡容量不应大于 60W。

7. 主开关和停止开关

（1）可切断电源的主开关。在机房中，每台电梯都应单独装设一只能切断该电梯所有供电电路的主开关。该开关应具有切断电梯正常使用情况下最大电流的能力。该开关不应切断下列供电电路：a. 轿厢照明或通风；b. 轿顶电源插座；c. 机房和滑轮间照明；d. 机房和滑轮间和底坑电源插座；e. 电梯井道照明；f. 报警装置。

该开关位置应能从机房入口处方便迅速地接近，若几台电梯共用同一机房，各台电梯的主电源开关应易于识别。易于识别的方法是将设备与相应开关在明显的位置进行编号，以防止停电、送电时错误操作。

（2）电梯停止装置。在轿厢以外的轿顶、底坑、滑轮间等处应设置电梯停止开关。该开关应能使电梯停止并保持停止状态，开关应是双稳态非自动复位且带自锁功能的，以保障无意动作不能使电梯恢复运行。设置该开关是为保障检修人员操作时的安全，在需要时操作此开关使电梯处于停止状态以便维修，它不是专为发生紧急情况时操作的开关，但在必要时可以使用。对有对接运行的电梯还有其他要求。电梯停止开关，不论装设在何处，都应当是红色的非自动复位式的安全开关，其旁边还应标有"停止"字样。

1）轿顶电梯停止开关，应组装在该检修操作盒上。

2）底坑电梯停止开关，应装在门的近旁，当打开门以后，应能方便地操作此开关。有的电梯配件生产厂家，把电梯停止开关、底坑照明、电源插座组装在一起，称为底坑操作盒。

3）对于电梯设有滑轮间的，滑轮间入口处也应装有电梯停止开关。

有许多电梯在机房控制柜或曳引机旁也装有电梯停止开关，以达到安全方便的目的。

8. 紧急报警、应急照明、井道照明

（1）紧急报警装置。为使乘客能向轿厢外求援，轿厢内应装设乘客易于识别和触及的报警装置。报警开关按钮应是黄色的，并标以钟形符号加以识别。该装置应采用警铃、对讲系统、电话或类似形式的装置。该发声装置可装在值班室或安全保卫部门。如果采用电话，应为内部电话。电梯行程超过 30m 的，轿厢和机房之间应设对讲系统或类似装置。报警装置的电源应是自动再充电式的，即当电梯照明电源停电时，报警装置仍应起作用。电话是较理想的报警装置。如果电梯设有远程监控系统或停电自动疏散装置，可不设紧急报警装置。

（2）应急照明。要有自动再充电的紧急照明电源，在正常照明电源被中断的情况下，它能至少供 1W 灯泡用电 1h。在正常照明电源一旦发生故障的情况下，应自动接通紧急照明电源。有些

老电梯无此装置，为满足国标要求只增装了蓄电池式可充电电源与灯泡连为一体的应急照明灯。平时蓄电池为 220V 交流供电，一旦 220V 电源被切断，蓄电池即供给应急灯泡电源，使其燃亮。因蓄电池寿命有限，应注意维护和定期检验和更换，以确保应急使用。有的电梯使用单位把轿厢应急照明与楼内装设的专用紧急照明电源相连接并能自动投入运行，这同样满足国标要求。近几年生产的电梯都按国标要求设置了应急照明装置。

（3）井道照明。封闭式井道应设置永久性的电气照明，在维护修理期间，即使门全部关上，井道亦能被照亮。并对灯位设置做了具体规定：井道最高和最低点 0.5m 以内，各装设一盏灯，中间每隔 7m（最大值）设一盏灯。

距井道最高和最低点 0.5m 以内，各装设一盏灯，是为了当轿厢运行至最低层或最高层，即使蹲底或冲顶时，轿厢上空间和轿厢下空间也能有一定的照度。而中间设灯，则是为了在层门全部关闭状态下，能保证井道内有足够的照度，便于检修和操作人员工作。这里所说的永久性照明不是长明灯，而是与临时照明相对面言，即非临时性的，而是正式照明。

6.4.3 机械保护和安全防护装置

电梯中的机械保护和安全防护装置主要有缓冲器、层门自动关闭安全装置、层门紧急开锁装置、对重护栅和井道护栅等。

1. 缓冲器

当电梯轿厢向下运行时，由于各种原因可能导致事故发生，例如：①下部限位开关或越程开关不起作用；②断绳、超载、轿厢下滑、安全钳限速器不动作；③曳引轮和钢丝绳打滑；④轿厢超载制动器失效，没有制动力矩，轿厢掉落坑底。这时，设置在轿厢下方底坑中的缓冲器，可以减缓轿厢与底坑间的冲击，使轿厢停下来。当轿厢运行在井道上部时，如果顶部极限开关不起作用，处于冲顶状态时，对重跌落到它的正下方的缓冲器上，可以减缓冲击作用和避免轿厢冲顶。

2. 层门紧闭开锁装置

每个层门均应能从外面借助于一个开锁三角孔相配的钥匙开启。

3. 层门自动关闭安全装置

在轿门驱动层门的情况下，当轿厢在开锁区域以外时，无论层门因为何种原因而开启，都应有一种装置（重块或弹簧）能确保该层门的自动关闭。即凡是装有自动门装置的电梯，都应装设层门自动关闭安全装置。当轿厢不在该层时，如果用紧急开锁钥匙或在井道内人为将该层门打开，层门应能迅速自动关闭，以防止坠落事故的发生。

4. 对重和井道护栅

电梯护栅有对重护栅和井道与电梯之间的护栅。

为防止人员进入底坑对重下侧而发生危险，在底坑对重的两条轨道处应设置防护栅。

在通井道的下部，不同电梯运动部件之间应设置隔障。

6.4.4 安全距离、安全标志及安全色

1. 安全距离

电梯设施中的安全距离是指电梯各部件之间或部件与建筑物之间，应该保持的可以防止出现不安全状态的具体尺寸。

（1）轿厢与井道、对重的安全距离。

1）井道内表面与轿厢地坎、轿门门框架或轿厢门之间的水平距离不得大于 150mm，如果轿门是滑动门，则指轿门的最外边缘与井道内表面之间的距离。

2）对于轿厢上装有机械锁闭装置的门且只能在层门开锁区内打开的，则上述间距不受限制。

3）对于在井道内表面局部一段垂直距离不大于 500mm 的范围内或带有垂直滑动门的载货电梯和非商用汽车电梯，该水平距离允许 200mm。

（2）轿厢门与层门的安全距离。

1）供使用者正常进出的轿厢入口，轿内的净高度不应小于 2000mm。

2）轿门关闭后，门扇之间、门扇与门套之间、门楣和地坎之间的间隙，载货电梯不得大于 8mm，乘客电梯不得大于 6mm。

3）层门的净高度不得小于 2000mm；层门关闭后，门扇之间、门扇与门套之间、门楣和地坎之间的间隙，载货电梯不得大于 8mm，乘客电梯不得大于 6mm。

4）轿门与闭合后的层门之间的水平距离，或各门之间在其整个操作间的通行距离，不得大于 120mm。

5）轿门地坎与层门地坎之间的水平距离不得大于 35mm。

（3）曳引电梯的顶部空间。

1）轿厢导轨的长度应能提供制导行程的距离不小于 $(0.1+0.035v^2)$ m（v 为电梯的额速度，下同）。

2）井道顶的最低部件与固定在轿顶上的导靴、滚轮、曳引钢丝绳附件、垂直滑动门的横梁或部件的最低部分之间的垂直距离，应不小于 $(0.1+0.035v^2)$ m。

3）井道顶的最低部件与固定在轿顶上设备的最高部件（不包括导靴、滚轮、曳引钢丝绳附件、垂直滑动门的横梁或部件的最高部分）之间的自由距离，应不小于 $(0.3+0.035v^2)$ m。

4）轿厢顶板外水平面与位于轿顶投影的井道顶最低部件如承重梁、导向轮等的水平面之间的垂直距离应不小于 $(0.1+0.035v^2)$ m。

5）轿顶上方应有一个不小于 500mm×600mm×800mm 的立方体为准。

（4）曳引驱动电梯的底部距离。

当轿厢全部压在轿厢缓冲器上时，对重制导行程和底坑与轿底安全距离应满足：

1）对重导轨的长度能提供制导行程的距离应不小于 $(0.1+0.035v^2)$ m（v 为电梯的额定速度），且最小不得小于 250mm。

2）底坑内应有足够空间以放入一个不小于 500mm×600mm×800mm 的立方体为准，立方体的任何平面朝下放置，也可以说，轿底与底坑的最小距离不低于 500mm。

3）底坑地面与导靴或滚轮、安全钳楔块、护脚板等轿底下凸出部件之间的垂直距离应不小于 100mm。

（5）机房、井道设备的安全距离与相关尺寸。

1）机房屋顶横梁下端至工作场地和通道地面的垂直高度应不小于 1800mm。

2）曳引机旋转部件的上方应有大于 300mm 的垂直净空距离。

3）机房地面不同高度差大于 500mm 时，应设楼梯或台阶并设置护栏。

4）楼板和机房地板上的开孔尺寸必须减小到最小。

5）机房内钢丝绳与楼板孔洞每边间隙应控制在 20～40mm，通向井道的孔洞四周应筑高于 50mm 的台阶。

6）控制屏、柜与门、窗的正面距离以及维修距离不应小于 600mm，其封闭侧不应小于 50mm；控制屏、柜与机械设备的间距不应小于 500mm。

7）成排安装双面维修的控制屏、柜间距超过 5000mm 时，两端均应留有出入通道，通道宽度不应小于 600mm。

8）电线管、电线槽、电缆线等可移动的轿厢、钢丝绳的距离，机房内不应小于 50mm；井道内不应小于 20mm。

9）圆形随行电缆再加上的绑扎处应离开电缆架钢管 100~500mm；扁形随行电缆重叠安装时，每两根间应保持 30~50mm 的活动间距。

2. 安全标志

电梯有许多地方设置了安全标志，以便使维修人员了解该电梯的相关数据与须知，以增强乘客和维修人员的安全意识，保证电梯安全运行，防止发生人身伤害事故。

电梯的安全标志可分为说明类标志、提示类标志、警告类标志和禁止类标志。

（1）说明类标志。

主要是指电梯设备铭牌，这些铭牌都应由设备生产厂家提供并固定在适当的位置。铭牌应清晰、铅字应清楚、固定应牢固。这类标志主要有：轿厢内铭牌；安全钳、限速器、缓冲器、层门锁紧装置铭牌；电动机、曳引机、制动器、控制柜等设备铭牌。

（2）提示类标志。

该类标志主要用数字、文字、图形符号提醒人们注意，以防止发生事故，这类标志主要有：

1）在承重梁和吊钩上应标明最大允许载荷，以防止吊装时超载。

2）应在曳引轮旋转部位的边缘或附近，标明轿厢向上、向下时的旋转方向；限速器应标明与安全钳动作相应的旋转方向，以利于维修人员识别。

3）曳引电动机轴端盖处应标明轿厢上、下行时，电动机的旋转方向，以便于人工盘车时识别。

4）机房、轿厢顶操作盒等处设置的检修开关所处检修、正常位置的地方，应标明"检修""正常"字样，以便于操作者识别。

5）机房、轿厢顶操作盒等上、下行方向按钮边侧，应标示出轿厢"上""下"字样，以免误操作造成事故。

6）机房、轿厢操作盘内、轿厢顶操作盒、底坑操作盒等处设置的停止按钮，其旁侧应标识"停止"字样。

7）紧急开锁三角钥匙上应附有文字说明，提醒人们用此钥匙可能引起的危害。

8）机电控制柜、曳引机、主开关应有标志，以防止误操作，还要在经常要检修和维护的地方表明以便于工人维护检修。

（3）警告类标志。

该类标志具有"注意""危险""警示"之意。在电梯安全标志中，应用精练语言发出警告，警告语应通俗易懂、上口好记，设置位置应明显、字迹清晰规范。

1）井道检修门附近设有"电梯井道危险，未经允许禁止入内"等警示语。

2）通往机房和滑轮间的门或活门的外侧应设置"电梯曳引机危险，未经许可不得入内"等字样，以示警告。

3）对于活板门，应设永久可见的"谨防坠落，重新关好活板门"等相关警示语。

（4）禁止类标志。

该类标志有十分明确的禁止之意，在电梯施工中有时使用"禁止合闸""禁止烟火"等标志，给顾客或维修人员以警示或明确提示。

安全标志应设在明显位置，高度应稍高于人的视线，色彩鲜明并符合安全色的需要，图案应清晰，字迹要规范。

3. 安全色

颜色也是一种语言，其赋予了一定的含义，不同的颜色给人不同的感受。设计设备时应使用安全色。安全色中，红色视为"禁止"，黄色视为"警告"，蓝色视为"指示"，绿色视为"安全"。电梯设备或部件上涂以不同的颜色，以示"警告"或"禁止"。

1）紧急停止开关按钮应为红色。

2）报警开关按钮应为黄色。

3）盘车手轮涂以黄色，开闸扳手应涂红色。

4）限速器整定部位的封漆应为红色。

5）机房吊装用吊钩应用红色数字标出最大载荷。

6）限速器动作方向、曳引机旋转方向箭头标志应为红色。

7）限速轮、曳引轮涂以黄色，以示切勿触及。

8）超载信号灯应为红色，以示警告。

9）电梯的电气线路中，L1（A 相）为黄色，L2（B 相）为绿色，L3（C 相）为红色，P（工作零线）为黄绿双色。

6.5 电梯安全技术

6.5.1 电梯安装安全技术

电梯安装分为搭脚手架安装和无脚手架安装两种安装工艺。目前，钢管脚手架得到了广泛的应用。无脚手架安装是指不搭脚手架，而用电动升降式作业平台进行电梯安装，具有劳动强度低、工作效率高等特点。这里只介绍使用比较广泛、工艺成熟的搭脚手架安装电梯的传统工艺。

1. 安装前的准备工作

（1）工器具、仪器仪表、劳保用品。安装单位应根据本单位的规模、资质等级配备工器具、仪器仪表。劳保用品有安全帽、工作服、工作鞋、护目眼镜、安全带、手套、口罩、面罩等。不同工种应配备相应的劳保用品。

（2）成立安装小组。电梯安装应由持有有关部门核发的电梯安装许可证的单位承担，操作人员必须持有相应的操作证。安装小组人员的多少，技术力量的配备视所安装电梯的规格型号、层站数、控制方式、自动化程度等决定。安装小组一般由电工、钳工各两人组成，也可视电梯规格型号以及人员技能情况适当增减，有时根据需要还需配以瓦工、木工、起重工、焊工以及辅助工。

2. 安全措施和进度安排

（1）设立安全员负责安装工作中的安全检查和管理工作；设立质量检查员对施工质量进行检验，以保证安装质量和安装过程的安全。安全员和质检员都应通过专门的业务培训并达标。

（2）安全教育，包括以下几点：

1）施工前应对使用的工器具进行认真检查，吊链、钢丝绳索套、滑轮、支撑木、脚手板应无损坏。

2）电动工具、电焊机、照明灯具、临时供电设备等应无漏电、破损现象；喷灯、气焊等专用工具应完好、符合要求。

3）各种测量工器具符合标准，测量准确，指示正确。

4）安装人员上班前不喝酒，进入施工现场应穿戴好防护用品，如工作服、安全帽、工作鞋；系好安全带、工具袋等。

5）安装时，施工人员必须严格遵守安全操作规程和有关的规章制度，如电气焊、起重机械、喷灯、带电作业规程等。

6）井道内不得使用汽油或其他易燃溶剂清洗机件，在井道外现场清洗机件时应悬挂"严禁烟火"标志牌，放置消防器材，并应防止电气火花。剩油、废油、油棉丝等必须带回处理，不得留在现场。严禁在非指定区域内吸烟。

7）应在层门口和其他能进入井道的路口处，设置明显的警告标志和有效的护板、护栏、防护门，以防止发生人员坠入井道事故。

8）施工人员应熟悉一般急救方法，懂得消防常识，会合理、熟练地使用灭火器材。

9）每日召开班前安全会，由组长结合当天任务，布置安全生产要求。工作前检查工作环境、设备和设施，应符合安全要求。

10）遇有与其他工种进行配合作业的情况时，应先进行安全交底和技术交底，认真执行交底签字制度。

（3）进度安排与安装工艺流程。施工进度的安排视所安装电梯的梯型、层站数、控制方式等不同而有所区别。其施工进度由安装小组统一协调安排，但无论如何，不能因为抢进度而疲劳工作，忽视安全，降低安装质量。安装前还应当做到以下几点。

1）认真仔细阅读随机技术文件，了解电梯的型号、规格、各种参数、性能和用途。熟读电气原理图、电气安装接线图、机械安装图。

2）了解并掌握电梯总电源位置、容量、中性线和保护接地线情况，以便制订出电梯各电气设备和布线管路的金属外壳的保护接地方案。

3. 设备检验、存放与土建预检

（1）开箱验件。开箱后认真清点核对随机技术文件，如安装说明书、使用维护说明书、电气原理说明书、电气原理图、电气安装接线图、安装平面布置图、产品合格证、电梯润滑汇总图表和电梯功能表、装箱单等。清点机件规格、型号、数量，如果有随机工器具应无缺少，并做好记录，发现不符应及时反映，以便尽早处理。清点时应由制造或销售单位、安装单位、委托安装单位确认，并填写电梯设备开箱检查记录。

（2）设备的安全存放。包括以下几点：

1）设备拆箱时，包装箱应及时清运或码放在指定地点，防止钉子扎脚，或妨碍他人工作。

2）设备经开箱清点后应及时运入库房，交由专人保管，施工时随用随取。

3）重型设备（如曳引机等）应垫板存放，导轨应垫好支撑物，防止变形。电气设备应防雨。

4）材料不得乱堆乱放，易燃品（如汽油、油漆、化学试剂等）应严格管理。

5）搬运、码放设备或材料时，应注意安全，防止发生人身伤害事故。

（3）土建预检。应按照《电梯土建总体布置图》的设计要求来完成土建工程中电梯机房、井道及底坑的结构施工。其结构尺寸应符合设计图要求，施工偏差应控制在允许范围之内。机房应重点检查机房的长度、宽度、高度、地面承重以及预留孔洞、设备吊装钩的位置等情况。对井道壁的宽度、深度、顶层高度、标准层高度、垂直偏差、层门数量及尺寸位置、层楼指示召唤开关盒的预留孔洞等进行校验。底坑深度应符合要求，并已经做好地面防水，在底坑中预埋接地电阻小于4Ω的接地极。上述工作完成后，将检测结果及时填写于《电梯机房、井道预检记录》中。对检查出的问题应立即以书面形式通知业主，按要求进行修正。

对于层门预留孔，在电梯安装之前，所有层门预留孔必须设有高度不小于1.2m的安全保护围封，并应保证有足够的强度，并做好安全保护措施。

4. 电梯的调试

（1）调试前的准备。电梯安装后的调试应由生产厂家或安装人员根据生产厂家的调试要求进行。调试前应做到以下几点。

1）井道内脚手架全部拆除，井道壁无阻碍运行的钢筋、铁丝、角铁等。

2）井道、底坑垃圾全部清除干净，护栏、护栅、护板不妨碍电梯运行。

3）轿顶、轿内、对重、层门等部位应全部清洁，擦拭干净。

4）机房、控制柜清扫干净，防尘塑料纸全部清除，无遗留物品。

5）电气线路和电气元件无短路、接地现象；接地电阻符合要求。

6）在手动盘车状态下，机械部分动作正常。

7）检查供电动力电源符合要求。

8）电气线路接线正确、无误，送电后测量各电压值符合要求。

（2）调试。电梯设计不同，控制方式和驱动方式各异，调试方法也就不同，因此针对不同的情况应采取不同的调试方法。

5. 电梯的检验与试验

我国目前对电梯的检验有安装单位的自我检验、建设（监理）单位的检验、政府行政部门或特种设备监督检验机构实施管理和监督的质量检验。

6.5.2 电梯使用安全技术

现代的电梯设计完善，安全性高，但必须使安全使用及维修保养相配合，才能发挥其优越性。

1. 一般管理方法

建立一套完善可行的管理制度，这是电梯安全使用的首要条件。

（1）配备专职人员。

1）对有驾驶员的电梯，应配有专职驾驶员。驾驶员应受过技术培训，具备必要的电梯知识，能正确操纵电梯和处理运行中出现的各种紧急状态，并能排除一般性的常见故障。

2）应有专职维修保养人员，并建立值班制度，维修人员应受过技术培训，掌握电梯的工作原理，以及电梯各部分的主要构造与功能，能处理及排除各种故障，能对电梯进行日常性的维修保养。

（2）建立严格的检查保养制度。

1）日检查保养制度。包括以下几点：

① 每天进行清扫和巡视检查，及时发现和排除各种不正常现象。

② 保持轿厢与厅门口的清洁卫生，特别注意地坎槽是否掉入杂物，以免影响门的正常开合。

③ 每日在启用电梯前，驾驶员或维修人员应首先将电梯上下运行一次，注意观察是否有不正常现象。

④ 应设有电梯工作日志，实行交接班记录。

2）月检查保养制度，包括以下两点：

① 每月应对电梯的主要安全装置的工作状况进行一次观察，发现问题及时处理。

② 每月对各润滑部位进行一次检查。

3）季度检查保养制度，包括以下几点：

① 应对电梯各传动部分（曳引机、导向轮、曳引绳、导靴、门传动系统等），进行全面检查，并进行必要的调整与维修。

② 对各安全装置进行必要的调整（如电磁制动器、限速器张紧装置，安全钳等）。

③ 对电路控制系统进行工作情况检查（包括各种接触器、继电器、保险器、电阻等元件及各

接线端子）。

4）年检查保养制度，包括以下两点：

① 组织一次全面性的技术检查（包括外壳接地及电器耐压等），并对电梯工作状态做出评价，制订年保养计划。

② 修理及更换磨损或损坏的主要部件。

5）临时性检查保养制度。指电梯停用较长时间及地震、火灾后，需进行全面性的检查才能投入使用。

（3）制定维修保养工作规程。

1）进行季检和年检时，应由两人以上进行，确保工作安全及检查可靠。

2）电梯在检修时（包括加油），应在首层厅门口悬挂"检修停用"的标示牌。在做检修性运行时，不准载客、载货。

3）当进入底坑检修时，应将底坑检修箱的急停开关断开。

4）当进入轿顶检修时，应将安全钳开关或轿顶检修箱的急停开关断开。

5）在检修时，使用的工作灯必须为 36V 以下的安全电压。

6）严禁维修人员在井道外探身到轿顶，或处于厅门与轿门之间进行工作。

7）在厅门开启的情况下，轿厢以检修速度运行时，其上离厅门踏板距离不应超过 400mm。

2. 日常使用注意事项

1）电梯驾驶员或专职管理人员，在每天开启厅门进入轿厢前，应确定轿厢是否确实已停稳在该站，切忌莽撞踏空。

2）有驾驶员的电梯必须由专职驾驶员操纵，当驾驶员需暂停轿厢时，应将轿厢电源开关关闭，并关闭厅门。

3）应保证电梯在额定载重范围内工作，对于无超载装置的电梯，驾驶员应时刻掌握电梯的载重量。

4）客梯不应作为货梯使用；轿厢不允许装运易燃、易爆的危险物品。

6.5.3 电梯拆除的安全技术

对电梯进行更新改造时，需拆除整部或部分电梯设备。拆除电梯的操作要求安全技术性很强，以往曾发生过多起因操作不当而引发的重大人身伤害事故。比如拆除轿厢壁后不设置护栏，造成操作者跌入井道而死亡的事故，或过早拆除限速器致使"飞梯"不刹车等。因此，拆除电梯的安全操作是非常重要的，应引起有关人员的重视。

（1）准备工作。

1）拆除电梯前应准备好所需工器具，如卷扬机、滑轮、脚手板、脚手架钢管及附件、撬棍、剔凿工具、大绳、钢丝绳索、绳卡、承重铁件、气焊切割设备、对讲机、临时随行电缆、检修操作盒以及劳动防护用品等。对工具做认真仔细的检查，不符合安全要求的，绝对不能使用。

2）施工现场张贴告示，悬挂安全标志，划出操作区并设置围栏或围板。

（2）拆梯时的安全操作。

1）接临时线、拆除控制柜部分线路。包括以下几点：

① 从机房控制柜引一根临时用随行电缆至轿箱，接一检修运行操作盒，要求上行、下行慢车按钮互锁，金属操作盒外壳可靠接零。

② 关掉机房总电源开关，在机房拆除轿厢照明电源线及除慢车电路、制动器电路以外的所有线路。视需要和可能决定可否保留井道照明。

③ 反复查验拆除线路是否正确，有无带电线头。检验临时慢车上、下行按钮和停止开关是否

正确、好用。

④ 在空载状态下试验限速器开关和安全钳轧车是否灵敏有效。操作者应掌握溜车时手动刹车的操作方法。

2）拆卸部分对重块。将轿厢开到中间层，在轿顶卸下部分对重块，使空载轿厢与对重平衡。

3）拆轿厢搭平台，包括以下两点：

① 将轿厢开到底层，按下停止按钮，拆除轿门系统、轿顶、轿厢壁。

② 用轿厢架和轿底固定钢管和脚手板，制成上、下两个作业平台，平台除临门一侧外，应设不低于 1m 高的三面护栏，平台承载量应不小于 250kg/m²。在平台上操作应挂好安全带。

4）拆除随行电缆，包括以下两点：

① 在底坑中拆下轿底随行电缆，将几根电缆分别盘成团放于作业平台上。

② 慢速向上移动轿厢，边走边盘随行电缆，直到将几条全部拆除，盘好运出井道。

5）拆除井道电器件，包括以下两点：

① 将轿厢开到顶层，在平台上从上到下逐步拆除井道内的电气线路及器件、支架等。

② 拆下的机件及时放在下平台内安全码放，当数量较多时，应及时外运，直到井道内全部拆除干净。

6）拆层门所做的防护，包括以下两点：

① 将轿厢开到顶层，拆除层门门扇、上坎、立柱、楼层显示的井道内部分。

② 层门拆走后，必须及时做好层门安全防护措施，防止发生坠落事故。

7）拆除导轨和导轨架。拆除导轨需动用卷扬机、气焊设备等，拆前必须做好准备。

① 在底层候梯间设置一台 0.5t 卷扬机。底坑内轿厢与对重之间固定一滑轮。

② 对重侧绳孔下方设一滑轮。

③ 在大、小四根导轨中心偏侧方的机房楼板上凿一孔，用承重铁件吊挂一滑轮。滑轮及其支撑件必须固定牢靠。

④ 备好吊装用人字形绳索卡环，其两侧绳索的长短视待拆的大、小导轨接口水平距离而定。

⑤ 将卷扬机钢丝绳卡环分别在大、小导轨上装好。向下开慢车，用气焊割掉导轨支架，拆下接道板连接螺栓，使最高一节大、小导轨被吊起。

⑥ 用卷扬机将拆下的导轨放至底坑并运走，操作时注意避免碰伤和烫伤。

⑦ 当拆除到中间层位置时，要注意对重在失去导轨时可能发生转动，应在对重架下侧中间位置拴一拖绳，人为牵制以确保安全。

⑧ 当轿厢快要到底层时，用两根不小于 100mm×100mm 的方木支在轿厢梁上，使轿底与底层地面水平。

8）拆除限速绳、轿厢底，包括以下几方面：

① 将限速绳拆下，从机房将绳抽走。

② 拆除轿厢上平台和上、下平台护栏。

③ 拆下轿底，用卷扬机运走。

9）拆除对重架和曳引线。包括以下几点：

① 用大绳将卷扬机钢丝绳从对重侧放下来，将设在底坑轿厢与对重之间的滑轮移到轿厢底梁前的中心位置固定好。

② 将轿厢侧曳引绳中的两根用三道绳卡子卡牢，再将卷扬机钢丝绳从卡好绳卡的两根钢丝绳卡的上端穿过，返回后用三道绳卡子将自身卡牢，再将其余曳引绳卡在一起。

③ 慢慢操纵卷扬机，使轿厢侧绳头组合处螺栓不受力，对重的重量由卷扬机钢丝绳承担。拆

下轿厢侧绳头螺母及弹簧。

④ 操纵卷扬机放绳，使对重缓缓下落，下落过程中应注意防止刮、碰，落到底坑后稳固好，拆除对重侧曳引绳组合处螺母和弹簧。

⑤ 随着卷扬机的继续放绳，将曳引钢丝绳拖出井道。

10）拆除对重架、轿箱架，包括以下两点：

① 用卷扬机吊住对重架，拆下剩余的对重块。操纵卷扬机将对重架拖出并拆除。

② 用卷扬机拆除轿厢上梁和下梁。

11）拆除井道底部导轨、缓冲器、张紧装置。包括以下几点：

① 切断总电源，拆除总电源负荷端以下所有管线、临时随行电缆及检修操作盒，拆下制动器和曳引电动机线路。

② 拆除限速器、机械选层器等部件。

③ 用手动倒链或三脚架拆除曳引机、承重梁等设备并妥善放置。

④ 用牵引大绳将卷扬机钢丝绳放下并收好。

⑤ 拆除机房和吊在楼板上及固定在底坑中的滑轮。

⑥ 将机房、底坑、层门口清理干净。

⑦ 拆除后应做到机房、井道、底坑无遗留、无凸起物件。关好机房门窗，对层门安全措施再次检查。

6.5.4 电梯维护保养安全技术

电梯维修保养的目的是使电梯始终保持良好的工作状态。这是一项长期细致的工作，保养得好就能减少故障，延长使用寿命，因此电梯维护保养是十分重要的工作。维修保养工作应按日、月、季、年检的程序进行。

1. 电梯维护的一般要求

电梯的驾驶员或维护人员除应在每日工作前对电梯做准备性的试车外，还应每日对机房内的机械和电气装备做巡视性的检查，并对电梯做定期维护工作，根据不同的检查日期、范围和内容，一般可分为每周检查、季度检查和年度检查三种。

（1）每周检查。电梯维护人员应对电梯主要设备的动作可靠性和工作准确性进行每周一次的检查，并进行必要的修正和润滑，其内容如下：

1）轿厢按钮和停车按钮：检查其动作是否灵活。

2）轿厢照明、信号（指示器、方向箭头、蜂铃）：检查并在必要时调换灯泡。

3）平层机构：检查平层准确度。

4）轿厢门：检查门的开关动作。自动门：检查门的重开线路（按钮、安全触板、光电管等）。

5）厅门：检查门锁是否灵活，触点之间是否正常，在必要时进行调换。

6）门导轨：检查其中有无杂物。

7）制动闸：检查制动盘与制动闸瓦之间的间隙是否正常及是否有磨损，必要时调整或更换制动闸瓦。

8）曳引机和电动机：检查油位是否在油位线上，必要时进行加油。

9）接触器：检查触头、衔铁接触情况是否良好，是否有污物。

10）驱动电动机：检查其中有无异常噪声和过热现象。

11）导向轮、选层器：检查其润滑、运行情况。

12）开门机：检查其动作是否灵活。

（2）季度检查。在电梯每使用三个月之后，维护人员应对比较重要的机械和电气设备进行较细致的检查、调整和修理。

1）机房。包括以下几点：

① 蜗轮蜗杆减速箱及电动机轴承端润滑是否正常。

② 制动器动作是否正常，制动闸瓦与制动盘之间的间隙是否正常。

③ 曳引钢丝绳是否因渗油过多而引起滑移。

④ 限速器钢丝绳、选层器钢带运行是否正常。

⑤ 继电器、接触器、选层器等工作情况是否正常，触头的清洁工作和主要的紧固螺钉有否松动。

2）轿厢顶和井道。包括以下几点：

① 检查门的操作、调节和清洁门驱动装置的部件，如电动机带轮的传送带、电动机、磁笼、速度控制开关、门悬挂滚轮、安全开关和弹簧等。

② 清洁轿门、厅门门槛和上槛（门导轨）。

③ 检查全部门刀和门锁滚轮之间的间隙与直线度情况。

④ 调节和清洁全部厅门及其附属件，如尼龙滚轮、触杆、开关门铰链、门滑轮、橡胶停止块、门与门槛之间的间隙等。

⑤ 检查并清洁全部厅门门锁、开关触点以及井道内的接线端子。

⑥ 检查对重装置和轿厢连接件（补偿链）。

⑦ 检查轿厢、对重导靴的磨损情况和安全钳与导靴之间的间隙，必要时予以调换和调整。

⑧ 检查每根曳引钢丝绳的张紧是否正常，并做好清洁工作（如井道传感器、水磁感应器等）。

3）轿厢内部。包括以下几点：

① 检查轿厢操纵箱（盘）上的按钮和停车按钮的工作情况。

② 检查轿厢照明、轿厢信号指示器、方向指示箭头的工作情况等。

③ 检查轿厢门的开关动作和自动门的重开线路情况（按钮、安全隔板、灯光管等）。

④ 检查紧急照明装置。

⑤ 检查并调节电梯的性能，如启动、运行、减速和停止运行是否舒适良好。

⑥ 检查平层准确度。

4）层站。检查停靠层厅门旁的按钮及厅外楼层指示器的工作情况。

（3）年度检查。电梯每次在运行一年之后，应进行一次技术检验。由有经验的技术人员负责，维护人员配合。按技术检验标准，详细检查所有电梯的机械、电气、安全设备的情况和主要零部件的磨损程度，换装或修配磨损量超过允许值的已损坏的零部件。

1）调换开、关门继电器的触头。

2）调换上、下方向接触器的触头。

3）仔细检查控制屏上所有接触器、继电器的触头，若有灼痕、拉毛等现象要予以修复或调换。

4）调整曳引钢丝绳的张紧均匀程度。

5）检查限速器的动作速度是否准确，安全钳是否能可靠动作。

6）调换厅门、轿门的滚轮。

7）调换开、关门机构的易损件。

8）仔细检查并调整安全回路中各开关触点的工作情况。

2. 电梯维修保养要领

（1）电梯维修和保养应遵守的规定。

1）工作时不得乘客或载货，各层门处悬挂检修停用的指示牌。

2）电梯维修和保养时应断开相应位置的开关，如在机房时应将电源总开关断开；在轿顶时应合上检修开关；在底坑时应将底坑急停开关断开，同时将限速器张紧装置安全开关也断开。

3）使用的手灯必须带护罩并采用不大于36V的安全电压；在机房、底坑、轿顶或轿底应装设检修用的低压插座。

4）操作时应由两人协同进行，操作时若需驾驶员配合进行，驾驶员要精神集中，严格服从维修人员的指令。

5）严禁维修人员站在井道外探身到井道内，严禁在井道外或在轿厢地槛处较长时间地在轿厢内外各站一只脚来进行检修工作。

（2）电梯维修保养时的仪器要求。

1）万用表内阻在200kΩ以上。

2）交流电流表量程为AC100A。

3）交流电压表量程为AC300V，对于指针式，输入阻抗在300kΩ以上。

4）高压兆欧表应使用电池式，电压为500V，内阻在200kΩ以上，禁止使用手摇式兆欧表。

5）转速表量程为0~50000r/min。

（3）电梯维修和保养的注意事项。切断电源后，进行主回路方面的作业时，应确认电解电容器端子电压为0V后再开始作业。

3. 电梯各部分的日常维护与保养

（1）曳引机。在电梯中最重要的动力设备是曳引机，因此曳引机能否正常工作，决定着电梯的命运。

曳引机安装在机房内，电梯维护人员每天应到机房巡视1~2次。进入机房后，先用听、看、摸等手段，初步判定曳引机是否正常工作。

听：用耳朵听一听曳引机的工作是否正常。正常工作的曳引机应是运行平稳、无异常内动的。

看：用眼看蜗轮减速器、电动机的运转状况，应平稳而无振动。若发现某部分异常振动，就说明该部位已出毛病，应立即与运行中的轿厢的操作人员取得联系，采取有效措施，避免事故的发生。

摸：在正常工作情况下，机件、轴承的温度应不高于60℃。若某些机件部位手不能靠近，则说明该部位工作异常，应立即采取措施。

对于有蜗轮减速器的曳引机，当电梯经较长时间的运行后，由于磨损，蜗轮副的齿侧间隙会增大，或由于轴承磨损造成轴向窜动，从而使电梯换向运行时产生较大的冲击。此时应检测蜗轮、蜗杆轴向游隙是否符合表6-7的规定。

表6-7 蜗轮和蜗杆轴向游隙　　　　　　　　　　（单位：mm）

中心距	100~200	>200~300	>300
蜗杆轴向游隙	0.07~0.12	0.10~0.15	0.12~0.17
蜗轮轴向游隙	0.02~0.04	0.02~0.04	0.03~0.05

若超出规定，应及时调整中心距离或更换轴承。

曳引机的润滑是保养的关键。油箱中的润滑油，应能在-5~+40℃的范围内正常工作。其用油型号可参照表6-8的规定。

窥视孔、轴承盖与箱体的连接应紧密而不漏油。若蜗杆伸出端用盘根密封时，不宜将压盘根的端盖挤压过紧，应调节盘根端盖的压力，使出油孔的滴油量以 3~5 滴/min 为宜。

表 6-8　减速箱用油型号

名　　称	型　　号
齿轮油（SYB1103~620）	HL—20（冬季）
齿轮油（SYB1103~620）	HL—30（夏季）
轧钢机油（SYB1234~655）	HJ3—28 号

对经常使用的电梯，每年应更换一次减速箱的润滑油。对新投入使用的电梯，前半年内应经常检查箱内润滑油的黏度和杂质情况，以确定换油时间。

（2）曳引钢丝绳。曳引钢丝绳连接着轿厢和对重，对于电梯的安全运行，有着举足轻重的作用。曳引绳所受的张力应当保持均匀。在日常保养中，若发现松紧不一的情况，应及时用绳头锥套上的螺母调整弹簧的松紧度，以使其张力平衡。

钢丝绳的绳芯有存储润滑油的作用。钢丝绳工作时，绳芯向外渗油。停用时，向内吸油。新的钢丝绳，无须加油。但经过较长时间的运行后，绳芯储油渐少，甚至耗尽，钢丝绳的表面将出现干燥，甚至锈斑等现象。此时，应每 2~3 个月在绳的表面薄淋一次 20 号机油。但浇油不能太多，绳表面有轻微的渗透润滑即可。尤其注意不能涂钙基润滑油，以免由于摩擦力减少而引起钢丝绳打滑，甚至出现轿厢不能启运的故障。

平时应保持钢丝绳的清洁，当发现其表面有砂土等污垢，应用煤油擦干净。

若钢丝绳表面有严重的锈蚀、发黑、斑点、麻坑，以及外层钢丝松动现象，或钢丝绳表面磨损或腐蚀占直径的 30% 时，必须立即予以更换。

曳引绳轮用来悬挂曳引钢丝绳，应注意检查和保养。要经常检查各曳引绳的张力是否均匀，以防由于曳引绳的张力不匀，而造成曳引绳的磨损量不一致。要经常测量各曳引绳顶端至曳引轮上轮缘间的差距，若出现 1.5m 以上差距时，应就地重车或是更换曳引绳轮。

（3）曳引电动机。曳引电动机是曳引机的主要部件。电梯正常运行时，只能由高速绕组启动。在保养检修时，可以用低速绕组启动，但转动的时间不能超过 3min，否则将有可能烧坏电动机。

在日常保养中，应经常检查电动机与底座的连接螺栓是否松动，若发现松动，应及时紧固。电动机轴与蜗杆的连接，其轴度不同，对于刚性连接的误差应不大于 0.02mm，对于弹性连接的误差应不大于 0.1mm。

对于采用滑动轴承的电动机，其油槽内润滑油的油位应不低于油镜中线，并应经常检查油的清洁度，若发现杂质应及时更换新油。换油时，则应把油槽中的油全部放出，不应保留原来的油渣，并用汽油洗净后，方可注入新油。

当由于轴承磨损而产生不均匀的异常噪声或出现电动机转子（或电枢）的偏摆量超过 0.2mm 时，应及时更换轴承。

每三个月要用兆欧表检测一次电动机的绝缘电阻，其阻值应不小于 0.5MΩ。若绝缘电阻值低于 0.5MΩ，应做干燥处理。

（4）制动器。制动器的动作应灵活可靠。要确保制动器正常动作，各个活动部位必须保持清洁，并每周加一次润滑油。每月检查一次电磁铁可动铁心与铜套间的润滑情况。

制动器抱闸时，闸瓦应紧密地与制动轮工作表面贴合；松闸时，闸瓦应同时离开制动轮的工作面。制动带（闸皮）应无油污，紧固制动带的铆钉应埋入沉坑中以防与制动轮接触。

6.6 电梯检测检验

6.6.1 电梯检测检验目的

对电梯的设计、制造和安装等过程进行严格控制，加强检测检验，是为了消除和降低电梯可能存在剪切、挤压、坠落、撞击、被困、火灾、电击以及由于机械损伤、磨损或锈蚀引发的材料失效等潜在危险，以确保电梯的运行安全。

6.6.2 电梯检测检验内容

电梯的监督检验，无论是电梯的验收检验，还是定期检验，均是无损检验。因垂直升降的电梯约占现有电梯总量的80%，且各种无损检测技术在垂直升降的电梯中也得到了集中体现，因此下面将以垂直升降的电梯为主来阐述电梯的无损检测技术。

垂直升降电梯的检验主要包括技术资料的审查、机房或机器设备区间检验、井道检验、轿厢与对重检验、曳引绳与补偿绳（链）检验、层站层门与轿门检验、底坑检验和功能试验等项目。其检测方法主要是目视检测，同时辅以必要的仪器设备，进行必要的测量、检测和试验。而超声、射线和磁粉等常用无损检测技术在电梯检验中几乎不使用。

6.6.3 电梯检测检验技术

1. 目视检测

电梯的目视检测主要是外观检查，通过手动各种功能开关的动作试验以及利用游标卡尺、钢直尺、卷尺和塞尺测量，并通过计算来检查或试验电梯相关设施和零部件设置的有效性、功能开关的可靠性以及各种安全尺寸的符合性。在检测工作开始前，检验量具需经计量部门按照有关标准校准，且只能在校准期内使用。

2. 电梯导轨的无损检测技术

电梯导轨是供电梯轿厢和对重运行的导向部件，导轨的直线度和扭曲度直接影响电梯运行的舒适度，因此电梯导轨在生产和安装过程中都需要对它的直线度和扭曲度进行检测。目前，常用的导轨检测方法有线锤法和激光测试法两种。

（1）线锤法。该方法是采用5m磁力线锤，沿导轨侧面和顶面测量，对每5m铅垂线分段连续测量，每面分段数不小于3段。检查每列导轨工作面每5m铅垂线测量值间的相对最大偏差是否满足规定要求。

（2）激光测试法。该方法运用激光良好的集束和直线传播的特性，在检测过程中，将装有十字线激光器的主机固定在导轨的一端，将光靶安装在导轨上，使得光靶的靶面面向主机发光孔，在导轨上移动光靶，并将光靶上的激光测距仪测量的距离信号传送到计算机中，经计算处理后转化为导轨的线性度和扭曲度。

3. 电梯曳引钢丝绳的漏磁检测技术

电梯曳引钢丝绳承受着电梯全部的悬挂重量，在运转过程中绕曳引轮、导向轮或反绳轮呈单向或交变弯曲状态，钢丝绳在绳槽中承受着较高的挤压应力，因此电梯曳引钢丝绳应具有较高的强度、挠性和耐磨性。钢丝绳使用过程中，由于各种应力、摩擦和腐蚀等，使钢丝绳产生疲劳、断丝和磨损。当强度降低到一定程度，不能安全地承受负荷时应报废。

钢丝绳无损检测采用漏磁检测方法。电梯曳引钢丝绳检测的探头采用永久性磁铁，钢丝绳内穿过磁铁，通过霍尔元件或感应线圈等探伤传感器采集漏磁场的变化信号，检测信号经放大和滤波等处理后由计算机采集和判别，钢丝绳运行的位置由光电编码器编码后输入计算机，计算机对位置编码器发出的脉冲信号计数，通过计算处理后得到钢丝绳当量断丝数和当量磨损量的具体情况和相应的位置。无损检测要求悬挂钢丝绳的特性应符合《电梯用钢丝绳》（GB 8903—2005）的有关规定，钢丝绳的公称直径不应小于8mm，曳引轮或滑轮的节圆直径与钢丝绳公称直径之比不应小于40。

出现下列情况之一时，悬挂钢丝绳和补偿钢丝绳应当报废：①出现笼状畸变、绳芯挤出、扭结、部分压扁、弯折；②断丝分散出现在整条钢丝绳，任何一个捻距内单股的断丝数大于4根或者断丝集中在钢丝绳某一部位或一股，一个捻距内断丝总数大于12根（对于股数为6的钢丝绳）或者大于16根（对于股数为8的钢丝绳）；③磨损后的钢丝绳直径小于钢丝绳公称直径的90%，采用其他类型悬挂装置的，悬挂装置的磨损、变形等应当不超过制造单位设定的报废指标。

4. 功能试验中的无损检测技术

功能试验用来检验电梯各种功能和安全装置的可靠性，多是带载荷和超载荷的试验。在功能试验中需采用不同的检测技术进行各项性能测试。

（1）电梯平衡系数的测试。电梯平衡系数是关系电梯安全、可靠、舒适和节能运行的一个重要参数。曳引驱动的曳引力是由轿厢和对重的重力共同通过钢丝绳作用于曳引轮绳槽而产生的。对重是曳引绳与曳引轮绳槽产生摩擦力的必要条件，曳引驱动的理想状态是对重侧与轿厢器的主机固定在导轨的一端，将光靶安装在导轨上，使得光靶的靶面面向主机发光孔，在导轨上移动光靶，并将光靶上的激光测距仪测量的距离信号传送到计算机中，经计算处理后转化为导轨的线性度和扭曲度。

电梯平衡系数测试时，交流拖动的电梯采用电流法，直流拖动的电梯采用电流-电压法。测量时，轿厢分别承载0、25%、50%、75%和100%的额定载荷，进行沿全程直驶运行试验，分别记录轿厢上、下行至与对重同一水平面时的电流、电压或速度值。对于交流电动机，通过电流测量并结合速度测量，作电流-载荷曲线或速度-载荷曲线图，以上、下运行曲线交点确定平衡系数，电流应用钳型电流表从交流电动机输入端测量；对于直流电动机，通过电流测量并结合电压测量，作电流-载荷曲线或电压-载荷曲线图，确定平衡系数。

（2）电梯速度测试技术。电梯速度是指电梯上下方向位移的变化率，由电梯运行控制引起，监督检验时一般采用非接触式（光电）转速表测量。其基本原理是采用反射式光电转速传感器，使用时无须与被测物接触，在待测转速的转盘上固定一个反光面，黑色转盘作为非反光面，两者具有不同的反射率，当转轴转动时，反光与不反光交替出现，光电器件间接地接收光的反射信号，转换成电脉冲信号，经处理后即可得到速度值。

（3）电梯启动、制动加速度和振动加速度测试技术。电梯启动、制动加速度是指速度的变化率，由电梯运行控制引起；振动是指当大于或小于一个参考级的加速度值交替出现时，加速度值随时间变化。电梯运行过程中的加速度及其变化率是影响电梯运行舒适性的主要因素，主要表现在，一是电梯启动和制动过程中加速度变化引起的超重感和失重感，二是电梯在稳速运行时的振动。电梯产生振动的原因很多，如在安装电梯时导轨安装质量不高、电梯曳引机齿轮啮合不良、变频器的控制参数调整不当、电梯轿厢的固有振动频率与主机的振动频率重合进而产生共振等。

加速度的测试主要采用位移微分法。测试时，使用电梯加、减速度测试仪，将传感器安放在轿厢地面的正中，紧贴轿底，分别检测轻载和重载单层、多层和全程各工况的加、减速度值和振动加速度值。

（4）电梯噪声测试技术。噪声测试采用了测量声压级的传感器，取10倍实测声压的二次方与基准声压的二次方之比的常用对数（基准声压级为 $20\mu Pa$）为噪声值。

当电梯以正常运行速度运行时，声级计在距地面高 1.5m、距声源 1m 处进行测量，测试点不少于三个，取噪声测量值中的最大值。

对于轿厢内噪声测试，电梯运行过程中，声级计置于轿厢内中央，距地面高 1.5m 处测试，取噪声测量值的最大值。

对于开、关门噪声测试，声级计置于层门轿厢门宽度的中央，距门 0.24m、距地面高 1.5m 处，测试开、关门过程中的噪声，取噪声测量值中的最大值。

5. 电梯综合性能测试技术

电梯综合性能测试技术是近几年发展起来的，通过一台便携式设备实现多种性能测试。电梯在运行中，利用专用电子传感器采集信号，经专用软件的分析处理，能够得到电梯安全参数的测试结果。

德国检验机构 TUV 开发的 ADIASYSTEM 电梯检测系统以专用电子传感器、数据记录仪及 PC 获取与在线电梯安全相关的参数，是一种测量、存档有关行程、压力、质量、速度或加速度，钢丝绳曳引力和平衡力，电梯门特征及安全钳设置的综合测试设备。可快速准确地测量和处理相关安全数据，测量结果可方便地进行存储并与特定准则进行比较。

6.7　电梯常见事故原因及预防处理措施（含电梯安全常识）

6.7.1　电梯事故类型及特点

电梯事故有人身伤害事故、设备损坏事故和复合性事故。

1. 人身伤害事故

电梯人身伤害事故的主要表现形式有以下几点：

（1）坠落。比如因层门未关闭或从外面能将层门打开，轿厢又不在该楼层，造成受害人失足从层门处坠入井道。

（2）剪切。比如当乘客迈入或踏出轿门的瞬间，轿厢突然启动，使受害人在轿门与层门之间的上、下门槛处被剪切。

（3）挤压。常见的挤压事故有：受害人被挤压在轿厢围板与井道壁之间，受害人被挤压在底坑的缓冲器上，或是人的肢体部分（比如手）被挤压在转动的轮槽中。

（4）撞击。常发生在轿厢冲顶或蹾底时，使受害人的身体撞击到建筑物或电梯部件上。

（5）触电。受害人的身体接触到控制柜的带电部分，或施工操作中人体触及设备的带电部分及漏电设备的金属外壳。

（6）烧伤。一般发生在火灾事故中，受害人被火烧伤。在使用电焊和气焊的操作时，也会发生烧伤事故。

2. 设备损坏事故

电梯设备损坏事故多种多样，主要有以下几种：

（1）机械磨损。常见的有曳引钢丝绳将曳引轮绳槽磨损使绳槽尺寸过大或钢丝绳断丝；有齿曳引机蜗轮蜗杆磨损过大等。

（2）绝缘损坏。电气线路或设备的绝缘损坏或短路，烧坏电路控制板；电动机过负荷其绕组被烧毁。

（3）火灾。使用明火时操作时不慎引燃易燃物品，或电气线路绝缘损坏，造成短路、接地打火引起火灾发生，烧毁电梯设备，甚至造成人身伤害。

（4）湿水。常发生在井道或底坑，由于进水造成电气设备浸水或受潮甚至损坏，使机械设备锈蚀。

3. 复合性事故

复合性事故是指事故中既有对人身的伤害，同时又有对设备的损坏。比如发生火灾时，既造成了人的烧伤，也损坏了电梯设备。又如制动器失灵，造成轿厢坠落损坏，轿厢内乘客受到伤害等。

电梯事故有以下特点：

（1）电梯事故中人身伤害事故较多，伤亡者中电梯操作人员和维修工所占比例大。

（2）电梯门系统的事故发生率较高，因为电梯的每一运行过程都要经过开门动作两次、关门动作两次，使门锁工作频繁，老化速度快，久而久之，造成门锁机械或电气保护装置动作不可靠。

6.7.2 电梯事故原因分析

电梯事故的原因，一是人的不安全行为；二是设备的不安全状态，两者又互为因果。人的不安全行为可能是教育或管理不够引起的；设备的不安全状态则是长期维修保养不善造成的。在引发事故的人和设备的两大因素中，人是第一位的，因为电梯的设计、制造、安装、维修、管理等，都是人为的。人的不安全行为，比如操作者将电梯电气安全控制回路短接，使电梯处于不安全状态，这个处于不安全状态的电梯，又引发人身伤害或设备损坏事故。具体每个事故发生的原因各有不同，可能是多方面的，甚至可以追踪到社会原因和历史原因。

（1）民用电梯中存在早期生产的设备陈旧、安全设施不健全、非标准应淘汰的电梯数量多等问题，长期得不到解决。甚至有些设备落后的厂家生产劣质电梯，使国家明令淘汰的品种和型号的电梯流入市场。

（2）安装环节问题多，一些电梯生产企业重生产、轻安装，大多数电梯的安装是由与生产企业无直接关系的单位承担的，形成电梯安装与生产相割裂的局面，导致出现问题后相互推诿，安装质量无保障。

（3）电梯维修保养单位或人员没有严格执行"安全为主，预检预修，计划保养"的原则。维修技术力量不足，电梯技术含量高、使用频率高，必须进行很好的维护保养才能进行正常运行。按规定，电梯应 3 年一中修、5 年一大修，但实际上很少做到，早期高层建筑在设计上都是单部电梯，没有备用电梯，造成电梯过度使用，加速老化，甚至有些十几年都从未维修保养过。一些电梯安全装置失灵，却仍在使用。

（4）管理人员非专业化，忽视对技术人员和电梯工安全教育与培训，缺乏安全意识，疏于对电梯设备的管理。

（5）维修人员违章操作，安全意识淡薄。例如，层门开启而无人看守、不设标志、无防护，使人误入井道；检修期间未将控制开关转至"检修状态"，或将门开关联锁短接；门未关而轿厢运行伤人；机房、轿厢、轿顶呼应不够等。

（6）乘客的不安全行为，一些乘客对电梯的无知和不文明行为，对电梯造成损害。例如，踢门、打门、扒门，随意按急呼梯按钮，破坏电梯设施；乱配电梯层门开锁钥匙等。另外当电梯出现故障时，惊惶失措、自作主张扒门、扒窗，这都是很危险的。

（7）电梯门系统事故发生的主要原因是门锁工作频繁、老化速度快，容易造成门锁机械或电气保护装置不可靠。

（8）冲顶或蹲底事故一般是由于电梯的制动器发生故障所致，制动器是电梯十分重要的部件，如果制动器失效或带有隐患，那么电梯将处于失控状态。

（9）其他事故主要是个别装置失效或不可靠造成的。

6.7.3 电梯事故应急措施

（1）电梯运行中因供电中断、电梯故障等原因而突然停驶，乘客被困轿厢内时，应通过警铃、对讲系统、移动电话或电梯轿厢内的提示方式进行救援，不要擅自行动，以免发生"剪切""坠井"等事故。

（2）为解救被困的乘客，应由维修人员或在专业人员指导下进行盘车放人操作。盘车时应缓慢进行，尤其当轿厢轻载状态下往上盘车时，要防止因对重侧重造成溜车。当对无齿轮曳引机的高速电梯进行盘车时，应采取"渐进式"，一步步松动制动器，以防止电梯失控。

（3）电梯运行中因机械和电气故障出现冲顶或蹾底时，工作人员应叮嘱轿厢乘客保持镇定，远离轿门，拨打求救电话或大声呼喊，等待救援。

（4）发生火灾时，应当立即向消防部门报警；按动有消防功能电梯的消防按钮，使消防电梯进入消防运行状态，以供消防人员使用；对于无消防功能的电梯，应当立即将电梯直驶至首层并切断电源或将电梯停于火灾尚未蔓延的楼层。

（5）发生震级或强度较大的地震时，一旦有震感应当立即就近停梯，乘客迅速离开电梯轿厢；地震后应当由专业人员对电梯进行检查和试运行，正常后方可恢复使用。

6.7.4 电梯事故预防处理措施

电梯业的安全工作也必须在"安全第一，预防为主"的安全生产方针指导下工作。

1. 电梯事故是可以预防的

电梯事故的发生有时看似偶然，其实有其必然性。电梯事故有其发生、发展的规律，掌握其规律，事故是可以预防的。比如坠落事故，许多事故类型、发生原因都基本相同，都是在层门可以开启或已经开启的状态下，轿厢又不在该层时，误入井道造成坠落事故。若能吸取教训，改进设备使其处于安全状态，只有当轿厢停在该层时，该层层门才能被打开，即可杜绝此类事故的发生。

2. 预防电梯事故需全面治理

因为产生事故的原因是多方面的，既有操作者的原因，也有设备本身的原因，以及管理原因；有直接原因，也有间接原因；有社会原因，也有历史原因。比如，电梯安装及维保工作交由不具备相应资质的单位或个人承担，而导致事故的发生，这就是社会原因。在我国，有的在用电梯出厂在先，国家标准出台在后，电梯产品不符合国标要求，这是发生事故的历史原因。所以，预防电梯事故必须全方位地综合治理。

3. 预防电梯事故的措施

预防电梯事故最根本的是要做好教育措施、技术措施和管理措施三个方面的工作。

（1）教育措施。教育措施是指通过教育和培训，使操作者掌握安全知识和操作技能。目前实施的电梯作业人员安全技术培训考核管理办法，就是一项行之有效的措施。随着科学技术的进步，新产品、新技术不断涌现，知识更新教育也是重要的培训内容。

（2）技术措施。技术措施是指对电梯设备、操作等在设计、制造、安装、改造、维修、保养、使用的过程中，从安全角度应采取的措施，这些措施主要有以下几点：

1）坚持设计标准，满足安全要求。

2）产品质量必须符合国家标准。

3）提高安装质量，坚持验收、试验标准和检验标准。

4）有完好的安全装置和防护装置。

5）做好维修保养工作，及时消除设备缺陷，对不符合安全要求的部件或电路，及时予以技术改造，使之符合安全要求。

（3）管理措施。管理措施是指国家和地方行政管理部门制定和颁布的有关安全方面的法律、法规、标准；企业单位制定的规章制度，都必须予以认真贯彻执行。主要工作有以下几点：

1）建立、健全安全工作管理机构，明确安全管理人员的职责。

2）坚持"安全第一、预防为主"的指导方针，建立、健全安全管理制度。

3）定期组织学习有关法律、法规，使作业人员了解标准、掌握标准、执行标准。

4）制订安全计划、开展安全活动，对电梯事故进行分析，总结经验，吸取教训。

5）做好劳动防护用品的使用管理工作。这里特别要指出的是，从事电梯电气设备的运行维修工作时，应按低压电气运行管理规程的要求，穿戴好防护用品，如工作服、绝缘鞋等。但在实际工作中，有的单位不配置工作服和绝缘鞋，有的单位只配工作服而不配绝缘鞋；操作者违反规定，穿背心、短裤、拖鞋上班，更是比较常见。这些都是劳保防护用品管理、使用不当的表现。以前曾发生过因未穿戴防护用品而造成触电死亡的事故，因此这个问题应引起有关方面的重视，也应引起每个操作者的重视。

6.7.5 电梯安全常识

（1）注意超限过载。电梯不能超载，电梯超载非常危险，当电梯报警时，就应该主动退出，等下一趟再乘坐。

（2）当电梯门快关上时，千万不要强制冲进电梯，阻止电梯关门，切忌一只脚在内一只脚在外停留，以防受到伤害。

（3）乘坐电梯时，儿童和宠物必须由成人陪同，避免发生意外。

（4）电梯正常运行时，严禁按应急按钮。

（5）禁止非专业人员拆卸和维修电梯，或使用厅门开锁三角钥匙，以免发生意外事故。

（6）乘坐电梯时，若遇电梯门没有关上就运行的情况，应立即打电话报修，不能乘坐。

（7）电梯发生故障或停电被困时，请乘客保持镇静，使用电梯内报警装置报警后，等待救援。严禁擅自强行撬门逃离。

（8）电梯维修和保养时，禁止乘梯，以免发生伤亡事故。

（9）驾驶员或乘客在发生火灾时，应将电梯停在火势或烟火未蔓延的楼层，乘客禁止使用电梯逃生，而要从楼梯安全出口处逃生。

（10）电梯停稳后，乘客进出电梯时应注意观察电梯轿厢地板和楼层是否水平，如果不平，说明电梯存在故障，应及时通知检修，以保障乘客安全。

（11）呼叫电梯时，乘客仅需要按所去方向的呼叫按钮，请勿同时将上行和下行方向按钮都按亮，以免造成无用的轿厢停靠，降低大楼电梯的总输送效率。同时这样也是为了避免安全装置错误动作，造成乘客被困在轿厢内，影响电梯正常运行。

（12）电梯门开启时，一定不要将手放在门板上，以防门板缩回时挤伤手指，电梯门关闭时，切勿将手搭在门的边缘，以免影响关门动作甚至挤伤手指。带小孩时，应当用手拉紧或抱住小孩乘坐电梯。

（13）乘坐电梯时应与电梯门保持一定距离。电梯运行时，由于电梯门与井道相邻，相对速度非常快，电梯门一旦失灵，在门附近的乘客会相当危险。

（14）不要在电梯里蹦跳。电梯轿厢上设置了很多安全保护开关。如果在轿厢内蹦跳，轿厢就会严重倾斜，有可能导致保护开关动作，使电梯进入保护状态。这种情况一旦发生，电梯会紧急停车，造成乘梯人员被困。

（15）进门时很多人习惯用身体挡门，虽然没有危险，但如果挡住门的时间过长，电梯控制部分有可能会认为电梯已经出了故障而会报警，甚至停下来。所以比较恰当的做法，是进入电梯以后，按住开门按钮，使门保持开启状态，等人上完后松开按钮。

（16）发生坠落事故时，首先是要设法固定自己的身体。这样发生撞击时，不会因为重心不稳而造成摔伤。其次是要运用电梯墙壁，作为脊椎的防护，紧贴墙壁，可以起到一定的保护作用。最重要的，可以借用膝盖弯曲来承受重击压力。这是因为韧带是人体唯一富含弹性的组织，比骨头更能承受压力。因此，背部紧贴电梯内壁，膝盖弯曲，脚尖踮起的保护动作才是正确的。

（17）电梯蹾底，就是电梯的轿厢在控制系统全部失效的情况下，急速下降并会越过首层平层位置而继续向下行驶，直至蹾到底坑的缓冲器上停止。这样的情况很少发生，可一旦发生后果会十分严重，巨大的惯性很可能会导致乘梯者全身骨折而危及生命。一般情况下如果电梯在下降过程中，突然急速下坠，电梯的安全保护装置会使电梯停下来。

（18）当发生电梯困人事故时，电梯管理人员通过电话或喊话，与被困乘客取得联系。务必使其保持镇静，耐心等待维修人员的救援。轿厢远离电梯层站时，进入机房关闭电梯电源开关，在电梯轴上安装盘车手轮，一人用力把住盘车手轮，另一人员手持制动释放杆，轻轻撬开刹车制动。注意观察平层标志，使轿厢逐步移动至最接近厅门为止。当确认刹车制动无误时，用层门钥匙开启层门、轿门，协助乘客离开轿厢，并重新关好厅门。

（19）依据想要到达的楼层按相应楼层键，提高电梯运行效率。

（20）严禁装运易燃、易爆的危险物品。若遇特殊情况，需经有关管理部门的同意并采取必要的安全保护措施后才可运装。

6.8 电梯典型事故案例分析

6.8.1 重庆市清溪丝绸厂电梯严重事故

1. 事故概况

2004年6月20日4时20分，重庆市忠县汝溪镇柴市口39号，重庆市清溪丝绸厂发生一起电梯严重事故（图6-12），造成1人死亡，直接经济损失14万元，间接经济损失2万元。

2. 事故原因分析

（1）死者桂某违反重庆市清溪丝绸厂1997年6月23日公布执行的《关于加强电梯操作管理的规定》的第2款，即："严禁非电梯操作人员操作电梯或进入电梯内玩耍，严禁电梯载人"的规定，擅自打开电梯层门进入电梯提升井道内，坠落到停在底层近8m高的电梯轿厢壳上而受伤身亡，是造成此次事故的直接原因。

（2）重庆市清溪丝绸厂安全生产责任制不落实，对

图6-12 电梯底坑

运货电梯未按特种设备管理的规定进行检验、使用、维护保养，也未与有资质的单位签订维护保养合同；无电梯档案管理资料、电梯门外设置的电控门锁失控、电控按钮无功能标志等多处隐患未及时整改；电梯操作人员未经特种作业人员资格考核，无证上岗。现场安全监管严重失控，当班电梯操作工 14 时 30 分离岗回家，加之工人每天间断工作 12h，实行两班制工作 6h 转班一次，增大了工人劳动强度，干部职工安全意识淡薄，是造成此次事故的主要原因。

（3）车间主任周某未认真履行职责，及时排除事故隐患。6 月 19 日 11 时左右，电梯运送工刘某向周某反映电梯门关不到位，随后派了 2 人去更换了电梯门轮。6 月 19 日 16 时过后，周某再次去现场查看，发现电梯门不仅是门轮已坏，而且钩子锁也已经损坏，发现这一隐患后，身为车间主任的周某没有想法整改或是设置护栏和警示标志，又不报告任何领导，而是自行决定，准备在下周一（6 月 21 日）去整修，结果 6 月 20 日 4 时 20 分左右，上早班的桂某违章打开电梯门坠落身亡，这是造成这次事故的又一原因。

3. 预防同类事故的措施

（1）坚持抓经济效益与抓安全监管两手硬，建立完善安全生产责任制和监管机制，把现场监管、安全检查、隐患整改等措施落到实处。

（2）加强对员工的安全教育、业务培训、知识教育，特别注重提高中层管理干部的业务技术、安全管理理论知识方面的水平，努力提高企业职工的安全意识和自我防护能力。

（3）严肃劳动纪律，及时纠正违章，把安全生产工作真正纳入各级领导的议事日程，加强对安全生产的投入，认真落实国务院《关于进一步加强安全生产工作的决定》，防止在安全检查、隐患整改、现场监管责任落实等方面走过场，留下隐患和死角。

（4）加强对特种设备的管理、使用和维护保养、建立健全设备档案，加强特种设备作业人员的培训、考核，坚持持证上岗，杜绝类似事故的再次发生。

6.8.2 浙江省宁波天宇水产进出口有限公司电梯锁紧装置失效事故

1. 事故概况

2004 年 7 月 22 日 7 时 30 分，浙江省宁波市江北区大庆北路 39 号，宁波天宇水产进出口有限公司发生一起电梯锁紧装置失效事故，造成 1 人死亡，直接经济损失 10 万元。

7 月 22 日 7 时 30 分，裘某到宁波天宇水产进出口有限公司制冰车间购冰，与该车间承包人之一朱某、电梯驾驶员姚某一起乘电梯到 5 楼，裘、朱两人出梯后，姚某将层门、轿门用手关闭后，电梯开到 6 楼，朱某进入 5 楼冷库提冰，裘某站在电梯门外。待朱某从冷库内出来时，看见层门打开，门口只剩下 1 只鞋，向井道探望，发现裘某已跌落 1 楼，朱某迅速奔到 1 楼与本车间职工将其救出，送宁波市第三医院，裘某经抢救无效死亡。

2. 事故原因分析

（1）使用单位擅自使用经检验不合格，且已于 2004 年 5 月 10 日被书面告知存在严重事故隐患、应立即停用的电梯，是本次事故的主要原因。使用单位擅自拆除电梯层门两门扇间的机械联锁装置。致使电梯层门锁紧装置及其电气联锁的失效，是此次事故的直接原因（图 6-13、图 6-14）。

（2）电梯驾驶员为已退休人员，且电梯操作证已过期，属无证上岗。

（3）制冰车间没有建立落实安全生产责任制、明确安全操作规程等安全生产管理制度。

（4）企业法人未对员工进行安全生产教育、培训，安全生产意识淡薄，安全生产管理失职。

3. 预防同类事故的措施

（1）加强对全体职工的安全生产知识教育。

图 6-13　被拆除的机械联锁装置

图 6-14　被拆除的强迫关门装置

（2）落实安全生产责任制，建立、健全安全管理制度和操作规程，严格管理，确保安全生产。

（3）对在用电梯等特种设备，使用单位要严格落实日常检查与维护保养工作，聘请有资质的专业维修保养单位进行设备的日常维护保养。

（4）落实专职、兼职电梯安全管理人员与电梯驾驶员，经考核合格后持证上岗。

参考文献

[1] 国家质检总局特种设备事故调查处理中心. 特种设备典型事故案例集 [M]. 北京：航空工业出版社，2005.

[2] 刘龙淼. 锅炉事故预防与处理 [M]. 北京：中国建筑工业出版社，1992.

[3] 刘积贤. 工业锅炉安全技术 [M]. 2版. 北京：化学工业出版社，1993.

[4] 张万岭. 特种设备安全 [M]. 北京：中国计量出版社，2006.

[5] 岳进才. 压力管道技术 [M]. 北京：中国石化出版社，2001.

[6] 沈松泉，黄振仁，顾竟成. 压力管道安全技术 [M]. 南京：东南大学出版社，2000.

[7] 周震. 安全阀 [M]. 2版. 北京：中国标准出版社，2013.

[8] 王志荣，潘勇，严建骏，等. 气体爆炸作用下爆破片安全泄放的模拟安全设计 [J]. 石油与天然气化工，2006，35（6）：489-492.

[9] 侯锡瑞. 电站锅炉压力容器压力管道安全技术 [M]. 北京：中国电力出版社，2005.

[10] 王志荣，蒋军成. 预测管道中气体爆炸超压的改进 ME 法 [J]. 化工学报，2004，55（9）：1510-1514.

[11] WANG Zhirong, JIANG Juncheng. Numerical simulation of gas deflagration and venting in cylindrical vessel [C]//Progress in Safety Science and Technology, Beijing：Science Press, 2004, 1280-1286.

[12] JIANG Juncheng, WANG Zhirong, ZHENG Yangyan, et al. Dynamic response of pressure shock resistant vessel subjected to gas explosion load [C]//Theory and Practice of Energetic Materials, Beijing：Science Press, 2005, 713-718.

[13] 王三明，蒋军成，姜慧. 液化石油气罐区的危险性定量模拟评价技术及其事故预防 [J]. 南京工业大学学报（自然科学版）. 2001，23（6）：32-35.

[14] 王志荣，蒋军成. 液化石油气罐区火灾危险性定量评价 [J]. 化工进展，2002（8）：607-610.

[15] 顾迪民，王怀建，金光振. 起重机械事故分析和对策 [M]. 北京：人民交通出版社，2001.

[16] 陆延康，陆荣根. 特种设备安全技术 [M]. 上海：同济大学出版社，2003.

[17] 刘清方，吴孟娴. 锅炉压力容器安全 [M]. 北京：首都经济贸易大学出版社，2000.

[18] 中国安全生产协会注册安全工程师工作委员会，中国安全生产科学研究院. 全国注册安全工程师执业资格考试辅导教材：安全生产技术（2011版）[M]. 北京：中国大百科全书出版社，2011.

[19] 张兆杰，王发现，曹志红，等. 压力容器安全技术 [M]. 郑州：黄河水利出版社，2001.

[20] DANIEL A CROWL, JOSEPH F LOUVAR. 化工过程安全理论及应用 [M]. 蒋军成，潘旭海，译. 北京：化学工业出版社，2006.

[21] 蒋军成，虞汉华. 危险化学品安全技术与管理 [M]. 北京：化学工业出版社，2005.

[22] JIANG Juncheng, LIU Zhigang Andrew K Kim. Comparison of blast prediction models for vapor cloud explosion. Combustion Institute/Canadian Section Spring Technical Meeting [C]. Montreal：McGill University, 2001.

[23] 王志荣，蒋军成，郑杨艳. 连通容器气体爆炸流场的 CFD 模拟 [J]. 化工学报，2007，58（4）：854-861.

[24] 潘旭海，徐进，蒋军成，等. 爆炸碎片撞击圆柱薄壁储罐的有限元模拟分析 [J]. 南京工业大学学报

（自然科学版），2008（3）：15-20.

[25] YU Hanhua, WANG Zhirong, JIANG Juncheng, et al. Numerical analysis of gas explosion in linked vessels [C]//Theory and Practice of Energetic Materials, Beijing：Science Press, 2005, 1052-1059.

[26] 钱逸，吕忠良. 压力容器安全技术基础 [M]. 北京：中国劳动出版社，1990.

[27] 王志文，高忠白，邱清宇. 压力容器安全技术及事故分析——压力容器基础知识 [M]. 北京：中国劳动出版社，1993.

[28] 李福民，吉尔戈拉. 起重司索指挥作业 [M]. 北京：气象出版社，2002.

[29] 国家经贸委安全生产局. 起重机司机 [M]. 北京：气象出版社，2002.

[30] 孙桂林，袁化临. 起重与机械安全工程学 [M]. 北京：北京经济学院出版社，1991.

[31] 袁化临. 起重与机械安全 [M]. 北京：首都经济贸易大学出版社，2000.

[32] 刘相臣，张秉淑. 化工装备事故分析与预防 [M]. 北京：化学工业出版社，2003.

[33] 戴光，李伟，张颖. 过程设备安全管理与检测 [M]. 北京：化学工业出版社，2005.

[34] 朱德文，张柏成. 电梯使用、保养和维修技术 [M]. 北京：中国电力出版社，2005.

[35] 何乔治，陈兴华，何峰峰，等. 电梯故障与排除 [M]. 北京：机械工业出版社，2002.

[36] 刘连昆，冯国庆，樊运华，等. 电梯安全技术：结构·标准·故障排除·事故分析 [M]. 北京：机械工业出版社，2003.

[37] 刘连昆，冯国庆，樊运华，等. 电梯实用技术手册：原理、安装、维修、管理 [M]. 北京：纺织工业出版社，1995.

[38] 吴国政. 电梯原理·使用·维修 [M]. 北京：电子工业出版社，1999.

[39] 上海市纺织工业局. 电梯安全技术 [M]. 北京：纺织工业出版社，1988.

[40] 蒋军成. 化工安全 [M]. 北京：机械工业出版社，2008.